青年期常见心理问题
与实践研究

王镝藩 刘淼 / 主编

中国华侨出版社
·北京·

图书在版编目（CIP）数据

青年期常见心理问题与实践研究 / 王镝藩, 刘淼主编. —北京 : 中国华侨出版社, 2022.2
ISBN 978-7-5113-8745-5

Ⅰ.①青… Ⅱ.①王…②刘… Ⅲ.①青年心理学—研究 Ⅳ.①B844.2

中国版本图书馆CIP数据核字(2022)第003235号

青年期常见心理问题与实践研究

主　　编 / 王镝藩　刘　淼
责任编辑 / 滕　森
经　　销 / 新华书店
开　　本 / 710毫米×1000毫米　1/16　印张/ 23.25　字数/ 446千字
印　　刷 / 天津格美印务有限公司
版　　次 / 2022年2月第1版　2022年2月第1次印刷
书　　号 / ISBN 978-7-5113-8745-5
定　　价 / 79.00元

中国华侨出版社　北京市朝阳区西坝河东里 77 号楼底商 5 号　邮编：100028
编辑部：（010）64443056　　传　真：（010）64439708
发行部：（010）88189192
网　　址：www.oveaschin.com　　E-mail：oveaschin@sina.com

如发现印装质量问题，影响阅读，请与印刷厂联系调换。

编委会

主 编

王镝藩　刘 淼

副主编

王 懿

编 委

仝敬强　田慧溢　孙晓宁　李还胜

李佳钰　林炳燕　黎玮轩

推荐序

正如陈独秀先生所言："青春如初春，如朝日，如百卉之萌动，如利刃之新发于硎，人生最宝贵之时期也。青年之于社会，犹新鲜活泼细胞之在身"。青年期是人一生的生长发育、身体健康、心理和智力发育的关键时期。

青年人群在生理上已经成熟，但心理上正处于从不成熟向成熟过渡的阶段，他们会面临很多人生发展的新问题；另外，"00后"也大部分迈入了青年期，他们出生在网络高速发展的时代，在物质基础丰富、文化内容多元化、价值取向多样化的社会中长大，其价值取向、思想观念、人生态度、行为方式等方面都显现出变化和特殊性。拥有健康的心理和良好的心理素质，是健康成长的需要，更是现代人才发展的需要。编者在本书编写过程中借鉴了当前心理健康教育方面的最新理论成果和实践经验，力求突破传统、有所创新。本书实现了理论内容的严谨性和形式结构的新颖性的结合，是青年期心理问题干预的指导手册。

我阅读完本书稿件，总结了本书的3个特点。

一是内容普适。本书传播心理健康知识，对基本的心理学知识和青年期常见问题及其干预策略进行了普及、阐释和分析。使青年人群能够认识自身心理活动与个性品质，了解心理学的一般理论，掌握基本的心理调适干预方法，树立心理健康意识。

二是案例翔实。教材收录了心理咨询案例和干预指导操作，并从理论和方法上进行深入浅出的分析。通过对案例的翔实描述和深入分析，可以让读者对常见的心理健康问题认识得更加深刻，对如何进行干预或自我调适有所参考和启示。

三是实践性强。本书选取青年期阶段实际生活中的案例，介绍了心理测量的工具，读者可以借助工具对自己的心理健康状况有客观的评价和真实的了解。此外，书中还对干预过程和步骤做了详细的描述，可以使读者进行体验和探索，完成从"知"到"行"的过程，从而提高自身的心理素质与水平和干预指导能力。

　　本书不仅可以作为心理健康教育与辅导方面的通识教育教材，也可以作为相关教职人员了解青年期心理的参考书，还可以作为青年人健康成长指导手册以及青年人提高自身心理素质的自学用书。概括来讲，本书是一本集知识和技能提升为一体，可读性和可操作性很强的教材。

解放军总医院第三医学中心医学心理科主任　肖利军

2022 年 2 月

目　录

第三篇　主要心理干预理论与方法

第四篇　案例分析

第一篇

心理学历史发展与概述

第一章 心理学发展简史

第一节 漫长的过去之古希腊哲学

"心理学有着漫长的过去，但只有短暂的历史"。

——赫尔曼·艾宾浩斯

从词源上看，心理学 Psychology 是关于 Psycho（灵魂）的 Logos（逻辑、学说）。现代心理学在成为独立学科之前，无论是"知识""意识""心灵"，还是"意识""欲望""人性"，这一直都是哲学领域关注的问题。因为直到 19 世纪末，心理学依旧被认为是哲学问题中的子领域。

一、柏拉图的灵魂理论

柏拉图受到老师苏格拉底的影响，开始钻研哲学。柏拉图认为，灵魂不朽始终是一个基本命题，而灵魂对于先验世界的"回忆"即认识自身的方式。而一切认识、观点（idea）都来源于灵魂的观照（eidos）。

柏拉图的学生亚里士多德，也是载入史册的的哲学家。师徒三人被誉为"古希腊三贤"，是公认的西方哲学史上最伟大的哲学家和思想家。

灵魂"跳水"

柏拉图认为，人的一生是：灵魂驻住于理念世界。有一天，灵魂"跳水"，来到了可感世界，即人的降生。灵魂在"水下"的日子就是人生。一段时间后，灵魂从肉体中释放出来，肉体死亡。然而，灵魂并没有死，而是回归理念世界。所以灵魂永远不朽。

"跳水者之墓"墓葬壁画

在柏拉图的理论中，灵魂跳水是一项奇妙的运动。跳水前，灵魂先天潜在地含有各种理念的知识。但跳水后，当灵魂在肉体中醒来，它忘了先前所知道的一切。学习可以触动、唤醒这些知识。人生活在可感世界中，看到人间万象，依稀回忆起从前所拥有的完美理念。此时，灵魂体验到了一种"回归本源的欲望"，它渴望更清晰地洞见隐藏在可感事物背后的理念，于是一步步回归灵魂家园。人，从生到死，就是一个再认识的过程。

然而这一认识过程十分艰辛，并不是所有的灵魂都有能力重新洞见理念，绝大多数灵魂始终无法冲破认识的黑暗。只有极少数才智出众的人，经过艰苦训练才能回归灵魂家园。而这些极少数人，在柏拉图看来，就是哲学家，对于哲学人生也要感慨："人生是艰苦的旅程，通往哲学洞见的道路崎岖而漫长，需要耐心和辛勤的工作，而且永无止境。"

> 当灵魂自我反省的时候，
> 它穿越多样性而进入纯粹、永久、不朽、不变的领域，
> 这些事物与灵魂的本性是相近的，
> 灵魂一旦获得了独立，
> 摆脱了障碍，
> 它就不再迷路。

另外，还有人的"四德"：智力、勇气、节制和正义。智慧与理性成分相应，勇敢与激情成分一致，和情绪对应。节制与克制欲望一致。通过协调好三种成分并做到前三者，就是正义了。

二、亚里士多德

亚里士多德是柏拉图的学生，古希腊人先哲，同样是著名科学家和教育家，是百科全书式的人物其著作涉及各个领域，比如，艺术、科学逻辑和政治等，由此构建出西方哲学首个广泛体系。在早期的西方哲学发展中，亚里士多德构建的世界观在当时基本上占据了非常主要的地位，被誉为希腊哲学的集大成者。

灵魂论

亚里士多德的视野触及了更广的边界——地球上的整个生物群体。多年的游历让他深刻地意识到：动物和人的差距并没有自己早年想象的那么大。他在《灵魂论及其他》的序言中这样写道："从精神状态角度来说，动物们有的也凶猛或温驯，勇敢或怯懦；从理智角度来看，他们也同样具备了机敏，那么凡物只要具

备了生命的特征属性，就都有了灵魂"。

	提出者	亚里士多德	
灵魂论	灵魂组成部分	营养的灵魂、感觉的灵魂、理性的灵魂	
	三者区别	植物	营养的灵魂
		动物	营养的灵魂＋感觉的灵魂
		人	营养的灵魂＋感觉的灵魂＋理性的灵魂
	影响	教育必须为体育、德育、智育提供人性论上的依据	

他谈到植物的一生只负责生长、繁衍、吸收营养，所以将这些机能归属于灵魂的营养部分，称为"营养灵魂"或"植物性灵魂"；考察到动物和人具有很大的相似性，它们有自己的情感，同时具有和人相似的运动能力，所以将这些机能归于"感觉灵魂"；他最后考察了人这一最独特的生物，发现人所独有的思想、计算和审议的机能，就将这些机能归于"理知灵魂"，抑或是"精神灵魂"，最后，他将人类所独有的这部分称为心灵（mind）。同时在"精神灵魂"方面，他意识到了"观察"与"内省"的区别，提出了"被动的心灵"与"主动的心灵"之分，"被动的心灵"执行"观察"与"记忆"的任务，而"主动的心灵"涉及对"被动的心灵"所感知材料的加工。

三、希波克拉底的体液说

希波克拉底（约公元460—377年），古希腊哲学家、医生，被誉为西文医学之父，欧洲医学和西方医学的奠基人。他提出了"体液学说"，其医学观点对以后西方医学的发展有巨大影响。

从前人们受到宗教迷信的思想禁锢，认为人之所以会生病，都是因为得罪了神灵，只有靠向神祈祷才能免除灾祸，巫师们用念咒、法术和祈祷等方式为人驱病。为了抵制疾病是神赐病痛这种的谬论，同时证明体液失调才是疾病的原因，他致力于探究体液特征和疾病之间的联系，最终提出了著名的"体液学说"。

"体液学说"指出，人的体液主要由红色的血液、黏液、黄色和黑色胆汁四种组成，四种体液在体内的不同占比使人们具有不同的体质或者出现不同的情况，比如健康或者生病。

这一规则奠定了中世纪医疗保健的基础，即使在现代社会中，依然存在影响：多血液使人乐观开朗，多黏液使人冷淡，多黄胆汁使人易怒，多黑胆汁使人忧郁。

多血质　　　黏液质　　　黄胆汁　　　黑胆汁

气质学说

医生格林（盖伦）（约130—200年），是罗马帝国时期有名的生物学家，是继希波克拉底之后的天才，一生专注于医疗实践、解剖研究，有大量学术著作，其精湛的医术、渊博的知识、超群的智慧和丰富的著作，享誉西方医学界。他不仅出色地继承了古希腊希波克拉底学派的传统，还成功地把这一学派推向了前所未有的繁荣境地，被认为是欧洲古代医学的集大成者。

格林盖伦在"体液学说"的基础之上，进一步创立了气质学说。气质学说指出，气质是不同性质的物质的不同比例组合。在此基础上结合了人的脾气秉性，气质学说继续进一步发展，成了经典的四种气质：

（1）多血质——社会化、开朗健谈、情绪外露；

（2）黏液质——情绪稳定、被动耐心、谨慎克制；

（3）抑郁质——内向且言行缓慢、心境易波动、优柔寡断；

（4）胆汁质——不安定、情绪激烈、冲动乐观。

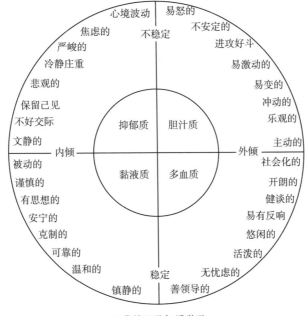

经典的四种气质学说

第二节　近代哲学的思潮

一、法国 17 世纪的唯理论（rationalism）

> 我思故我在。
>
> 笛卡尔（Rene Descartes）是西方现代哲学思想的奠基人，因将几何坐标体系公式化被认为是解析几何之父，也是近代唯物论的开拓者，被誉为"近代科学的始祖"。他反对经院哲学和神学，提出"普遍怀疑"的主张和"我思故我在"的原则，将此作为形而上学中最基本的出发点

笛卡尔，法国著名数学家、哲学家和物理学家。作为近代唯物论的开拓者，他提出的"普遍怀疑"的主张，深深影响着之后几代的欧洲人，为欧洲的"理性主义"哲学奠定了思想基础。因此，他被认为是西方现代哲学思想的奠基人之一。

被黑格尔誉为近现代哲学奠基者的笛卡尔，大胆地颠覆了绵延千年的中世纪哲学传统，以极端的怀疑论带出了"我思故我在"的响亮观点，用自我意识带领哲学走进了现代时期。

（一）身心关系

身心问题是笛卡尔最为有名的核心问题之一，笛卡尔提出了一个理论：身心交感说。他认为，思想与行为在人上面有一个交感的地方，那个地方就是松果腺，是灵魂居住的地方。它的主要职责是把身体的信息传递给心灵，再把心灵的信息传递回给身体。

笛卡尔之所以被称为近代哲学之父，就在于他创造性的确立了自我意义，确立了自我相对于世界的优先性。我是没有一个身体的孤独的心灵，一个心灵，一个孤独的灵魂，一个在思考着的心灵。这样的心灵不需要，也不依赖于身体，就能够独立存在。

笛卡尔和古希腊的怀疑精神和怀疑论并不一样。从笛卡尔的不可怀疑的第一原则出发，我们可以怀疑一切的对象，唯独不能怀疑自己"正在怀疑"，即不能怀疑思想本身，此为笛卡尔后续理论的出发点。

我思故我在。"我思"就是指某种思想活动，是脱离了具体思考内容的一种纯粹的思考活动本身。感性的、理性的，包括情绪甚至思维方式层面等都属于"我思"这个范畴，这是精神的实体。"在"是精神主体的思想存在，不管是你怀疑也好、肯定也好，意识也好、灵魂也好，这些精神实体是存在的。这个"我在"

其实就是说精神实体已经脱离了肉体而存在的概念。"故"在这里并不是因果的关系，"故"指的是一种必然的关系。所以"我思故我在"是不是就可以理解成，我们思想着，然后必然性地得出结论，思想本身的活动是存在的。

从笛卡尔这里，开始了自我意识的确定和觉醒，自我的确定性代替了上帝的确定性，因此这是一个很重大的改变，比如我们前面说到的认识论的转向，原因就在于此，以至于后来很多哲学家突然找到了一块精神的栖息地让大家豁然开朗。

（二）天赋观念说

笛卡尔秉持着"天赋观念"，天赋观念，简单而言就是清楚明白、不证自明的这一类观念，而且这些观念是天生就存在，这些观念是由上帝赋予。在笛卡尔看来，天赋观念是认识世界的一个起点，同样是他认识论的出发点。

二、英国 17 ~ 18 世纪的经验论（empiricism）

经验论起源于英国哲学家霍布斯（Thomas Hobbes）和洛克（John Locke）。霍布斯被认为是经验论的先驱者，而洛克被认为是经验论的奠基人。

我敢说日常所见人中，十分之九都是由他们的教育所决定的。

洛克英国著名的哲学家、政治思想家。洛克匿名发表了《论宗教宽容》《政府论》，以及哲学著作《人类理解论》，洛克最著名的政治著作是《政府论》。

洛克反对笛卡尔的"天赋观念"，在他看来，人的心灵最初像一张白纸，没有任何观念。一切知识和观念都从后天经验中获得。

（一）反对"天赋观念"

在《人类理解论》一书中，洛克对笛卡尔秉持的天赋观念说进行多角度深刻批判。洛克认为，"普遍同意"并不足以说明的确存在什么东西是天赋，即是上帝赋予的，即使存在整个人类都笃信的真理，也可以有其他某些途径或者方式方法来达到，但是并不一定就是天赋赋予。更何况，事实层面上并不存在有什么"普遍同意"的东西。

（二）白板说

既然知识不是上帝赋予，那么知识是从哪里而来？洛克指出，能力的确是天赋，而知识是后天习得。从先天层面而言，个体的心灵非常纯净，就像是一块没有任何标记白板，后来的生活经验经历等会在上面印上痕迹，由此形成了个体对的观念和知识。

（三）双重经验说

那么知识的来源有哪些？洛克提出了双重经验说，他把经验分成外部与内部经验，它们的信息源泉是客观的物质世界。

感觉就是人的感受器受到外界刺激后的某种反应，是物质世界的属性或特性作用于外部感官，比如感受到微风的吹拂脸颊以及太阳的温度，因感受器而产生了外部经验。内部经验叫反省，是一种内在经验，它是人们对自己的内在心理活动的观察，这样的感受并不是推理，仍然是经验。比如，当下的感受可能是平静且欣喜、痛苦且忧郁。

但是为什么我们可以把对微风温度的感知，这一系列物理特点组合在一起的时候，最终形成一个"天气很好"的观念呢？洛克认为，这就其实是内心的能力，即推理能力。前面我们了解到洛克批判了天赋观念，承认经验才是知识的来源，但他的论证又陷入了承认心灵有某种天生天赋的功能这样一种矛盾的境地。表明客观物质世界是外部感觉的来源，这属于唯物；同时承认反省或内省是观念的源泉，那么又偏向了唯心主义，它在唯物和唯心主义中挣扎。

（四）经验论的发展

18世纪英国经验论就循着上述洛克理论最后挣扎的两个方向分别发展。贝克莱和休谟则发展了洛克的思想中唯心主义。哈特莱和康狄亚克则发展了洛克思想中唯物主义，他们强调感觉在认识世界中的关键作用，并且认为感觉的来源就是客观世界。

贝克莱有一句名言是"存在就是被感知"。不需要再承认一个客观的物质实体了，取消了可感性质背后的那个实体，因为在他看来，物质就是一堆观念的集合。不仅观念是感觉的复合，而且物体同样是感觉的复合。既然离开了感知觉经验，物质实体是不存在的，所以根本不需要承认物质实体。

洛克思想 {
唯物主义方面 {
哈特莱（David Hartley）
康狄亚克（E.B. de Condillac）
} 感觉的源泉是客观世界
唯心主义方面 {
贝克莱（George Berkeley）
休谟（D.Hume）
} "存在就是被感知"
}

第三节　各理论流派简史

冯特（Wilhelm Wundt）将心理学从哲学中独立出来，结束了相沿2000多年的哲学领域心理学，被誉为"心理学之父"。他也是结构主义思想的创始人，并且培养了大量的心理学人才。

1879年，冯特创立第一个心理学实验室，标志心理学从此成为独立学科。

冯特的《生理心理学原理》一书被认为是科学心理学史上最伟大的著作之一，他是有史以来学术生命最长的心理学家，一生作品达540余篇，也是学术著作产量最大的心理学家，研究领域涉及哲学、心理学、生理学、物理学、逻辑学、语言学、论理学、宗教等。

一、构造主义：我是第一个

在 19 世纪末，出现了构造主义心理学流派。这个学派主要受到经验主义和德国实验生理学观点和发展的影响。

代表人物：冯特、铁钦纳。

构造主义核心观点：一是主张心理学的研究对象应该是人们的直接经验，即意识；二是强调采用实验内省法，认为了解人们的直接经验，要依靠被试对自己经验进行观察和描述。

大家先听我说

实验内省法

是一种自我观察的方法，实验过程中被试对自己经验的观察和描述。

三是认为把人的经验基本心理要素如图（感觉、情感、意象），认为个体所有复杂的心理现象都是由以上三种元素构成。

情感　　意象

感觉

三种元素构成的复杂心理现象

二、机能主义：实名反对第一个

19 世纪末 20 世纪初，美国出现第一个本土的心理流派，机能主义心理学。这

个学派反对构造主义的元素主义论，主要是以达尔文的进化论为思想基础，从生物进化的角度来解释心理现象的发生和本质，强调在有机体进化和心理发展的过程中，环境有关键的作用，他们把心理现象解释为在适应环境过程表现出的不同方式。

代表人物：詹姆斯、杜威和安吉尔。

机能主义流派观点：主张心理学的研究对象应该是"意识流"，他们反对构造主义，任务不应该把意识看作个别心理元素的某种组合，应该看成一个川流不息、不间断的过程。

> "意识并不是片断的连接，
> 而是不断流动着的。
> 用一条'河'或者一股'流水'的比喻来表达它是最自然了。
> 此后，我们再说起它的时候，
> 就把它叫作思想流、意识流或者主观生活之流吧。"

机能派认为，在有机体适应环境最终达到生存目的的过程中，意识的出现是作为生存的工具，进而他们强调了意识的作用与功能，大多是实用派，在发展过程中，非常重视心理学的理论实践结合，并且致力扩大心理学的研究范围和研究内容，把心理学结合动物发展成动物心理学，研究非常态的心理状态（变态心理学），结合发展规律融入教育系统，发展出儿童心理学、教育心理学等。

意识流（stream of consciousness）& 意识流文学

1918年，梅·辛克莱评论英国陶罗赛·瑞恰生的小说《旅程》时，将"意识流"概念入文学界，意识流文学泛指重描绘人物意识流动状态的文学作品，是现代主义文学的重要分支。

三、行为主义：以上都反对

美国心理学家华生对传统心理学进行了抨击和批判，主要是针对其两个核心——意识概念和内省方法。华生发表了《从一个行为主义者眼光中所看到的心理学》，从此诞生了行为主义流派，行为主义是建立于华生对传统心理学的批判上。华生直指当时传统心理学研究的最大痛点，即所有的心理学研究都是围绕着人脑中像幽灵一样的"意识"进行的，然而"意识"看不见也摸不着，于是只能选一些可以准确表达自己思维的人——比如大学生——来做实验。在华生看来，这样的实验根本无法反映人类最基本的心理学原理，根本不是真正的心理学实验，而只是捕风捉影的神棍行为，没有实实在在的内容可言，这样的心理学统统都只配叫"大学二年级学生的心理学"。

心理学如果要成为一门科学的话，就必须研究可观察到的现象。而不是潜意识、情绪这些看不见摸不着的东西。精神分析研究的东西，不能被观察、被测量，是没有前景的。

华生的核心观点如下，一反对把主观意识作为心理学的主要研究对象，二同时反对把实验内省法作为心理学的主要研究方法。

代表人物：华生、斯金纳和班杜拉。

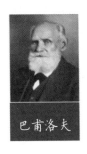

巴甫洛夫　　华生　　斯金纳　　班杜拉

心理学家代表人物

1. 华生

在巴甫洛夫对狗进行的实验基础上，华生利用动物和婴儿进行了实验（掀起伦理问题的风暴），在此基础上提出了"刺激—反应"理论。华生认为，学习过程就是用一种刺激去替代另一种刺激并且建立了条件反射的过程，他认为几乎所有人类的行为和情感都是通过 S-R 形成。华生认为，从呱呱坠地，只能做简单的反射（如呼吸、哭闹）到后来复杂的联结（如完成任务、产生复杂心理过程）等所有行为都是通过建立刺激反应联结而形成。

> 给我十几个健康而没有缺陷的婴儿，让我放在自己的特殊世界中教养，
> 那么我可以担保，随便选出其中的任何一个婴儿，
> 无论他的能力、嗜好、趋向、才能、职业及种族是怎样的，
> 我都能够把他训练成为一种特殊人物。
> 例如，把他训练为医生、律师、艺术家或商界首领等，也可以把他训练为一个乞丐或窃贼。

2. 斯金纳

华生之后，斯金纳同样是行为主义的领军人物，集才华和争议于一身。斯金纳基于华生的理论，结合动物学习的实证试验，进一步提出了操作性条件反射的理论，斯金纳的贡献之大、影响之深在心理学界得到了公认，是 20 世纪的最高知名度的心理学家之一。

斯金纳在操作性条件反射理论中指出，首先，人和动物的行为可以分为两类，一类是应答性行为，另一类是操作性行为。应答性行为是由特定刺激而引起的行为或者反射，如唾液分泌就是由于食物引起（华生和巴布洛夫实验中主要的研究对象）；而操作行为则是有机体在某种情境下自发地做出的某种随意反应（无意间听了一首歌），并不会与任何的特定刺激联结，周围环境针对这个反应行为，进而的到反馈信息（考试发挥很好），进而逐渐形成稳定联结（这首歌成了幸运歌）这是操作性条件研究的内容。大部分日常行为都是可以看作操作性行为，包括不合理的信念和固定的思维模式，同时也受到强化规律的制约，比如利用强化、惩罚来纠正错误行为和错误认知，强化规律对于后来的教育系统和教育方法都有着巨大影响和启发。

关于学习的两大重要方式，经典条件作用以及操作性条件作用和今天的机器学习，其实也是相似的过程。行为主义心理学家的研究，对于理解人类学习的过程，理解有机体的成长、认知有着非常重要的意义。

3. 班杜拉

班杜拉通过大量的实验研究和临床行为矫正，建立了现代社会学习理论，他将经典性条件反射、操作性条件反射以及自己提出的观察学习结合在了一起，形成了一个分析人类思维与行动的同一框架，掀起了行为主义的又一次高潮。

社会行为的模仿很可能是在模仿中简化或走捷径，
并不是像斯金纳说的那样，是通过试错，一步步逼近得来的。

班杜拉认为，我们每一个人都是在社会提供的情境里面，通过观察和模仿学到了许多行为，所以班杜拉主张应该把人从密封的"斯金纳箱"里面拿出来，放到自然而然的社会环境里去观察研究。班杜拉认为，观察学习的实质就是个体通过对他人行为及其强化结果的观察过程，比如，所有都看到，有一个同学调皮，被老师罚站，其他人从这个情境获得了某些新的行为反应或对已有的行为反应得到修正的过程，比如，自己告诫自己，以后不能调皮，否则会被罚站。班杜拉认为，观察学习是个体学习行为中最重要的形式之一，并且进一步指出，观察学习过程包括注意过程、保持过程、复现过程和动机过程，可以对这四个过程进行不同的干预来达到观察学习的目的。强化有直接强化、替代强化和自我强化。

四、格式塔心理学：独树一帜

格式塔，生于德国长于美国。格式塔（Gestalt）在德语中有整体完形的意思，通过经验脑补完形，被认为是现代认知主义学派的先驱，其理论也因此被称作为完形理论（完型填空题型的思想来源）。

该流派表示反对构造主义主张的元素主义，非常强调经验、心理和行为的整体性，认为思维活动是一个不断组织、简化、统一的过程，因而把冯特的构造主义称为"砖块和灰泥的心理学"，认为整体不等于并大于部分之和，主张以整体的结构观和概括角度来探究心理现象和行为表现。

格式塔心理学家吸取行为主义的部分观点理论，主张心理学应该同时研究直接经验和外在行为，但是反对行为主义主张的联结反应。因为他们认为像知觉、学习和认知这样的过程并不那么简单，只是通过简单的联结来掌握。

代表人物：韦特海默、苛勒和考夫卡。

流派观点：思维是一种有意义的整体性知觉，并非把各个零散的心理表象进行简单地集合；学习活动的主要目的是构建一种完形。因此，学习并非如行为主义所述，是不断尝试错误的过程，而是顿悟的过程，即对整个情境有完整的心理表征或结构，对当前问题情境的突然解决。他们反对把意识分成单个的组成元素。他们认为，每个心理现象都是一个"被分离的整体"，是单个零散的格式塔。但整体是大于部分和，同时主题和先于部分而存在（作诗会写一整句话，而非单个字的简单组合），并且制约着部分的性质和意义。另外，该学派提出知觉组织的原则，对设计领域有重要贡献。格式塔学派和行为主义在研究对象方面比较一致，但并不排外，主张研究行为和意识经验，在方法论上，主张用现象学的方法来研究，这也是现代认知心理学方法论的基础所在。

1. 似动现象

什么是似动？就是当你看到一个静止画面时，会出现"运动"的错觉，这是由于视网膜和视觉神经接受电信号的时间差，因此出现的错觉。

似动现象　　　　　　　　　　　　　　　　　整体与部分

2. 整体与部分

个体的知觉内容可以被分成图形和背景。图形是被分离出来的格式塔，是突出的实体，所以很容易被人们知觉到；背景是未能分化出来的东西。当个体看到某个整体时候，会更容易看到突出的实体，即图形，忽略背景。但是视觉的构造和知觉始终变化，那么图形和背景的选择会不断交替，个体就会感受到两种图形的变换。

3. 顿悟实验

接竹竿实验：黑猩猩被锁在一个笼子，笼子外面有一筐香蕉和几根长短不一的棍棒。最初猩猩交替着用竹竿来回试着拨香蕉，因为碰不到进而放弃，并且拿着两根竹竿挥舞，无意间把两根竹竿接上，最终拨到了香蕉，接竹竿就是一个"顿悟"时刻。

接竹竿实验

叠箱子实验

叠箱子实验：同样黑猩猩被锁在一个笼子，笼子顶端悬挂有香蕉，地面黑猩猩被锁在一个笼子有两个箱子。最初的反应是用手去够香蕉，但没办法够着。站在箱子上伸手去取香蕉，由于单个箱子不够高，仍然够不着，然后某一时刻黑猩猩突然跃起，将箱子一叠放在箱子二上，迅速拿到香蕉，叠箱子同样是"顿悟"时刻。

格式塔学派提出"顿悟"的概念，认为如果学生可以通过对当下问题情境的内在本质洞悉，并发生顿悟来解决问题，就可以避免不停地试错，由此节省精力时间，并且有利于问题的迁移。韦特海默特别关注学生的学习过程，他认为一些教师过于注重机械填鸭地学习，牺牲了学生的顿悟洞悉的能力。

五、精神分析流派：我最有名

精神分析学派不仅是西方心理学的一个主要理论流派，甚至可以说是20世纪最重要的学术思潮之一。精神分析的独特魅力非文字可述，他的影响远远超出了心理学和医学的本身影响范围，它不仅对心理学和精神病学影响深远，对当代的文学艺术创作，乃至人们的日常生活，都产生了广泛而深远的影响。代表人物有弗洛伊德、荣格、阿德勒等人。

1. 弗洛伊德

弗洛伊德（1856—1939），奥地利精神病医师、心理学家、精神分析学派创始人。1873年就读于维也纳大学医学院，1881年获医学博士学位。他开创了潜意识研究的新领域，促进了动力心理学、人格心理学和变态心理学的发展，奠定了现代医学模式的新基础，为20世纪西方人文学科提供了重要理论支柱。

精神分析学派不仅是西方心理学的一个主要理论流派，甚至可以说是20世纪最重要的学术思潮之一。精神分析的独特魅力非文字可述，他的影响远远超出了心理学和医学的本身影响范围，它不仅对心理学和精神病学影响深远，对当代的文学艺术创作，乃至人们的日常生活，都产生了广泛而深远的影响。

弗洛伊德的理论，即使没有看过他的书也会比较熟悉，因为他的理论已经进入了我们日常的话语之中，比如说潜意识，最著名的书《梦的解析》等。

弗洛伊德的重要性是无可置疑的。人们通常把他的精神分析理论与哥白尼的《天体运行论》、达尔文的《物种起源》，并称为西方现代思想史上的三个革命性理论，而这三个革命性理论分别导致了三次思想革命。弗洛伊德的理论更进一步地降低了人类的地位，本来我们认为人是有理性的，所以我们才能够改变这个世界，但是弗洛伊德认为人类其实有很多非理性的成分，甚至说潜意识才是冰山下面更大的那一部分。弗洛伊德是现代思想上对人的认识的进一步的降低。

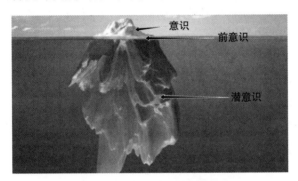

意识、前意识、潜意识的冰山理论

作为现代心理学的启蒙者，弗洛伊德关于梦的理论虽然至今有无数的争议，但是依然为我们理解梦、理解心理活动打开了一扇大门。今天的心理学家也对梦提供了各种不同版本的解释。有的学者认为，人在睡眠的时候，脑干发出的神经信号刺激了额叶，所以记忆与经验产生了随机联系，信息之间没有逻辑关系，这就是梦的本质。有学者发现，人在做梦时，边缘系统里的海马和杏仁核非常活跃。因此，这些研究者推断，大脑试图把近期经验和愿望的片段组织起来编成梦境。人在清醒时参与某种活动越多，那么梦里这些活动出现的比例也越高。比如，你要是白天一直上班，梦见老板和同事的比例就会增加。在人的整个成年期，梦的内容在几年甚至几十年里都保持高度一致。

此外，我们前面说梦常发生在快速眼动睡眠（REM）阶段里，但并不是说非快速眠动睡眠（NREM）阶段就没有梦。一般来说，我们往往记不得 NREM 中的梦。NREM 阶段的梦常常更像日间思考，没有情绪参与。这可能是日间思考遗留下来的部分，比如门捷列夫可能就是在 NREM 中梦见元素周期表的。

2. 荣格：分析心理学

卡尔·荣格，瑞士著名心理学家，分析心理学的创始人，精神病学家精神分析代表人物之一。1907 年与弗洛伊德正式见面，此后发展并推广精神分析学说长达六年，

意识

个体潜意识

集体潜意识

冰山理论

曾是弗洛伊德接班人，之后与弗洛伊德理念不和，反对弗洛伊德的自然主义倾向。

继承了弗洛伊德的部分观点，基于"冰山理论"发展出了新的理论，结合亲身经历和临床经验提出心理结构理论体系，有非常浓重神秘的宗教色彩。

3. 阿德勒：个体心理学

阿德勒，奥地利心理学家，个体心理学的创始人。阿德勒发表的《器官缺陷及其心理补偿的研究》，与弗洛伊德的观点产生明显分歧。1911年，接连发表文章，阐明自己对精神分析性倾向的反对态度，同年退出精神分析协会。不久后，阿德勒组建了"自由精神分析研究协会"后改名为"个体心理学"协会，并逐渐发展为一个有广泛影响的个体心理学派。

阿德勒理论的理论包括：自卑与超越、生活风格、童年回忆、创造性自我、出生顺序、私人逻辑与常识、勇气、社会情怀等。

寻求优越阿德勒认为，人们所有的行为都是源于要"追求优越"。自卑情结＆优越情结自卑情结是一种夸大的、持久的感觉不足的结果，可能源于童年身体上的缺陷、溺爱和忽视。如果一个人对于自己的自卑过度补偿时，就会变成优越情结。夸耀、虚荣、自我中心、贬低他人。他还强调家庭大小、兄弟姐妹的性别对一个人的影响。

阿德勒认为，所有的行为都有社会意义。他将人看作一个完整的个体。他觉得人生就是由不成熟到成熟的个体，觉得没办法把人生割裂开来。他认为，人们努力的方向，有时候是明智的，有时候不是，但无论怎样，都是人们追求卓越的一种表现。他强调，人的行为是心理社会性的，要将一个人放在一个系统、一个家庭、一个组织、一个社会里面去看。

第四节　当代心理学的发展方向

在19世纪末心理学成为一门独立的学科以后，学派纷争的局面并没有维持很长一段时间。大约在20世纪30年代后，各学派之间就开始出现互相吸收融合的新局面，学科中的整合趋势持续加强。在第二次世界大战结束后，百废待兴中心理学得到了迅猛的发展。

某些传统学派的部分偏激观念（如行为主义、精神分析）受猛烈的抨击，新的心理学思潮和融合流派相继产生。这些思潮并非以学派的形式出现，而是作为一种发展方向和角度去影响心理学的各个领域。一般认为，现代的心理学主要有以下五种观点，分别是：生物学的观点、精神分析论的观点、行为主义的观点、人本主义的观点和认知研究的观点。

一、生物学观点

生物学观点从生理学角度出发，基于生物学的研究发展基础之上，从观察生理现象的层面，来试图解释心理或者行为活动的产生和发展，随着科技和医学的迅猛发展，生理测量可能是描述解释并预测心理活动的基本手段和方式。

秉持该观点的基本共识有，所有的心理活动、心理和生理功能都是离不开脑功能，和大脑的内部结构生理结构有密切关系。其主要聚焦的问题是为脑功能的定位、心理免疫学、遗传在行为中的作用。引导心理学家在大脑、神经系统和内分泌系统中来探究行为背后的原因，哪怕再复杂现象，也能被分析或简化为更小更具体的单位来理解，并且主要通过身体结构和生物化学过程来对器官的功能说明解释。比如在看书的时候，生物学观点的学者可能会问："在这个过程中，你的脑结构和脑功能发生了怎样的变化，有什么样的影响？"

二、精神分析

精神分析强调人在本能、情欲、自然性的一面，肯定了非理性、无意识在行为中的影响，引入潜意识研究领域，它的影响远远超出了心理学，对其他学科和领域都有广泛的影响。

现代精神分析中的发展心理学核心观点是，根据个体的内驱力发展特点，建立客体关系和形成自我的过程来阐述心理发育过程。三者又相互联系：内驱力可以促使个体与环境发生交互作用进而建立关系，具体情境中个体依赖于哪种客体，常常由内驱力所决定。

三、行为主义

后来在行为主义阵营中，出现了新行为主义，主要以斯金纳、托尔曼等人为代表。他们在传统的"刺激—反应"（S-R）模式的基础提出了中介变量（O），认为在刺激和反应之间可能存在某些复杂的内在心理过程，如认知地图、目标等。20世纪50年代后，行为主义学派似乎销声匿迹，但行为主义的核心思想以及研究取向，已经潜移默化地融入心理学的各个研究领域中。

四、人本主义

人本主义的观点（humanistic perspective）由美国心理学家马斯洛和罗杰斯等人在20世纪60年代始创。人本主义心理学家强调自由意志（free will），认为人具有向"真善美"的本性，即跟我国孟子所提倡的性本善论是相近的，每个人都有向更好的自己成长、提升的内在动力，人类的主要任务是使个人自身的潜

能不断地发展，即自我实现（self-actualization），而且个体具有理性抉择的能力，可以自由选择去过他们认为更有创造性、更有意义和更令人满意的生活。强调个人都有内在意识、能够对自我问题进行自知，也即是自我反思、反馈，进而发挥自我潜能，从而自我实现。

五、认知研究

进化心理学（evolutionary psychology）是近二十年来心理学的最新取向，运用达尔文的"自然选择"理论和遗传学观点解释人类的心理活动和行为动机，人类在进化过程的千百万年，早已经历过沧海桑田，饱受磨砺和锤炼，由此生成了为了繁衍和生存的潜在心理机制，以适应周围恶劣环境的一次次挑战，这种心理机制经由多年多番自然选择而留存至今，是最适于解决进化过程中所面临的各类问题的认知工具。

本章回顾

自古以来，我们不仅始终探索自然界规律，同时也在不断地探索自身，特别是灵魂、心灵和自我相关的一切。在这一章中介绍了心理学的过去和现在，现代心理学是如何产生的？它在怎样的历史背景下产生？心理学不仅受到哲学发展的影响，还受到生理学等各领域发展的影响。

古希腊哲学家柏拉图和亚里士多德提出了基本问题：心智如何运作？自由意志的本质是什么？我们如何了解认识这个世界？

在近代哲学的思潮中，经验主义者——约翰·洛克在 17 世纪阐明了自己的观点，人们心智生来是白板，心智通过世界上的经验来获取信息，而先天论者——伊曼努尔·康德看来，人们生来具有心理结构，对他们的认知以及后来获得的经验产生了限制。

1879 年，冯特将心理学从哲学中独立出来，结束了相沿 2000 多年的哲学领域心理学，继而发展出各个心理学流派，我们介绍了主要流派，以及各个流派的主要人物和流派观点。

随着各学派间互相吸收融合，学科中整合趋势持续加强。二战结束后，心理学迅猛发展。我们介绍了当代心理学的几种研究取向；希望通过这些介绍能帮助你更快地"走进"心理学的科学殿堂，更好地了解心理学理论。

第二章 心理学概述

第一节 研究对象：心理学在研究什么？

一、个体心理

（一）认知

1. 认知的定义

"你现在身处何处？"

如何回答这个问题？首先需要感知和辨别周围信息，然后和之前的信息进行对比，最后组织语言来回答和表述答案，这就是认知过程，也被称为信息加工（information processing）的过程。认知（cognition）是所有认知形式的认知的通称，也可是说是你获取知识并且应用知识的整个过程。认知同时包括了内容和过程。认知的内容是你所了解的各种表征，概念、事实、命题、规则和记忆。

2. 认知过程

各类刺激信息留下了心理表征，你可以构建并利用他们去解决某些问题或者找到某些创造性的解决方式。这整个过程就是信息加工（information processing）的过程，也就是认知过程。

认知心理学将人脑与计算机进行类比，整个认知过程是这样的流程，首先人脑要接收到外界输入的信息，就像鼠标键盘等输入信号信息，经过 CPU 等加工处理转化为内在的电信号，进而支配其他处理流程。

对个体对世界的认识开始于自己的感觉和知觉，从无意识的吮吸到探索、触摸和内省，人对世界的认识不断深入。感觉是对事物个别属性和特性的认识，如通过五官和触觉等来获取到事物个别属性的信息，如基础物理特征，明暗、颜色、粗细、气味等。而知觉是个体对于事物的整体并连续的认识。通过对比和不断完善心理表征，此时事物的个别属性可以互相结合，形成对事物的整体认知，比如可以直接知觉出这是一本书，以及你身处何处。

然而感知觉摄入的信息知识和经历并非永久留存，人们在头脑中储存了大量的记忆。记忆使得人们能够了解周围的世界、他人和自我。记忆中储存的信息也为思维活动提供基本材料。人不仅能直接感知个别、具体的事物，同时可以用已储存的知识去概括地、抽象地认识了解事物，从而揭露事物的内部联系和本质，

形成事物的概念，对问题进行推理和判断，从而解决问题，做出决策，这就是思维的过程。人还能通过语言就思维活动、认识的过程与他人进行交流，思维和语言的关系一直是心理学家关注的重点。

（二）动机

大家为什么争相购买 iPhone？为什么会游戏成瘾？为什么热衷自拍？为什么想要吃饭、睡觉？为什么想要一个拥抱？为什么想要钱？如果仔细思考，可能会发现这些欲望通常只是达到目的的手段而非目的本身。吃饭也许是缓解饥饿；拥抱也许是因为安全感；想要钱，也许是为了维系社会地位，得到他人对自己的尊重。

即使同一个欲望，很可能受到文化等原因而表现得截然不同。在一些部落里，可以通过狩猎获得地位，现代社会则需要通过财富职业各方面来获得地位。即使同一个行为，背后的动机也可能截然不同。吃饭也许是为了缓解饥饿，同样可能是需要安全感。此外，并非每个行为背后都有对应动机，许多行为是无动机的，也就是说，并非所有的行为都是对某一种需要的响应。

1. 动机与需要

（1）什么是动机？

Motivation 是来源于拉丁语 movere，意思是"移动、趋向于"（to move）。动机是对所有引起、指向并维持整个生理和心理活动的过程的概括性的统称。所有的生物体都会转向某些刺激或者远离其他的刺激和活动，这主要由它们当前的需要以及喜好来决定。动机理论既解释了包括人类所有生物体的"趋向"的模式，同时也在一定程度上分析了个体行为偏好的原因。

（2）什么是需要？

动机的基础是各种各样的需要，需要（needs）就是个体在生理或心理上的某种不平衡状态。当某类需要没有得到满足时，它会驱动个体去主动寻找可以满足需要的事物，这就产生活动的动机。比如，正常人体需要维稳，当平衡被破坏时，体内的调节机制会自动地进行校正。

（3）需要和动机的关系

维持体内平衡并不能仅靠人体自动装置，同样需要某些内在推动去促进人们进行某项活动，并把活动引向某一目标时，需要就成为某些行为的基本动机。例如，饿的时候，饥饿感会促使你去寻找食物；孤独感促使人寻找某些共鸣和温暖等。综上，他们的关系就是，需要是积极性的重要源泉和来源，是激发人们去进行各种各样活动的来源自身的动力。

2. 需要层次理论（hierarchical theory of needs）

由马斯洛提出，他认为人的需要是由以下五个等级所构成。

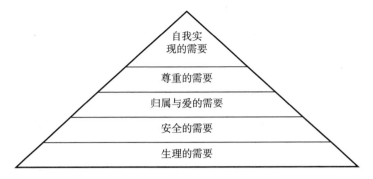

（1）生理的需要（physiological need）

主要是对空气、睡眠、性、食物和水的需要等。最基本的，吃饱穿暖，能够活着。正所谓"仓廪实而知礼节，衣食足而知荣辱"。

（2）安全的需要（safety need）

人们希望处于稳定安全、有秩序、免除恐惧的环境等。如，希望有安定的国家、路不拾遗的社会，这些都表现安全的需要。

（3）归属、爱的需要（belongingness and love need）

同时也被称为社交需要，人们希望可以和他人建立稳定的联系，如，结交好朋友、追求甜蜜的爱情、创建家庭和参与团体等。

（4）尊重的需要（esteem need）

希望被人接纳的同时能够有人认可自己的实力，肯定自己的成就。如果尊重的需要被满足，则会表现出自信、独立的态度。在遇到挫折或者困难的时候，能够有足够的勇气和底气去处理与应对。

（5）自我实现的需要（self actualization need）

自我实现是人本主义核心观点，自我实现主要是指想要充分地发挥个人潜能的心理需要，属于高级需要，在自我实现的过程中同样也体现了创造力和自我的价值。主要表现为人们都希望体现自我价值，找到发展方向，赋予事情意义。在人生旅途中，自我实现的形式内容、对人生价值的定义各不相同。无论性别、职业、年龄，我们都需要对各种价值进行取舍，也就是对人生价值进行梳理和选择。罗杰斯认为理想的人生是一个过程，而不是一种生活状态。是一个方向，而不是一个终点。人会自然地争取获得生活的最佳满足感。他把实现这一目标的人叫作充分发挥潜能的人。

马斯洛对这五种需要的关系进行进一步阐述，马斯洛认为，每个个体与生俱来的，它促使一个人的成长、发展以及实现自我潜能。这几种需要之间有不同级别和高低先后，这几种需要互相重叠后，最终的整体需要成了激励和指引个体行为的力量。按照我们介绍的顺序，需要的层次依次升高，层次越低的需要力量越强，潜力越大，即：生理需要驱动力最强，当无法生存下去时，人类的理性非常有限。而后随着需要层次上升，该需要力量相应减弱。同时，只有在低级需要得到满足或部分得到满足之后，高级需要才有可能出现。比如，生理需要层次最低，驱动力量最强，自我实现需要层次最高，需要前面的需要被满足或者部分满足后才可能出现。

马斯洛的理论反映了很多社会问题。马斯洛坚定地认为，文明的存在取决于我们发展自己全部潜能完成自我实现的能力，他强调自由意志、有意识地选择、独特性、人们战胜童年经验的能力以及天生的善良。一个人的人格受到遗传和环境的共同影响，我们的最终目标是自我实现。

3. 动机与效率

虽然通常认为动机越强，效率越高，就想我们都知道"Deadline 是最终生产力"，适当的压力可以增加我们做事情的专注力和效率；但事实并非如此，欲速则不达，过重的压力会让我们在完成任务时发挥失常崩溃，甚至一蹶不振。耶克斯—多德森定律基本上可以这样感性地理解，它是一个阐述与动机强度和工作效率关系的定律。

耶克斯—道德森定律：耶克斯道德森（Yerkes & Dodson）在 1908 年提出该理论，核心观点主要有，各种任务活动都存在某个最佳的动机强度，动机与效率之间是倒"U"形曲线关系。如图所示。

中等强度的动机水平，即适度的动机，最有利于任务的完成，当动机处于中等水平，工作和学习的效率最高。一旦动机过强，反而会起到反作用，阻碍任务的完成，即过犹不及。例如，学习动机太强，可能会急于求成，考前焦虑和紧张，无法接受失败，或者失败后一蹶不振等。

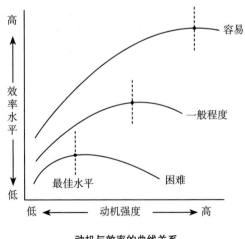

动机与效率的曲线关系

（三）情绪

人的行为不仅仅受认知过程支配，因为情绪（emotion），如喜、怒、哀、乐、惧等，使我们的生活变得丰富多彩，也使人的心理变得难以捉摸。人有哪些基本情绪？情绪和认知有什么关系？情绪的生理基础是什么？人如何调节情绪？所有这些对情绪问题的研究会使我们对自己、对他人多一分了解。

人并非完全理性的动物。我们的生活充满情绪，欣喜、焦虑、孤独恐惧……这一切使我们的心理世界纷繁复杂。情绪最能表达人的内心状态，可以说它是心理状态最直观的反应。

1. 情绪的含义

虽然我们经常把情绪看作某种感觉——"我觉得很快乐"或"我觉得生气"。但是情绪和感知觉的定义完全不同。

情绪更为复杂，情绪是一种复杂的身心变化的认知和行为模式，包括生理觉醒、感觉、认知过程和表情，以及做出具有某种意义的特定行为反应。心理学一直在研究情绪的内在机制。一般来说，情绪的产生过程是，感受并加工了外界输入的信息之后，个体心理内部产生了对这个事物的正向或者负向态度，进而引起的主观情绪体验。由于情感在个体本身的认知基础上产生，但又对认知产生了巨大影响，所以情绪也被看作调节和控制认知活动的一种内在心理因素。

也有人这样认为认为，个体本身已经存在某种态度愿望和经历，当客观事物或情境符合主体的愿望和需要时，就能引起积极的、肯定的情绪，如此看来，情绪是基于主体内部期望和状态的心理活动。例如，我偶然看到的题目出现在了高考试卷上，我想吃的蛋糕正好买一送一等等；反之，客观事物或情境不符合主体内部的期望需要时，就引起消极、否定的情绪，比如，我在某次重要考试中发挥失常，遭到莫名的敌对，等等。

2. 情绪的 ABC 理论

同样是打翻了半杯牛奶，有人会说："太烦了，浪费了一半！"，也有人会说："太幸运了，居然还剩一半"。为什么同样的事情会引发不同的情绪和感受？

情绪的 ABC 理论由美国心理学家埃利斯提出，基于前面所说，情绪基于主体的内部期望而产生，俗话说"没有期望就没有失望"。在该理论中，把 A（antecedent）当作某个遇到的事件，把 B（belief）当作个体对事件的内部想法或者期望等心理状态，即对这件事的一些看法观点。C（consequence）表示个体最终产生的情绪和行为表现。

有前因 A 必然产生后果 B，但是有同样的前因事实 A，比如，两个人都打翻了半杯牛奶是事实，但是产生了不一样的 C，一个是庆幸一个是懊恼，这是因为从前因到后果之间，透过信念并不相同（B1 和 B2），不同个体内部的理念以及评价解释不同，所以会产生不同的情绪体验。

棉花糖实验的设计者米谢尔教授说："我们无法控制这个世界，但我们可以控制自己如何去看待这个世界。"情绪 ABC 理论可以看出，我们无法控制 A，却可以改变 B，来获得更好地体验或者情绪 C。

（四）能力

英语中的能力通常用两个词来表示：aptitude 和 ability。aptitude 指容纳、接受，或保留事物的可能性，就像班上的学霸不仅是学习，可能学其他方面也都很快；而 ability 指个体在某项任务或活动上现有的成就水平，就想打球厉害的人编程不一定厉害。在这个意义上，能力不是指现有的成就，而是指个体具有的潜力和可能性。我们平时所说的能力同时包含了以上两方面的内容，一般能力和某些特别能力。

能力作为一种心理特性，无法直接度量。但个体能力又能通过成功地解决各种实际问题而表现出来。因此，分析一个人如何解决问题，以及最终成果，可以间接判断其能力。我们耳熟能详的智力测验即一般能力测验。

测验看不到年轻人穿的是破烂衣裳还是高级套装，也听不出贫民窟的口音。

——加德纳

（1）两种成分？

心理学和统计学家斯皮尔曼认为，能力可基本可以看作由两种因素组成，一种是一般能力或一般因素（general factor），代表人的基本心理潜能，简称 G 因素，类似前面说到的 aptitude，是决定一个人能力高低的主要因素。由于 G 因素需要参与到各种认知和智力活动中，比如记忆力，所以即使是完成不同任务，成绩上也会出现正相关，比如学霸的表现；而另一种是特殊能力或着称为特殊因素（specific factor），简称 S 因素，类似 ability，它是完成某些特定任务或活动所必需的能力，比如游泳跑步或者画画等。

（2）智力测验

一般能力测验，即普遍流行的智力测验。20 世纪初，比纳和西蒙提出第一个智力量表。目前世界各国普遍流行在学前或者对学生进行某些智力测验。测量人的智力结构，探究智力成分，了解人的智力水平，对做好教育、医疗工作，合理选拔人才具有重要的意义。

（3）不是两种，不是成分

美国心理学家，加德纳旗帜鲜明的反对了传统智力理论的某些核心观念，他认为，简单粗暴地使用智力测验来把学生儿童进行分类打上标签甚至是一辈子的烙印是不合理的，加德纳认为，不必采取因素分析法或者相关分析来对智力组成因素进行探索，也不必采用各种流行的智力测验来鉴别孩子们智力水平的高低。他认为，简单粗暴地使用智力测验来把学生儿童进行分类打上标签甚至是一辈子的烙印是不合理的，现在流行于大众的一般智力测验纷繁复杂，不能很好地反馈积极有效的信息，也只是侧重测量对知识记忆的容量，最终的结果只能是窄化认知能力。

加德纳在智力多元论指出，智力定义是，是在某个社会或者某个文化环境的价值评判标准下，个体能用以解决自己真实遇到的各种各样的困难或创造出某种具有高价值作品时能力，换句话说，智力是解决实际问题和创造价值时所需要的能力，同时，评价体系并不单一，并非仅仅是成绩。智力是由这样七种能力所构成，自知能力、语言能力、空间能力、音乐能力、社交能力、运动能力和数学逻辑能力。

（五）人格

世上没有两片完全相同的树叶。

——莱布尼茨

1. 人格的定义

词源学的探究发现，古代汉语中没有"人格"这个词。人格是个体稳定特征的综合体，是带有个人色彩的认知行为等综合反应模式，从对外界信息的反应可以一定程度上表现出个体的一些思想、某些情绪和行为。

"人格"最初源于古希腊语"persona"，后来经过日本流传而入，原意是在希腊戏剧中演员需要戴上能体现该角色身份性格特点面具，就像是京剧的红脸白脸等，一看即明。在心理学中沿用"面具"这一深层含义，即：人格是复杂的结构系统，并且存在两层，一是在社会文化习俗的要求和期望之下，表现出的整体反应，另一个是指个人内心性格特质。

2. 人格的结构

人格是一个复杂的结构系统，最主要的有气质、性格、自我调控系统。

（1）气质（temperament）

气质是由生理，尤其是神经系统的结构和机能决定，主要表现在这样几个维度：心理活动的强度（如，情绪体验的强度，有人生气可以怒发冲冠，有人却很难感受到情绪的波动）、速度（如知觉的速度或反应的速度，有人生气来得快去得快）、稳定性（如注意力集中时间的长短，有人可以长时间专注于此）、灵活性（如思维的灵活程度，认知或者想法是否多变）和指向性（如有人倾向从外界获得新印象，有人倾向于经常体验自己的内部世界）等方面的稳定的心理特征。

气质一般来说是不可改变的，俗话说"江山易改，本性难移"。人的气质是先天形成的，由神经系统活动过程的特性制约，与人们常说的"脾气"或"禀性"相似。气质是人的天性，没有好坏之分，不直接具有社会道德评价的含义。它源于个体的体质特点和遗传，是人格中由生物性决定的方面，是人格形成的基础。

（2）性格（character）

性格，通常是指一个人的品行道德和风格。性格是与相处社交活动中最为相关的人格特征了，对外界信息和刺激，它可以表现出个体对他人或者某些情境的态度和行为方式。与气质一样，性格也是人格的重要组成部分；不同的是，性格是有关社会评价的一部分内容，具有道德评价含义，受到环境影响，体现了社会文化的内涵。性格有好坏之分，我们可以对性格进行善恶、是非和好坏的评价，如忠诚、奸诈、多疑和轻信等。性格在后天社会环境中逐渐形成，是最为核心的人格差异。

（3）自我调控系统

自我调控系统是人格中的内控或者说自控系统，其功能是对人格的各种成分进行一定调控，最终目的是保证个体人格的完整、统一与和谐。

为什么有的人气质和性格高度相似，但处境和经历常常不同，主要是因为自我调控系统的差异，自我调控系统具有三个子系统，分别是自我认知、自我体验和自我控制。

自我认知，简单来说是，我如何认识自己，我是否了解、是否可以洞察明晰自己的特点，其中也包括自我观察和自我评价。自我观察是指对自己的感知和思想有一定的觉察，比如，我听到她的话，感到有些难过；自我评价是指对自己的想法期望等进行的判断与评估，我的情绪会逐渐平复，但可能依旧在意。自我体验，基于对自我的认识而产生的某种内在或内心体验，同样也是自我意识在情绪和情感上的表现，比如，我感到自豪和骄傲。最后是自我控制系统，自我控制是自我意识在行为改变上的某些表现，是从自我意识的层面上主动进行调节的方式，是个体能动性的体现。

二、社会心理

（一）"小我"和"大我"

人生活在社会中，在他人身上获得亲和力和安全感，在群体中体现出存在的价值并与他人存在着各种各样的关系。我们的行为和心理过程受到他人的影响，同时也影响着他人。

社会心理与个体心理的关系，个性寓于共性之中，就像共性与个性的关系，但是又会具有某些独特特征和性质。但由于人的本质属性是社会性，社会心理作为个体的一种重要社会现实，直接或间接地影响着个体心理或意识的形成发展。社会心理是在当下社会背景中以及共同生活的环境中产生并表现出来的，它是该社会群体中典型的心理特征，并非个体心理特征的简单之和，因此社会心理不能离开个体心理，那么，社会心理也成了心理学的重要研究领域。

社会心理学（social psychology）：研究人们如何认知社会、认识他人、影响他人、处理与他人的关系以及社会环境如何影响个人的学科，一门和我们息息相关的学问。

社会心理学

（二）逐渐社会化的"社会人"

1. 建构的"事实"

老板对下属关爱有加，呵护备至，这是事实，但如何建构，所有人都可以"各取所需"——人们利用过去的知识来影响对当下事情的解释——这个解释必然会带有个体的情绪、教育经历和家庭背景等，社会情境都是被建构的"事实"。

这种先验经验，就像时刻戴着的眼镜。外面世界的一切信息进入眼睛里，永远都要被这副眼镜处理、加工、折射一次，眼镜有它自己的意志和喜好，有些信息会被始终过滤掉，有些信息会被凸显加强，还有的信息可能会在加工过程中被扭曲丢失重构。

2. 社会化

社会化是一个漫长持续的过程，从一个孩子呱呱坠地时起，从和外面世界进行第一次互动起，个体就要与整个社会环境进行持续地交互，并且还会从中吸收内化社会文化、社会习俗和行为规范，并且必须承担起其中某些社会责任，扮演一些社会角色，进而形成完整人格，最终能够成为一名合格的社会成员，融入整个社会生活。由此，社会化是社会学和心理学等多门学科领域共同关注的课题。

（1）强制性

个体始终置身于这个复杂多变的社会环境中，个体的身心发展阶段中，社会会以不同得到的形式和途径影响你的认知、行为模式和性格。同时也可以发现，无论愿意与否，个体的行为方式也好，认知定式也好，甚至思维方式都会自动地被周围环境以及关键人物所影响。社会化几乎是不以个体的主观意志为转移的。

（2）能动性

虽然具有强制性，但随着年龄的增长，个体越来越得多地表现出能动作用，逐渐意识到自我的自觉性和积极性。即便是看似非常缺乏能动性的小孩，也同样可以展现其能动性，他的哭笑闹静，都不同程度地改变着周围人的行为和认知。随着身心的进一步发展，会对社会价值文化的认知和选择表现出更多目的性和积极性。

（3）层次性

从纵向角度来说，人成长的过程要经历几个时期——婴儿期、幼儿期、学龄期、少年期、青年期、成年期、老年期。在人的生命周期中的各个不同阶段，社会化又有着不同的内容、任务及其特点，使人们感到它是有层次、有规则的，以及始终一贯的。从横向的角度来说，凡是有人群的地方，总是有先进、中间、落后之分，因此他们的社会化也是有着不同的内容、任务及其特点，同样地也体现为层次性。

（4）持续性

个体从出生到死亡，都在始终不断地经历着社会化的过程。在这一过程中，个体在不断地进行交互，社会化过程贯穿人的整个一生之中。

第二节　未来心理学发展热门方向——网络化

随着互联网的迅速发展和普及，一个网络化、数字化、虚拟化和互动化的虚拟世界悄然融入每个人的生活。

一、我可以是任何人

"网络世界没有人知道你是一条狗。"

置身虚拟世界，可以随心所欲地扮演着自己好奇的、希望的角色，这给个体的自我存在带来了新的形式——虚拟自我（virtual self），虚拟自我是指，在网络空间中构建并被认为确实以某种形式存在的自我概念，虚拟自我中同样包括自我察觉、自我形象以及自我情感。

凭借着各种感官（视觉、听觉、触觉感知等）积极地参与网络活动并沉浸其中，也包括越来越多的娱乐、社交行为等，逐渐将自己感知为赛博空间（Cyberspace）的一部分。有人甚至将自己完全改变成另一种形象，并且以"重生"的新身份与他人进行交流互动，从而在网络世界中建构出新的"自我"。

"在这里，我可以是任何人。"

二、线上 VS 线下

"网络重拳出击，现实唯唯诺诺。"从网络的双重人格角度来看，可以将虚拟的自我看作个体在网络中呈现出与现实中彼此独立且相对完整的人格特质，这两种人格在情感态度和行为方面会各有不同或相似，有时甚至截然相反，这个网络中的虚拟"自我"可能是完全不存在，也可能表现出现实生活中真实"自我"的多个特征。

（一）创造性

在网络中创造一个新的自我的形象比现实中改变要容易太多了，这样在网络世界就可以弥补现实生活中存在的某种缺憾，大长腿、瓜子脸和六块腹肌的缺憾，补充了现实自我的缺憾，同时释放了压抑的自我。有研究表明，生活中默默无闻的人们倾向于创建那些具有吸引力、能与邪恶势力敌对的正义化身。对于这些人来说，新创造的自我形象有意或无意地反映出他们幻想或希望成为的人。当他们成功地扮演了相应的虚拟角色时，由于新身份持续带来的心理认同感，人们将会把创造的自我形象与真实自我联系起来，并有意或无意地参照角色预期来塑造自我。由此可见，形象创造性特征可能有助于人们将网络世界中的成功经验带到现实中去，从而积极地影响自身的日常生活。

（二）匿名性

匿名性是网络世界的显著特征之一，也是形成虚拟自我的前提条件之一，正是因为个人匿名性，人们才会在网络上表现出现实生活中未曾呈现的自我。大家可以通过各自在网络上创造的虚拟形象或符号表征与他人建立联系，这种个人匿名特征有效避免了现实生活中面对面的自我呈现。

网络的匿名性和社会交互性给人们提供了一个广阔且安全的空间，每个人都能够在上面表露甚至扮演不同类型的自我，展现性格中鲜为人知的一面。可以在网上真实吐露，表现自我的隐藏面，不用担心"社死"，也不用担心在真实生活

中可能出现的社交圈子的批评反对和指责。

但是，匿名性可能呈现出去个性化的特点，隐匿环境中的人在一定程度上丧失同一性和责任感，自我导向功能削弱，并且容易做出一些一般状态下不会做出的行为。相比于现实生活，网络自我的匿名性带来的安全感容易引发去个性化状态。网络暴力的成本之低难以想象，在这样的状态下，网络中的化身线索也更容易影响个体的自我意识。

（三）多元性

由于网络世界给人们提供创建和拥有理想自我的自由空间，使个体同时拥有多种角色成了可能。人们在不同的网络虚拟情境中可以扮演多个不同的角色，如在不同种类的网络游戏中都有化身，甚至相同情境下也具有不同的数字化角色身份。在网络上，角色多元性可以满足用户的各种需求。有研究者从自我决定理论（Self-Determination Theory，SDT）的视角出发考察了网络游戏玩家的一系列潜在欲望、目标和动机，结果发现不同角色的扮演可以满足个体"能力""自主""关系"等不同需求，进而预测其在游戏过程中获得的满足感。同时，该理论框架还能够帮助人们更好地理解个体在虚拟环境中的选择，如人们是怎样选择角色类型、角色等级并使用角色工具。

网络自我的角色多元性可以让人们自由穿梭在不同的虚拟平台中，扮演着不同的角色，跟不同的人进行社交互动。在我们看来，这种多元性一方面可以帮助个体弥补现实缺憾，实现自我完善；另一方面也容易造成扮演者出现角色分裂，进而影响现实生活。

（四）客体掩蔽性

网络中的虚拟情境会给人带来安全感，可以完全隐藏不想表露的外部特征，非常有助于自己构建一个与现实物理世界中完全不同的自我，即使做一个"照骗"，也不怕被拆穿。其中，生理外表线索的缺失能帮助身体自我认同感较低的个体在网络上掩盖身体缺陷，使其更为轻松自在地展现自己，这种客体掩蔽性能够让他们在网上获得新的自我体验，继而带来对自己新的认识，有利于自我意识的全面发展。而对于那些身体自我认同感较高的个体而言，在排除了身体带来的聚焦之后，他们能够获得别人对自身其他方面更为客观地评价，这种由于掩蔽性得到的客观肯定将有助于每个人更全面地认识自己。

有研究发现，具有社交焦虑特征的个体很少在网络交往中使用摄影头，这种具有客体掩蔽性的虚拟环境能够让他们免于焦虑、不再害羞。可见，非言语线索的缺失形成的掩蔽性可以有效缓解高社交焦虑者在网络交往中的焦虑感，较好地促进他们进行自我表达，从而表现出另一个不同的自我。

三、网络上"抱团取暖"

网络社会支持（online social support）

网络社会支持是在线互动的一种行为，据不完全统计，大概每年有 30% 的人可以通过网络来获得健康信息的社会支持。比如，目前在 B 站，成千上万的"95后"抑郁症患者在抱团取暖。

网络社会支持具有匿名性、易得性等特征，比传统的线下社会支持更具吸引力，也更容易引起共鸣，在未来，可能线上社会支持是现实社会支持的有利补充甚至的取代。

在 B 站，在某些求助或者迷茫视频的评论里，大家的回复都会极尽温柔，表现出接纳和认同。这种情感型的互助有时候会表现为一种团结，对于看上去有敌意的语言，大家会共同反击，进而获得归属感和人际支持。

第三节　人工智能 + 心理学 = ？

一、人工智能（AI，artificial intelligence）

自 2016 年 AlphaGo 战胜围棋冠军来，AI 技术受到各领域高度重视，各国政府也从各个方面对此展开布局，比如政策出台以及资金投入来增强这方面的研发力量。国家层面的重视加速了 AI 的产业规模的发展速度。在各个应用层面迅速落地并拓展，比如教育医疗、安防交通等等，大大减轻人力投入和冗余工作。新的算法层出不穷，语言图像识别越来越精准，自然语言处理分析越来越准确，并且可以开发更多新的算法，造福人们生活，掀起了 AI 的讨论发展热潮。

二、AI+ 心理教育

有关 AI 与心理健康的文献在逐年上升，最早关于 AI 与心理健康的文献出现在 1985 年，之后相关文献量逐渐上升。2015—2019 年，AI 与心理健康相关的文献增长速度大幅增加，这些数据都反映了心理健康急需 AI 技术辅助的趋势。

人工智能进入学校的心理教育中，为心理教育带来更多的互动与情境式体验。目前学校里心理教育的处境是比较尴尬的，一方面是教育部强制要求学校加强心理健康教育，另一方面是学生对现有心理教育方式并不接纳，或许有人工智能的帮助，会改变这一现状，让大家更加重视。这里假如加上聚类分析的算法，可以结合个体的经历与感受实现定制个性化的心理教育，针对性也会相应更强。

随着医疗保健数据可利用性的提高和分析技术的快速发展，AI 正在给医疗保健领域带来研究范式的转变。

本章回顾

在第一章中提到，我们有各种各样的问题，比如，人的本性怎样？人和其他动物的区别和联系是什么？人有哪些需要？心理学，就是采用科学方法对这些问题进行研究的独立学科。

接触心理学时，首先想到的问题可能是，心理学在研究什么？为什么能够揭示心灵奥秘？在这一章中，首先简要地回答这个问题，从个体和社会心理的角度分别介绍了研究对象。

其次，介绍了在互联网迅速发展的背景下，我们的心理出现了哪些变化，网络对我们有何种影响，借助网络的力量，我们可以做些什么。

最后，当下人工智能的迅猛发展可以打造或者模仿人类的认知思维等，其理论科技优势对心理学的应用发展具有重要推动作用。比如，随着医疗保健数据的完善和分析技术的发展，AI 正在给医疗健康领域带来巨大转变，包括聊天机器人、虚拟宠物和电子治疗游戏等。

第二篇

青年心理相关问题解析

第三章 青年心理相关问题的由来与特点

青年，如初春，如朝日，如百卉之萌动，如利刃之新发于硎，人生最可宝贵之时期也。青年之于社会，犹新鲜活泼细胞之在人身。

——陈独秀

青春时期的任何事情都是考验。

——[英]史蒂文森

青年们的风采从来都是积极的，他们正处于人生最富有活力的时期，头脑灵活，精力充沛，希望在大学校园里吸收更多的知识，施展才华。

但当代青年在渴望"指点江山，激扬文字"的同时，也有许多烦恼：陌生的环境、沉重的课程、与各种群体的交往、对自我形象的不确定、对理想和职业的迷茫、就业的压力、同龄人之间的竞争、恋爱的烦恼……

这些烦恼看起来因人而异，但其实有很多共同点。年轻人的身心仍处于快速发展阶段，走向成熟。但当他们刚刚摆脱家庭的保护，第一次站在走向社会的道路上，他们会感到不适应，发现自己的信念与现实世界的冲突。他们发现，他们有一个新的人生课题要做得更多。因此，一方面，青年人感到自己精力充沛，掌握的知识、学习方式和社交技能迅速扩充，自己越来越强大。另一方面，内心躁动不安，不知道如何达到内心与现实的统一平衡。

本章从青年的心理特征及其与外部压力相互作用的特点出发，探究青年常见心理问题的来源和特点。

第一节　青年人的生理心理特点

一、生理特点

青年的身体已经发育成熟，而且处于一生中的巅峰状态。其各项生理指标都达到一生中的最健康成熟的状态，具体表现在身体的各个系统的成熟。

中枢神经系统功能显著发展，并逐渐成熟。大脑的发育将在青年期继续，中枢神经系统的兴奋和抑制过程趋向平衡，使得青年比青少年时期情绪更加稳定。网状组织的髓磷脂化过程持续到30多岁，脑髓磷脂化过程是脑发展的重要指标，脑髓磷脂化的程度越高，神经元之间的信号传递越敏捷。在青年期，中枢神经系统的功能达到了最佳状态，青年的学习能力、综合分析能力很强，因此青年期是学习技能、发挥创造力、打下职业基础、积累经验的黄金时期。

肌肉丰盈有力，反应灵敏。基础代谢率高，不容易患代谢性疾病。青年的身体灵活、敏捷、有力量、有韧性，能够适应多种环境。

心输出量和肺活量在 25 ～ 30 岁最佳，达到人生最大值，30 岁以后开始缓慢下降。青年的心肺功能增强，血压稳定。

消化、吸收功能增强，有利于营养物质的吸收。

免疫力增强，内分泌及代谢功能旺盛。这一年龄阶段是人一生中疾病发生率最低的阶段。

生殖系统发育成熟，功能良好。青年之间会有性的相互吸引和需求，他们在这一时期寻找伴侣，组建家庭，生儿育女。

二、认知思维的特点

1. 抽象的思维模式

心理学家皮亚杰认为，人们的思维模式在 12~15 岁进入形式运算阶段，在这个阶段，孩子们可以将形式和内容从头脑中的具体事物中分离出来，在假设的基础上进行逻辑推理思维。进入大学接受教育的青年继续抽象化这些具体内容。

2. 辩证逻辑思维的形成与发展

个体在 18~19 岁时，思维发展的主要任务是获得与社会文化相关的符号系统，达到对社会的适应，实现社会化。进入成年期后，个人经过进一步学习，已经基本掌握了本民族的文化和社会道德体系，能够适应社会的基本要求。因此，成年初期个人在学习和掌握知识方面面临的目标，不再是知识的获得和占有，而是如何运用知识、经验、技能和道德规范更好地解决各种问题，承担社会责任，履行社会义务。如何达到新的适应，最终获得自我发展。成年初期个体需要独立面对更复杂的社会环境，完成社会角色赋予他们的任务，所以在青春期表现出来的形式逻辑思维特征的基础上，他们还需要发展出辩证思维、相对思维和实践思维。

心理学家帕里和布朗（Pery & Brown，1979）等人通过研究证实，当个体进入成年早期，思维逻辑逐渐不会那么绝对，相反会以更加辩证的观点看问题。这一变化的一个重要原因是个人认识到围绕同一问题存在着多种不同的观点，也有不同的解决问题的方法。帕里系统地研究和总结了青年思维的发展，发现这种转变有三个阶段。

二元论阶段（dualism）：即看待事物有两极化的倾向，要么错要么对，要么好要么不好，对问题和事物的看法非黑即白。处于这个思维水平阶段的人会把已有的知识看作固定不变的金科玉律，他们也容易听从权威。由于他们凡事都追求一个确定和正确的答案，而现实情况往往十分复杂，所以他们常为理论和现实的差异或者在现实中找不到最好的解决问题的方案而伤透脑筋。

相对性阶段（relativism）：在这个阶段，个体并不把被动所获得的知识看作不变的真理，而是通过自主思考，比较不同的理论和观点，自己整合出一个有效的理论来解释现实。在这个阶段，个人思维过程的抽象性和理论性已经达到了非常高的水平。

承诺性阶段（commitment）：这个阶段的个体不仅可以进行抽象的逻辑思维，而且在分析事物时也有自己的立场和观点——对各种现象的解释可以有一种相对的态度，意识到一切运动和变化的本质。因此，他们可以坚持自己所承诺的立场和思想观点，也可以随时加以调整。

上述三个阶段的具体内容，反映了早期成人个体从形式逻辑思维到辩证思维的转变。

3. 创造性思维的形成与发展

创造性思维的特征包括自主性、新颖性和具有社会价值。创造性思维是在继承人类社会积累下来的知识和经验的基础上，为了解决人类尚未得到解决和认识的问题，进行具有开创性、发现性和突破性的思维活动。

我国学者王极盛（1986）曾系统性地研究了众多科学家、发明家创造力的发展特点，发现他们的最佳创造性成就一般出现在 25 ～ 45 岁。美国学者韦恩·丹尼斯（1966）对于艺术家、科学家和人文学家的创造力发展研究发现，在不同领域创造思维达到顶峰的时间不同。人文科学家的创造性成就会从 40 岁左右一直持续到 70 岁左右，而艺术家和科学家在 50 岁以后创造性成就逐渐减少。

丹尼斯的研究还表明，无论是在科学领域，还是在艺术、人文学科领域，都存在一个共同点。也就是说，相比于以后的各个年龄段，个人在 20 岁左右还没有进入创造性思维的高峰期。中国学者潘洁（1983）也得出了同样的研究结论。潘洁根据吉尔福德的智力结构理论对青年创造性思维的发展特点进行了研究，得出结论：青年发散思维（创造性思维的主要形式）有一定的发展，但表现的个体差异较大；发散思维的质量发展水平也存在差异。总体来看，思维流畅性发展最好，灵活性次之。灵活性要求个人从不同的方面考虑问题，因为涉及面广，相对困难。独立是发散性思维的本质，青年人在这里的得分与其他品质相比是最低的。其原因可能是，在思维活动中表现出独创性，意味着各种思维成分之间的重组。因此，个人以新的、独立的视角来认识和反映事物是最困难的。由此可见，在青年阶段（即成人早期的早期阶段），创造性思维有了相当大的发展，但尚未达到成熟水平。还处于创造性思维发展的积极准备阶段，此时，有意识地培养和锻炼青年创造性思维相关的思维能力，对其创造性思维的不断发展、完善起着非常重要的作用。

青年的智力水平处于人生的高峰期，抽象思维、思维独立性提高。各智能要素已达到成熟状态，他们迫切希望深入探究事务的本质规律，充分发挥抽象思维能力和创造力，而不是满足现象的——罗列和现存状况。但也因此容易出现主观片面、固执己见、脱离现实、怀疑一切的倾向。不过随着经验的积累、辩证性思维的不断成熟、看待问题的角度不断全面和独特，青年将逐渐发挥出自己的创造力。

第二节　青年所处的发展阶段和发展任务

一、成年早期的自我同一性

在不同的语境下对青年年龄有着不同的界定。联合国认为青年是 15～44 岁的人。根据心理学家埃里克森的社会心理发展理论他们属于成年早期，成年早期大约从 18 岁开始，一直到 40 岁。这一时期是个人生涯发展过程中从青少年走向成人的第一个时期。从这个阶段开始，个人将成为能够承担社会责任和义务的真正意义上的社会人。恋爱、婚姻、家庭的建立、事业的选择和事业的发展，刚刚进入成人社会的各种不适应，以及由此产生的心理困惑，是成人早期发展任务和需要解决的主要课题。

青年的大部分心理问题，在成长阶段，是由于自身生理、心态的发展和变化、生活环境、学习方式、社会交往模式的变化以及自我认知的深化、亲密关系的构建、就业方向的探索和确认等诸多亟待解决的问题造成的。

★知识链接★

美国发展心理学家和精神分析学家埃里克·埃里克森于 1968 年提出人一生的心理社会发展经历八个阶段。每个阶段都有特殊的社会心理任务和心理冲突，完成这一任务，解决这一冲突被认为是人格健康发展的前提。如果这一时期的社会心理任务完成了，就可以顺利地进入下一阶段的发展。如果不能完成，人格就会故步自封，出现社会适应上的缺陷和不足。

婴幼儿阶段

1. 婴儿期（0～1.5 岁）：基本信任与不信任的冲突

宝宝不是只满足生理需求的"不懂事"小动物。从孕期开始，个人心理开始发展，身心总是融为一体。婴儿时期的心理冲突是基本的信任和不信任。当婴儿的生理需求得到及时满足时，他们会感到舒适。感觉环境很安全，护理人员很可靠。信任在人格中形成了"希望"的品质：有信任感的孩子憧憬未来，富有理想，相信自己有能力去追逐理想。相反，当需求得不到及时满足，信任感得不到建立时，在随后的人生阶段，就总是担心自己的需求得不到满足。

2. 儿童期（1.5～3岁）：自主与羞怯与怀疑的冲突

这个时期，孩子学会了自主控制身体动作的技能，可以根据自己的意愿决定做什么不做什么。一方面，家长要训练孩子的行为，使其符合社会规范的任务，即养成良好的习惯，比如训练孩子大小便，让他们以脏兮兮的大小便为耻；训练他们按时吃饭、节约粮食等。另一方面，孩子想自主控制饮食和排泄的方式，产生了控制和反抗的冲突。父母应该在尊重孩子自主意愿的同时进行社会化训练。如果放任不管，就不利于孩子的社会化。相反，过于严厉会伤害孩子的自主感和自我控制能力。如果父母不恰当地保护和惩罚他们的孩子，孩子们会变得多疑和羞愧。

3. 学龄初期（3～6岁）：主动与内疚的冲突

如果在此期间鼓励孩子的主动探究行为，孩子就会形成主动性，这将为孩子将来成为负责任和有创造力的人奠定基础。相反，如果大人嘲笑或者否认幼儿出于自发的行为和天马行空的想象力时，幼儿会逐渐对自己失去信心，认为自己不能获得别人的认同，这使他们倾向于完成别人为他们安排的任务，而且以别人的标准作为自己追求的目标，从而丧失自己开创幸福生活的主动性。

4. 学龄期（6～12岁）：勤奋与自卑感的冲突

这个阶段的大部分孩子会进入学校学习。学校是训练孩子掌握今后适应社会所需的知识和技能的地方。如果他们能通过自己的努力完成学业上的挑战，获得较好的学业反馈，这种正向的反馈会强化他们都学习行为，他们因此会获得勤奋感，对今后的独立生活和承担工作任务中也有信心。相反，会产生自卑感，即不相信通过自己的努力会得到回报，或者不相信自己有能力完成挑战。但是，如果孩子过于注重学业成绩，则会固着于工作和任务。过分重视工作而忽略别的方面，这样的人的生活就会很单一，不利于自我的发展。

青春期阶段

5. 青春期（12～18岁）：自我同一性与角色混乱的冲突

处于青春期的个体有着强烈的本能冲动。他们的自我意识开始觉醒，十分迫切地想要释放自己的活力，尝试找寻自己在社会中可能的位置和角色。这一阶段的主要冲突就是青少年面对新的社会要求和自身的需求是否匹配而感到烦恼和混乱。所以，青少年时期的主要任务是确立新的同一感和他人眼中的自己形象，以及他在社会群体中所占的情感位置。

埃里克森将自我同一性描述为一种"统一性的感觉"，即"由过去的经验形成的内在的持续性和同一感"。直白地阐释就是一个人对自己的自我认同是稳定的，知道自己在不同的情境下会做出什么行为，并对"这就是我，我就是这个样子的"有明确的认同。发展出自我同一性对于一个个体获得自信是十分重要的。如果未发展出自我同一性，那么人就会对很多场景感到无所适从，不知道自己要干什么，不知道自己生存的意义在哪里。在这种情况下，他可能会表现出对世界的敌意或者丧失生活的兴趣，活得像个死人。如果一个孩子感到他所处的环境剥夺了他在未来发展中获得自我同一性的各种可能性，他将以惊人的力量抵抗社会环境。

成人阶段

6. 成人早期（18～40岁）：亲密与孤独的冲突

这一时期的主要发展任务是亲密感。亲密感的养成需要建立在拥有坚定的自我同一性的基础上。因为与他人建立亲密关系是一件有风险的事，两个人要磨合和相互看见，建立亲密关系的过程中少不了自我牺牲和损失。只有有足够的自我认同感，人们才有勇气与他人建立亲密关系。所谓爱，就是把自己的同一性和别人的同一性融合在一起，相互融合却又彼此独立。只有这样的爱才能建立起真正的亲密感，否则人会感到孤独，与他人与世界的隔离。

7. 成人期（40～65岁）：生育对自我集中的影响

一个人顺利地度过了自我同一性的时期，收获了亲密的爱人和朋友之后，生活就是充实而幸福的。此后，也就是在成人期阶段，主要任务是养育儿女，关心子孙后代的繁衍和成才。除了个人后代的繁衍和培育，这种生育感还包括培育、创新，为社会留下属于自己的贡献。即使一个人没有生孩子，但只要能关心孩子、教育指导孩子；或者作为一个行业的前辈，指导并培养出了优秀的后辈；又或者做出了创新性的成果，留下了自己的贡献，也能获得生育感的满足。生育感被满足的人会感到自己是有用的，繁衍的焦虑得到缓和，对社会做出贡献的需求也得到满足，他们会很幸福地看待自己的人生，富有活力和温暖，愿意帮助别人。相反，没有生育感的人，是人格贫乏停滞不前、只考虑自己的需求和利益、不关心他人（包括孩子）的需求和利益的自我关心者。

8. 成熟期（65岁以上）：自我调整与绝望期的冲突

此阶段的主要心理社会冲突为对自我调整和绝望感的心理冲突。在这一阶段，人体已经进入衰老大于新生的阶段，机体功能下降，老人的生理健康和思维活跃度每况愈下。对比之前的身体情况，老人们往往会对衰老有不适应和恐惧，需要做出相应的心态调整，接受自己已经进入老年的现实。如果老人成功进行了自我调整，他会收获由衷的平静，获得超脱的智慧。是否能够平静接受现实，取决于个体是否以充实的无悔的方式过完自己的前半生。如果老人回首往事，他们可以感到满足，那么就会怀着感激告别人世。相反，他们也许会感到绝望和悔恨。如果一个人的自我调整大于绝望，他就会获得智慧的品质，埃里克森将其定义为"以

超然的态度对待生活和死亡"。另外，老年人面对生活和死亡的态度，将会影响下一代人在童年的信任感的形成。

埃里克森认为，青春期的核心问题是同一性和角色的混乱。基于他的理论，James Marcia 提出同一性状态（identity status）的概念，用于描述青少年在身份发展中的状态。在 Marcia 看来，同一性可以分为两个方面：探索和承诺。探索（exploration）是指个人对职业和个人价值方面的各种选择的探究和考察。承诺（commitment）主要包括决定选择哪个角色的身份，以及考虑如何实现该身份。根据 Marcia 的理论，在探索和承诺两个变量组成的坐标轴中处于不同位置，将会产生不同的同一性状态。Marcia 将这些状态描述如下。

同一性混乱（identity diffusion）：青少年既不探索也不承诺，就会造成同一性混乱。处于同一性混乱状态的青少年认为他们不关心这个世界。对于他们来说，这让他们没有机会遇见一个让自己思考"我是谁？"的问题的时刻。而当他们遭遇角色危机时，他们就会觉得这个问题太难解决，开始退缩。最终当这些危机影响到他们的生活时，这些青少年就会开始（或不考虑）这些问题，进入一个被称为"缓期"的发展阶段。

同一性延迟（identity moratorium）：青少年正在积极探索和尝试新的角色，但尚未承诺特定的角色。例如，青少年非常热情地投入各种实习工作了解不同的工作状态，大学一年级学生选择一系列不同的课程了解不同的职业。

同一性早闭（identity foreclosure）：青少年不经过真正的探索和尝试，就直接对特定的角色做出承诺。例如，一个女孩只因为全家都是会计师，就决定成为会计师。同一性早闭在一定程度上也能实现个人认同的稳定感。但由于没有发展出真正的同一性，个体很可能会继续遇到角色危机。到那是再去解决我是谁的问题，就会承担更多的风险和代价。如果一个人一生都未尝尝试探索自己的同一性，将难以发挥自己独有的创造力，难以感受到与世界的深刻联结。

同一性达成（identity achievement）：搜索多个选择后，个体承诺特定的作用。青少年知道自己找到了自己的价值观和原则，也知道自己会成为哪种类型的人，所以决定了目标，过上了有意义的人生。

随着现代社会青年学习生涯的延长，同一性的探索时期也有所推迟，Arnett（2006、2010）提出将 18~25 岁分为成人初显期（emerging adulthood），即青春期至成年期的过渡阶段，主要特点是尝试和探索。在这个阶段，很多人都在探索自己的职业道路、身份以及亲密关系。Arnett 认为成人初显期有以下主要特征。

（1）同一性探索：个体继续探索同一性，并且在接触更多新鲜事物、学习到新的知识和技能、接触到不同的人之后，特别是在爱情和工作方面，许多个体的同一性在成人初显期发生重大变化。

（2）不稳定：成人初显期，个体还没有确定自己的居所，不确定自己将在哪里、在哪个行业立足生根，此时期的爱情，工作和教育都有不稳定性。

（3）自我关心：成年初显期的个人有自我关心，这主要是指，他们很少关心社会责任，也很少履行对他人的责任和承诺，这使他们对自己的生活有极大的自主权。

（4）过渡性：许多处于成人初显期的成人认为自己既不是青少年，也不是真正意义上的成人。

（5）存在各种可能性：处于这个阶段的个体有很多机会改变自己的生活方式，大多数个体对未来持乐观态度；对于经历过许多困难的个体来说，也会拥有向更积极的方向发展的机会。

二、青年人生观、价值观的发展

青年正处于人生观、价值观的形成和稳定的发展时期，他们迫切地想要解决如何建立属于自己人生态度、生活方式、生存价值等一系列问题。

1. 人生观的形成和发展

人生观的形成和发展，以个人思维和自我意识的发展水平，以及对社会历史任务及其意义的认识为心理条件。林崇德（1989）认为，个人的人生观萌芽于少年时期，在青年初期初步形成，在青年晚期或成年早期基本成熟或稳定。直到青年初期，个人才能对人生提出各种质疑，但探索人生之路、思考人生意义却不自觉、不成熟。进入青年初期以来，随着社会生活范围的扩大，生活经验的丰富和心理水平的提高，个人变得更加积极，经常从社会意义和价值的角度来衡量他们的活动和接触事件，这一时期的青年表现出迫切、最认真的关心人生态度、生活方式、生存价值等一系列问题，他们提出"人应该如何生活""人生的价值，人生的意义是什么"等涉及人生意义的问题。他们对人生的探索和探索，以及为确立人生观所做的种种努力都在这一时期表现得淋漓尽致。但由于这个阶段青年对于生活的体察和思考还是基于感性体验，没有经历过较多的实践的考验，因此并不稳定。到了青年末期和成年早期，随着个人思维和自我意识水平的快速发展，特别是社会需求发展水平的提高，个人加深了对他们社会生活意义和作用的认识，他们通过外部环境条件的变化对社会生活意义的审视。使之不能改变方向，从而使青少年早期形成的人生观日渐稳定和巩固。

2. 早期价值观的发展

（1）价值观的形成

价值观是指个人评价事物重要性时所运用的内部尺度。个人价值观体现了个人的需求。价值观对人的思想和行为具有一定的导向或调节作用，使其具有一定的目标或一定的倾向性。价值观是特定社会文化环境和个人生活经验、教养经历、个人志趣取向等综合决定的结果。

成人早期价值观的形成与自我意识的发展密切相关，相辅相成。价值观影响自我意识的发展水平，自我意识的发展水平又影响价值观的形成。价值观一旦形成，就能促进个人人格的整合，从而保证一个人行为的连贯性和连续性。行为的连贯性和连续性帮助个人能够更好地进入社会、履行成人职责。

日本学者加藤隆胜（1983）对于人生观、价值观形成的研究发现，大部分人的回答是"随着年龄的增长自然形成的"，很多人认为价值观和人生观的形成不是以某件事为契机，而是综合了过去的经验。家庭生活、学校的教育、接触过的书籍、演讲、电影，社会文化的宣传、与周围人相处的经历等都深刻影响着青年价值观、人生观的形成。

（2）成人早期个体价值观三个成分的变化

价值观的基本成分是价值目标、价值手段和价值评价，成年早期个体价值观构成的变化，主要表现为以下方面。

①价值目标的变化：价值目标是价值观的核心成分，是指个体对于"什么是重要"的定义。价值目标决定了价值观的性质和方向，对青年如何选择生活道路和行为方式有这种要的实质性的影响，并推动青年朝着这个方向进行实践和发展。成人早期价值目标的变化主要表现为个人对人生目标看法的变化。

综合国内外已有的研究成果，现代成人早期的人生价值目标主要表现出以下特点：很多人在观念上认同社会上主流群体即大多数人认定的人生价值和道路发展方向。相当比例的人试图在社会和个人取向之间保持一种现实的平衡，强调自己和社会的融合，要求和贡献并重；少数人崇尚个人奋斗的人生目标；随着年龄的增长，个人价值取向有增加的趋势，并且价值目标内容呈现多元化趋势。

②价值手段的变化：价值手段是实现价值观的保证，即人们通过何种方式，选择何种人生态度，踏上何种道路来实现自己对于人生价值的追求。葛霖（2011）认为，成年早期个体价值手段呈现自我导向和多元化倾向。其主要特征为：遇到重大挫折时，许多青年努力进取、自强不息，并在进取和接受现实之间妥协，少数人采取消极退缩的应对。

彭凯平、陈仲庚（1989）通过调查发现，青年的价值倾向从强到弱依次为政治、审美、理论经济、社会和宗教。这些价值倾向存在性别差异，男性的理论倾向更强，而女性更有审美倾向。曾建国（1990）采用生活方式问卷，对四个民族的青年进行人生价值手段调查，在各族青年的回答中，名列前茅的是"丰富多彩的生活""开朗达观""传统美德""友好合作""奉献自己"和"奋斗"。李春玲（1991）在全国九个省份进行的《中国青年价值取向》调查显示，面对挫折时，采取坚决抗争或消极态度的青年各占15%，而大多数青年宁愿采取转移目标或接受现状的折中态度。

③价值评价方面：价值评价也是价值观的一个重要方面，它对个体价值观的建立、维护或改变以及相应的社会态度和行为起着控制作用。它反映了价值观的动力特征。

在社会生活中，人们总是按照一定的价值标准来衡量生命和社会行为的价值，从而产生价值感和意义感，无论它是否有价值，从而对价值目标和手段以及相应的社会行为的方向和程度产生影响。错误的价值评价，会导致错误的人生态度，必然对人生前途失去信心，苦闷空虚，悲观厌世。正确的价值评价可以产生以乐观主义精神为主导的人生态度，从而正确对待人生道路上的各种境遇，正确科学地进行价值评价，认识人生的意义。

三、青年社会发展的特点

随着个人社会角色的变化，成年早期青年的社会发展出现了新的特点。主要表现为社会关系、友谊及心理适应等方面的变化。

1. 社会角色的转变准备

社会角色的变化社会角色是指人们在社会生活中不同发展时期所具有的不同角色身份，以及与之相适应的行为模式。

在人生扮演的各种社会角色中，除了性别角色，许多角色都在变化。特别是随着年龄的变化，人们需要扮演各种社会角色。儿童、青少年的社会角色相对单一简单，主要是子女、学生等，然而青年则需要承担更多的社会义务。他们初次站在家庭、学校与社会的交界点，需要为将来的社会角色，如某个岗位的工作人员，配偶、父母的身份等做好准备。青年要通过角色学习了解和掌握新角色的行为规范、权利和义务、态度和情感，以及必要的知识和技能等，实现角色与位置、身份的匹配，使个人在现实生活中扮演的角色成为社会对该角色应遵守的行为，使之符合规范要求，达到角色的适应。

成人初期社会角色的变化主要表现在以下几个方面。

（1）非公民向公民的角色转化：进入成年早期后，随着生理、心理的成熟，个人成长为独立的社会成员，社会角色发生了很大变化，即由非公民向公民转化，开始享有公民应有的权利和义务。从非公民到市民的角色转变，在个人心理发展中具有重要意义。它标志着个人进入了一个新的人生发展阶段。

（2）从学生到职业者的角色转换：成人初期是个人从学生到职业者角色转换的重要阶段。在这一转型过程中，个人首先经历职业角色的探索、确立，进而达到稳定发展的阶段。美国职业管理学家萨帕在成年初期进行职业选择的过程中，必须处理好 5 个职业发展任务。

第一个发展任务是结晶化（crystallization）：个人将职业观念整合到自我概念中，形成与自我概念相关的职业观念。

第二个任务是职业兴趣的专业化（vocation preference specification）：个人主要学习职业训练课程，为职业选择做好适当的准备。

第三个发展任务是职业兴趣的执行（implementation of a vocational preference）：个人进行广泛的职业培训或直接承担兴趣职业。

第四个发展任务是稳定化（stabilization）：个人执行具体的某一特定职业，试图适应工作。

第五个发展任务是整合（integration）：个人在本职工作上取得了一定的成功和一定的稳定地位。

在以上五项发展任务中，每一项发展任务都包括探索和确立两个阶段。

（3）从单身到他（她）人配偶的角色转换：青年的性意识进一步觉醒，他们大多开始恋爱，寻求未来可能的配偶，在恋爱过程中进一步认识自己和他人，同时建立亲密关系。

2. 青年社会性交流的特征

与青春期相比，青年人际关系的范围和形式与以前相比有了一些变化。处于这一阶段的个体随着自我同一性的发展，对自我有了重新认识，在人际关系上也有了新的特点。他们在选择和找寻朋友上有了策略性的选择，通过各种手段展现自己，希望找到惺惺相惜、志同道合的朋友。他们会希望建立一种深刻的友谊，同时也掌握了一般的社交技巧。在与人交流的时候，他们能表现地友好、宽容、大方得体。社交技能的获得和社交经验的积累对于青年是十分重要的，这可以帮助他们更好地为接下来踏入社会，发展自己的事业奠定基础；也有助于他们建立属于自己的社会支持系统，在遇到各种难关时能够有所支撑。

3. 青年的友谊发展

友谊是个人在交际活动中产生的一种特殊情感，它与交际活动中产生的一般好感有本质的区别。成人早期友谊的发展仍然具有重要意义。

从青少年期到成年早期，友谊的发展有一个渐进的过程，共分为三个阶段。

第一阶段是少年期：这个时期突出的心理特征是，有很多朋友，希望受别人欢迎。但由于进入青春发育期，身心发育不同步，心理承受水平滞后于生理发育水平，此时对友谊的理解不深，友谊关系的维持主要依赖于共同活动，而不仅仅是情感上的共鸣。因此友谊的稳定性很差。

第二阶段是青年初期：个人一方面旨在摆脱成人的束缚和依赖，独立走向社会，另一方面却因为面对社会中的各种矛盾和困难，希望得到亲友的帮助和支持，获得某种安全感。他们把友谊视为相互的忠诚和信任，这深化了友谊关系，提高了稳定性。由于友谊的迫切需要，担心得不到友谊或失去友谊的焦虑也在这个阶段达到了很高的水平。

第三阶段为17岁～18岁及以后（成年早期）：个人心理发展逐渐成熟，个性特征日趋稳定和明显，对友谊的理解更加深入，友谊关系建立在相互间的亲密和情感共鸣的基础上，友谊在这一阶段内化，其稳定性进一步提高。

友谊在青年阶段更加稳定和亲密。友谊的需要是成年人早期社会化的标志之一。友谊行为的特征是同情、热情、爱和亲密。友谊的本质是想与他人建立和维持良好关系的情感需求，是成人早期的主要情感依恋方式和人际关系。

第三节　青年的情绪特征

情绪是对客观事物的一系列感觉、认知和行为反应，可能包括生理唤醒、有意识的体验和行为表现，它是一个复杂的生理心理过程，包含着人类对世界的理解和动机。

青年处于生理发育的巅峰，再加上人生的道路还没有完全展开，他们迫切地希望表达自己、发展自己，因此他们的情绪往往非常旺盛和活跃。

一方面，他们的感情发展已经达到了很高的水平，接近成熟，朝气蓬勃，勇往直前，他们珍视真诚的友谊，向往美好的爱情。道德感、美感等高度社会情感成熟，在情绪生活中占据主导地位。

另一方面，他们仍然容易激动，情绪不稳定，具有明显的两极性，在客观现实与理想不符或面对生活事件的创伤会容易受到挫折打击，表现出强烈的情绪反应，如愤怒、怀疑自我或怀疑世界、焦虑、抑郁。他们的自尊心容易受到挫折的影响，因为青年人过于关注自我，因此常会对事务的结果进行内部归因，即把事情的成败归因于自身的努力与否、正确与否。当面临打击，他们的自信心会受到损害，如果不能及时合理地调整心态，转换看问题的角度，他们会养成低自尊甚至自暴自弃。

在人际交往中，青年人的直率与敏感，会让他们在与人交往的过程中体验到很多复杂细微的感受。由于他们社会经验与情绪管理技巧的缺乏，他们常常容易沉溺于情感或情绪之中，不能很恰当地处理人与人之间的矛盾，不能很好地平衡感情和理性的关系。这些矛盾和烦恼也是他们心理问题的重要来源。

情绪对人们的影响无处不在，正性的情绪有助于完成任务。坏心情会给我们的学习和工作带来很大的负面影响。又如，人生活在高度的心理压力和恐惧状态下，可能会患上身体疾病。例如，一些被误诊为癌症的良性肿瘤患者，在得知医生的诊断后会感到绝望、担忧、精神萎靡、身体消瘦，最终可能会抑郁而死。另外，身体状况也可能会影响心情。例如，睡眠缓慢的人很可能有消极的情绪表现，而睡眠充足的人很可能有积极的情绪表现，看事情的方式也很乐观。

情绪的发展与自我同一性的获得密切相关，自我同一性发展良好的个体，其自我感觉与个人在他人心中的感觉相对应。如果没有确立同一性，就容易陷入角色的混乱中，产生焦虑、抑郁、自卑、愤怒等各种不良情绪。有些学生情绪起伏过大容易被破坏，可能影响正常生活。感情波动较大导致人际关系紧张，常导致他人误解。一般来说，个人情绪是可以控制的，如果控制失调，有时会异常兴奋，有时会抑郁或消沉，除了特定原因（如情绪障碍等）外，不是情绪本身的问题，而是自制力低的表现。

因此，情绪管理能力对青年人非常重要。

情绪管理的第一步是识别情绪，察觉和体会自己处于怎样的情绪状态。感情影响着你，如果你还没有意识到，你就在不知不觉中被感情控制了。小时候，个人的情感感觉非常敏锐，能够很好地表达自己的情感。但随着个体逐渐长大，为了得到周遭人的认可，他们会更加关注周遭人的需求，也会越来越关注外界的人和事。尤其是在表现好才能得到父母认可的家庭中长大的个体，逻辑分析能力越来越强，情感感受能力越来越差。当个人能够意识到自己的感受时，首先要做的是接受自己的感受，同时体会这种感受。任何情绪的产生都是有意义的，正情绪提醒和推动人们接近使他们快乐、幸福的目标，负情绪提醒和推动人们远离对自己造成伤害、痛苦的人和事。欣赏和体会积极的情感。人们可以更好地享受生活、学习和工作。了解负面情绪可以使人们远离危险和伤害，更好地生活。近年来，随着社会压力的增加，向学校心理咨询中心求助的青年人数呈逐年上升趋势，求助问题多集中在焦虑、抑郁、自卑、人际关系等方面。

第四节　压力与应对

由于追求自我同一性的特殊发展任务，青年在自我意识方面有很大的提高，在自我认识的过程中也会遇到很多困惑。

他们需要根据现实和自己的情况合理判断，确定自己的哪些部分不再适合保存。从以前被忽视的自己的部分进行新的选择，把旧的自己和新的自己结成"共存"的关系，达到对自己的接受，获得自信。青年的自我评价有晕轮效应，自我评价的晕轮效应是指个人受到过去的成功经验和经常受到赞扬的影响，对自己的能力等认识较高的现象。此外，他们缺乏处理实际生活的技能，如自主学习技能、社会沟通技能等，经常会遇到挫折。这个时候，如果原因不恰当，把失败归咎于自己能力不足，就有可能自怨自艾。失去继续探索的勇气。或者笼统地起因于外部条件的不如意，就有可能怨天尤人。因此，如何正确对待失败经历、压力体验，顺利培养应对压力的个人资源，也是青年保持心理健康的重要因素之一。

一、压力

我们经常提到生活、学习中的压力。这是影响身心健康的重要因素。在心理学中，压力也被称为"应激"，是指个人在身心受到威胁时的紧张状态。

应激包含以下成分：

（1）应激源，即引起压力或紧张的刺激物；

（2）压力本身，即特殊的身心紧张状态；

（3）应激反应，即对应激源的生理和心理反应。

个体对压力的反应有两种表现：一种是活动的抑制或完全紊乱，甚至发生知觉记忆错误，表现出呆滞、惊慌失措、陷入窘境等不适应反应；另一种是动员生理和心理的各种保护机制，积极行动起来，应对紧急情况。应激状态下生化系统发生剧烈变化，肾上腺素及各腺体分泌增加，身体活力增强，使整个身体处于充分动员状态，应对意外突变。但压力对健康具有双重作用，适当的压力可以提高机体的适应能力，但过强的压力（无论是良性压力还是隐性压力）使适应机制失效会导致机体功能障碍。长期处于压力状态，对人的健康不利，甚至有危险。

现代人的生活比较平静单一，但由于青年处于上述各种心理发展阶段，面临各种新的挑战，生活中也有很多压力源。常见的有考试压力、社交压力等。

二、压力应对方式

心理学中，"应对"是指"当判断与环境的相互作用可能给自己造成负担，超过自己拥有的资源时，处理（降低、最小化、或忍耐）的认知和行动努力"。应对方式（coping style）是指个体在面对挫折或压力时所采用的认知或行为方式，也称为应对策略或应对机制。它是心理应激过程中重要的中介调节因素，个体的应对方式影响应激反应的性质和强度，进而调节应激与应激结果之间的关系。

到目前为止，研究人员的应对方法主要分为以下类型。

根据应对方式的结果分为三种：积极应对，以进取、主动、宣泄、外向为特征；消极应对的特点是回避、被动、克制、内向；综合应对，同时或先后采用以上两种方法。

根据应对方法的功能分为重视问题的应对和重视情绪的应对两种。前者是指直接解决事件或改变情况的应对活动，后者是指解决自己情绪反应的应对活动。

　　一些研究人员以自我心理学模型和压力相关模型的理论为基础，结合青年面对心理压力时的实际反应，确定青年应对方式主要包括三种：心理调节机制、自我防御机制和外部诱导机制。从应对效果的角度把他们分成积极的应对方式，主要有心态调整、经验总结、情绪调整、认知调整和迁移五种；消极应对方式主要包括推卸责任、幻想、躲避、压抑和宣泄五种；中间型应对方式主要有否定、求助和合理化三种。

三、年轻人的应对方法的特征

　　一项针对国内高校大学生的研究（张林、车文博、黎兵，2005）发现，从青年应对方式的总体使用情况来看，心理调节机制（包括心态调整、情绪调整、认知调整和经验总结四种方式）的使用频率较高，自我防御机制（包括宣泄、否认、躲避和转移等方式）的使用频率较低。说明青年群体在面对挫折和压力时，基本上可以以积极的心态面对，并积极寻求各种心理调节措施来减少压力带来的消极后果。与外部引导机制相比，自我防御方式使用得不多。因此，青年面对压力时采用的主要手段是单一的内在自我调节方式，也反映出缺乏有效的外部支持和帮助措施。

　　随着年龄的增长，青年的压力应对方式趋于成熟，他们更加倾向于采用正向的应对方式，消极的应对方式明显减少。

　　这项以大学生为对象的研究向我们展示了刚刚离开稳定熟悉的家庭环境后的青年的应对方式是如何在适应新环境和由于个体的成熟水平提高的过程中发生变化的：面对心理压力时，大学新生一般采用压抑、幻想、求助、调整情绪的应对方式。这与大一学生面临的主要压力来自适应问题有关。对于生活环境、学习方式和人际关系方面的适应压力，新生的有效解决方法并不多，只能采用这些比较被动的应对方式。大学二、三年级与大学一、四年级相比，采用了自我防御机制和外部诱导机制的应对方式。二、三年级是大学阶段心理压力最大的时候，一方面他们还没有形成比较稳定、成熟的应对机制，只能采取消极回避、推卸责任的应对方式，另一方面他们也在不断地采取新的应对方式。尝试和探索各种方式，包括宣泄、总结经验等。大四学生建立了相对成熟的应对方式，面对压力时主要采用心理调节机制，很少采用自我防御方式。

　　在不同群体应激方式的特点上，面对压力时，女生比男生更倾向于采用咨询求助的方式，此外，她们还往往通过调整认知、合理化、幻想的方式来减少内心的焦虑。男性比女性更喜欢采用否定和推卸责任的消极防御机制，这可能主要是因为男性喜欢直接面对问题，能解决得更好，解决不了的只能推卸责任、否定错误。

城市青年比农村学生更多地采用宣泄的应对方式，农村青年更多地采用压抑和经验总结的应对方式。这反映了农村年轻人喜欢用默默承受压力、总结经验教训的方式来应对压力。城市里的学生喜欢用外显的发泄行为来面对问题。独生子女与非独生子女相比，面对心理压力时多采用推诿、幻想、躲避、否定等消极应对方式。

四、保持快乐的秘籍——心理弹性

心理弹性（resilience）是指一系列能力和特征通过动态相互作用在个体受到重大压力和危险时迅速恢复并应对成功的过程，包括两个因素：（1）个体遭遇逆境；（2）个体成功应对（或适应良好）。

心理弹性过程产生的三个可能结果：心理弹性重建（resilient reintegration）变得更强，包括达到更高的心理弹性水平；动态平衡的重建（自适应）包括返回在压力或危险发生之前已经存在的初始状态。适应不良的重建（maladaptive reintegration）则不能表现出心理弹性，也就是说，个人的心理功能停留在非常低的水平。

Kumpfer认为，内在心理弹性的因素包括以下内部特征。认知方面（例如学习技能、内省力、计划力、创造力）、情感方面（例如情绪管理能力、幽默感、自尊心修复能力、幸福感）、精神方面（例如生活中有梦想/目标、有宗教信仰或归属、有自信、接受自己、有坚定的品质）、行动/社会能力（解决问题能力、交流能力、拒绝同伴能力）、身体方面（良好的身体状况、维持良好健康状态的能力、运动技能的发展、有魅力的身材）。如果这些因素向正方向作用，个人就会有很好的心理弹性。

心理弹性、积极情绪与心理健康（抑郁、焦虑、整体幸福感）的研究表明，心理弹性与积极情绪、整体幸福感呈正相关，与焦虑、抑郁呈负相关。积极情绪与焦虑、抑郁呈负相关，与整体幸福感呈正相关。心理弹性高的青年对生活乐观、有激情。积极幽默、放松技巧、乐观思维能引起积极情绪，减少压力带来的不良影响，少受焦虑和抑郁的困扰，幸福感高。积极情绪可以促进思维的灵活性和问题的解决，对抗消极情绪的生理效应，促进适应性应对。构建可持续的社会资源，提高幸福感。

心理弹性作为一种重要的个人资源，和应对方式、社会支持等其他个人资源一样，是应对压力的积极因素，影响到包括个人心理健康在内的个人适应的各个方面。

可见，培养积极的应激方式，建立心理弹性，是青年人经得起生活考验、保持心理健康、获得自我成长的重要因素。青年人普遍缺乏经验，缺乏个人资源等

应激方式、构成心理弹性的"原料"，往往面临困难。尤其是第一次经历可能会导致茫然、挫败感等负面体验。

第五节　青年心理问题的特点

张旭新（2010）认为，青年心理问题主要有以下显著特点。

1. 困扰型

根据心理问题轻重程度的不同，心理问题一般分为三种类型，一般心理问题、神经病性心理障碍和精神病性心理障碍。青年人的心理问题程度较轻，属于一般的心理问题，也可以说是心理困扰。其特点是不构成可识别的临床综合征，一般可以通过自我调整来解决。神经病性心理障碍为非器质性，有临床综合征，需要专业心理医生进行心理治疗，必要时辅助使用药物。精神病性心理障碍是指大脑功能失调，精神活动障碍，需要接受精神病专科医生诊治。主要使用抗精神病药物，辅助适当的心理咨询。总的来说，青年人的心理问题大多数是心理困扰，而部分青年人存在神经病性心理障碍乃至精神病性心理障碍。

2. 自适应性

青年人的心理烦恼大部分通过自我调整自己解决。他们有着强大的生命力，把挫折和困难当作成长的机会和挑战，渴望通过自己的能力解决问题。因此，他们不容易被烦恼打倒。随着青年心智的成熟、习得更多的知识技能和生活技巧，他们的适应能力不断提高。

3. 累积性

青年人的心理烦恼具有新旧烦恼累积的特点。青年人中出现的心理烦恼并不完全是在大学阶段产生的。例如，在中学阶段，许多青年处于受家庭和学校保护的状态，自主性没有得到充分发展，生活自立能力较低，人际交往能力不足，社会适应能力较低，这些问题在上大学后突然出现。并且，随着青年工作的开展，青年中的旧的心理烦恼没有解决，新的心理烦恼依然发生，新旧的心理困扰交织在一起，形成了青年心理烦恼的集中突然出现。

4. 多重性

青年的心理困扰具有多重并存的特点，青年的心理困扰日趋复杂。自我意识模糊、价值取向迷茫、人际关系失调、社会适应不良、就业压力增大等不同层次的问题交织在一起，形成了青年心理问题的新特点。

5. 阶段性

由于青年的人生经验较为缺乏，还处于探索阶段，随着探索的深入和自身的成熟，他们在不同阶段会遇到不同的心理问题。

第一阶段是适应阶段。青年人需要接触人生中许多的"第一次"，第一次远离家乡，第一次来到陌生的城市，第一次接触高深专业的学问，第一次独立地生活，第一次与一个陌生人建立亲密关系，第一次自食其力……

　　面对着生活或学习环境的急剧转变，青年会表现出多方面的不适应：如集体生活、学习方法、饮食、气候、语言环境等。由于缺少可以借鉴的经验，他们容易发生一系列心理矛盾和冲突。

　　如大学新生的许多不适应是心理发展成熟的表现，也是进入陌生环境的特殊心理反应，大多数学生经过一两个学期的学习生活实践可以适应，而极少数学生适应困难，心理压力过大，会出现问题，从而影响健康和学习。

　　第二阶段是后适应阶段。经历了适应阶段后，青年会对学习或工作环境完全熟悉，对所接触的新的专业学习或工作领域也步入正轨。在这一阶段，青年的心理状态会相对稳定，不再容易焦虑和无所适从。他们进入到全情投入学习和工作，学习和工作的压力会让他们感到有挑战性。在不断的锻炼中，青年得到快速的成长。再加上年龄的增长，心智的进一步成熟，获得更广阔的视野、更娴熟的技能，青年的应对资源得以丰富。他们对于生活会更有掌控感，应激源会减少。即使遇到特别艰巨的任务或挑战，以及遇上生活中的意外情况，在他人的帮助和自己的努力下，他们基本上也能应对。

　　在这一阶段，青年对于人生、社会等宏观问题的思索更加深入，对于自己应该如何摆放自己在社会中的位置和角色也有更明确的方向，因此他们会很活跃地求知奋斗、努力工作，重视对于各种能力的培养。

　　不过，青年在这一阶段也有可能会发现自己的志向与当下正在学习和从事的行业不同。他们也许会经历很强烈的内心挣扎，在这种情况下，他们没有足够的动力维持现有的生活状态，而是想要逃离此种生活，因此在生活学习、工作中的各种事务的处理中显得很力不从心。如果他们意识不到自己的无力是什么原因导致的，他们甚至会坠入焦虑和无力的深渊，无心学习和发展自己，或者沉溺于享乐放纵。

　　第三阶段是转换阶段。这是青年人成熟并准备成为社会独立成员的阶段。

　　转换阶段在大学生和初入职场的青年中都会出现。经过几年的学习、实践，青年们在某一领域中积累了不少经验，认识、分析、解决问题的能力大大提高，个人人格也不断完善整合，对自己有更准确的认知。这一阶段中，他们可能会面临选择新的方向继续发展。尤其是大学中面临就业选择的毕业生，从学生到社会人员的这一转换是他们必须经历的。一方面，他们会感到对学生时代的留恋；另一方面又会感到步入社会、开启人生新阶段的迫切。大学生在面临就业问题上，迷茫、焦虑是他们经常会发生的心理问题。另外，就算是已经走出校门的青年，

也会不时体验这种需要更新发展路径的时候，面对一个接一个的启发和挑战，如何从容应对，是他们需要准备好面临的问题。

6. 多元性

正如鲁迅所说，"人类的悲欢不相通"，身处飞速发展，并且地区差异显著的现代社会，青年的多元成长背景、见识经历、不同的爱好追求，造成了他们对世界的看法和应对方式的不同，因此他们除了有共性的心理问题外，还有突出的个性特征。

一项以全国 13 所高校在校青年为对象的问卷调查研究显示：

相比于地方院校，重点大学和城市学生对自己的特点有更清晰的认识，也有更明确的目标，能更好地适应学习和职业实习，其原因可能一方面来自过去的成长经历和学习、实践经验；另一方面，这也可能是因为重点大学的学生对自己有更强的自信心，对于现在和未来的期待也更高。

男性青年的整体心理素质水平高于女生，这可能是因为大学阶段相比于中学阶段，更加会看重人际关系处理、社会适应和专业能力。而男青年比女青年在社会交往上有更多的自信，更能够自如地表达自己、结交他人，并自信地施展自己的影响力，这对于他们自信心的构建又会起到正向的反馈作用。而女性青年则相对来说更为含蓄，社会和学校也不会格外要求她们在人际交往中表现得很出众。这在一定程度上限制了女性青年的自我发展，进而影响她们的自信水平。

青年心理素质存在家庭来源差异，总体上来看，农村青年的心理健康水平不如城市青年。这可能是现在中国的城乡差异巨大，城乡资源的分配不均，导致农村青年在成长过程中有较少的机会接触更丰富、多元的教育环境，导致他们的个人资源较为贫乏。而青年们大多会选择到城市接受高等教育，并在城市生活。由于城市里的生活节奏相比于乡村更加快速，需要处理的个人事务更加繁杂，相比于从小就生活在城市，对于城市文化十分熟悉的城市青年，农村青年对于城市环境需要更多的适应过程。而且农村青年在城市缺乏社会系统的支持，因此他们在城市环境中生活会承受更大的压力。

不同专业背景的青年的心理健康水平也不同。究其原因，一方面，不同的专业背景塑造了青年看待世界、解决问题的不同方式，对于他们的要求也不同。理工科背景或从事研究型职业的青年往往更加重视从客观的角度看世界，并且他们的学习和工作中需要和人打交道的地方较少，因此会出现更少的处理人际矛盾带来的工作懈怠，但相应地，他们的情绪处理能力、人际交往能力也相对欠缺。而人文学科或从事服务业的青年则更加需要参与社会时间，与人打交道，他们容易面临人际交往带来的情绪影响，但也更擅长通过共情、互相安慰来互相扶持着渡过生活中的难关。另一方面，不同专业的发展前景不同，有的行业正处于时代的风口，有的行业面临消亡的危机，有的行业非常有发展潜力但其成果要在未来很长一段时间内才能在现实中得到应用……这些专业的特征影响着青年对于自己当下和未来生活的期望，他们需要不断平衡自己的兴趣、需求和行业发展特征，并解决因为这些冲突而带来的心理冲突。

本章回顾

在本章的学习中，首先，我们介绍了青年的生理和心理特点，并且从社会心理发展阶段的角度介绍了青年阶段的主要发展任务和特点：一方面，青年处于人生最充满活力、好奇心的阶段，并且他们生理条件逐渐达到最佳，思维模式也达到更成熟的辩证思维。青年有很强的发展愿望和很大的发展空间，另一方面，由于青年的同一性还未得到充分发展，他们常常会对自我感到迷茫；他们需要在自身理想与现实之间的找到自己的立足之地。

其次，由于青年情感充沛，经验缺乏，他们常常受到压力和情绪困扰。面对压力，青年应该采取积极的应对方式，如调整自我认知、积极解决问题、学会自我放松等，而减少非适应性的应对方式，如躲避、否认。

最后，我们总结了青年的心理相关问题的特点，基本上，青年面临许多心理问题具有自适应性，会随着自我的调节而得到缓解，并且青年的问题也会随着社会系统的支持、人格的继续发展、经验的积累、人生路径的清晰而逐步得到解决。

第四章 青年的心理常见问题解析

通过上一章的介绍，相信你已经对青年阶段的心理发展状态和面临的问题以及导致的常见心理问题有了大致的了解。接下来，我们在这一章节将会具体列举一些青年的心理常见问题，从背后的心理学原理上进一步认识它们，获取更多应对的方法。

第一节 自我探索：我是谁，将去往何处？

想必大家在成长过程中都会经历自我意识萌芽的阶段，有过类似这样的困惑：我是谁？我跟别人好像不一样，我需要跟别人一样吗？我该成为什么样的人呢？古希腊有"认识你自己"的箴言，可见自我探索对于人类来说从来都是复杂和极具吸引力的。

正处于自我探索的关键时期的青年，对自我的困惑当然更多。我们可以看见，关于青年的文艺作品中，"迷茫"是一个常见的关键词。

一、我是谁——自我简介和同一性

首先，什么是自我呢？这很难界定，从不同学科、不同角度来看，都可以有不同的答案。从最基础的生存角度来看，我们可以将意识想象成人类个体与外界打交道的处理器，由于人类大脑有太多信息需要处理，为了不在纷繁嘈杂的信息中迷失，大脑进化出了"自我意识"，以此来区分自己和外界，从而更好地让自己适应环境，同时发挥自己的创造性。

自我意识是指个体对自己与周围环境的关系以及对自己的各种身心状态的认识、体验和愿望。心理学家发现，在生命早期，婴儿的感知是混沌的，物我不分的，没有自我的概念，可以说，他们认为，世界就是我，我就是世界。但是随着生长发育不断成熟和外界环境的刺激与教导，他们会在 1 岁左右出现自我的意识。这时候，他们可以发现镜子中的影像就是他们自己，而不是另外的物体。"我"这个概念不断生长，最终成为一个非常庞杂而又比较稳定的集合体，形成了对自己的宏观、整体的认识，即自我概念。

1. 复杂的自我

自我（self）是一个很复杂的概念，人本主义心理学家罗杰斯认为，自我概念是一套有组织、有连贯性的对自己的感观，由自己所在的经验世界（他称之为

"现象场"）与自己有关的内容组成，代表一个人看待自身的方式。

2. 自我概念的内容

Kuhn 和 McPartland（1954）设计了 WAI 测试，即采用 20 个"我是谁"的问题的自问自答的方式，检验自我态度。他们把测试中被试回答的内容分为生理的、社会的、抽象的和综合的四类。台湾学者陈秉华则将自我概念的内容分为社会认同、个人属性和我他关系三大类。

3. 自我的结构

心理学家还对自我的结构进行了不同方面的划分。

心理学家伯恩斯把自我分为"认知自我"（现在的我）、"理想的我"（希望成为的自我）、"他观自我"（自己认为的别人所察觉的自我）；罗杰斯提出了"现实自我"和"理想自我"；罗森伯格对自我的划分与罗杰斯一脉相承，不过还增加了一个"表现自我"，即根据不同情境表现出自我的不同侧面。

综上所述，我们可以进一步将自我归纳为实际表现的、期许的和臆想自己在他人眼中的自我。这些自我形象往往也不一样，这是因为，我们在感知、评价、控制、表现自我的时候，会考量许多因素：我们的行为表现、感受、我们身处的社会场景、我们的角色、社会的规范与价值引导、我们对社会化的向往程度、我们的价值取向……

4. 如何进行客观的自我认识

所以，在进行自我认识和评价的时候，我们不能完全信赖自己的想法，因为那往往经过了多重的加工，包含了复杂的考量，不够客观全面。意识到这一点，下一次当你试图对自己下定义："我是一个学习不好的人"，或者"我是一个内向的人"的时候，就可以停下来问问自己：这个评价准确吗？我应该更加立体才对。

既然自我如此复杂，那么，我们可以怎样认识自我呢？

（1）"'自己'这个东西是看不见的，你得撞上一些别的什么，反弹回来，才会了解'自己'。"要想了解真正的自我，就应该在日常生活中与外在世界进行真实的互动，大胆地做出自己想做的事。这样才能清晰地从自己的行为和行为的反馈中了解自己，并不断调整对自己的认识和做法。

（2）关注他人对自己的评价：直接询问或留意来自父母、老师、同学、朋友等多方面的信息，并结合自己内心真实的想法来矫正自己的偏见。

（3）通过心理咨询的途径，在咨询师的协助下，从更深的层次更完善地认识自我。

5. 同一性——青年期的主要发展任务

上一章我们提到同一性是青年期的主要发展任务。由于时代变迁，越来越多的青年待在校园的时间更长，因此越来越晚地进入社会，而我们需要在与社会互动中探索、调整对自我的认知和定位。由于刚脱离家庭的庇护，基本没有接触过社会，处于大学阶段或者职业发展早期的青年们往往会感到迷惘——因为他们会接触到很多打破自己已有的对世界、对自我的认知的事件。

每个人出生的时候就在与外界的互动模式中有天然的不同，因此其探索自我的意愿和方式也有很大不同。

另外，儿童成长的教养环境也影响着其自我的发展。如果一个孩子从小的家庭或学校教育是要求孩子以某种规范行为，忽视孩子自身的性格、兴趣爱好、潜在能力，阻止其进行标准规范外的自我探索行为，那么这样的孩子就很难正确地看待自己和自己的能力。

心理学学者曾经提出过大学生的"空心病"概念。这是一种描述缺乏自己的价值判断，在生活中处于被事情推着走的被动状态，但是内心有感觉有很大落差的状态、不知道自己要做什么的状态，这是一种比较严重的自我缺失的表现。他们表现出对他人意见的异常依赖，要征求别人的意见才能做出选择；很在意别人对自己的看法，有哪点被别人不喜欢或者自己哪点不如别人就会很难受；不敢表达自己的真实意愿，总觉得自己活得不舒展、不舒服。

造成这一问题的原因之一便是童年被"包办"。当今社会中的青年，很多人小时候都会有这样的经历：家长会认为孩子还小，什么都不懂，因此做决定时很少寻求孩子的意见，常常把自己认为对孩子重要的事情强加给孩子。在学校里，老师们对孩子的要求也基本只在学业表现上，认为孩子最重要的事情就是学习，于是在学习课堂之外的事情不给孩子提供足够的选择、探索、尝试、试错、面对挫折的机会。另外，学校教育本身与社会也有着较大的脱节，因此当少年成长为青年，他们面临的社会环境常常会让他们感到无所适从，不知道自己应该做什么、怎么做。

如果是在这样被有些过度保护环境下成长起来的青年，其很多心理能力没有得到发展，很多事情不知道如何处理，面对受挫后的情绪也无法很好地耐受和消化。自我很难得到积极的发展。因此，对于人生经历还很浅的青年来说，很重要的一点就是多独立地接触世界。

这是十分正常的。在成长的十几年中，人们也积累了很多对自己和世界的认知，开始对未来的生活有自己的展望。如果你现在正感受到迷茫或不解，可以做一下这样的回想：你在高中时对自己成年以后的生活有过怎样的想象，你希望成为一个什么样的人，你当时对人生最困惑的问题是什么，最好详细地写下来；然后与现在对自己的认知、对生活的展望进行对比，也是越具体越好。这一复盘和对比将有助于理解到底应该怎样成为真正的自己。

二、我将往哪里去——接纳自我，成长自我

1. 积极地接纳自我

人本主义心理学家认为，人们天生就有自我完善的倾向，当被予以无条件的积极关注后，会感到自己是安全的、被理解、被看见的，因而有更多的机会利用自身的积极因素发生积极变化。我们每个人自己就可以并应当充当这样予以自己无条件积极关注的角色。要完全包容地接受自己，因为陪伴我们最久的不是别人，而是自己。

青年人刚刚走过相对弱小的童年和少年时期，需要打破认为自己是"弱小"的被保护者的形象观念。他们需要认识到自己是一个独立的个体，不需要委屈自己，迎合他人来获取他人（在童年时期往往是养育者等更有力量的人）的喜爱和帮助。

2. 不断完善和超越自我

应该意识到人的一生都是不断发展变化的，且青年仍处于人生发展的关键时期，可以通过自己的力量实现自己的追求。在完善自我的过程中，不必给自己太多压力，即不必将理想自我设置得太过完美，否则容易导致"生活处处是挫折"的局面，自己做什么都觉得没有达到自己的要求，常常产生挫败感。要知道，一件事情的发展走向，受到诸多因素的影响。我们不能要求每件事都按自己的预想进行。过于理想主义，过于强调自我能力的话，往往不能对事件做出正确归因，他们要么将失败的原因揽到自己身上，进而灰心丧气，厌恶自我；要么将失败原因推给外界环境，怨天尤人，同样也不能正确客观地评价自己和世界，失去了提升发展自己的机会。应该把抱负水平与自己的现实情况密切联系起来，把近期目标和远期目标结合起来，这样由近及远，逐步走向成功。

3. 警惕设限：关于自我认知的陷阱

（1）自我妨碍

自我妨碍是指人们故意做出提前准备用来解释自己预期失败的一系列行为，它是个体为了保持自尊常常会使用的一种无意识策略。通过使用这种策略，人们可以将预期中可能的失败归因于自己没有做好充分的准备、付出足够的努力，而不是自己缺乏能力。比如在考试前，很多学生预计到自己考不好，为了避免被他人认为自己学习能力不行，就把剩下的复习时间拿去打球，结果还感冒了，再加上他宿舍边上晚上还在施工，吵得他不能集中注意力复习和休息。他会把这些原因都摆出来，认为这些事情极大地影响了他的学习，并宣称自己这一次肯定考得很差。参加完考试之后，如果小 A 确实没考好，由于上述原因，没有人会认为这是因为他比较笨才没有考好；相反，如果他考好了，由于他花了更少的时间复

习，人们就更有理由把他的成功归于能力。

想想看，你在生活中是不是也在不经意之间用到过自我妨碍的策略？这虽然会让我们心理上好受一些，却只是逃避的手段，让我们在本可以做出努力并获得很好的结果时退缩。经常不自觉地使用这样的手段，对我们的成长是不利的，我们可以通过觉察自己的状态，避免自我妨碍的陷阱，勇敢地朝自己的目标努力，并在面对、解决问题的过程中得到真正的成长。

（2）自我实现的预言

期待效应是指对他人的期望会影响到对方的有为，使得对方按照我们对他的期望行事。经典的期待效应是1968年罗森塔尔做的一项研究：他从一所小学中随机选了三个班，并对这些学生进行了一项测验。测验结束后，他告诉这些班的老师，根据测验结果，一些同学在学习上非常有潜力，将会在接下来的学习中表现出较大的进步。一段时间之后，他对这些学生再次加以测验，结果发现，被指名的这些孩子的学习成绩有了显著的进步，老师对他们在品行方面也做了较好的评价。然而，其实罗森塔尔只是随机从学生名单里挑选了一些名字而已。罗森塔尔对这一结果都解释是，教师听说了罗森塔尔的预言，便对"非常有潜力"的学生有很高的期待，对其他学生则不那么上心。这种的期待不同导致他们对儿童施加影响的方式也不同，而学生在教师的期待下，也往往会顺着老师的期望发展。

当"预言者""期待者"是我们自己时，积极的自我暗示也会非常有利于个体形成积极的自我认知，并引导个体以这样的积极认知形象行动、发展，与外界环境进行良性互动，会得到积极的反馈，正向的反馈又会强化个体对自己的正向认知，从而形成良性循环，自我会发展得更好。这叫作自我实现的预言，也叫自证预言。

你可以将自证预言用在更基本的对自己和世界的认知上，并结合对现实的评估，矫正自己的负面思维，重获对自我的成长意识和对生活的掌控感：我能够成为一个独立自主的人，我所处的环境是安全的，我可以自由地发表观点，做我真正想做的事情……

（3）巧用归因策略

归因就是对行为结果进行原因解释。心理学上，发现人们往往有着相对稳定的归因风格，即外部或内部的归因。外部归因是指将结果归因给环境、困难等外部因素；内部归因是指将事物的结果归因于行动者的个人特征，如能力、努力等，因为外部因素是不稳定和不可控的，而内部因素如能力是稳定和可控的，如果有人将成功归因于外部因素或内部因素的失败，这无助于维护自己，甚至强化自己的无能。相反，如果成功归因于稳定、内部和可控的因素，则会进一步强化成功的动机。

有很多人有较为消极的归因风格，这是因为我们所处的成长环境和社会文化，以及本身存在的内隐生存策略提倡我们关注自己做得不够好的地方。我们经常通过内省的方式检查自己的感觉和动机。通过自省，我们注意到自己与内在标准的差距。这样的差距又会使我们不自觉得想要找到没有实现理想自我的原因。

但研究显示，人们对于自己感受和行为原因的内省常常是不正确的，这部分是因为人们以来与因果理论来解释面对的境况。而正如上诉所说，我们在自我归因时会有很大的偏差。同时，思考原因的行为会引起原因导致的态度改变，让我们觉得突然想到的原因是正确的。实际上并非如此。

可见，在我们进行自动化的自我评价时，会有很多偏差，所以我们要注意"自我评价偏差"的陷阱。在下一次面对不理想的结局，脑海中冒出"我怎么这么差劲"的声音时，希望你能不要立即接受，而是停下来冷静思考一下，全面评估当下的局面，哪些因素导致了事情的结果；适当利用积极的归因策略，多肯定自己的努力，同时找到那些造成失败结果的外部因素，进而有针对性地加以控制和改进。

4. 练习如何玩耍

看到这个标题，不要觉得奇怪。玩这件事，本来就包含着人们对世界最纯粹的探索欲。而很可惜的是，随着成长过程中受到的诸多压抑和限制，有些人失去了对自己真实感受的肯定，变得越来越缺乏活力而苦闷。放下心中的种种束缚，让我们来练习玩耍吧。

首先，思考以下三个问题。

问题一：你是否有过太投入而忘记了时间流逝的经历？如果有，当时在做什么？

问题二：上一次放肆玩耍并且感觉很开心是什么时候？当时在做什么？

问题三：回忆你上一次玩耍结束后，是感觉更充实还是更空虚？

在成长过程中，人们被灌输了很多"痛苦"的教育观念："学海无涯苦作舟"，人们普遍认为，学习是痛苦的，因此他们会在人生中不断寻找痛苦，认为只有承受痛苦才可以实现人生的价值。但这实际上颠倒了顺序，追寻的过程中难免遇到困难，因此会给人痛苦的感受，但并非说明必须痛苦才能有所收获。给自己玩耍的机会，全然凭借自己的兴趣和好奇去探索一些事情，会帮助我们找到真正的自己，建立与世界独特的连接。

第二节　职业选择：我将何去何从

我们常常将职业作为自我概念的一部分，所以对于渴望探索自我、走出属于

自己的人生之路的同学来说，择业就业问题是自我探索问题的延伸，但也存在其他对职业的诉求。随着时间的流逝，最终会稳定在自我认同的行业。

当代青年在高考后填报志愿往往不是完全出于自主意愿，因为他们对众多的专业往往缺乏了解，或者由于缺乏对自己的了解，导致愿望和实际情况的不匹配。随着学习的深入，有些学生能在大学时找到对专业的认同和热爱，有些学生能够确认自己并不想在该行业发展，这都是可能的。

一、职业规划和职业生涯

做职业规划之前，先让我们来认识一下职业生涯：

职业生涯是指个体职业发展的历程，一般是指一个人终生经历的所有职业发展的整个历程。职业生涯是贯穿一生职业历程的漫长过程，因此职业生涯随着人一生的成长发展而不断发展变化。

美国职业指导专家萨帕把职业生涯发展过程划分为五个阶段：成长阶段、探索阶段、确立阶段、维持阶段、衰退阶段。青年大多正处于探索和确立阶段，要结合自己的兴趣和特长，在岗位上做尝试，同时及时评估自己与岗位的匹配性。如果我们在自己并不热爱、并不擅长的领域或岗位上混沌度日，就不仅会导致个人成就感、幸福感的降低，也是一种社会资源的浪费。择己所爱、为己所长，才是对自己、职业领域负责的做法。

二、职业兴趣

兴趣（interest）是指个体对某种活动、专业、职业的喜好。我们常听说，"兴趣是最好的老师"。诚然，兴趣会影响工作投入程度、对工作的满意度，并且研究发现，兴趣与学业、职业成就也有很高的正相关。除兴趣之外，能力也是促进职业成就的重要变量。

与自我的同一性发展一致，在人生的初级阶段，兴趣是不稳定的，一般到青少年末期、高中之后，兴趣才变得相对稳定。

所以，有条件的情况下，青年应该尽量地探索、发展自己的兴趣，找到热爱并且擅长的领域，会更好地开启职业发展生涯。

那么如何确定自己的兴趣呢？如果你现在没有什么头绪，可以借助职业兴趣量表的帮助。

1. 霍兰德职业兴趣量表

霍兰德职业兴趣量表是经常使用的一种量表。霍兰德认为，每个人的人格和兴趣的对应可以分为六种类型：艺术型（artistic）、传统型（conventional）、研究型（investigated）、现实型（realistic）、社会型（social）、经营型（enterprising）；

职业环境也可对应划分为上述六种类型。个体倾向于选择有利于能力发挥、态度表达、价值实现和工作满意的环境。

霍兰德还为各种职业制定了编码代码（Holland Code），采用三个字母代码描述，如：建筑师被编码为 RIA，因为他们主要是根据现实的需要，建造出实际需要应用的建筑（现实性的成分）、需要科学性的技术（研究性的成分，同时也需要艺术气息（艺术性成分）。你可以根据霍兰德职业兴趣测试的结果，得出你的职业兴趣代码，找出相应的职业。

2. MBTI 量表

MBTI 也是一种关于人职匹配的理论，主要用来考量人们在能力倾向、获取信息、处理信息、行为方式四个维度的偏好。偏好都由两极组成：外倾／内倾（extroversion/introversion）、感觉／直觉（sensing/intuition）、思维／情感（thinking/feeling）、判断／感知（judging/perceiving）。MBTI 测试在全球广泛应用于自我探索、职业规划、管理培训、组织发展、团队组建、人际关系等领域，是个很好的探索自我和发现适合自己的职业的工具。

第三节　与生活共舞——压力应对与情绪管理

压力过大、失眠问题、情绪困扰、拖延……其实都是一个问题。如果你有上述困扰，我们先来想这样一个问题：你在小时候对生活的看法是什么呢？是不是觉得生活中充满了乐趣？下面我们来认识一下我们为什么长大之后会认为生活"兵荒马乱"，甚至为生活中琐事奔忙而筋疲力尽？以及应该如何应对吧！

一、认识压力

我们面临许多外界干扰和要求时，常常会觉得压力大、心情紧张、焦虑、烦躁，甚至还会失眠、吃不下饭或者贪吃嗜睡、出现肠胃疾病等。这些情况都属于应激反应。应激是指个体身心受到内外因素的刺激，常常是危险的或出乎意料的外界情况变化时的一种心理和生理上的紧张状态。应激反应是刺激物同个体自身的身心特性交互作用的结果，而不仅仅由刺激物引起，还与个体对应激源的认识、个体处理应激事件的经验等有关。

应激的过程如下。

（1）警觉期，肾上腺素分泌增加，心率加快，机体处于被动员的状态，要唤醒全身去应对压力。

（2）对抗期，如果应激源持续存在，随着身体能量的消耗，状态没有警觉期那么活跃和紧张，但在对抗压力大期间仍会持续地动员身体的能量储存。

（3）衰竭期，心理上表现为倦怠或枯竭。可能会出现情绪低落、烦躁易怒、意志消沉、成就感降低、对周围的事务漠不关心等；生理上可能会出现胸闷、气短、头痛、失眠、消化道疾病等。

当面临压力时，采取适当的应对方式和解决方法，就可以阻挡应激的进程，从而结束应激，使身体复原到平衡状态。

随着现代社会生活节奏的加快，青年生活中会面对很多应激源：繁重的学业和工作、人际交往中的应酬、情绪困扰、外界和自己对自己的高要求等。

二、认识拖延——DDL 才是第一生产力？

很多年轻人直呼自己有了"拖延"的毛病——DDL 才是第一生产力啊！

拖延是指在开始或完成一项外显或内隐的活动时实施有目的的推迟。拖延使目标任务在最后期限内无法完成，或者目标任务在最后期限内才刚刚启动。其实，每个人都会有拖延的倾向，正如耳熟能详的歌曲："总是要等到睡觉前，才知道功课只做了一点点；总是要等到考试后，才知道该念的书都还没有念……"

那么，人为什么会拖延，我们又应该如何"战拖"呢？

1. 人格因素

五大性格特质（big five personality traits）是现代心理学中描述人格特质的一个理论模型，将人格特质分为五个方面，即经验开放性（openness to experience）、尽责性（conscientiousness）、外向性（extraversion）、亲和性（agreeableness）、情绪不稳定性（neuroticism）。

尽责性高的人会较少出现拖延现象。他们将始终如一地追求自己的目标，这种精神也将减少因诱惑或困难而造成拖延的可能性。

具有高度的情绪不稳定性个体会表现出较差的情绪控制力，进而当面对不能很容易完成的任务时容易受到焦虑等消极情绪的影响，容易产生拖延现象。

另外，外向性与拖延呈现也正相关趋势，这可能与他们的关注点太多，不能将注意力一直集中在一件事情上有关。

2. 低自我效能与自尊

有些拖延还与低自尊和低自我效能有关。自我效能反映的是人们对自己能否取得所期待的结果的一种信念。低自我效能和低自尊的个体会认为自己没有足够的能力完成困难的任务，因此会回避困难的任务，从而回避可能的不良结果带来的进一步的自信心打击。

3. 完美主义

如果倾向于将每件事情都以高标准完成，则面对复杂的任务，拖延的概率会显著增加。

4. 组织规划的能力

有些人拖延的原因是容易被其他事物所吸引，不擅长有计划、有策略地完成任务。他们往往缺乏自我控制的能力，觉得什么有趣就做什么，结果造成对重要或紧急任务的拖延。

此外，由于他们做事缺乏规划，一些拖延者往往认为要完成的任务繁杂的、不可分割的整体，因此产生了畏难心理，于是就将事情拖着不愿面对。

这种缺乏组织规划的能力导致的拖延在青年人身上尤其常见。青年人出于渴望接触大量新鲜事物的阶段，同时缺乏对自我能力的认识，也缺乏管理时间、处理复杂任务的经验。因此他们容易贪多图快，在接受任务时觉得自己一定能完成，却在完成任务过程中遇到种种问题和困难，这时候他们解决问题的能力缺陷就会暴露出来，导致行动一再推迟。

5. 立"flag"可能的确会降低人的行动力

心理学家 Gollwitzer（2009）研究发现，只要将目标说出来，个体就有可能因为他人对目标对了解和叫好而沉溺于被认可对虚幻之中。这使人仿佛已经提前完成了任务，获取了完成任务般的满足感，因而行动力降低，拖延需要完成的任务。

6. 任务特点

趋乐避苦，趋利避害是生物的本性，所以任务越明确、必要、有趣、有益、简单，能越快得到奖赏回报，人们就会越愿意去完成，拖延的概率就会越低。

7. 延迟满足的能力

延迟满足能力越强的人，更会积极地早期开展一项回报遥远的任务，比如健身，减肥等。

8. 完成任务的动机和受到的压力

相比于被要求，当人出于自身的动机去完成一件事时，更可能积极地开展下去。完成任务的动机越强烈，就越有可能立即开始执行任务。动机会让人出于兴奋状态，机体被调动起来。心理学家耶克斯和多德森的研究表明，动机强度和工作效率之间的关系是倒 U 形曲线关系。中等强度的动机最有利于任务的完成。也就是说，动机强度处于中等水平时，工作效率最高，一旦动机强度超过了这个水平，对行为反而会产生一定的阻碍作用。压力也会让机体兴奋起来，因此当任务过于艰难，或者所允许的时间非常有限，个体感到巨大的压力，也会导致其放弃挣扎，综合以上关于任务特点和个体动机、感受到压力等因素，心理学家 Piers Steel 等人提出了一个较为全面的理论框架——时间动机理论（Temporal Motivational Theory，TMT）去解释拖延。其中一个重要公式认为，任务主观价值（Utility），受到了个体对其的期望（E），完成任务对其自身的价值（V），何时能够实现（D）以及个体对延迟的敏感性（Γ）这几类因素的影响。如果期

望越高／对自己的价值越大／越能立刻完成／个体延迟敏感性越高的任务，主观价值就越高，就越不容易拖延。

我们可以尽量选择自己感兴趣的任务去完成，或者培养对于所需要完成的任务的兴趣，增强完成它们的动机。面对棘手的大任务，我们需要将它们分割成小任务，并做一下时间分配，每天完成一部分任务，不要贪多，不要妄想一口吃个大胖子。同时，在完成了一天的任务后，可以给自己一些奖励，也许是一顿美食，也许是看一会儿最喜欢的小说等，这些过程中的激励和放松可以很好地让我们坚持有条不紊地完成看似艰巨的任务。

另外我们可以通过安排任务的顺序来帮助我们更好地完成需要完成的所有任务：将困难的任务留在期限前几天完成，而先去完成其他次要的任务。这样一来，轻松的任务在拖延重大任务的过程中得以解决，而最后几天的压力也逼迫得人提高效率，这样大任务也完成了。

三、情绪管理：如何利用好情绪晴雨表，做情绪的主人而非奴隶

1. 认识情绪

随着生活节奏的加快，我们需要处理的信息增多，需要完成的事务似乎越来越多，随之而来的不仅是压力增加，而且会有负性的情绪。此外，我们在人际交往中也常常会受到情绪的困扰。我们为什么会被负面情绪影响？如何与情绪相处，不做情绪的奴隶，保持清醒平和的心态？

情绪是以主体的需要、愿望等倾向为中介的一种心理现象。情绪具有独特的生理唤醒、主观体验和外部表现三种成分。符合主体的需要和愿望，会引起积极的、肯定的情绪，相反就会引起消极的、否定的情绪。

古今中外的人类，甚至人类和其他动物，都拥有着极其相似的情绪体验和表达：快乐、愤怒、悲伤、惊讶、焦虑、恐惧……这些情绪是独立的，具有各自的动机特征。心理学家伊扎德假定存在10种基本情绪，即兴趣、愉快、悲伤、愤怒、惊奇、轻蔑、恐惧、厌恶、害羞与胆怯，它们组成了人类的动机系统。

情绪是最古老的信息传递系统。伊扎德认为情绪是进化过程的产物，在生物的环境适应和生存上起着重要作用。每种具体的情绪都有其发生的渊源和特定的适应功能。比如当我们感知到可能的危险，我们会感到警觉、紧张甚至焦虑。又如，当别人违背了我们的意愿或者侵犯了我们的利益，我们会感到愤怒并有攻击倾向……

2. 情绪的产生理论

（1）生理理论

①詹姆斯—兰格理论。美国心理学家詹姆斯和丹麦生理学家兰格认为，情绪

是自主神经活动的产物。外部刺激引起生理反应，身体反应导致情绪体验。比如当人处于危险的境况中，比如在山林之中看见一只老虎，其自主神经系统就被激活，肾上腺素升高，心率加快，血压升高，肌肉紧绷，这些生理反应导致了他的内心感受到恐惧。此理论强调自主神经系统在情绪形成中的作用；但后来很多科学家认为这样的解释是片面的，忽视中枢神经系统的调节在情绪形成中的作用。

②坎农—巴德理论。这一理论认为情绪和生理反应同时发生。外部刺激将同时引发两个通路的神经信息传递：一个是传递到自主神经系统，引起生理唤醒的身体反应；另一条通路传递到大脑，引起主观情绪感受。

（2）认知理论

两因素情绪理论。这一理论由美国心理学家沙赫特（Schacht）和辛格（Singh）提出。他们认为，情感的产生有两个必要的因素：一是需要使个体经历强烈的生理唤醒；二是个体必须意识到生理状态的变化。情绪状态是认知过程和身体状态的结果，这一理论可以转化为一个称为情绪唤醒模型的工作系统。

拉扎勒斯的认知—评价理论。情绪被认为是人与环境相互作用的产物。通过情绪，人们不仅反映环境中刺激事件的影响，还调整对刺激的反应。人类将情绪视为对环境有害或有益的反应。人们必须不断评估刺激事件与自身之间的关系。评估分为三个级别：初始评估、二次评估和重新评估。

我们可以看出，随着研究的不断深入，人们认识到情绪是十分复杂的，是生理唤醒、认知评价的综合产物，而影响生理唤醒程度、进行怎样的认知评价，还受到对环境因素的感知敏感度、人格因素、过去经验的影响等等因素的影响。种种因素共同作用导致我们面对生活中的种种场景有不同的情绪反应，因此我们往往很难做出正确归因，到底我们为什么为产生这样的感受。回到生活本身，当我们面对不良情绪的困扰时，应该如何做呢？

3. 情绪管理三部曲

（1）是什么：我现在有什么情绪

许多人认为不应该有情绪，尤其是对自己最重要的人闹情绪，所以总是企图否认和拒绝自己有负面的情绪。其实长期的压抑反而会带来更严重的问题，学习觉察并且接纳自己的情绪是情绪管理的第一步。当我们感到不舒服时，第一步是察觉自己现在的情绪是什么，最初需要你时时提醒自己注意"我现在的情绪是什么"。

正如前面所说，情绪是分化的，但在同一个时刻，我们可能感受到复合的情绪。所谓"五味杂陈"，就是形容这样的体验。有时当别人询问我们的感受时，我们会感到自己内心充满某种情绪，却说不出它是什么，只说得出"舒服"或"不舒服"。

这可能是由于我们不具备足够的"情绪词汇"。如果想准确地辨别和表达某种情绪，我们必须先了解它的名字。有意识地学习和练习表达情绪的词汇，用更丰富细致的表达方式来表达我们的情绪感受，可以帮助我们更准确的意识到自己的情绪，从而抓取情绪背后想要传递的信息。

在学习情绪词汇时，我们要结合词汇的释义和自身的过往经历，从而更好地判别自己在不同情绪下的表现。比如有人在感到压力或紧张的时候，会无意识地抠手指头，或摆弄手边的东西，并同时感到身体紧绷。那么下次再有这些行为和感受的时候，就可以告诉自己：我现在有些紧张。

（2）为什么：我为什么会有这种情绪

记得吗？情绪是信号系统，每种情绪都代表了一种需要处理的状况。找出原因，才能对症下药。比如，很多大学生在宿舍里会觉得烦闷或者昏昏沉沉，做什么事情都效率不高。这种感觉可能提示你是否宿舍太杂乱让你烦恼？或者缺乏足够的光照？那么下一次你就可以改变宿舍环境或者干脆另找一个让你充满活力的场所，避免长时间待在宿舍。再比如，你可能会对父母等长辈对于自己生活的过问感到不耐烦甚至愤怒，你或许需要问一下自己：我的父母正在表达对我的担忧和关怀，那为什么我不愿意接受甚至反感呢？深究下去你会发现可能是自己还不够独立自主，还没有让父母放心。那么这种不满表面上看是冲着父母的某句话或某个举动，其实蕴含着对自己没能成为独立个体的焦虑。我为什么会出现这样的感受？

可能还有一些更加抽象的问题：比如入学或入职了一段时间，你发现所学专业或所从事的工作与你预想的差别很大，你好像不太适合它，但你又不知道自己适合做什么——这个时候，焦虑是在提醒你该去多做些探索，确认自己想要干什么。

（3）怎么做：解决情绪背后的问题，或者通过合适的方式调节情绪

接着上面那个对父母发火的例子，当你意识到这反映了自己对自身状态的不满，接下来你就可以进入如何提升自己独立生活的能力的解决问题的阶段了。当你的父母看见你能够很好地照顾好自己，他们也就不会过度干预你的生活了。这样一来，你和父母的这一感情冲突就得到了化解。

情绪反映出的问题中，有些是好解决的，有些却需要花更长的时间才能找到并解决，但我们不能让情绪一直困扰着我们，因此在寻找并解决问题的同时，我们也可以通过其他方法来缓解情绪带给我们的困扰。

①认知调节

青年要善于将知识应用到生活中，以多元的视角看待事情，面对问题要积极解决问题，并且要勇于尝试，积极实践，做生活的主导者，而非任由失败结果束

缚住自己的大脑，陷入消极认知中不可自拔。当面对不如意、不顺心甚至是失败时，告诉自己"胜败乃兵家常事""塞翁失马焉知非福""其实这件事没有我想象中的那么重要""我不需要现在就找到答案"等，缓解矛盾冲突，消除焦虑、抑郁，达到自我激励、总结经验、吸取教训之目的，保持情绪的安定和稳定。

★知识链接：情绪 ABC 理论★

情绪 ABC 理论是由美国心理学家埃利斯创建的理论。A（Antecedent）指事件；C（Consequence）指事情的后果；B（Belief）指事件的评价，是 A 到 C 的桥梁。对于相同的事件，不同的看法，会得到不同结果。比如同样是报考英语六级没过。一个人无所谓，而另一个人却伤心欲绝。原因就在于两个人对考试的看法不同：前者可能认为：这次考试只是试一试，考不过也没关系，下次可以再来。后者可能为这次考试准备了很久，把它当作背水一战，不能失败。

所以，虽然我们改变不了事件 A，但是我们可以通过改变对 A 的看法 B 来改变我们的情绪 C。进而把事件结果往积极的方向引导。

当你觉察到自己有了情绪的时候，分清楚哪些是事件本身，哪些是你的想象，是你编的故事。当你明白了自己的情绪是因为你的假设性故事引起的时候，提醒自己不自要再做假设，什么也不要做，等待事情真相呈现。

如果你的假设让你感觉到事情可能很严重，你必须做点什么才能安心，你可以跟随情绪的提示去验证你的假设，让事实的真相更早呈现。但是要记住，在假设没有得到验证之前，一切都只是假设，不要被情绪控制。

不合理信念

埃利斯认为：人们常有的一些不合理的信念使得我们产生情绪困扰。如果这些不合理的信念存在久而久之，还会引起情绪障碍。

生活中有许多不合理的信念，比如：需要做到最好才能得到他人的喜爱；事情必须按照自己的预期发展，否则会很糟糕；遇到的每个问题，都应该有一个正确、完满的答案；面对困难与挑战，逃避比正视它们容易得多；必须准备得十分充分才能去做某件事……

不合理信念的主要特点如下。

绝对化要求

人们往往以自己的意志为出发点，认为一定要发生或不一定要发生的观念，这种绝对的信念是不合理的，每件事情都有自己的发展倾向，不能按照个人意志转移。

如果某事物的发展与他对事物的绝对要求相矛盾，他会发现很难适应和接受，从而很容易陷入情感痛苦之中。

概括评价

以偏概全是一种不合理思维方式。它体现在对自己或他人的不合理评估中。典型特征是用一个或多个事物来评估自己或他人的总价值。例如，在一些失败之后，有些人会认为自己"一文不值"。这种单方面的自我否定往往会导致不良情绪，如自卑、自责和内疚。一旦这种评估指向他人，它会盲目地指责他人，产生怨恨和敌意等负面情绪。

结果灾难化

如果发生了不好的事情，那将是非常可怕和糟糕的。例如，"如果我没有上过大学，一切都会结束"，"如果我没有成为一名导演，我就没有未来。"这个想法是不合理的，因为事情会变得更糟，因此，没有什么可以被定义为极端糟糕。但如果一个人遵循这种"糟糕"的观点，如果他遇到他所谓的100%糟糕的事情，他将陷入糟糕的情感体验，永远无法恢复。

②生理调节

深呼吸：当人们心情愉悦时，呼吸是平稳而徐缓的；受到惊吓时，人们会倒吸一口气屏住呼吸；感到烦闷时，呼吸会被拉得很长，会叹气；生气时，呼吸起伏很大；焦虑时，呼吸变得很浅。可以看出，情绪会影响呼吸模式。同样，我们也可以通过呼吸来放松身体，进而让心情平静下来。在做深呼吸时，应该由鼻吸气，感到空气扩充自己的胸腔，同时下沉膈肌，让腹部饱满起来，这样可以最大限度地吸入充足的氧气，然后由鼻慢慢地吐出。

运动：散步、跑步、爬山以及其他力量训练等运动形式均有助于释放压力，同时运动还能促使多巴胺的分泌，让大脑产生愉悦的感觉。此外，运动还能够增强神经系统的活跃度，让运动系统更加高效地发挥作用，帮助我们适应多变的环境，提高身体对压力的耐受度。大脑也会更加灵活，思考问题更加高效，进而产生一系列正向的良性循环。

③玩耍休闲

休闲可以消除体力的疲劳和获得精神上的慰藉。从古至今，休闲都是人类生活中必不可少的活动。随着现代社会节奏加快，不少青年已经习惯了每天高强度的学习或工作，甚至不允许自己休息，在玩耍的时候会有愧疚感。我们不能忘记，休息才能恢复体力，玩耍时才能有创造力的迸发。

但与此同时，当代青年有时又会陷入一种无节制的娱乐，比如沉迷于网络游戏、刷视频等不健康的娱乐方式。这种娱乐方式虽然可以暂时将人带入不用为生活中的烦恼焦虑的放松状态，但长时间下来则会消耗能量，让人失去生活的目标。

现代社会，人们的闲暇时间越来越多，可以利用的体闲资源也越来越丰富，青年应该利用自由时间做自己喜欢做的事情，比如摄影，练习乐器，与人交流，阅读、玩有挑战性的游戏等，在"玩儿"中增加积极情绪的体验，去追寻人生的意义，丰富和拓展自己的人生。

第四节　我不想成为一座孤岛：如何建立深厚亲密的人际关系

人的本质……是一切社会关系的总和。

——马克思

埃里克森的心理社会发展理论认为成年早期（18～40岁）的主要发展任务是亲密对孤独的冲突。他认为，只有具有牢固的自我同一性的青年人，才敢于冒与他人发生亲密关系的风险。因为与他人发生爱的关系，就是把自己的同一性与他人的同一性融合为一体。这里有自我牺牲或损失，只有这样才能在恋爱或友谊中建立真正亲密无间的关系，从而获得亲密感，否则将产生孤独感。

这一部分，我们将简要介绍一下当代青年常见的关于人际关系，特别是关于如何建立亲密的人际关系的问题。

人际关系指人们在人际交往过程中结成的心理关系、心理上的距离。交往双方在个性、态度、情感等方面的融洽或不融洽、相互吸引或相互排斥，必然导致双方人际关系的亲密或疏远。若交往双方能互相满足对方的需要时，就容易结成亲密的人际关系；反之，则容易造成人际排斥。

一、"社恐"——过度的自我意识阻碍了你的人际表现

现在的青年常常感到孤独，他们似乎较普遍地陷入了一种感到难以与别人建立深入的关系的态，觉得难以找到和自己合拍的人。很多年轻人感觉到难以在人群面前表露自己，对于社交活动提不起兴趣，甚至会厌恶与人交往。进一步询问他们的感受会发现，他们并非不愿意与别人建立友谊，而是很渴望能够找到人际间的链接和归属感，却在面对陌生人时感到非常不自在，最初指代"社交恐惧症"的"社恐"一词逐渐在日常话语体系中成了一种对这种不自在的自嘲。

是什么导致了这些人的孤立和隔绝？研究显示，孤独的人往往对传递人际关系信息的情绪线索更加敏感，所以他们在社交场合中会感受到更多的人际压力。这种压力让他们想要试图表现，去处理他们发现的社交问题。然而这些人同时又对自己暴露在他人目光中的感受更加敏感，他们有着过强的"自我意识"（self-consciousness），这会导致他们在有他人在场时觉得自己的一举一动都在被他人注视、评价着，因此不敢放开手脚表现自己，担心遭到他人的负面评价。"自我

意识"不同于我们上文所说的广义的自我意识，后者是一种具有反思性的、健康、积极的状态，前者是指"十分强烈地感觉到自己的存在"的感觉，自我意识过强的人，会将注意力留在自己内在的情绪和想法上。而自我意识弱的人，容易把注意力放在外部，也就是自己所做的事情上。

由于这种在社交场合中的紧张感觉，他们会有意无意地回避社交场合，这让他们感到孤独，同时会让别人觉得他们是孤僻的。因此，他们会产生强烈的"被喜爱、被接纳"的渴望——这无意间就训练了他们的人际解读能力。然而这种渴望又会增加他们的压力，他们就会开始有二次揣测（second-guessing）和过度思考（over-thinking），这样的二次揣测和过度思考反而会让他们失去原本超群的人际能力。所以这些矛盾的关系导致了他们在人际关系中表现不佳。

如果你也是一个容易在人前感到害羞和拘谨的人并为此感到烦恼，该如何改善呢？笔者的建议有两点。

（1）认知改善：看见并肯定自己对于社交信号的解读能力，这是一项技能，不应该成为压力，当需要的时候，自然地运用就行。另外，当你感到紧张的时候，你不要把它当作一种他人的眼光带给你的压力，而是可以解释为：我的身体做好准备好好表现了，这样就可以更加自信地发挥你的能力了。

（2）将注意力更多地放在外部，学会"忘我"。专注于你要做的事情，你就可以自然而然地进入做事的状态，感受不到被注视的窘迫了。可以通过前面提到的正念训练来让自己更加专注于正在做的事情。

二、无法交到真心的朋友——怎样树立健康的交友观？

教育学者贺非非（2017）以大学生为研究对象，发现由于从小接受的教育和社会文化的影响，不乏年轻人从小就习惯被拿来与更优秀的同龄人比较，要向更"优秀"的人学习；要交对自己"有用"的朋友，要储备"人脉资源"。因此逐渐地，与人交往的过程中不免带上功利的目光：有用的人才交，无用的人不交；用处大的人"深交"，用处小的人"浅交"。秉持这种交友观念的人，会逐渐丧失对他人的信任感，认为人际交往是利益的交换，这种缺乏真诚的交往模式是很难建立起深层的情感联结的。

那么怎样才是健康的交友观呢？

1. 友谊与恋爱的意义——让真实的自我"被看见"

人类是群居动物，远古时期，生存环境恶劣，资源匮乏，人们只有群体合作才有更高的生存机会。在这样的背景下，一个人如果无法被他人和群体看见，意味着将没有办法获得存活所必需的支持和资源，生存受到直接的威胁。因此，"被看见"就成了人的基本需求之一。

2. 不被看见会给我们的精神造成巨大的痛苦。

当代的年轻人大多从小接触网络，被称为"网络原住民"，再加上大部分是独生子女，从小与别人的往来比较少，还可能有着被父母过度保护甚至控制的童年。心理学家温尼科特提出，如果婴儿的养育者能够看见婴儿的真实需求，及时做出正确的回应，婴儿就能够发展出一个"真自我"（the true self）。这样的孩子能够知道自己要什么，并感到世界是安全的，真实的自己是会受到关注和爱护的，自己能够提出需求，并会得到满足。而如果养育者不能看见婴儿的真实需要，婴儿则会发展出一个"假自我"（the false self），这是一种防御、一种行为的"面具"，它是顺应他人的期待而存在的。因为不曾被看见，我们为了生存，学会了揣测他人的心思，讨好以获得活下去的机会。如果"假自我"过度，或者"真自我"没有得到很好的建立，这样的孩子长大后常常就算做到了被社会肯定的优秀，内心也觉得空虚绝望，没有幸福的感受。

自古以来，人们便向往伯牙子期的知音佳话，这种对于亲密的追求，其实就反映了对有一个能看见真实自我的个体的渴望。

想要被看见，我们首先需要自己看见自己，也就是我们前面所说的，加深对自己的了解，正视和肯定自己的需求，接纳自己。接着，我们可以去发现与自己有相似性，并且让自己感到安全的人，向他们表露自我。适当的自我表露并得到肯定的回复是促进关系发展的重要因素。在相互的表露真心和倾听中，我们感受到自己被看见、被认可，这种肯定感会带给关系双方巨大的愉悦，彼此有勇气成为更好的自己，共同进步。

我们不能指望能一下就找到知己，因为人际关系的建立也是需要经历由浅入深的发展。

根据交往双方的情感卷入水平、自我暴露水平的不同，奥尔特曼（1973）认为良好的人际关系的建立和发展需要经历四个阶段，分别为定向阶段、情感探索阶段、感情交流阶段和稳定交往阶段四个阶段。

（1）定向阶段

人际交往以确定交往对象为起始。人们对想要进一步了解的人有自己的偏好，因此会在人群中更多注意吸引自己的人，并对其进行观察，与之进行初步沟通，然后在这一过程中做出是否要与之进行深入交往的选择。

（2）情感探索阶段

随着与交往对象接触的增加，双方的交流逐渐深入，由表面的客套寒暄转入进行情感思想层面的试探与交流。双方经过试探，想要探索彼此有哪些共同点，可以在哪些领域互诉衷肠，建立真实的情感联系。这一阶段的交流尽管有一定的自我暴露和情感卷入，但双方交换的关于自我的信息还是比较表面、社交性质的，

往往避免触及私密性领域。

（3）情感交流阶段

在这一阶段，双方加深了对彼此的了解，更多共同情感领域开放，双方的交流越来越广泛，自我表达的深度和广度逐渐增加，谈话也开始广泛涉及的自我许多方面，就有较深的情感卷入。双方关系的性质开始出现实质性变化，此时双方的人际关系中已经有了安全感。

（4）稳定交往阶段

最终，交往双方会形成稳定的交往习惯，彼此可以经常分享生活的苦乐。在这一交往阶段，人们心理上的相容性会进一步增加，自我暴露也更加广泛深刻，可以允许对方进入自己高度私密性的个人领域，甚至分享自己的生活空间和财产。

人际吸引的基本原则：我们是如何找到朋友/恋人的。

（1）相似。人与人之间有着相似的兴趣爱好、价值观和人生观，对某些问题的看法、观点相同或相似，则比较容易引发互相认识对方的兴趣，进而形成密切关系。

（2）相近。人与人之间在地理位置上越接近，越容易发生人际交互关系，相互建立紧密的联系。

（3）强化和互惠。我们喜欢那些喜欢我们、给予我们正反馈的人。当与他人相处时，我们能感到被别人喜欢，这种愉悦感会让我们也喜欢对方。其次，我们更喜欢那些对我们喜欢程度逐渐增加的人。在青年的人际交往中，我们有时也能发现强化原则的存在，在同学学习努力时，或者在表演文艺节目后，我们由衷地向他表示钦佩，对对方的出色表现给予赞扬，在肯定了别人的同时，我们自己的人际吸引力也得到了提升。相反，如果总是以挑剔的眼光看别人，以刻薄的言语嘲讽他人的不足，这种人总是以打击他人自尊为乐趣，只会招来他人的厌恶。

"费力最小原则"是指人都有用最小付出换取最大回报的倾向，具体到人际交往上，人们都希望在人际活动中交换价值或觉得一种关系对自己来说是值得的。虽然人们都会说真正的朋友不会计较彼此的得失，但是在人际交往过程中我们也期望对方能遵守互惠的原则，因为没有人能忍受不断的付出却看不到一丝回报。

（4）真诚原则

心理学家安德森研究了人们对不同性格的喜爱程度。结果表明，真诚、诚实、理解、忠诚、真实和可信等品质最受欢迎程，而伪善、不诚实、虚假等特征则最令人厌恶。

作家三毛说过："人际关联最重要的，莫过于真诚，而且要出自内心的真诚，真诚在社会上是无往不利的一把剑，走到哪里都应带着它。"真诚使人们对于与自己交往的人对自己怎样行为有明确的预见性，因而更容易建立其安全感和信任感，而不真诚或欺骗使人感受到焦虑与不安。因此，一个人要想吸引别人，与别人保持良好的交往，真诚是必须有的品质和交往方式。

（5）情境控制原则

人对于新情境，总有一个适应的过程。适应本身就是一个逐步自我控制情况的过程。情况包括沟通的内容、方式和心理控制。如果情况不清楚或无法了解情况，会引起强烈的身体焦虑，并会处于非常紧张的自卫状态，使人容易逃跑。在交流中，对情况的控制决定了交流的气氛。双方都必须能够控制交际情境，在人际交往中忽视他人的欲望、需求和心理感受会给交际造成障碍。

3. 是否独立影响着你在人际交往中的自如

（1）原生家庭对人的交往模式的影响

一个人从出生到离开父母组建新家庭之前的家庭称为原生家庭。心理学家萨提亚认为原生家庭中，父母各自的人格特点、父母之间的互动以及父母与子女之间的相互作用等，都会作为成长的重要动因给个体的身心发展留下烙印。

前几年，原生家庭在青年群体中引起了激烈的讨论，许多青年都认为自己的原生家庭给自己留下了不良的影响，有极端者甚至提出"父母皆祸害"的言论。的确，在不良环境的家庭中，孩子会被卷入父母的不良行为模式、沟通模式和情感模式里，在持续的不良互动当中，孩子很难得到良好的自我分化，而且会产生严重的慢性焦虑。他们在这样的三角关系中逐渐习得了这些不良的、僵化的模式，最后内化成自身应对外界环境的方式。

从依恋研究的角度，人类普遍具有与特定个体形成亲密而持久关系的强烈愿望，这种愿望从婴儿期开始发展，婴儿会与一名或多名成年照料者形成强烈的依恋关系。而这种幼时与照顾者的形成的依恋风格会影响成年后在亲密关系中的互动风格。

心理学家艾斯沃斯等人按照婴儿和母亲之间形成的某种特定关系，确定了三种主要的依恋风格：安全型、回避型和焦虑矛盾型。如果照顾者能够及时看见婴儿的需求并及时做出正确反应，婴儿会形成安全型的依恋风格。个体会发展出爱与被爱的能力，他们不仅有能力去爱，而且能够享受其他人对自己的爱，在亲密的人际关系中很少担心被抛弃，努力营造愉快、友好和相互信任的人际关系。

如果婴儿本身气质较为不活跃，再加上照顾者漠视婴儿的需求，未能及时满足婴儿的需求，则会形成回避型的依恋风格。这样的个体未能发展出对他人的信任。他们长大成人后，对来自另一个人的爱很不适应，不愿和其他人建立亲密关系，以免受到伤害，他们通常拒绝承认自己的依恋需要，往往在人际关系矛盾中不等把事情弄清楚就开始发怒、产生敌意并拒绝亲密关系。

如果照顾者对婴儿需求的回应不恰当，比如误把婴儿饥饿的信号理解为困，

或者对婴儿忽冷忽热，一会儿照顾得很好，一会儿却又不能及时出现，那么婴儿会形成焦虑矛盾型的依恋风格。这样的个体会对朋友或恋人表现出矛盾的态度，朋友不在身边时担心对方离开自己，在身边时又表现出回避、不理睬的行为。

（2）分化——走出原生家庭，成为独立自我

自我分化指的是个体从早期依赖的成长环境中逐渐成长为一个独立个体的过程。它与群聚对应，一个自我分化良好的个体应该是既能和他人产生良好的情绪和行为的互动，又能拥有良好的自我意识，能独立思考和行动。在一个分化不良的家庭中，个体的独立性和自我意识都发展得较差，他们与家庭的情绪卷入很深，家庭成员的情绪很容易影响个体的情绪。

个体普遍在青年期要离开家庭，这一时期的重要任务是从原生家庭中分化独立出来，成为一个独立的个体。如果无法完成这一任务，个体将一直依赖于原生家庭，无法自如地建立属于自己的人际关系，进而也无法建立属于自己的家庭。

分化首先要区分哪些是父母的事务，哪些是自己的事务。父母的事务由父母负责，孩子的事务由孩子负责。这样，孩子成年之后才能够从父母那里独立出来。"问题孩子"最常见的做法就是介入父母的夫妻关系，把父母的夫妻关系当成自己的责任。而"问题父母"最常见的做法是介入孩子的学习和日常生活，希望这些事务都能在其控制之下。结果，本属于父母的事务要孩子来承担，本属于孩子的事务却要父母来承担。更有甚者，有的父母把自己离不离婚的权利都交给孩子，而孩子则把决定自己报考哪所大学选择什么专业或找什么样工作的权利交给父母。

其次还需要承认父母和自己是各自独立的个体，并且能够接受父母是普通的，他们不是全能的，无法帮助自己完成一切事情，但他们仍然是自己的父母。接下来需要承认自己的普通，并开始独立地依靠自己的力量发展自我。

分化这一概念放在更广泛的语境中，仍然是个体要建立自我同一性，知道自己是什么样的人，要成为什么样的人，职业兴趣爱好是什么，一生的追求是什么。一个人只要分化得足够好，对自己的要求足够清晰，就会生活得有确定感，能够对自己负责，也会对他人负责；他就能够和他人经营好关系，既有亲密和信任，又能有界限和距离。这一切都会为他建立起良好的人际关系和建立良好的亲密关系，进而进入婚姻做好准备。

本章回顾

在这一章节里，我们简要介绍和探讨了一些青年常见的心理问题：从如何面对、探索、发展自我到如何处理生活中的压力与情绪问题，以及如何与更好地处

理社会交往。这些问题与青年的成长与生活息息相关。

我们了解了自我的定义、来源、结构和发展，如何通过自询与在他人的交往中认识自我。我们应该知道，每个人都有独特的个性和特点，都值得成为独一无二的真实的自己，应该悦纳自我，积极地探索自己的可能性。在职业规划上，将自己的特点、兴趣与社会的需求结合起来，规划自己的发展方向。

每个人都会面临生活中的压力。对于年轻人来说，可能来源于课业、人际关系、同辈压力等。过大的压力或者不良的压力应对方式会影响人的身心健康，比如出现拖延、消极、怠惰的情绪与行为，甚至出现躯体症状。与压力以及其他生活事件相伴而来的，常常有负面的情绪困扰，如焦虑、抑郁、痛苦等。面临这些压力与情绪困扰，我们首先不能沉溺于痛苦之中，而应该看到背后所代表的问题，进而解决问题。同时，我们可以通过运动、深呼吸、冥想、听音乐等方式放松身心。必要时，我们应该寻求他人尤其是专业人员的帮助。

在社会交往中，过度的自我意识可能让我们在陌生的社交场合中感到焦虑；不能表达真实的自己会导致孤独感；个性气质和从小到大的依恋风格影响着我们与他人交往的模式。

第三篇

主要心理干预理论与方法

第五章 │ 精神分析的理论与方法

第一节 背景介绍

精神分析（psychoanalysis）是现代西方心理学的主要流派之一，是一种旨在释放被压抑的情绪和记忆或引导来访者进行宣泄或治愈的方法。换句话说，精神分析的目标是将潜意识或潜意识层面的存在提升到意识层面。这个目标是通过咨询师与来访者针对生活中重大问题或事件的谈话、并深入研究看似简单的表面之下的复杂性来实现的。咨询师的主要目标是帮助来访者从未被挖掘的或无意识的移情和抵抗中解放出来，使来访者不再受过去的关系所掌控。

精神分析学说最早由奥地利精神病理学家、心理学家弗洛伊德（S. Freud，1856—1939）于 19 世纪 90 年代提出，最早是作为针对神经质（neurotic）以及歇斯底里症（hysterical）病人的干预手段。在与这些病人交流的过程中，弗洛伊德逐渐认识到这些人的问题是由不被文化接受，从而被抑制至潜意识中的性欲望和幻想造成的。在随后的临床工作中，弗洛伊德逐渐建立起一整套经典的心理分析理论，第一次对神经症等心理疾病的病因从心理学的角度进行了探讨，将人们的注意力从外在表现转移到了对人的内心的研究。

精神分析学说的主要思想包括：

（1）个体的发展可以被理解为性欲望对象的改变；

（2）意识领域习惯性地压抑那些性本能或者带有攻击性的欲望，所以这些欲望往往被保存在潜意识领域中；

（3）被压抑在潜意识中的有欲望可能通过梦、口误、笔误、记忆错误等方式呈现；

（4）潜意识与意识领域的矛盾往往是神经症的起因；

（5）神经症可以通过将潜意识领域的欲望和被压抑的记忆带入意识领域中来干预。

尽管精神分析与现代心理学其他学派有所不同，且在目前心理学界普遍认可循证疗法的环境下颇有争议，但我们都无法否认弗洛伊德和精神分析学派对于心理学的发展产生的巨大的影响。

第二节　主要理论

一、意识理论

精神分析学说的基本概念认为潜意识是一切意识行为的基础。在弗洛伊德的早期著作中，他把人的精神活动分成为三个层次：意识—前意识—潜意识。即，人的精神生活主要有两个独立的部分组成：意识和潜意识，二者中还包含很小的一部分，称为前意识。

（一）意识（consciousness）

人体心理活动的外显部分，是与直接感知有关的心理活动部分。在弗洛伊德的理论中，人的意识是非常有限的。在他著名的冰山比喻中，心理活动的意识部分只是冰山露在海洋面上的一小部分，更重要的是在海洋下面我们看不见的巨大的"潜意识"部分。心理活动的意识部分遵循现实原则，是符合社会规范和道德标准的外在表现的部分。

（二）前意识（preconsciousness）

介于意识与潜意识之间的部分。略加注意，前意识便可以回到记忆和意识中来。换言之，前意识是意识和潜意识之间的缓冲。前意识中的观念虽说暂不属于意识，但随时可以变为意识。

（三）潜意识（unconsciousness）

也译为无意识。弗洛伊德认为潜意识是人类心理原动力的所在。

潜意识是指被压抑到意识下面的、无法从记忆中马上回忆的部分，包括个人原始的冲动和与本能有关的欲望。潜意识有两个含义，一层含义是指人们对自己的一些行为的真正原因和动机无法意识到；另一层含义是指人们在清醒的意识下面还有潜在的心理活动正在进行着，这里包含了过去的经验，尤其包含那些因伦理道德、宗教法律所不容而被抑制到潜意识中的本能欲望。弗洛伊德认为这些欲望并没有被忘却，而是在潜意识领域蠢蠢欲动，并在不断活动和寻找释放的出路。正因为此，潜意识心理历程在正常及变态心理机能中均占有最重要的位置和意义，它决定了个体行为的真正原因和动机。

潜意识学说的理论使我们认识到，心理现象与生理现象一样，没有什么事情是偶然发生的。每一个心理事件的产生，都是由先前的事件所决定的，包括我们在日常生活中的口误、笔误、梦，以及神经症的各种表现等。潜意识学说本质是提出了心理活动的决定论或因果原则，既在我们清醒的意识活动下面，还存在着更为重要和有意义的潜在的心理活动在进行，这部分心理活动的内容决定了我们的行为特征，在心理病理状态下，决定了患者的症候特征。

活动中的意识、潜意识和前意识三者保持动态平衡。前意识和意识之间虽然有界限，但依然可以跨越。换言之，前意识与意识之中内容的相互转换是非常容易的。但是潜意识与意识之间则不然。弗洛伊德认为意识之中似乎有一种抵抗力，似乎起到一种看门人的作用，严防潜意识中的内容进入意识中来。然而，如前所说，潜意识之中存在着人的本能，这些本能是因为被道德准则即法律所不容而被抑制。但是这些本能在积极地活动着，有时力求在意识到行为中得到表现。但是因为与道德准则相左，当这种本能出现时，会在意识中唤起焦虑、羞耻感和罪恶感。

压抑是生活中常用的一种调节机制，其功能在于把我们的经历和回忆、各种欲望和冲动隐藏于意识之外。但需要强调的是，压抑从来不会使被压抑的东西消失。有的时候，这些内容会以梦、口误、笔误、记忆错误等方式出现。弗洛伊德口误（Freudian Slip）即是这样的一个现象。在日常生活中，人们往往因为各种原因说错话，那些本不出自内心的话被说出来，被称为口误。在发生口误现象时，我们往往会认为这不过是我们不小心说错话罢了。但是在弗洛伊德的学说中，口误并非偶然。恰恰相反，弗洛伊德认为这些口误的内容往往是内心深处的真实想法的反应和写照，只是平时被压抑着不敢说出来，所以在精神分析学说中，口误是非常有研究价值的。

弗洛伊德曾使用过一个经典的比喻来描述意识、潜意识与压抑的关系。他将潜意识的系统比作一个大的门厅。在这个门厅内，各种心理冲动犹如许多个体，互相拥挤在一起。从这个门厅通向另一个较小的房间，类似一个会客室，意识就停留于此。在会客室的门口站着一个看门人，"他"负责检查各种心理冲动，对于不认可的冲动，"他"则不允许其进入会客室。在门厅内的各种冲动无法被会客室中的意识看到，因此，它们当时必然继续是潜意识的。有些时候看门人不认为它们是适合于意识的，所以当它们成功地挤到门口时，就会被看门人遣送回去变成被压抑的。然后有些冲动是被看门人准许了的，但它们也未必就变为有意识的；因为只有成功吸引到意识对他们的一眼顾盼，这才可能发生。因此，我们将这第二个房间称为前意识系统。换言之，对个别的冲动来说，压抑就在于未能通过看门人从潜意识的系统进入前意识的系统。

二、人格结构

弗洛伊德于 1923 年出版《自我与本我》一书，本书在意识理论的基础上提出了本我、自我和超我的概念，形成了有关人格构成的学说。

（一）本我（id）

我们先从本我开始介绍。本我，也被译为它、它我、原我，是一个人的人格中最原始、与生俱来的部分，是个性中潜意识的部分。弗洛伊德认为本我是心理能量的基本源泉，是无意识且无理性的。本我是个体中幼稚和冲动的部分；它随心所欲，强烈而且不顾后果地想要去做一件事情。正因为本我总是在试图追寻快乐、减少痛苦，弗洛伊德认为本我遵循"快乐原则"，将其描述为一个人快乐的源泉。

现在，想象你晚上很饿地回到家，发现你的室友买了一个蛋糕。蛋糕现在就放在桌子上。你的本我会想："啊，这蛋糕看起来太好吃了，我现在就想吃！"你知道你的室友很可能会因为你吃掉了蛋糕而不高兴，所以你首先只是挖了一个角来尝一尝。然后你为了让蛋糕看起来不那么奇怪，你又切了一整块下来。很快，在你自己都没有反应过来的时候，你已经吃掉了一大半蛋糕。

你是怎么吃掉整个蛋糕的？我们需要责怪的正是你的本我。这恰恰是本我在生活中的目标：它想让你吃掉整个蛋糕，是因为它想要你追寻快乐。既然蛋糕让你感觉良好，那为什么不把它吃掉呢？

接下来它想做的是减少痛苦。吃完蛋糕的第二天早上，你醒来的时候带有一些负罪感："我昨晚吃了整个蛋糕，要么我今天锻炼一下好了。"你开始想着你今天需要去健身房待上 2 小时。这时你的本我又出现了："还是算了吧，去健身房可能会让你的肌肉酸痛，还可能会受伤。"所以，你如果是完全被本我所驱动的，你就会吃掉整个蛋糕，也不会在第二天去锻炼。这就是由本我掌控的快乐原则。

（二）超我（superego）

现实中，我们往往不会每天都吃掉整个蛋糕而且完全不去运动。所以是什么在控制着本我呢？这是人格中的另一个潜意识部分，称为超我。超我是人格结构中道德和准则的代表，其作用就是按照社会道德标准监督自我的行动。超我遵循的是道德原则。

还是想象你晚上很饿地回到家，发现你的室友买了一个蛋糕。如果是超我掌权，你根本不会吃蛋糕。你依然会有蛋糕看起来很好吃的想法，但是超我会说："不，这是你室友的蛋糕，我不会吃的。"超我遵循的道德原则中，个体需要做到行为端正、举止得体。在未经别人许可的情况下吃别人购买的食物，在社会准则中并不是合适的。但是想象一下，如果是本我先掌控，你一点一点地已经吃完了整个蛋糕。吃完之后，超我出现了。这个时候超我会让你感到非常内疚，因为你毕竟是做了一些违背社会准则的事情。而且，吃完蛋糕的第二天，如果超我掌控局面，你一定会去健身房锻炼。同时，超我也会要求你向室友道歉，并重新买一个蛋糕作为补偿。

所以，当我们做出违背社会道德的事情时，我们会感觉非常差。当做正确的事情时，则会感觉良好。这就是超我所控制的。

（三）自我（ego）

弗洛伊德的人格构成中还有一部分，自我。自我介于本我和超我之间。本我试图让你做一些事情，比如吃蛋糕且不去锻炼；而超我试图让你做出正确的决定并成为一个正直的人。这就注定了本我和超我总是在互相争斗的。

而自我介于两者之间，起到调节的作用。虽然本我和超我主要是人格的潜意识部分，但自我是完全在意识领域的。你认为的"你"就是弗洛伊德所说的自我。自我所遵循的是现实原则。现实原则的意思是，你的自我解释了来自本我和超我的潜意识驱动，并将它们转化为真实的行动。因此，自我同时接受本我想吃蛋糕的欲望和超我需要成为合格室友的欲望，并找到正确的解决方案。

回到吃蛋糕的例子。假设你的本我让你吃掉了蛋糕，随后超我让你感到非常内疚。最后真正促使你道歉并且买新的蛋糕给你的室友的是你的自我。你的自我接受了本我不受控制的欲望和超我带来的罪恶感，并提出了一个解决方案。

三、本能

在弗洛伊德的学说中，人的精神活动的能量来源于本能，这也是推动个体行为的内在动力。人类最基本的本能有两类：一类是生的本能，包括性欲本能与个体生存本能，其目的是保持种族的繁衍与个体的生存；另一类是死亡本能，也称攻击本能。

本能论的特点包括：

· 本能的根源性，即任何本能均源于人体内部的需要或冲动，并将贮存在体内的能量释放出来；

· 本能的目的性，即消除某种本能刺激的根源，以满足体内的需要状态；

· 本能的对象性，即本能行为为了达到目的所利用的对象以及所采取的手段；

· 本能的动力性，即本能总是具有某种数量和强度的力，其大小由本能拥有的心理能量的多少来决定。

（一）生本能

生本能是正向、积极、且建设性的，是指人类生存及发展爱欲的本能力量，代表着人类生命中进取性、建设性和创造性的活力。生本能中，以性本能为主要成分，与生本能相联系的一切心理能量称为"性能量"。这些本能是个体与种族得以繁衍并且得以成长和创造的基本条件。

（二）死本能

在生本能之外，人类生命中还潜伏着一种破坏性、攻击性、自毁型的基本驱力，称为死本能。死本能分为内向与外向。内向性死本能是指，当冲动指向内部的时候，人们就会限制自己的力量，惩罚折磨自己，变成受虐狂，并在极端的时候毁灭自己。而当冲动指向外部的时候，人们就会表现出破坏、损害、征服和侵犯他人的行为。

四、性心理的发展

精神分析学说的基础理论在于认为所有人都有存在于潜意识中的欲望、感觉和记忆。通过多年对人类发展的研究和研究，弗洛伊德认为不受欢迎的行为和压抑的情绪源于童年的创伤和经历，而这些经历决定了一个人进入成年期之后的发展。弗洛伊德在 19 世纪末、20 世纪初提出了性心理发展阶段说的概念，这也是精神分析理论的核心概念。性心理发展阶段说将个体发展分为五个阶段：口唇期、肛门期、前生殖器期 / 性器期、潜伏期，以及青春期 / 生殖器期。区分这五个阶段的主要因素在于一个人从婴幼儿到成年期过程中欲望和需求的改变。通过该理论的提出，弗洛伊德既提出了划分心理发展阶段的标准，又具体规定了心理发展阶段的分期。

（一）性本能

在介绍五个发展期之前，我们首先需要了解性心理发展理论中的几个重要术语。

· 性欲（libido）：个体通过不同类型的行为表现出来的性能量。

· 固着（fixation）：个体性欲的一部分由于过度放纵或破坏而停留在特定的发展阶段。

· 性感区（erogenous zone）：对刺激敏感的身体部位。

这里需要了解的是，弗洛伊德是泛性论者。在弗洛伊德眼中，性欲有着广义的含意，是指人们一切追求快乐的欲望。他提出性本能是人一切心理活动的内驱力，而积聚到一定程度的性能量会造成机体紧张，导致机体寻求各种途径来释放这些能量。

弗洛伊德的理论基础之一在于每个个体的身体具有多个性感区，且随着时间推移，每个人的性欲会增长，个体也会通过不同类型的行为来寻求满足感，如婴幼儿的吮吸拇指和成人的性爱。取决于每一个阶段发生的事情，个体可能会迅速地从一个阶段发展到另一个阶段，也可能会因为放纵或破坏而停留在某一个阶段。

（二）性心理发展阶段

1. 口唇期（0～1岁）

弗洛伊德认为性能量的发展是从嘴开始的。吮吸本能也能产生快感。众所周知，婴儿和年幼的幼儿会捡起物品并试图将它们放入嘴里，从他们的手到他们最喜欢的毯子。这个年龄段的人在吮吸和咀嚼中找到满足感，而这些欲望完全由本我驱动，本我不断寻求满足。在这个阶段，婴儿从母乳喂养或奶瓶喂养中获得营养，这意味着他们的本心或内驱力专注于在欲望发生时接受这种营养。

弗洛伊德又将这口唇期分为两期：第一时期是0～6个月；第二时期是6～12个月。从出生到6个月，儿童的世界是"无对象的"。意思是说，这个年龄段的儿童还没有现实存在的人和物的概念，他们目前仅仅是渴望得到快乐、舒适的感觉，而没有认识到其他人对他是分离而存在的。约在6个月的时候，儿童开始发展关于他人的概念，尤其是母亲作为一个分离而又必要的人。所以在母亲离开的时候，儿童会变得焦虑不安。

由于婴儿和幼儿对现实的认知有限，他们对快感最直接的体验就是在嘴里。例如，当母乳或奶瓶喂养期结束时，幼儿将需要停止这种类型的喂养，同时幼儿需要依赖看护者作为食物来源。很快，孩子就会开始出现并向他们的看护人询问他们需要的食物或物品。一旦孩子完成母乳喂养和奶瓶喂养的断奶过程，他们将开始学习延迟满足，即无法在渴望或期望的确切时刻获得某些东西。

然而，当婴儿的口唇期发展被照养人所干扰，以至于婴儿无法根据应有的发展轨迹发展，就会导致可能会导致成年后的口腔固着（oral fixation）。这种类型的固着可能表现为成年人通过吸烟、嚼口香糖或吃糖果等行为来取悦自己。

2. 肛门期（1～3岁）

性心理发展阶段说提出1～3岁儿童的性能量集中在肛门区域。在这一阶段，大便使得肛门区域黏膜上产生愉快感觉，儿童以排泄为快乐，以抹粪或玩弄粪便而感到满足。在这个阶段，幼儿学习如何进行如厕训练，这意味着他们了解如何控制自己的身体并继续接受延迟满足。此外，自我也在不断发展，帮助婴幼儿通过平息本我冲动来达到延迟满足。

这个阶段的固着可能由于照养人在如厕训练期间过于咄咄逼人或要求过高，因此可能导致所谓的肛门强迫行为。一旦孩子长大成人，他们可能会因为在如厕训练期间无法获得一定程度的安全和/或自主权而过度关注秩序、组织，以及其他形式的控制。如果照养人在该时期对儿童照养不足，弗洛伊德认为一个孩子可能会变得肛门排斥（anal expulsive），意味着孩子可能会成长为缺乏组织能力的成年人。

3. 性器期（3～6岁）

儿童于3～6岁进入性器期。弗洛伊德说："儿童由3岁起，其性生活即类同于成人的性生活。" 儿童通过对自己身体的探索，开始发现自身生殖器中相应的性感区。在这个阶段，孩子们学习并开始建立起生理上的生殖器与性欲和快乐的联系。

同时，该阶段也是弗洛伊德认为超我开始发展的阶段。儿童在学习辨别是非的同时开始有了道德心。

在这个阶段，弗洛伊德认为男孩会经历俄狄浦斯情结（Oedipus complex），男孩会嫉妒父亲，因为父亲会与母亲发生性关系，导致男孩杀死父亲。弗洛伊德也相信伊莱克特拉情结（Electra complex）。女孩们想和她们的父亲发生性关系，并将她们的母亲排除在外。他的伊莱克特拉情结理论在很大程度上依赖于阴茎，因为他觉得女性会嫉妒阴茎（Penis envy），因为她们缺乏该生殖器。

虽然性心理发展理论的这一部分一直存在争议，但弗洛伊德认为每个人都在潜意识中发现自己的情结，也在此过程中发展出一个健康的超我。若该阶段的发展受到干扰，儿童将发生性器期固着，儿童的道德心发展可能受阻，导致成年之后无法做出道德上的正确选择。

4. 潜伏期（6～11岁）

随着较强的抵御恋母情结或恋父情结的建立，儿童从6岁左右开始进入潜伏期，一直持续至青春期。弗洛伊德认为，潜伏期儿童的性的发展呈现出的是一种停滞或者退化的现象。在这个时期，各种口唇期、肛门期的感觉以及性器期的恋母情结的记忆被逐渐遗忘，因此，潜伏期是一个相当平静的时期。在这一阶段没有相应的性感区，因为这个阶段反映了缺乏性欲和性欲。弗洛伊德用"潜伏"这个词表示隐藏，反映了这一阶段性欲在体内处于休眠状态，等待青春期开始的想法。

但潜伏期并不代表个体没有性欲。这一阶段的儿童将精力集中在功课、交朋友和爱好上。 在这个时期，孩子可以通过探索自己以外世界的其他方面来建立自己的个性和性格。 然而，随着他们的个性随着日新月异和经验的发展，之前的固着可能会在这段时间开始显现在外在行为上。 例如，肛门强迫行为和口腔固着可能表现为儿童的强迫性的组织行为、控制欲，或吮吸拇指等。

5. 青春期/生殖器期（11或13岁开始）

经过暂时的潜伏期，生殖器期的风暴就来到了，从年龄上讲，女孩约从11岁、男孩约从13岁开始进入生殖。生殖器期发生于青春期和死亡之间，也是个体将度过他们生命大部分的一个时期。该时期相对应的性感区是与性交有关的生殖器。在这个阶段，从青少年到成年人都独立生活并追寻从性伴侣处可以获取的满足。这个阶段旨在平衡内在欲望与成为社会一员的欲望。超我正是在这个时期完成了它的发展。根据弗洛伊德和他的女儿安娜·弗洛伊德（Anna Freud）的观点，在青春期，个体的最重要的任务是要从父母那里摆脱自己。同时，到了这一时期，个体容易产生性的冲动，也容易产生同成人的抵触情绪和冲动。

然而，就像潜伏期一样，如果在一个人年轻时受到了外界干扰，生殖器期可能出现固着，表现为特定的性欲以及寻找和／或保持伴侣的困难。

五、自我的防御机制

（一）定义

心理防御机制简称心理防御（也称自我防御机制、防御机制、防卫机制）（self-defense mechanisms/defense mechanism），是弗洛伊德提出的心理学名词，是指人们在面对挫折和焦虑时启动的自我保护机制。心理防御机制概念表示自我对本我的压抑，而这种压抑正是自我的一种全然潜意识的自我防御功能。个体是为了避免精神上的痛苦、紧张焦虑、尴尬、罪恶感等心理，从而有意无意间使用这种防御机制来进行各种心理上的调整。换言之，当自我以理性的方式无法消除焦虑时，他们必须改为采用非理性的方法来缓解焦虑，通过对现实的歪曲来维持心理平衡，最后达到自我保护、免于发生身心疾病的目的。

自我防御机制主要有两个特点：一是在潜意识水平进行的，因为具有自欺性质，是一种潜意识层的自卫；二是自我防御机制往往具有伪装或者歪曲事实的特点，其作用在于保护自我，不至于焦虑而导致疾病的产生，在防治心理疾病中有积极的作用，但没有道德上的欺骗含义。

有些心理防御机制是原始的。这是指个体童年生活经历形成的防御机制。心理防御机制本身越原始，其效果越差；离意识的逻辑方法越远，则越近似于变态心理。在生理上，心理防御机制被认为可以防止因各种心理打击而引起的生理疾病或神经病症，过分或错误的应用心理防御机制可能带来心理疾病。

自我防御机制的特征如下。

（1）无意识进行：防御机制不是蓄意使用的，它们是无意识的或至少是部分无意识的。真正的防御机制是无意识进行的。

（2）自我美化：防御机制是指通过自我美化、提高自我价值或自尊而保护自己及防护自己免于受伤害。从它的作用和性质来看，可分为积极的防御机制和消极的防御机制两种。

（3）自我欺骗：防御机制似有自我欺骗的性质，即以掩饰或伪装我们真正的动机，或否认对我们可能引起焦虑的冲动、动作或记忆的存在而起作用。因此，自我防御机制是借歪曲知觉、记忆、动作、动机及思维，或完全阻断某一心理过程而防御自我免于焦虑。实际上，它也是一种心理上的自我保护法。

（4）非病理性：防御机制本身不是病理的，它们在维持正常心理健康状态上起着重要的作用。但正常防御功能作用改变的结果可引起心理病理状态。

（5）表达多元：防御机制可以单一地表达，也可多种机制同时使用。

（二）种类

按照心理成熟度，可做如下分类。

·自恋心理防御机制（一级防御机制）：包括否定、歪曲、外射，它是一个人在婴儿早期常常使用的心理机制。早期婴儿的心理状态，属于自恋的，即只照顾自己，只爱恋自己，不会关心他人，加之婴儿的"自我界限"尚未形成，常轻易地否定、抹杀或歪曲事实，所以这些心理机制即为自恋心理机制。一个成年人还运用"自恋机制"来进行自我心理防御，是很危险的。

·不成熟心理防御机制（二级防御机制）：此类机制出现于青春期，成年人中出现也是属于正常的。包括内向投射、退化、幻想等。

·神经性心理防御机制（三级防御机制）：这是儿童的"自我"机制进一步成熟，在儿童能逐渐分辨什么是自己的冲动、欲望，什么是实现的要求与规范之后，在处理内心挣扎时所表现出来的心理机制。

·成熟心理防御机制（四级防御机制）：是指"自我"发展成熟之后才能表现的防御机制。其防御的方法不但比较有效，而且可以解除或处理现实的困难、满足自我的欲望与本能，也能为一般社会文化所接受。这种成熟的防御机制包括压抑、升华、补偿、幽默等。

按行为性质分类如下。

1. 逃避性防御机制：压抑（压制 suppression/ 潜抑 repression）、否认（denial）、退行（regression/regressive emotionality）

（1）压抑

在压抑的过程中，个体将意识所不能接受的观念、情感或冲动从意识领域压抑到无意识领域中，使人不能意识到存在。需要注意的是，这种被压抑的内容并不是就此消失了的，而是依然一直积极活跃在无意识领域中，并通过其他心理机制的作用以伪装的形式出现。如对痛苦体验或创伤性事件的选择性遗忘就是压抑的表现。

压抑包括压制（suppression）和潜抑（repression）。suppression 在心理学上翻译为"抑制"或"障碍"，即有意识地将不可接受的欲望、思想或记忆从脑中驱除出去；repression 的意思是"压抑的行为或被压抑的状态"，在心理学上翻译为"压抑作用"，即从有意识的头脑中无意识地排斥痛苦的冲动、欲望或恐惧。关键区别在于 suppression 是"有意识"而 repression 是"无意识"。

压抑是各种防御机制中最基本的方法。与因时间久而自然忘却（natural forgetting）的情形不同，它是一种"动机性的遗忘"（motivated forgetting）和有目的地遗忘（purposeful forgetting）；这与否认事实也不同，压制机制并非有意识地否认事实，而是无意识地"忘却"事实。压抑在潜意识中的这些内容并未消失，而仍然存在，会无意识地影响人类的行为，以至于在日常生活中，我们可能做出一些自己也不明白的事情，包括中国成语中的"触景生情"，口误、笔误、做梦，或选择性或目的性遗忘等。

（2）否认/否定/拒绝（承认或接收）（denial）

否认是最为常见的防御机制之一，是指个体对于现实或者事实的拒绝接受。在否认的过程中，个体对某种痛苦的现实有意识或者无意识地加以否定，以此来缓解自己的焦虑和痛苦。由于不承认似乎就不会痛苦（如拒绝亲人的亡故，仍坚持所其未死）。通常来说，否认是一种保护性质的、正常的防御，但是当否认干扰到了正常的生活行为时候，则成为病态的防御机制。

无意识地拒绝承认或接收某些不愉快的现实/事实，或者说对某种痛苦的现实无意识地加以否定。否定那些不愉快的事件，当作根本没发生，不承认不接收似乎就不会痛苦，从而缓解打击，获得心理上的安慰和平衡，以达到保护自我的目的。比如说，个体在接收到打击性的坏消息时，为了不致一下子承受不了痛苦，采用无意识的拒绝接受，从而逐步地接受现实，那么这种防御就起到了保护性的作用。所以一般情况下，切莫戳穿他的谎言，因为他可能正处于极度悲伤中。

否认是一种原始又简单的自我防御机制，意识薄弱、知识结构单纯的人，常会不自觉地使用否认机制。否认与压抑有时看起来很相似，例如，某些女孩被人强暴后，回忆起强奸过程会一片空白，或记忆不清楚，这可能无意中启动了否认机制，也有可能是压抑。但二者有根本不同：否认不是说不记得了，而是坚持某些事情不是真的，尽管所有证据都表明其真实性，否定不是有目的的忘却，而是拒绝承认不愉快的事情而加以否定。

除了对于现实的全然拒绝，否认防御机制还可能以另一种方式存在。即：个体可能承认某件事确实是发生了的，但是选择弱化其重要性。例如，吸烟者知道自己吸烟的频率，但是坚持认为吸烟对他们的健康并没有影响。有些时候，个体也可能承认事实是真相且其重要性，但是选择否认或者逃避他们自己的责任。比如，学生考试没有及格，自己也清楚一门课不及格对于学业的影响，但是学生觉得是室友打游戏让自己没有办法好好学习、老师没有划重点让自己不知道怎么复习，等等。

（3）退行／退回／倒退／退化情感

当个体遇到挫折时，他／她的心理活动倒退回到较早年龄阶段的水平，表现为以原始、幼稚的方法应对当前的情景，这种防御机制被称为退行防御机制。

这种以逃避和消极的方式减轻个体在受到挫折或者经历冲突时感受的痛苦的方式被认为是一种消极性的防御方式。当个体遭遇到挫折无法应付时，放弃成熟态度和成人行为模式，放任自己退回到儿童状态，意味着可以放弃努力，不用去应付困难，而是如孩童时期一样依赖于他人，得以彻底逃避成人的责任，从而满足自己的某种欲望，这是一种反成熟的倒退现象。这种机制在成人和儿童身上都可以观察到。

短时间、暂时性的退行现象，不但是正常的，而且是必要的。我们在成年之后，在处理事情时本应运用成人的方法和态度，但在某些情况中，初于某些原因，采用较幼稚的行为反应，并非不可，偶尔的退行反而会给生活增添不少情趣与色彩。但如果常常退行，使用较原始而幼稚的方法来应付困难，或者是利用一些退行行为来获取身边人的同情与照顾，以此来避免自己对于现实问题和痛苦的面对，那么这个时候的退行就是一种心理表现了，临床上歇斯底里和疑病症常见这种退行行为。例如，已养成良好生活习惯的儿童，因母亲生了弟妹或家中突遭变故，而重新表现出了吮吸手指、好哭、极端依赖等婴幼儿时期的行为，或是住院时因为焦虑和恐惧出现了尿床；一个成年人，当遇到困难无法对付时，便觉得自己身上的"病"加重了，需要休息，以此来退到儿童时期被人照顾的生活中去，这都是无意识地使用退行防御机制的例子。

2. 自骗性防御机制：反向形成（reaction formation）、合理化（rationalization）

（1）反向形成（reaction formation）

安娜·弗洛伊德将反向形成称为"对相反事实的相信"（believing the opposite），是指个体在面对内心中难以接受的观念或情感时候，表现出相反的态度与行为。举个例子，一个有强烈的性冲动压抑的人可能会可积极参与对于淫秽读物或影片的检查活动。所以，反向形成也称矫枉过正，个体对这些内心难以接受的、不愉快的观念、情感、欲望冲动夸张性地以相反的外在态度或行为表现出来。本我的某种冲动被超我所抑制，自我认为这种冲动也不会为现实所接受，于是自我决定把这种冲动以相反的外在方式表现出来，以释放这种冲动，减轻焦虑。比如说，对同性恋抱有偏见的个体通过采取严厉的反同性恋态度来防御自己的同性恋情绪，这有助于让他们相信自己是异性恋。

换言之，使用反向者，其所外在行为与情感表现，与其内在的动机是成反方向的。在性质上，反向行为也是一种压抑过程。

在经典的精神分析理论中，反向形成被认为是一种强迫性的防御机制。这种潜意识的冲动源于婴儿期的冲突。当婴儿期的冲突不是被压抑，而是被转换时，反向形成也可能是使婴儿期冲突得以升华的基础。

反向机制如使用适当，可帮助人在生活上之适应；但如过度使用，不断压抑自己心中的欲望或动机，且以相反的行为表现出来，轻者不敢面对自己，而活得很辛苦、很孤独，过度使用将形成严重心理困扰。在很多精神病患者身上，常可见此种防卫机制被过度使用。

（2）合理化（rationalization）

合理化是指个体无意识地用一种通过似乎有理、但实际上站不住脚的理由来为他们难以接受的情感、行为或动机辩护，从而达到让他们的行为可以被接受或被避免的目的。比如一些家长在教育儿童时候会采用体罚的方式，而他们的解释是"玉不琢不成器，树不伐不成材"，或者一再强调"打是疼骂是爱"。合理化又称文饰作用，表达出个体将其面临的窘境加以文饰，从而隐瞒真实动机或为自己开脱，最终达到减少因挫折产生的焦虑以及维持个人自尊的目的。

具体来说，合理化有几种表现形式。一是将得不到的东西说成不好的，即我们常说的"酸葡萄心理"。二是对被满足的部分动机的美化，比如当得不到葡萄而只得到了柠檬时，就说柠檬是甜的。三是将个人的缺点或者失败推诿于其他理由，找其他人为自己的过错承担责任。但归根结底，这三种方式均为为了保持内心的平衡而掩盖自己的错误或者失败。

合理化是一般人运用最多的一种心理防御机制。事实上，在人生的不同遭遇中，短暂的采用这种方法以减除内心的痛苦，避免心灵的崩溃，也是一种适应性的防御机制。比如在没有得到自己最想要的offer的时候，拿到了自己第二选择的offer，会去寻找第二选择offer的优点，从而劝说自己这也是对自己非常有利的一个职业选择。更何况在找寻"合理"的理由时，往往也能够恰好找到问题的解决方法。但是如同其他防御机制，如果经常或者过度使用合理化机制，习惯性地借各种托词以维护自尊，则不免有文过饰非，欺骗别人也欺骗自己之嫌。

3. 攻击性防御机制：转移（displacement）、投射（projection）

（1）转移（displacement）

转移防御机制是指个体无意识地将自己的冲动、情绪或意图（通常带有攻击性）重新定向到到另一个对象或替代的象征物上。这个替代的对象往往是无能为力的。比如说，一个公司员工被上司责骂后，非常愤怒，但是碍于权威和自己的工作，并不能够还嘴或者报复，所以员工在回到工位后转而踢倒脚边的垃圾桶，把对上司的怒气转移到身边的物体上，或者继而对自己的实习生进行责骂，把实习生当作替罪羊或发泄对象。在这种情况下，我们可以观察到，虽然情绪和冲动作用的对象产生了变化，但其冲动的性质及其目的仍然未改变。个体将对某一对象的情感、欲望或者态度（如上述例子中的上司）转移到一个较为安全或者更为无能为力的对象上（如上述例子中的实习生），使得实习生完全成为上司的替代物。

根据转移的内容，转移可以是替代性对象（或目标）的转移，也可能是替代性方法的转移或情绪情感的转移，这些转移都会包裹着欲望和情感，以相应的态度或行为表现出来。

这里必须提到精神动力学派中的一个重要概念——"移情"（transference），是指来访者把对过去生活中某个重要人物（如父母）的情感、态度和属性转移到了咨询师身上，并相应地对咨询师做出反应的过程。当移情现象发生时，咨询师代替来访者真实的情感需求对象，成为其某种情绪体验的替代对象。如果转移的是正向情感（如喜爱、仰慕等，称为正移情，如果转移的是负面情感（如憎恶、愤怒等），则称为负移情，这种移情关系也是转移机制较常见的一种。

上面提到的下属对上司的不满以及转移就是一个负向转移的例子。有的时候，被上司责备的先生回家后因情绪不佳，就借题发挥骂了太太一顿；而做太太的莫名其妙挨了丈夫骂，心里不愉快，刚好小孩在旁边吵，就顺手给了他一巴掌；儿子平白无故挨了巴掌，满腔怒火地走开，正好遇上家中小猫向他走来，就顺势踢了猫一脚。这种现象因此也得名"踢猫效应"。

极端的负向转移可能会酿成严重后果，如有些人在生活中受到不公的待遇，被激起报复、仇恨的心将其偏激心态移转至一位无辜的人。例如有一则发生在美国社会的真实新闻说，有一个失恋的青年人，因其女友弃他而去，心生怨恨，便以杀人泄恨，在其被逮捕前连杀了十多个与其女友相似的人。

（2）投射（projection）

投射是指个体将自己不能接受的冲动、欲望或观念归因（即，投射）于客观或别人。也表现为个体将自己的某种冲动、欲望、自我内在客体的某些特征（如性格、情感、过错、挫折等）想象成在某人身上的客观事实，即，将这些特征赋予他人或他物身上。在精神病学上，投射也意味着将某种精神表象视为客观现实，如梦境、幻觉。Freud认为投射是否认的结果，用于对被害妄想的描述，即在这个过程中，那些被投射出去的特征被自我所否认了。

自我允许了本我的冲动，与超我形成对抗时，为了逃避超我的责难，又要满足自我的需要，将自我的欲望投射到别人的身上，从而减轻罪恶感，得到一种解脱。投射能让别人作为自己的"代罪羔羊"，使我们逃避本该面对的责任。

还有一种投射作用，是将个人的思想感情赋予外部世界。一个人感到幸福时，便以为其他人也很愉快；当他感到痛苦时，便认为人世本来就是一个悲惨世界。

进一步分析一下，我们可以明显看出这类赋予性投射作用的防御本质。一个人的幸福可能因其他人的痛苦而遭到破坏，因为他会因自己不适宜的愉快心情而感到内疚。为了消除这一威胁，他便想象其他人也与他同样快乐。假如一个人相信大多数人都不诚实，他就可能原谅自己的撒谎。惯于考试作弊的学生为了开脱自己，便常常认定几乎所有的人都这么干。如果一个人相信性关系混乱是一种普遍现象，他可能以此来替自己的越轨行为辩解。这类投射作用并没有对直正的动机进行压抑，也没有选择替代对象。在这种情况下，人们承认自己的内在动机，但是，他们可以通过把自己的动机投射给别人得以减轻其道德性焦虑。

投射的另一种表现为严重的偏见、因为对他人的猜疑而拒绝亲热、对外界危险的过分警觉等，患有妄想迫害症（Paranoid-psychosis）的病人，亦多采用此机制，他内心憎恨别人，却疑神疑鬼，无中生有他说别人要杀害他。

投射也会在梦中出现，如一个人性张力过大，做梦时梦见另一个人与异性在发生性行为。这是弗洛伊德很经典的梦的解析的学说使用梦境来分析及了解个体的内心世界。罗夏墨迹测验就是以墨汁投射图来分析人的内心所思所想，其他投射法如，主题统觉测验、文章完成测验、绘图测验、沙盘等皆属之。

4. 代偿性防御机制：补偿（compensation）

补偿防御机制是指当个体因本身生理或心理上的缺陷致使不能达成某种目标时，改以采取其他方式来弥补 / 代偿这些缺陷，以减轻其自卑感、不安全感，建立自尊。

我们可以根据补偿防御机制的作用将其分为消极性的补偿与积极性的补偿。消极性的补偿是指个体所使用来弥补缺陷的方法，对个体本身没有带来帮助，或者有时候甚至为个体带来了更大的伤害。

除此之外，还有一种非常常见的补偿方式，称为"过度补偿"（overcompensation），指个人否认其失败或某一方面的缺点不可克服性而加倍努力，企图予以克服，结果反而超过了一般正常的程度。比如，一个人觉得自己的厨艺实在太差，于是通过强迫性地打扫厨房、每天对厨房打扫 2 ～ 3 个小时来让厨房一尘不染的方式进行过度补偿。举另一个例子，一个女生的前男友的父母对她不好，她在之后选择伴侣的时候将伴侣的父母态度置于顶位，甚至可以因此忽略伴侣本身的一些缺陷。

补偿具有一种向后拉（补救）以防向前倒（失败、障碍）的功效，对个体之心理及行为而言，颇有裨益；然使用错误补偿方式则有害而无益了。上述女老师的例子，就是一个很好证明。综合上述这些例子，我们可以发现在不完美的人生里，人的一生中或多或少都会使用补偿方法来克服缺陷，唯一差别在有人因生理上缺陷（如姿色平庸的女生），有人因心理上缺陷（如怕别人怀疑她没有女人味的女老师），有人因社会性缺陷（如事业失败的人），有人因过错上的缺陷（如

造成二次大战浩劫的人其心理之内疚），而使用各种不同的补偿方式。

5.建设性防御机制：认同（identification）、升华（sublimation）、幽默（humor）

（1）认同（identification）

认同防御机制是指个体无意识地取他人之长归为己有，这里的他人往往是个体敬爱和尊崇之人，并将这些长处作为自己行动的一部分加以表达以此吸收他人的优点以增强自己的能力、安全感以及接纳等方面的感受，掩护自己的短处。一般说来认同的动机是爱慕，个体把别人具有的而自己感到羡慕却没有的品质不知不觉加到自己身上。

从积极的角度说，认同是正常心理发展的一个过程。在个人成长的过程中，每个人都需要完成"认同"的历程，比如儿童青少年对于社会团体或文化价值观的学习和采纳，青少年在于他人相处的过程中寻找自我、肯定自我等。比如，我们在生活工作中遇到困难时候，选择观察正能量人群来激励自己向他们学习，从而形成继续走下去的信心和力量。

但是认同还存在另一种表现形式，即与侵略者的认同。这是由桑德弗伦姿（Sandor Ferenczi）提出，后由安娜·弗洛伊德完善描述的一种防御机制，是指受害者对于他们的侵略者，即更为强大和攻击性的对象进行认同的一种防御机制。通过对于侵略者行为的内化（即，认同），受害者希望达到避免遭受虐待的目的，转而开始与侵略者产生情感联系，后续可能对侵略者形成共情，为他说话等现象。这种现象在极端表现下也被称为"斯德哥尔摩综合征"（Stockholm Syndrome），即人质与他们的绑架者建立情感纽带并开始采用绑架者的一些行为。

（2）升华（sublimation）

升华是一种最积极的、富有建设性的防御机制。升华使得我们将一些社会不可接受的冲动和欲望转换为更高级的、社会所能接受的行为、目标或渠道，是一种将本能的力量以非本能的方式予以释放的过程。

升华一词最早由弗洛伊德使用。他认为将一些本能的行动如饥饿、性欲或攻击的内驱力转移到一些自己或社会所接纳的范围时，就是"升华"。有一种观点认为：所有的升华都依赖于象征化的机制，而所有的自我发展都依赖于升华机制。如果没有它将一些本能冲动或生活挫折中的不满、怨愤转化为有益的行动，这世界将增加许多不幸的人。举例来说，同样是被上司责骂的下属，相对于将自己的愤怒强加于替罪羊身上，这位下属采用了下班后去健身房运动来释放自己情绪的方式；一位长期抑郁的人选择做各式各样的志愿者服务，通过观察到自己对他人的帮助和他人的幸福感，也同时提升了自己的幸福感。

（3）幽默（humor）

最后，幽默防御机制比较容易理解，这是指一个人受到挫折或者身处逆境时，用幽默来缓解紧张气氛，放松情绪以维持心理平衡。幽默是一种积极的防御机制。

以幽默的语言或行为来应付紧张的情境或表达潜意识的欲望，用这些表面的开心欢乐可以达到不知不觉化解挫折困境和尴尬场面和内心失落的目的。

第三节　应　用

一、心理干预的目标

精神分析干预方法通常侧重于童年记忆、无意识的想法和感受，以及探索来访者对干预的抵抗。

二、主要的心理干预技术

小李遇到了一些问题，来寻求咨询师的帮助。她爱上了一个男人，但是男人并不爱她。小李为此产生了持续的负面情绪，无法享受以前的爱好，而且开始远离家人和朋友，变得越来越孤僻。小李甚至觉得，如果他还不爱自己，自己宁愿自杀。小李的情况满足了抑郁症的判定标准。

对于这种情况，有些流派将其认定为思想或行为问题，并通过改变人们的行为和思考方式来达到干预的效果。而精神分析流派则认为，心理问题来自我们内部的冲动以及压抑的创伤和情绪。过去发生在你身上的事情会影响你今天的感受。因为人们经历的许多冲动、情绪和创伤都被压抑了，他们并不总是知道是什么导致了他们的心理问题。因此，心理动力学干预方法通常侧重于挖掘一个人的潜意识。接下来，运用上述案例，我们介绍精神分析干预方法的四种关键干预技术。

（一）自由联想

想象一下，你是一名心理学家，小李来到你的工作室。你相信她的抑郁源于她内心深处的某种东西。也许这是一段记忆，或者一种情感，甚至只是她看待世界的方式。但是，你如何找出这些深埋的东西呢？你如何访问她的潜意识？与其他干预方法不同，作为咨询师，我们无法直接询问：告诉我你的潜意识里发生了什么。

这种情况下，咨询师可以运用自由联想的方式。它包括让来访者自由地说出任何想到的事情。这些说出的事情不一定有意义，也不一定是关于来访者当下的问题。相反，咨询师只是要求来访者说出他们脑海中出现的任何内容。

比如说，当小李开始自由联想练习是，你可能会注意到她多次提到与她父亲有关的事情，吸烟、暴力倾向等。当你深入挖掘时，你会发现她的父亲从未真正在她身边。他在她只有 8 岁的时候就离开了，在这之前，他对她并不是很关心。你认为她目前的感情生活问题可能源于她寻找一个对她不感兴趣的男人，就像她的父亲对她没有太大兴趣一样。潜意识里，她正在重温与父亲的关系。通过找出导致小李问题的原因，咨询师可以开始帮助她解决这些问题。而自由联合则是实现这一目标的关键第一步。

（二）释梦

自由联想并不是挖掘某人潜意识想法的唯一方法。在精神分析干预中，咨询师通常必须解释或弄清楚表面之下到底发生了什么。咨询师的解释有很多种。我们已经看过其中之一。当你注意到小李的父亲再次出现在她的自由联想中时，你可以将其解释为小李父亲对小李目前的关系产生了特定的影响。

心理动力学干预中另一种常见的解释是对于梦境的解释，即来访者告诉咨询师她做了一个梦，由咨询师对梦境进行解读，帮助小李意识到这个梦有什么象征意义。精神分析理论认为，压抑的情感和内容经常通过我们的梦境表现出来。发生这种情况是因为我们睡觉时防御力降低了。所以，对梦境分析有助于揭示我们潜意识中那些被压抑、可能造成我们意识领域中病态的内容。

弗洛伊德进一步将梦境分为两层内容：潜内容（latent content）以及表象内容（manifest content）。潜内容是指个体隐藏的动机、愿望或恐惧，而表象内容是指个体实际做的梦。

假设小李向你描述了一个梦：她所爱的男人带她去宇宙尽头狂野旅行。他们很开心，玩得很开心。这个梦可能意味着什么？显然，小李并不会真正跳上宇宙飞船并在数百万光年之外旅行。那么，她为什么会做这个梦呢？也许这个梦象征着小李多么希望他们周围的世界逐渐消失。也许小李爱的人太专注于自己的工作；或者他仍然挂念着他的前任所以不能够爱小李；或者，也许不能爱她只是觉得现实世界正在干扰她和他在一起的幻想。不管怎样，这个梦可能意味着不能爱她想逃离现实，和她爱的男人在一起。

（三）移情处理

移情是将过去的感情转移到现在的人身上。通常，这种干预技术涉及将这些感觉从来访者身上转移到咨询师身上。因为这种干预技术允许来访者重新经历需要解决的问题，出现移情的情况是被认为对干预过程非常有价值的。

假设小李后来与她所爱的男人在一起了，但是随即发现男人的控制欲很强，这让她在对他的爱意与想要摆脱控制间感到非常纠结和为难，演变成了小李近期的易怒。咨询师可以引导小李对这段感情展开讨论。当讨论到控制欲时，小李开始把怒火发泄在咨询师身上，觉得咨询师也在不断地控制她。而正是当小李开始意识到她在通过这种方式表达她的情绪时，她开始可以平静地讨论她为什么对对方的控制欲有如此强烈的感觉，以及这段感情对她的影响。

（四）阻抗分析

这就把我们带到了阻抗力的话题上。阻抗力是任何妨碍改变现状的态度、想法、感觉或行动。咨询师需要帮助来访者看到这种阻抗力对他们没有帮助的。他们是想继续走一条不适合他们的道路，还是想尝试新的东西？这种阻抗力分析对于成功干预至关重要。如果来访者无法解决影响其现状变化的问题，他们就不太可能成功地改变现状。

第四节　贡献与局限

一、贡献

首先，精神分析干预方法关注于来访者的过去，尤其是童年，如何影响来访者现在的行为。在弗洛伊德之前，心理学家并没有真正关注过去如何影响现在，但对许多人来说，他们的童年塑造了他们成为什么样的人。

精神分析干预方法的另一个优势在于，它认识到存在潜意识并且潜意识会影响我们的行为。在其他类型的心理学只关注表面的行为或想法，而心理动力学干预方法则着眼于一个人最深处的部分，并试图从内到外治愈它们。

二、局限

尽管有优势，但精神分析干预方法也存在一些问题，心理学界对于精神分析干预方法的争议一直未断。第一个弱点是精神分析干预方法忽略了精神疾病的生物学成分。现有证据表明，从抑郁症到精神分裂症，多种精神类疾病的发病机制中均具有生物或遗传成分。不幸的是，心理动力学模型不承认或解决生物学或遗传学问题。

心理动力学模型的另一个问题是它取决于咨询师一定的主观解读。因为咨询师必须对问题的根源进行推论或猜测，所以咨询师有很多机会出错。同样，一些咨询师过于关注过去，而没有解决当前的问题。一个好的咨询师会帮助你处理

这些生活状况，但有些咨询师太专注于你童年的问题，以致他们没有解决求助者目前生活中发生的事情。

最后，从循证干预方法的角度来看，精神分析理论并没有办法通过科学研究来验证。虽然许多心理学方法经过了测试，并进行了许多研究来验证其背后的科学，但心理动力学方法本质上是不可测试的。毕竟，我们无法客观量化一个人的潜意识。

本章回顾

·精神分析（psychoanalysis）是现代西方心理学的主要流派之一，是一种旨在释放被压抑的情绪和记忆或引导来访者进行宣泄或治愈的干预方法。精神分析模型基于弗洛伊德的思想，认为心理问题来自压抑的情绪和记忆，一个人的现状受童年经历的影响。

·精神分析学说的一个基本概念是，作为一切意识行为基础的是一种潜意识的心理活动。在弗洛伊德的早期著作中，他认为人的精神生活主要有两个独立的部分组成：意识和潜意识，二者中夹着很小的一部分，称为前意识。

·弗洛伊德随后提出了人格理论，将人格分为本我、自我和超我三个部分。本我是你个性中受快乐驱动而被痛苦排斥的冲动部分，超我是你个性中判断和道德正确的部分，而自我是你个性中的有意识部分，它在本我和本我之间进行调解。

·弗洛伊德认为人的精神活动的能量来源于本能，本能是推动个体行为的内在动力。人类最基本的本能有两类：一类是生的本能，另一类是死亡本能或攻击本能，生的本能包括性欲本能与个体生存本能，其目的是保持种族的繁衍与个体的生存。

·弗洛伊德在 19 世纪末 20 世纪初提出性心理发展阶段理论，将个体发展分为五个阶段：口唇期、肛门期、前生殖器期 / 性器期、潜伏期，以及青春期 / 生殖器期。区分这五个阶段的主要因素在于一个人从婴幼儿到成年期过程中欲望和需求的改变。通过该理论，弗洛伊德既提出了划分心理发展阶段的标准，又具体规定了心理发展阶段的分期。

·自我保护机制是指当自我以理性的方式消除焦虑而未能奏效时，就必须改换为非理性的方法来缓解焦虑，通过对现实的歪曲来维持心理平衡，从而达到自我保护免于发生身心疾病的目的。

·精神分析干预方法的主要技术包括自由联想，释梦，移情处理和阻力分析。自由联想是指通过来访者自发的表达探索其潜意识，释梦是指对来访者梦境中表达的压抑情绪的解读，移情是指将来访者过去的情感转移到现在的某个人身上，阻力分析是指对任何妨碍改变现状的态度、想法、感觉或行动的分析。

·精神分析模型有优点也有缺点，包括它对于生物学和神经学的忽略，且不适用于患有严重精神疾病的来访者。精神分析模型多年来一直存在争议，但弗洛伊德和他的精神分析流派对心理学和文化意识的贡献是不可忽略的。该理论第一次对神经症等心理疾病的病因从心理学的角度进行了探讨，将人们的注意力从外在表现转移到了对人的内心的研究。

第六章 ❤ 认知行为主义的理论与方法

第一节　背景介绍

认知行为理论是由行为主义和认知理论整合而成。尽管行为主义和认知理论有着不同的理论渊源，但是，二者在实践过程中整合在一起时，则为人们提供了更有效的服务手段。

行为主义的理论基础是巴甫洛夫的经典条件反射学说。在巴甫洛夫用狗做的经典实验中，狗的行为是对外界刺激的直接反应，通过将铃声与食物反复结合，铃声最终具有了直接引起狗分泌唾液的效果。

行为主义理论的一个基本取向就是将心理与行为分离开来。行为主义者认为，除了天生的反射行为，我们大多数行为是通过学习获得的，因此人类是可以做到通过学习新的行为来改变旧行为的目的。这种理论成为行为干预的理论基础，指出干预的焦点不是关注于个体心理的内在变化，而是应该在于弄清楚什么事情可以持续引起人的行为发生转变。换言之，行为主义所致力的临床行为的改变，在某种意义上来说关注的是结果，而不是引起行为的原因。

与前一章所介绍的弗洛伊德的精神分析学派所不同，认知学派的创始人之一阿尔弗雷德·阿德勒（Alfred Adler）认为精神分析学派对人格的划分以及对潜意识的强调并无太大意义。阿德勒指出人类行为来自社会方面的动力要远远高于来字性方面的动力，即人的行为是由个人整体生活形态所塑造的。这个塑造的过程中包括了个体对自我的认识、对世界的看法、个人的信念、期待等。而在这个过程中，认知起着至关重要的作用，它不仅影响人的行为，更会影响个人整个生活形态的形成。

自此，认知学派的基本观念是：人类的思想、感觉和行动之间是有相互联系的，人的行为受学习过程中对环境的观察和解释的影响。错误的知觉和解释来源于不适宜的行为。所以，要改变人的行为，就要首先改变人的认知。同时，认知学派认为，在多数情况下，行为和认知是相伴而生的，我们可以通过改变认知来改变行为，也可以通过改变行为来改变认知。

第二节　主要理论

一、经典条件反射（classical conditioning）

（一）定义

经典条件反射，也称为应答性条件作用、响应条件反射或巴甫洛夫条件反射，由俄罗斯生理学家和研究员伊万巴甫洛夫（I. Pavlov，1849—1936）发现。巴甫洛夫在实验室中研究狗的消化过程时，注意到狗不仅仅是在食物出现时分泌唾液，而且在与食物出现有关的任何其他刺激物单独出现时也有唾液分泌。为了证实这一点，巴甫洛夫进一步实验时，在给狗食物的同时又给狗一个节拍器的声音刺激。食物和节拍器声音结合多次之后，狗一听到节拍器声音（未给食物）就会分泌唾液。

经典条件反射理论中有几个重要概念：无条件刺激物（unconditioned stimulus）、中性刺激物（neutral stimulus）、条件刺激（conditioned stimulus）、无条件反应（unconditioned response），以及条件反应（conditioned response）。在巴甫洛夫的实验中，无条件刺激物是食物，中性刺激物是节拍器声音。狗对无条件刺激物的反应能通过无条件刺激物与中性刺激物结合，使狗对中性刺激物也产生相同于对无条件刺激物的反应（唾液分泌），形成了条件反射。此时中性刺激可称为条件刺激。

进一步巴甫洛夫又发现几乎任何的先天性反应，如眨眼等，都可以与任何刺激，比如声音、颜色、口令等建立起一种条件反射。但如果条件刺激多次出现，却没有无条件刺激的强化，这个条件反射则会消退。

条件反应建立过程

条件作用前	中性刺激（节拍器声音）不会引起狗的任何反应
条件作用中	中性刺激（节拍器声音）在无条件刺激（食物）之前出现，无条件反应（唾液分泌）出现
条件作用后	中性刺激（节拍器声音）引起狗的条件反应（唾液分泌）

有时，中性刺激与无条件刺激的一次配对即可建立新的关联。这方面的一种令人心惊的案例是可以引起恐惧反应甚至导致长期恐惧症。比如，实验者曾经使一个本来喜欢动物的 11 个月大的男孩对白鼠产生恐惧反应。实验人员在每次这个男孩伸手要去玩弄小白鼠时就在他背后猛击铁锤。在几次结合之后，每当小白鼠出现，这个男孩就会哭闹，并出现紊乱的行为表现。随后实验人员发现这个男孩的这种反应泛化到其他白色有毛的动物身上去了。本来他并不害怕的对象，比

如兔子、狗、有毛的玩具等，现在也发生了恐惧或者是消极的反应。另一个例子是味觉厌恶。当一个人吃了食物然后变得恶心时，他们可能会对食物产生持久的厌恶。

自此，我们可以了解到经典的条件作用原理有这样几个基本现象：一是条件反射的形成和建立，这是条件刺激取代无条件刺激形成特定的刺激—反应关系的获得过程；二是泛化，这是人或动物把学习得到的经验拓展运用到其他类似的情境当中去的倾向；三是消退，是指条件反射建立之后不再需要无条件刺激（如食物），而是仅由条件刺激物（如声音）即可引起条件反应（狗分泌唾液），但继续给予条件刺激物时，条件反应的强度会逐渐下降，直至不再出现条件反应。

（二）举例

在大学中，有的课程会要求学生们进行演讲。工作当中，也经常需要进行公开汇报。想象你需要参加每周一次的公开演讲并且必须站在观众（同学和老师）面前发表演讲（无条件刺激）。这样的演讲会使你手心出汗并且心跳加速（无条件反应）。用经典条件反射的术语来说，在条件作用之前，进行演讲的房间是中性刺激。每周你进入房间（中性刺激），在观众面前发表演讲（无条件刺激），并有手心出汗和心跳加速的恐惧反应（无条件反应）。最终，进入房间便已经成为一种条件刺激，会直接导致手心出汗和心跳加速的条件反应，即使在你不必在房间里发表演讲的时候也是如此。

二、操作性条件反射（operant conditioning）

（一）定义

当巴甫洛夫在进行早期的经典条件反射的研究工作时，美国的心理学家桑代克正在以另一种不同的途径进行实验。他把猫关在箱子中；猫可以借助于拉绳子、推动杠杆、转动枢纽等方式逃出来，关在箱子中的猫一开始挤栅栏，抓、咬放在箱子里的东西，把爪子伸出来等，进行了多种尝试以逃出箱子。最后偶尔发现了打开箱子的机关之后，猫的错误行为逐渐减少，只有成功的反应保存了下来。动物就是这样通过尝试与错误以及偶然的成功学会了逃出箱子。

桑代克由这些资料开始进行研究，后来提出了著名的效果律，即一种行为过程的发生次数受该行为的后果的影响而改变。效果律所反映的是人或动物保持或消除先前反应与效果之间的关系。一种行为之后出现了好的效果，这种行为就趋向于保持下来；如果效果不好则趋向于被消除，这就是斯金纳等人称为强化的一种关系。

斯金纳也做过许多实验研究,他研制出一种现在被称为斯金纳箱的实验仪器。它的一个实验是这样进行的:在斯金纳箱上有一个小圆窗,当小窗上有某种特殊的光出现时,鸽子去啄它,就可以使一碗食物送到食盘中。鸽子先是围着箱子乱转,胡乱地啄这啄那,最后碰巧啄到了有光的小窗的装置,使食盘中出现了食物,这种对于适宜反应的奖励就是强化。之后鸽子就更倾向于啄小窗而不去啄别的东西,但是当窗子是暗的时候,食物是不会出现的,多次尝试之后,鸽子进一步学会了只在这个窗子有光时进行反应。如果以后这种行为不再被强化,它最终也就会停止啄小窗的行为了。这里经典条件反射,比如泛化、消退等。

斯金纳将上述行为定义为操作性条件反射,尤其强调环境对行为的塑造和行为的持续作用,他认为行为既可以作用于环境以产生某种结果,又受控于环境中偶然出现的结果。任何一个有机体与环境的交互作用都必然包含以下三个元素:反应的偶然性、反应本身、强化性的结果。使这三者结合在一起的是偶然性的强化。

比较:经典条件反射与操作性条件反射的区别

虽然经典条件反射和操作性条件反射都涉及习得的联想和行为的塑造,但两者之间存在一些关键差异。操作性条件反射形成的过程中,人或动物必须寻找一个适宜的反应(如鸽子啄小窗),而且在操作性条件反射中,这个习得的反应可以带来某种结果(如啄有光的小窗以得到食物)。而在经典的条件反应中,并没有这样的效果出现(如唾液的分泌并不会导致食物的出现)。这种条件反射之所以被称为操作性的,正式因为其强调了操作行为会导致某种结果的产生。

从时间顺序角度来说,经典条件反射在刺激和反应之间建立关联,而操作性条件反射通过行为及其后果的关联来塑造行为。经典条件反射涉及非自愿反应,但操作性条件反射涉及自愿行为。经典条件反射更多地关注反应之前发生的事情,而操作性条件反射的重点是行为之后发生的事情。

要了解这两种调节之间的区别,我们可以举一个孩子看电视的简单例子。如果孩子每天下午观看他们最喜欢的节目,并且注意到父母在看节目之前总是会拿起遥控器,那么,当看到父母拿起遥控器时,孩子可能开始兴奋地上下跳跃。这是经典条件反射的一个例子,因为孩子已经学会将被拿起遥控器这个中性刺激与观看喜欢的节目的无条件刺激联系起来。这里的重点是在孩子的反应之前发生了什么。

如果只有当孩子完成了他们的作业之后才被允许看电视时,看电视就成为对完成作业行为的积极强化。这就是操作性条件反射的一个例子,因为习得的关联是行为与其后果之间的关联。此处重点在于行为之后会发生什么。

（二）强化与惩罚

1. 强化

我们可以把强化分为积极强化和消极强化两种情况。

积极强化（positive reinforcement）是指由于一刺激物在个体作出某种反应（行为）后出现从而增强了该行为（反应）发生的概率。如一碗食物对于一只饥饿的鸽子，一口水对于一只口渴的白鼠，一块糖对于一个乖孩子，都是积极的正性的强化物。这样正性的强化物使他们开始更多的去做在给他们这种奖励之前他们正在做的那些事情，所以也被认为是教给一个人或动物新行为最为有效的方法。

例如，母亲告诉儿子，如果他把自己的房间打扫了，他就可以得到一些零花钱。儿子很久之前就很想要买游戏道具了，所以他很快打扫了他的房间。让我们暂停一下。有些人可能会说，"我为什么要奖励我的孩子做他们期望的事情？"但事实上，我们在生活中不断地、始终如一地得到回报。我们的薪水是奖励，考试中得到的高分、奖学金，进入学生会都是如此。因工作出色而受到表扬，因通过驾照考试拿到驾照，也是一种奖励。正强化作为一种学习工具是非常有效的。

研究发现，在阅读成绩低于平均水平的学校里，提高成绩的最有效方法之一是用金钱奖励孩子们的阅读。具体来说，美国达拉斯的二年级学生每次阅读一本书并通过关于这本书的简短测验时，他们会得到 2 美元的报酬。结果发现这些学生的阅读理解能力有了显著高（Fryer，2011）。如果斯金纳今天还活着，他会赞同这种教学方法。他强烈支持使用操作性条件反射原则来影响学生在学校的行为。事实上，除了斯金纳盒子，他还发明了一种教学机器，旨在奖励学习中的小步骤（Skinner，1961），这也被认为是计算机辅助学习的原型。他使用教学机器在学生学习各种学校科目时测试他们的知识，如果学生正确回答问题，他们会立即得到积极强化并可以继续；如果他们回答错误，他们就不会得到任何强化。该机器的目的是促进学生花更多的时间学习知识，以增加他们下次得到强化的机会。

消极强化（negative reinforcement）是指由于一刺激物在个体作出某种反应（行为）后而予以排除从而增强了该行为发生的概率。消极强化的主体依然是"强化"，即：我们的最终目的依然是增加目标行为的概率，只是在消极强化中，是通过个体对于去除不需要的刺激物的愿望来实现这一目的。

例如，小白鼠学会按压一个杠杆而使它而使对他们进行的电击停下来，这样做可以使得对有机体的有害刺激停下来。当这一反应学会之后，为消除有害刺激的出现，有机体学会了更多的做出使有害刺激去除或停止之前他们所做的反应。应用在生活中，汽车制造商在他们的安全带系统中使用的就是消极强化原理，在驾驶员系好安全带之前，系统会发出"哔、哔、哔"的声音。当驾驶员表现出所需的行为时，烦人的声音就会停止（去除不需要的刺激物），从而增加驾驶员将来系好安全带的可能性。消极强化也经常用于马匹训练。骑手通过拉缰绳或挤压腿施加压力，然后在马执行所需的行为（例如转弯或加速）时解除压力。在这个例子中，压力是马想要消除的负面刺激。

斯金纳认为撤掉正性的强化物，其作用和呈现一个负性的强化物的作用是相同的，但他不认为惩罚，即我们接下来要介绍的部分，可以被定义为负性强化物，这一点和后来的一些行为干预学家们的观点是不同的。

2. 惩罚

许多人将操作性条件反射中的消极强化与惩罚混为一谈，但它们是两种截然不同的机制。请记住，强化，即使是消极的，也是为增加行为所服务。相反，惩罚总是减少行为的。我们同样可以将惩罚分为积极惩罚和消极惩罚。

在积极惩罚（positive punishment）中，我们通过添加了一种不受欢迎的刺激物来达到降低某种行为的目的。积极惩罚的一个例子是责骂学生，让学生在课堂上停止发短信。在这种情况下，添加刺激（责骂）以减少行为（在课堂上发短信）。

惩罚，尤其是即时惩罚，是减少不良行为的一种常用方式。例如，假设一个学生在上课时睡着了，老师让学生抄写50次"我不会再上课睡觉了"（积极惩罚），学生很有可能不会再重复这种行为，就达到了减少目标行为的目的。这种积极惩罚作为行为改变的一种方法，一直是受到诟病的。经典的例子是对于儿童的体罚。我们必须认识到对于儿童使用体罚的一些缺点。首先，惩罚可能会教人恐惧。儿童可能确实会因为想要避免体罚而减少某种大人不希望看到的行为，但是也可能会因此泛化其恐惧，会变得害怕惩罚的人，即他的父母。同样，被老师惩罚的孩子可能会害怕老师并试图逃避上学。其次，体罚可能会导致儿童变得更具攻击性，容易出现反社会行为和犯罪（Gershoff, 2002）。例如，因为当父母因为他的不当行为而对他生气、打了他时，当他的小伙伴不分享他们的玩具时，他可能会开始打他的朋友。虽然在某些情况下积极惩罚可能有效，但斯金纳建议应权衡惩罚的使用与可能的负面影响。

在消极惩罚（negative punishment）中，我们通过去除令人愉快的刺激物以减少某种行为发生的概率。例如，当孩子行为不端时，父母可以拿走他们最喜欢的玩具。在这种情况下，就是通过移除刺激（玩具）以减少行为。

3. 强化物

上文提到的强化物，值得一提的是，我们可以将其分为内在强化物（intrinsic-reinforcer）以及外在强化物（extrinsic reinforcer）。也有内在和外在强化物。外在强化物来自外部环境。这些包括诸如赞美、金钱、"贴纸"之类的东西，并且通常是可观察和有形的，上述例子中的给与鸽子的食物就是一种外在强化物。而内在强化物来自个体本身。例如，简单地享受一项活动或有学习更多信息的

愿望就是内在强化。上述猫想要逃离笼子，也是内在强化物的例子之一。有的强化物可以同时是内在和外在的，比如锻炼。如果一个人锻炼是为了改变他们的外表（即变得更强壮或减轻体重），即为外在强化。若如果这个人锻炼只是为了获得增加的内啡肽和整体健康的好处，那么可以说是内在强化。

	强化 增加目标行为概率	惩罚 减少目标行为概率
积极 增加刺激物	积极强化	积极惩罚
消极 去除刺激物	消极强化	消极惩罚

（三）消退

想象一下，你在超市做兼职的时候经常看到一位母亲和她年幼的儿子光顾。孩子结账时想要买巧克力，总是尖叫到妈妈同意了为止。然后某一天，你注意到母亲拒绝给孩子买巧克力。当孩子没能得到巧克力时，他变得越来越沮丧；然而，几周后，你再次见到母子俩时，孩子并没有再尖叫着要巧克力了。这里看到的就是一种行为的消退：当行为没有得到强化时，先前习得的行为消失了。消退可以发生在所有类型的行为条件反射中，但该术语最常与其在操作性条件反射中的发生相关。在这个例子中，强化物是孩子收到的巧克力。由于孩子在离开商店时尖叫着要巧克力，所以他知道尖叫可以使他得到巧克力。当孩子尖叫时，母亲停止给他买巧克力，强化物就被移除了。过了一会儿，孩子停止了这种行为，在结账时不再尖叫，即行为的消退。

也许你会注意到孩子在行为停止之前，其尖叫行为的强度和持续时间都有所增加。这是为什么呢？想一想：你有没有经历过某些东西突然停止产生预期效果的情况？也许有一天你按下遥控器上的开机按钮时，电视却没有反应。你可能对此的第一反应是快速连续多次按下按钮，看看是否可以打开电视。这类似于在超市里看到孩子所做的事情。因为孩子已经知道尖叫会产生巧克力，所以孩子一开始会尖叫得更久、更用力，以期得到想要的结果。这里描述的现象被称为灭绝爆发（extinction burst），是在行为逐渐减少和消退之前，行为的频率和幅度的会先有所增加。当强化物突然被移除时，这种情况尤其可能发生。行为消退后另一种可能出现的现象是自然恢复（spontaneous recovery），是指一种行为在表现出消退后突然再次发生。如果该行为恢复后没有被强化，则这种恢复现象只是一种短暂且有限的事件。

有几个因素会影响特定行为的消退速度或有效程度：

· 个体在之前的这种行为受到过持续的强化；

· 强化只发生过偶尔几次；

· 个体对强化物的需求没有很高；

· 目标行为对个体来说需要付出很多；

· 所有的强化物都是可以被完全移除的；

· 当强化行为与惩罚行为或者对另一种行为的强化相结合时。

这就是为什么上述例子中对孩子的行为消退效果很好。此前，孩子离开商店时每次尖叫，妈妈都会给他强化物。这种行为只持续了几个星期。在超市里大闹对于孩子来说也是很费力；对它的强化时完完全全被移除了的（妈妈没有再给他买巧克力）。而且，当孩子没有尖叫时，母亲还通过在结账时给他买了一个毛绒动物玩来强化孩子的正面行为。

（四）举例

积极的强化包括增加上班行为的薪水支票或奖励孩子在家中良好行为的图表上的贴纸。负强化的一个例子是当一个人清理或洗碗时，杂乱或脏盘子的不愉快景象被消除了。这增加了清洁行为。获得超速罚单是积极惩罚的一个例子，晒伤也是如此。超速罚单减少了超速行为，晒伤减少了长时间在阳光下没有防晒霜的行为。最后，消极惩罚的一个例子是父母在孩子玩电子游戏、手机，或考试不及格时采取了他们的方式。

关键定义总结

习得（acquisition）：是一个学习阶段，在此期间建立新的联想或加强行为。

消退（extinction）：是指当学习关联丢失时，条件反应（经典条件反射）或学习行为（操作性条件反射）停止发生。当条件刺激在没有无条件刺激的情况下长时间呈现并且关联减弱时，就会发生这种情况。

消退爆发（extinction burst）：是对行为的强化停止之前，在短时间内行为有所增加。这可以从一个习惯于在大喊大叫时得到他们想要的东西的孩子身上看到。如果父母停止强化这种行为，在停止之前的一段时间内，大喊大叫的情况可能会急剧增加。

自发恢复（spontaneous recovery）：是在行为消退发生后，先前习得的行为（操作性条件反射）或条件反应（经典条件反射）突然复发。

刺激泛化（stimulus generalization）：当类似的刺激被误认为是条件刺激并产生相同的反应时。例如，在巴甫洛夫的狗的情况下，也许当他们的食物来了时，他们可能会听到钟声而不是门铃。他们把这个钟误认为是节拍器的声音，并开始

流口水来回应它。

刺激区分（stimulus discrimination）：是当条件刺激可以与其他类似的刺激区分开来并且只有特定的条件刺激引起条件反应时。对于被狗咬过的人，他们能够区分那只狗和其他狗，只对咬他们的狗表现出恐惧反应。

三、社会学习

行为干预中的许多学习理论认为，个体在获得某些行为的过程当中并未直接得到过强化，实际上，学习的产生是通过模仿过程而获得的。一个人通过观察另一个人或者模型的行为反应，而学习了某种特殊的反应方式。有研究者认为人类的大多数行为都是通过观察学会的，观察者仅仅通过看到模型的奖励，就可以学会这个模型的反应。

人类具有通过多种方式学习的能力。在心理学领域，已经发展了许多不同的理论，这些理论侧重于学习以及学习是如何让一个人发展出新的技能和行为的。这些理论中，以心理学家阿尔伯特·班杜拉（Albert Bandura）提出的社会学习理论（social learning theory）最为被广泛接受。

20世纪60年代初期，阿尔伯特·班杜拉进行了一项著名的实验，称为波波娃娃实验（Bobo doll experiment）。在实验中，他让孩子们观察一个成年人以暴力的方式玩玩具的视频，这些玩具中就包括一个有点像小丑的大型充气娃娃，称为波波娃娃。大人击打波波娃娃，把它撞倒，甚至踩到它身上，同时大喊"踢它"之类的字眼。随后班杜拉让孩子们也玩包括波波娃娃在内的各种玩具。结果表明，超过一半的孩子会模仿成人并对波波娃娃产生了相同的暴力攻击行为。这种模仿行为即被称为班杜拉的社会学习理论。

社会学习理论包含四个过程：注意、保持、运动再现，以及动机建立。

（一）注意过程（attention）

注意力是观察学习中必不可少的主要步骤，是我们注意或对某事感兴趣的能力。为了让个人观察和学习，个体必须能够关注被模仿的对象（即模型）。

有几个因素也会影响观察者保持注意力的能力，包括模型的吸引力，模型与观察者的相似程度以及模型的生动性。例如，如果健身视频中的教练非常有吸引力，我们想要像教练一样拥有健康的体魄，那么这样的教练就会很容易吸引我们的注意力。

（二）保持过程（retention）

保持是成功的社会学习所必需的第二个过程。它是指保存住我们所观察到的信息。为了让一个人能够有效地进行模仿学习，个体必须能够记得住他们所观察到的信息。这包括了对象和信息的双重存储，通常要利用言语进行编码。保持的目的是能够将这些信息日后能够重新提取出来并加以运用。

（三）运动再现过程（reproduction）

运动再现是社会学习所需要的下一个步骤。为了让个体模仿他人的行为，那么这个个体必须实际拥有执行该行为的能力。行为必须是现实的。例如，无论我们观察了多少模特，并不是每个人都有成为奥运会运动员的技能和能力。其他影响这一过程的因素有，其反应是否已包括了必要的反应成分在内，以及在尝试采用新的行为时，个体是否具有正确的调试能力。

（四）动机建立过程（motivation）

观察学习所需的最后一个过程是动机的建立。为了让个体模仿和重复特定行为，个体需要保持某种形式的动机或理由来执行该行为。如果我们没有学习的欲望，那么观察到的行为很可能不会让我们去学习。观察者在下列情况下会更愿意采取他们通过模仿习得的行为：可以得到内在的奖励，内心认为是值得的，已经见到过这种行为给模型带来过好处。

四、心理异常的机制

利用经典条件作用原理，我们可以试图对条件反射与人类异常行为之间的关联做出解释。巴甫洛夫曾经观察到如果使狗学会在看见椭圆形时分泌唾液，而看见圆形时不分泌唾液，以后把椭圆形逐渐变圆，使椭圆形越来越接近正圆形，狗就会发生辨认困难。曾经能够熟练地辨认两种形状的狗，此时竟然会出现精神紊乱、狂吠、哀鸣、咬坏仪器等行为。这被认为是狗发生了"神经症"的表现。其他实验研究也表明，伴有强烈情感和情绪的许多过敏反应，比如抑制不住的脾气爆发等，可以被理解为习得性条件反应。

有人给狗做过这样一个实验，每天在一定的时间给其皮下注射吗啡，引起的无条件反应是恶心。数月之后狗一见到注射场所和注射的准备之后，就会表现出恶心反应，其中包括许多生理反应如喘气，分泌唾液，发颤呕吐等。已有一些行为干预家提出对包括神经症和精神病在内的许多人类的适应不良行为，都可以用这种方式理解。从上述的经典条件作用原理来看，虽然这种原理可以解释，人的某些行为是通过学习得来的，而且可以从一种刺激物或情境泛化到另一种刺激物或情境中去，但终究不能够解释更多的人类行为。

第三节 应 用

一、心理干预的目标

行为疗法是将上述学习原则应用于解决特定行为的干预方法。行为主义疗法的核心目的在于消除来访者适应不良的行为方式，代之以更有建设性的行为方式，也就是说要找出导致来访者行为问题的思维方式，教给他们新的思维方法，从而改变他们原来的行为方式。

这种方法有独特的优势：它可以确定明确的、易于管理的和可测量的行为目标，并可以将此作为干预的焦点。在干预开始时个体的行为将被测量，从而得到一个基线水平，因此在后来的干预过程当中，咨询师就可以在给定的维度上，将来访者的行为与其基线水平进行比较而得出干预的进度。此外在干预过程中，评估和干预是同时进行的。咨询师将在干预过程中频繁询问来访者现在所做之事是否可以帮助达到来访者所预期的改变，这样来访者可以很容易地确定什么时候应该停止干预。

二、主要的心理干预技术

（一）暴露干预（exposure intervention）

暴露干预是针对特定恐惧症 Specific Phobia 的一种常用干预方法。这种干预方法的具体方法包括让来访者逐渐增加对恐惧刺激的暴露。所以，如果你害怕狗，那么咨询师可能会先让你看狗的照片，然后看狗的视频，再看一只真正的狗，随后站在一只真正的狗旁边，最后去摸狗。也就是说，恐惧症来访者对恐惧刺激物的接触程度会逐渐增高。

认知行为理论认为恐惧症是由人们的学习联想发展出来的。从经典条件反射的角度来看，当个体将特定的环境刺激物与负面体验所联系起来，且这种联系产生了泛化，则会产生恐惧症。比如，如果你在外面被一只虫子咬到了脚，引起了疼痛、发炎等反应。过了几天你在外面又被虫子咬到了。那么你会开始将虫子（特定的环境刺激物）与被咬后的疼痛和负面体验联系起来，并且在随后看到虫子时都会产生害怕的感觉。严重一点的，可能会发展出虫子的特定恐惧症。

在了解了恐惧症产生的原因后，同样的理论也可以被用在干预中。暴露干预方法包括满灌技术和系统脱敏干预方法。

1. 满灌技术（flooding）

在满灌技术中，咨询师首先教给来访者自我放松的技巧，然后让他们突然且直接地暴露于引起恐惧的刺激本身。经典条件反射教人们将恐惧与刺激联系起来，但通过满灌手段，相同的原理可以用来消除恐惧反应并用放松的感觉取而代之，从而消除恐惧症。

与用于干预恐惧症的其他慢节奏行为干预相比，如系统脱敏，顾名思义，满灌技术是快速且突然的暴露，产生相对较快的结果。

案例

小张自从去年车祸以来，一直对汽车感到恐惧和焦虑，以致他再也不愿意开车，甚至无法乘车。这对他的生活造成了很大的影响：因为住处很远，他没有办法去工作。他后来甚至在路上看到呼啸而过的车都会产生紧张感。

小张的咨询师采用了满灌技术。咨询师向小张解释道，小张的汽车与恐惧的联结可以被平静和放松的感觉所取代。咨询师首先教给小张一些自我放松的方法，让小张在咨询室和在家都经常练习。

当小张掌握了这些放松方法之后，咨询师安排小张与自己一起乘车。如前所述，小张对于车的恐惧非常强烈，所以让他和咨询师一起上车是个极大的挑战。这也是为什么咨询师需要小张先掌握放松技巧的原因：如果小张无法将焦虑水平降低到可控范围内，他将连上车的动作都无法完成。

满灌技术要求一次性引入所有引起恐惧的刺激。其他干预方法，如系统脱敏，可能从一边看汽车图片一边练习放松技巧开始，努力争取有一天能自己开车在城市里转转。而满灌技术会跳过这些步骤并直接进入驾驶状态。小张现在已经掌握了放松技巧，将与他的咨询师一起乘坐汽车在城里转转。小张最初会感到强烈的恐惧和焦虑，但他的自我放松的能力将帮助他克服恐惧。在没有任何负面后果（例如事故）的情况下，他在车上的时间越长，他都恐惧和汽车的关联就越弱，而汽车与放松感的关联会越来越强。当然这不会在一次乘车之后就发生，但随着他的大脑继续在汽车中体验积极和放松的感觉，新的学习正在发生。用不了多久，他就会到达那种恐惧已经消失、一种新的平静感取而代之的地步。

2. 系统脱敏疗法（systematic desensitization therapy）

系统脱敏疗法，亦称交互抑制法，是一种通过将个体逐渐暴露于产生焦虑的物体、事件或地点，同时进行某种类型的放松，以减轻焦虑程度的方法。

例如，一种非常常见的恐惧症是害怕飞行。当旅行涉及飞机时，有些人会变得非常焦虑，而另一些人则可能一想到飞行就会变得极度恐惧，并拒绝去靠近飞机的任何地方。系统脱敏有两个步骤：放松训练以及恐惧等级（Hierarchy of Fears）。放松训练与冥想非常相似，并且可以遵循具有确切措辞的脚本。这一部分会在本章的正念部分具体介绍。

系统脱敏疗法的第二步是恐惧等级的建立。这是来访者从最不引起焦虑到最引起焦虑来构建一个与飞行有关的恐惧事物的清单。这个列表可能会像这样：

看着玩具飞机（最不引起恐惧／焦虑）

听到或看到飞机在天空中飞行

要去机场

走上飞机

起飞和在空中飞行（最引起恐惧／焦虑）

一旦建立了恐惧等级，且来访者已经掌握了必要的放松技巧，咨询师既开始帮助来访者将二者建立联系。咨询师要求客户进入放松状态，然后想象恐惧等级的第一层—玩具飞机。一旦来访者能够想象第一个等级并保持放松，他就会进入下一个等级，依此类推。最终目标是在保持放松的同时达到最高等级，以便可以在飞机上飞行。

系统脱敏已被证明可有效干预许多焦虑症和恐惧症，并且可用于儿童和成人。

（二）眼动脱敏技术（eye movement desensitization and reprocessing, EMDR）

1969年9月，老乔治·富兰克林因谋杀一名八岁女孩而受审，他的女儿艾琳见证了这一事件。Susan Kay 被一辆面包车后部的一块石头殴打致死，她满身是血地躺在那里，艾琳也见证了这一幕。然而直到1990年，艾琳才想起来1969年的这些可怕事件，在此之前，她一直压抑了这些记忆。

被压抑的记忆（repressed memories）是由于与高度压力或创伤相关的记忆而被无意识地阻塞的记忆。被压抑的记忆来自各种压力类型、程度和创伤经历。我们很难准确监测是什么导致了被压抑的记忆，因为对一个人来说被认为有压力或创伤的事情可能对另一个人来说却不是。通常，压力或创伤性事件，例如童年性虐待、强奸、严重事故、成为犯罪受害者、失去亲人以及战争经历，都与被压抑的记忆有关。

那么为什么我们会通过压抑的记忆忘记某些事件呢？答案很简单：自我保护。像其他心理障碍一样，被压抑的记忆有助于保护我们免受我们正在经历的事件的创伤和压力水平。许多心理学家也同意，被压抑的记忆可以保护我们免受其他极端情绪的影响，例如愤怒、恐惧和消极信念。据推测，之所以会出现被压抑的记忆，是因为我们的大脑告诉我们的身体我们无法应对创伤的现实。

一般来说，我们无法通过观察某人来判断某人是否有被压抑的记忆。但是我们可以发现其他障碍，比如抑郁、睡眠障碍等与被压抑的记忆是联系在一起的。但是，请记住，这些障碍也可能表明其他心理健康状况。也就是说，来访者虽然想不起来这些被压抑的记忆，但这些记忆在持续不断地影响着来访者。我们可以通过心理干预来帮助经历过创伤的人恢复，从而恢复记忆并克服过去的困难。

眼动脱敏技术正是针对创伤来访者的一种干预方法。该技术旨在通过八个步骤来帮助来访者减轻与创伤性记忆相关的心理困扰。

（1）了解期（history taking）。咨询师对来访者的病史进行详细了解，进行个案概念化的构建。

（2）准备期（client preparation）。向来访者介绍眼动脱敏技术的原理及目标，与来访者建立起合作关系，并向其解释眼动脱敏再加工的进程与疗效，使来访者进入创伤记忆的情绪情景中，学习放松技巧，使其可以在干预过程中获得足够的休息和处理情绪的方法。

（3）评估（assessment）。评估来访者的创伤影像、想法，和记忆为何，分别出何者严重，何者较轻。

（4）脱敏（desensitization）。实际操作动眼和敏感递减阶段，以逐步消除创伤记忆。

（5）植入（installation）。以指导语对来访者植入正向自我陈述和光明希望，取代负面、悲观的想法以扩展疗效。

（6）身体扫描（body scan）。把原有的灾难情况画面，和后来植入的正向自我陈述和光明想法，在脑海中联结起来，虚拟练习「以新的力量面对旧有的创伤」。

（7）结束（closure）。准备结束干预，若有未及完全处理的情形，以放松技巧、心像、催眠等法来弥补，并说明预后及如何后续保养。

（8）评估反馈（reevaluation of treatment effect）：总评疗效和干预目标达成与否，再订定下回干预目标。

使用眼球运动和心理干预技术的结合，咨询师指导来访者度过创伤事件，将大脑的现实与创造性结合起来，创造一种生存感。在心理干预的眼球运动阶段，患者来访者会跟随咨询师的手指在转动眼球。这通常持续 20 ～ 30 秒，并且可以与声音、敲击或其他形式的触觉刺激相结合。该技术已经使用了 20 多年，它展示了双边刺激或横向眼球运动如何帮助个人记住创伤事件，同时通过让大脑的两侧协同工作来重新聚焦他们脑海中闪过的消极想法。

（三）社交技能训练（social skills training）

社交技能训练是在行为矫正法或行为干预的理论基础上发展起来，一种以学习为基础来发展有效的人际交流能力的方法。社会技能训练的理论基础就是行为干预的理论：巴普洛夫认为，无论人或动物的行为都是通过刺激—反射而建立的，在人类复杂的社会生活中，言语，情境也可以成为条件刺激，引起情绪，行为的条件反射。如果一个人的特殊生活情境建立了条件性联系，其特殊的情绪，行为反应不符合他所在的文化背景或社会行为规范，也可以通过建立新的条件反射来予以矫正。

大多数社交技能训练课程包含以下五个内容：呈示原理、模仿、角色扮演、反馈，以及家庭作业或迁移训练。

1. 呈现原理

正式训练开始前，一般先把所要教的技能概况介绍给受训者。内容通常包括所用术语的含义、技能与受训者日常生活的关系。

2. 模仿训练

虽然各种训练计划对患者行为偏差的原因的解释不尽相同，有的人认为是技能缺乏所致，有的强调条件性焦虑，但明确呈现一种行为模式让受训者学习总是多数训练计划必不可少的内容之一。模仿过程通常涉及认知行为和外显行为两个方面。演示则可以通过阅读书面材料，观看电影，录像及听录音等多种方式进行。演示的内容大多数是所教技能的实例，但在训练过程中，也要演示一些不好的或不恰当的行为表现，以供受训者学习分辨正误行为。

3. 角色扮演训练

受训者观摩了正确的行为方式以后，有一个演练的机会。他们可以设身处地地体会各种外部和内部的反应，训练者希望这种个别训练能够提高实际生活环境中的正确技能。由于多数社会技能涉及人际交往问题，因而训练时经常让其他受训者和（或）训练者充当配角，扮演受训者日常生活中关系密切的人物。但有些训练计划则采用邀请局外人担任配角的方式。角色扮演训练中，训练者通常担任"舞台监督"，以确保演习获得成功。他们总是在一边指导、鼓励、出点子，这样，受训者的行为表现才能逐渐成功地接近目标行为。

4. 反馈

反馈和社会强化是所有社会技能训练计划都必不可少的组成部分。反馈可以表现为赞同、表扬或鼓励，也可以从性质上说是矫正性的，辅之以具体的改进意见，这些改进意见很可能伴有附加练习。有些训练计划特别是那些针对幼童或慢性精神病患者的计划还可能采用实物强化的手段，如使用钱、食物、糖果等。有的社会技能训练计划采用了自我强化技术。在努力把评价的依据从外部转向内部的过程中，训练者试图教会患者自我控制、自我评价和自我奖励的技能，以此作为技能获得和泛化的重要组成部分。

5. 家庭作业和（或）迁移训练

迁移训练是最容易被人忽视的方面。心理咨询师和教育家总是花很大精力在诊所或课堂上，而对如何使受训者把习得的技能迁移到真实的生活环境中去这一重要课题很少关注。有些社会技能训练计划已经承认并开始着手解决迁移的问题。目前用得最多的促迁移技术是布置家庭作业，这种做法通常采用合约的形式，训练者和受训者在某些时候要演练习得的技能。

（四）自我管理程序（behavioral self-management）

自我管理程序是通过系统地管理环境刺激、认知过程和后果来改变自己行为的过程。这是一种学习和行为改变的方法，它依赖于个人主动控制改变过程。其重点是"行为"（因为我们的重点是改变行为），而不是态度、价值观或个性。虽然与行为矫正类似，但自我管理程序有一个重要方面的不同：它非常强调认知过程。自我管理程序是基于班杜拉的社会学习理论以及斯金纳的操作性条件反射理论。

自我管理程序的基础在于坚信个人具有有效的自控力。个体想要改变自己的行为，包括按时上课、上班、减肥等，都可以通过自我调节来实现。根据该模型，人们倾向于相当有规律地进行一天的活动，直到发生不寻常或意外的事情。

个体通过进入自我监控（第一阶段）来启动自我调节过程。在这个阶段，个体试图找出问题。例如，如果你的上司告诉你，你的穿着不适合上班，你很可能会把注意力集中在你的衣服上。接下来，在第二阶段自我评估中，你将考虑应该穿什么。在这一阶段在这里，您可以将自己掌握的内容与从同学、其他相关人员或媒体中学到的可接受标准进行比较。最后，评估情况并在必要时采取纠正措施后，你可以向自己保证负面影响已经过去，现在一切正常。这个第三阶段称为自我强化。你现在可以恢复正常的日常生活。

当我们将上述自我调节模型与社会学习理论结合起来时，我们可以看到自我管理过程是如何运作的。这其中必须考虑的四个因素是情境线索、认知支持、行为困境和自我强化。

1. 情境线索（situational cues）

在试图改变任何行为时，人们会对周围的线索做出反应。有些人戒烟如此困难的原因之一是广告牌、杂志等上不断出现的广告。可提醒人们吸烟的提示实在太多了。然而，在使用行为管理程序时，情境线索可以转化为我们的优势。即通过提示，人们可以针对期望的行为提出一系列积极的提示和目标。这些提醒有助于将我们的注意力集中在我们正在努力完成的事情上。

例如，试图戒烟的人会避免与吸烟者或吸烟广告有任何接触，寻求有关吸烟危害的信息，设定戒烟的个人目标，以及记录卷烟消费量。这些活动旨在提供正确的情境线索来指导行为。

2. 认知支持（cognitive support）

接下来，戒烟者可以利用三种类型的认知支持来协助自我管理过程。认知支持代表心理（相对于环境）线索。

第一种支持是符号编码 Symbolic coding。人们运用符号编码，从而尝试将语言或视觉刺激与问题联系起来。例如，我们可能会在脑海中描绘一个正在咳嗽且明显生病的吸烟者的画面。因此，每当我们想到香烟，我们就会把它与疾病联系起来。

第二种支持是排练 Rehearsal。人们可能会在心理上预演解决问题的方法。例如，我们可以想象我们在没有香烟的社交场合会如何表现。通过这样做，我们对自己在理想条件下的样子形成了一种自我形象。

第三种支持是自我对话 Self-talk。最后，人们可以给自己"鼓舞士气"以继续他们的积极行为。我们从行为研究中了解到，对事情持消极看法（"我不能这样做"）的人比持积极看法（"是的，我可以这样做"）的人更容易失败。因此，通过自我对话，我们可以帮助自己说服期望的结果确实是可能的。

3. 行为困境（behavioral dilemmas）

显然，行为管理程序几乎只是用来让人们做对自己不太有吸引力的事情。毕竟，我们并不需要太多的外在动力去做我们本来就喜欢的或者有趣的事情。因此，我们使用行为管理程序来让我们停止拖延，专注于可能缺乏挑战的工作，坚持运动，等等。简而言之，行为挑战在于让人们用所谓的低概率行为（例如，遵守时间表或放弃一支香烟的即时满足）来替代高概率行为（例如，拖延或患肺癌）。从长远来看，我们改变了行为会变得更好。因此，人们经常使用行为管理程序将他们短期的功能失调行为转变为长期有益的行为。这种短期与长期的冲突被称为行为困境。

4. 自我强化（self-reinforcement）

最后，个体可以进行自我强化。实际上，人们可以鼓励自己以认识到他们已经完成了他们打算做的事情。根据班杜拉的说法，自我强化需要三个条件才能有效：（1）必须设定明确的绩效标准来确定目标行为的数量和质量；（2）这个人必须能够控制所需的强化物；（3）强化物只能在有条件的基础上进行管理——也就是说，未能达到绩效标准必须拒绝奖励。

第四节 认知行为干预第三次浪潮

一、正念减压疗法

（一）介绍

正念是一种将注意力集中在情绪、思想、身体感觉和情感体验上的冥想形式。有时正念也被称为有意识的注意练习。它旨在反思身心的当前状态，并确定身心健康可能存在的障碍。该术语是来自巴利语，即印度梵语"Sati"一词的翻译，其字面意思是正念或意识。

2000 多年来，正念一直是佛教修行的重要组成部分。但在我们这个时代，这种形式的冥想被赋予了现代风格，现在广泛应用于心理咨询和瑜伽课程。通常，咨询师使用基于正念的技术来教他们的来访者有意识地处理压力、令人不安的想法和不愉快的情绪。有时它也用于减轻抑郁情绪或防止复发。

一个常见的误解是，正念是就是在做白日梦。相反，它教会您在给定的现实中将注意力集中在自己的身体、呼吸、感官、思想和情绪上。坐在椅子上或躺下时都可以练习正念。与感觉舒适相比，体位并不那么重要。它并不教导来访者如何避免压力或恐惧，而是教导这些感觉是不可避免的，并教导来访者如何处理不愉快的事件。

在正念课程中，来访者应该试图通过专注于呼吸和放松整个身体来阻止思想的流动。然后，来访者应该尝试关注不同身体部位的感觉（沉重或轻盈，可能是痛苦等）或脑海中浮现出哪些想法。每当来访者的思想流动或身体感觉变得强烈时，咨询师应该引导来访者通过专注于呼吸来重新找到内心的平静。这种方法旨在教给来访者如何通过意识到它们来阻止内心对话、情绪波动或身体唤醒。

（二）正念减压技术

基于正念可进行如下运动。

（1）正念瑜伽

瑜伽这个词的意思是精神纪律。瑜伽将受控和有目的的身体运动与呼吸相结合，以增加健康。这种做法估计有 5000 ～ 10000 年的历史，侧重于呼吸、灵活性、冥想和平衡。

瑜伽姿势，有时也称为体式，不仅仅是简单的无意识伸展运动。他们寻求将个人与其身体的更深层次的意识联系起来。最终目标是加深身心之间的联系。瑜伽练习中有一些旨在减轻压力的特定姿势，例如儿童姿势、下犬式和尸解式。

儿童姿势是一种坐姿，身体折叠成跪姿。下犬式是一种站立姿势，手向前伸按压于地面，同时双腿将重量压入地面。尸解式要求以平和的状态和放松的姿势仰卧。

最近的研究表明，瑜伽可以增强人脑中负责平静和放松感觉的部分。有无数种瑜伽；然而，一些常用的缓解压力的类型包括哈他和阿斯汤加。哈他瑜伽 Hatha Yoga 专注于控制呼吸和平稳、慢节奏的运动。阿斯汤加瑜伽 Ashtanga Yoga 对身体强度的要求更高，但其目标是提高身心意识，从而减轻压力。

（2）太极

太极拳起源于中国，旨在使用缓慢的肌肉运动和呼吸来引起与自然的平衡与和谐。太极通常被称为运动中的冥想，是一种武术形式。这种无冲击练习可减轻压力、增加力量并改善平衡。

太极拳的练习基于阴、阳、气的古老原理。据说在练习太极拳时，阴阳是身体的内力平衡。这种平衡导致能量或气的增加。太极拳具有缓解压力的特定动作，包括颈部滚动以及手臂和脚踝圈。另一种流行的太极减压运动包括抱虎归山，这个练习比喻性地代表了面对和克服一个人的恐惧。

（3）户外行走

户外行走的好处很多。步行是一种简单而安全的练习，几乎每个人都可以参与。它不需要特殊的设备、设施或教练。步行可以按照个人舒适的自定进度进行，可以集体或单独进行。

研究表明，在户外散步会降低压力水平和整体抑郁率。其他研究表明，步行可以延长寿命并降低患糖尿病和心血管疾病的风险。

目前，为了最大程度的健康，建议的每日步数为10000步。同时也有研究表明，步行的好处可以在每周大约2.5小时内实现，甚至可以分解成小增量，例如每天分成多个10分钟的步行片段时间。这个简单的练习将体育活动与大自然的好处相结合，以减轻压力并改善情绪。

（4）身体扫描

有时，我们可能会太过沉溺于压力之中，以致没有意识到正在经历的身体不适（例如头痛、背部和肩部疼痛以及肌肉紧张）与我们当下的情绪状态有关。身体扫描冥想是一种释放紧张，且帮助来访者意识到自己情绪和生理感受的好方法。

身体扫描包括按照从脚到头的渐进顺序关注身体的各个部位和身体感觉。通过知道来访者对自己的虚拟扫描，来访者可以将意识带到身体的每个部位，注意任何疼痛、疼痛、紧张或全身不适。身体扫描的目标不是完全缓解疼痛，而是了解它并从中学习，以便更好地管理它。

身体扫描

坐在椅子上，或仰卧在地板上，不要让双腿交叉。把你的手臂放在一个舒适的地方，放松的垂在身边或搭在腹部，如果坐着的话可以把双手放在你的大腿上，手掌向上。微睁双眼让少许光线进入。如果是躺在地板上，如有需要，可以在身下放一个垫子。

想象一下，当你的注意力慢慢上移时，你的呼吸流向身体的每个部位。当你专注于身体的每个部分时，请保持足够的好奇心和兴趣。

专注于你的呼吸。注意空气如何进出你的身体。

·深呼吸几次，直到你开始感到舒适和放松。

·将注意力集中在左脚的脚趾上。注意身体该部位的感觉，同时保持对呼吸的觉知。 想象每一次呼吸都流向你的脚趾。好奇地询问："我身体的这个部位有什么感觉？"专注于左脚趾几分钟。

·然后将注意力转移到左脚的足弓和脚后跟，并在那里保持1分钟，同时继续注意你的呼吸。注意你皮肤上的温暖或寒冷的感觉；注意你脚搭在地上的重量。想象你的呼吸流向左脚的足弓和脚后跟。问："我左脚的足弓和足跟有什么感觉？"

·按照相同的步骤移动到左脚踝、小腿、膝盖、大腿和大腿。

·用右腿重复，从脚趾开始。

·然后注意力穿过你的骨盆、下背部和腹部。呼吸进出时，专注于腹部的起伏。

·然后继续到你的胸部；左手、手臂和肩膀；右手、手臂和肩膀；脖子，下巴、舌头、嘴巴、嘴唇和下脸；鼻子。注意呼吸进出鼻孔的感受。

·然后专注于你的上脸颊、眼睛、前额和头皮。

·最后，专注于头发的最顶部。

·然后完全放开你的身体。

如果你注意到其他想法、声音或其他感觉进入意识，请不要担心。只需注意到它们的存在，然后温和地重新集中注意力。如果你的思绪被拉走了，也不要担心，只是平静地、轻轻地，但确定地，把你的注意力转回到身体上来。你可能需要一遍又一遍地转移注意力。其他人也会出现这样的状况。正是这种一次又一次不带有批判感地把你的注意力带回来，才是冥想的基本要素。

二、正念认知疗法（mindfulness-based cognitive therapy，MBCT）

（一）介绍

正念认知疗法（MBCT）是由心理咨询师 Zindel Segal、Mark Williams 和 John Teasdale 开发的一种心理干预方法，它结合了认知疗法、冥想以及培养一种称为"正念"的面向当下的非判断态度。

研究表明，MBCT 可以有效地帮助经历过多次抑郁的人。同时，虽然它最初是为干预抑郁症而开发的，但它也被证明对其他精神类疾病也有效，包括焦虑，双相情感障碍等。

认知疗法的一个主要假设是思想先于情绪，错误的自我信念会导致消极情绪。MBCT 利用认知疗法的元素来帮助来访者识别和重新评估消极想法模式，并用更贴近现实的积极想法取而代之。就像认知疗法一样，MBCT 的运作理论是，如果来访者有抑郁症病史并感到痛苦，他们很可能会回到过去引发抑郁发作的自动认知过程。正念和认知疗法的结合使 MBCT 如此有效，是因为正念帮助来访者观察和识别感受，而认知疗法则教会他们如何打断自动思维过程并以健康的方式处理感受。

（二）八周正念认知程序

八周正念认知程序是为抑郁症来访者设计的结构化的正念认知干预课程。该课程为团体干预课程，总共包括八节课，每节课 2.5 小时。课程旨在让来访者意识到思维和情绪的条件模式是如何引发抑郁的复发并维持当前抑郁状态的。通过咨询师带领的正念意识联系，来访者将逐渐学习并练习摆脱痛苦情绪和消极思想的能力。

该课程尤其适用于下列人群：

·对于抑郁反复复发的人；

·对于被终身服用抗抑郁药物以防止复发的人；

·对于希望学习与不想要的想法和感受相关的新方法，以及以有意识和熟练的方式回应它们的强大技能的人。

三、辩证行为疗法（dialectical behavioral therapy，DBT）

（一）介绍

辩证行为疗法是美国华盛顿大学的 Marsha M. Linehan 博士于 20 世纪 80 年代开发的一种干预方法。Linehan 博士在运用认知行为疗法时，发现其在对于边缘型人格障碍的来访者以及长期有自杀想法的来访者的干预效果不甚理想，随即在认知行为疗法的基础上发展出了辩证行为疗法。

辩证行为疗法被认为是认知行为干预"第三浪潮"的一部分。关于辩证行为疗法的有效性研究非常充足。除了面向边缘型人格障碍的来访者以及长期有自杀想法的来访者，该疗法目前被广泛运用于抑郁、药物成瘾、创伤后应激失调症、创伤性脑损伤、暴食症和情绪障碍来访者中。

辩证行为疗法努力让来访者将咨询师视为解决心理问题的盟友而不是对手。因此，咨询师的目标是在任何时间接受和验证来访者的感受，同时告知来访者某些感受和行为是不适应的，并向他们展示更好的选择。辩证行为疗法专注于让来访者获得新的生活技能以改变他们的行为。其最终目标是实现来访者定义的"值得过的生活"（build a life worth living）。

（二）主要理论

1. 生理心理社会理论（biopsychosocial theory）

生理心理社会模型是心理学家用来判断心理障碍如何形成的工具。比如，在判断来访者为何焦虑或抑郁时，我们通常可以确定导致心理障碍是由多种因素造成的，包括遗传、情绪调节困难或环境压力。在这个时候，咨询师会采用生物心理社会模型来检查影响个人的生物、心理和社会因素，以确定心理障碍的发生方式和原因。

该理论的"生物"部分（bio）考察了影响健康的生理原因。这些可能包括大脑变化、遗传或主要身体器官的功能，如肝脏、肾脏，甚至运动系统。例如，假设小雨发生事故，导致她右臂活动受限。这种生理变化可能会影响她对自己的感觉，这可能会在某些情况下导致抑郁或焦虑。

该理论的"心理"部分（psycho）检查心理因素，例如思想、情绪或行为。小雨可能会经历许多不同的心理变化。她可能会经历自尊心下降、害怕判断，或者在生活或工作中感到不适应。这些想法的变化可能会导致行为的变化，例如刻意规避某些场所、待在家里或退学。当她从事这些行为时，她的身体损伤可能会进一步恶化，或者她可能会遭受进一步的抑郁和焦虑。

最后，生理心理社会模型的"社会"部分（social）检查可能影响个人健康的社会因素，例如我们与他人的互动、我们的文化或我们的经济地位。小雨的一个可能的社会因素是她在家庭中的角色。也许小雨是一个运动特长生，受伤的手臂可能会降低她的训练参与度或在团队中的贡献。无法履行这一社会角色可能会引发与队友或者教练的矛盾，从而导致小雨的压力，可能导致进一步的生理或心理问题。

这个模型之所以同时考虑到了生理—心理—社会三个部分，很重要的一点是要建立起三者之间的联系。生理因素可以影响心理因素，心理因素可以影响社会因素，进而影响生理因素，等等。小雨的生理状态发生了变化，这影响了她的心理状态和社交互动，而这一切又再次相互影响。因此，该模型的强大之处在于它在各种背景下观察健康和疾病，并检查不同因素的相互作用如何导致个人的特定问题。为了成功帮助小雨，她的医生可能会结合物理治疗来帮助她的手臂恢复，

心理干预来解决痛苦，并配合相关的社交计划，这样小雨就可以恢复或建立正常的社交活动。

2. 辩证困境（dialectical dilemmas）

辩证行为疗法中强调一系列辩证困境的存在。咨询师帮助来访者意识到这些辩证困境，可以帮助双方都了解来访者目前所处的位置，指导干预的下一步。这些辩证困境包括如下方面。

（1）主动被动（active passivity）

来访者的问题未得到解决可能是因为他们认为自己没有能力或外部帮助来纠正这些问题。从本质上讲，他们故意不做任何帮助自己的事情，可能会依赖他人为他们解决问题。这会导致高压力和称为习得性无助的情况。

（2）表现能力（apparent competence）

在某些情况下，一些人为了满足自身愿望和目标而表现出有能力。其实这是一种回避行为。通常，这些回避技巧本质上是口头的，旨在掩盖人的真实情绪状态。他们的情绪体验经常被周围的人误读，进而导致他人无意中使他们的体验无效。

（3）情绪易感性（emotional vulnerability）

在这种困境中，来访者的情感体验被大大提升，远远超出了被认为合理的程度。这时来访者的所有感觉都被夸大到近乎创伤的程度。个体对所有情绪都异常敏感，而不仅仅是那些痛苦的情绪。这可能会在不经意间导致回避可能引发不良情绪反应的人、地点、事物和经历。

（4）自我否定（self-invalidation）

个体在情感方面被定义为"应该"和"不应该"："我不应该感到恐惧""我应该快乐"。通常，自我否定是一种习得的行为，通常是由于环境中长期的对个体的否定所造成的。

（5）悲伤抑制（inhibited grieving）

悲伤、悲伤、失落和痛苦都是带有其特定效用的人类情感。然而在有些时候，个体拒绝感受它们。总的来说，他们否定或避免感受情绪状态。即使幸福的事件，如果被认为是痛苦的，也会被个体刻意规避。但事实是，情绪不会因为被忽视而消失。

（6）长期危机（unrelenting crisis）

危机情境有时候是一个接着一个的。如果现下的状况并不是真正的危机，来访者可能会自我创造出一个危机。虽然大多数人认为混乱、灾难性或灾难性的状态令人不快，但对这种来访者来说，危机是一个舒适区。

（三）干预技术

辩证行为干预包含四个模块：正念、人际效能、情绪调节，以及痛苦耐受。辩证行为干预可以以个体干预或团体干预的方式开展。辩证行为疗法是一种高度结构化的疗法。比如，正规的辩证行为干预团体干预包含 24 个干预课程，每个课程 2.5 小时。每个课程都遵循特定的结构。课程从正念模块开始，随后在每一个模块开始之前都会复习一次正念模块。

1. 正念（mindfulness）

正念模块是辩证行为干预的核心。正念是观察思想、感觉或身体感觉而不判断或改变它们的能力。这需要来访者描述内在体验，并在它们进入你的意识时给它们命名。例如，你可能会注意到自己很伤心，正念需要你让自己观察自己感到难过而不做任何让自己振作起来的事情。

这是辩证行为疗法中的一项重要技能，因为它教会了边缘型人格障碍患者如何忍耐强烈的情绪或自我厌恶的想法，而不会诉诸自残。

例如，当小苏感到沮丧时，她无法忍受。一旦她开始感到沮丧，她就会告诉自己，她是一个毫无价值的失败者。她越是责备自己，她的感觉就越糟糕。咨询师带她进行了一次心理练习，在这种练习中，她通过想象自己在树叶上随着树叶漂流而下时将所有的想法和感觉标记出来。小苏了解到，她可以在不割伤手臂的情况下观察自己痛苦的情绪和想法。

2. 人际效能（interpersonal effectiveness）

该模块教授以健康的方式管理关系以满足个体的人际交往需求的技能。

边缘型人格障碍的来访者往往很难以健康的方式在人际关系中满足他们的需求，反而会"在情感上耗尽"对方。比如，小吉的男朋友经常在朋友面前羞辱她。她害怕为自己发声，因为她不想男朋友离开她。在咨询中心，咨询师强调她应该在一段关系中得到爱和尊重，并帮助她练习人际效能技巧，以帮助小吉面对她的男朋友。小吉决定在尽可能客观地面对这个问题时对自己公平，她不为自己需要受到尊重而道歉，并坚持这一价值观。

3. 情绪调节（emotion regulation）

该模块涉及学习通过情绪识别和标记来调节情绪的技能，考虑情绪的效用，以及增加自我照顾。

这是 DBT 中的一项重要技能，因为患有边缘型人格障碍（BPD）的人通常缺乏以健康方式管理情绪的基本技能。比如小朱无法承受实验室工作的压力。她的老板经常强迫她测试超出工作能力的测试样品。当她回到家时，她整夜暴饮暴食，然后催吐。这是小朱唯一能感到宽慰的方式。来到咨询中心后，咨询师用本模块的技巧帮助她更好地管理压力。小朱通过照顾她的身体健康问题、正确饮

食、避免使用非法药物、获得良好睡眠、锻炼和掌握一项新技能来学习管理压力。

4. 痛苦耐受（distress tolerance）

该模块涉及学习耐受技能。痛苦耐受简单地说，就是容忍痛苦情绪的能力。这涉及学习呼吸和意识练习，以帮助接受现实。激进接受（radical acceptance）是痛苦耐受技能之一，来访者将面临接受现实的挑战，而不是与它应该或不应该发生的事情作斗争。

边缘型人格障碍的来访者往往很难接受痛苦的情绪以及巧妙地处理危机。比如，小杰不能容忍分手。当女朋友和他分手时，他经常服用大把抗焦虑药，然后在他昏倒时拨打了120。小杰厌倦了因企图自杀而多次住院。咨询师教给小杰本模块中的技巧来帮助他度过分手的情绪危机。小杰了解到他可以使用意象，创造意义，祈祷，放松，考虑当下的一件事，营造精神上的假期，鼓励自己在不吃药的情况下度过下一次情绪危机。

四、接纳与承诺疗法（Acceptance and Commitment Therapy，ACT）

（一）介绍

接纳与承诺疗法（ACT）是由 Steven C. Hayes 于 1982 年创建的一种心理疗法，也是临床行为分析的一个分支。它是一种基于经验的心理干预，旨在使用不同方式混合的接受和正念策略以及承诺和行为改变策略来增加来访者的心理灵活性。

接纳与承诺疗法的目标不是消除难受的感觉；相反，它是与生活中存在的事物共存并一起"创造有价值的行为"。接纳与承诺疗法邀请来访者对不愉快的感觉敞开心扉，学会既不对它们反应过度，也不刻意规避产生这些感受的源头。它的干预效果旨在形成一个积极的螺旋，在这个螺旋中，更好的客体感受可以让个体更好地理解事物的真相。注意，这里的"更好的客体感受"不是指让来访者感受更好，而是指来访者更好地学会感受。

（二）主要理论

ACT 是在一种称为功能语境主义（functional contextualism）的实用哲学中发展起来的。ACT 基于关系框架理论（relational frame theory），这是一种语言和认知的综合理论，是行为分析的一个分支。

ACT 与其他一些认知行为疗法的不同之处在于，它不是试图教人们更好地控制自己的思想、感觉、感觉、记忆和其他私人事件，而是教他们"只是注意"、接受和拥抱他们的个人体验。是帮助来访者接触一种被称为自我作为情境（self-as-context）的超然自我意识——有一个你总是在观察和体验，但又与自己的思想、感觉、感觉和记忆截然不同。ACT 旨在帮助来访者明确个人价值观并对其采取行动，在此过程中为他们的生活带来更多活力和意义，增加他们的心理灵活性。

虽然西方心理学通常基于人类在心理上健康的假设，但 ACT 假设正常人类心理的心理过程通常具有破坏性。接纳与承诺疗法的核心概念是心理上的痛苦通常是由经验回避、认知纠缠和由此导致的心理僵化导致未能采取符合核心价值观的必要行为步骤造成的。如，ACT 认为人生的本质是"痛苦是常态，幸福是例外"以及"人生的目标是变得更有意义，而非一定更快乐"。

（三）干预技术

1. ACT 干预过程

ACT 干预包括六个基本步骤（Hayes，2005）：

（1）认知解离（cognitive defusion）：减少将思想、图像、情绪和记忆具体化的倾向；

（2）接受（acceptance：允许不想要的个人体验（想法、感受和冲动）来来去去，而不会与之抗争；

（3）与当下时刻接触（contact with the present moment）：对此时此地的感知，以开放、兴趣和接受的态度体验（例如，正念）；

（4）观察自我 self as context）：获得一种超越自我的感觉，一种不变的连续性意识

（5）价值观（values）：发现对自己最重要的是什么；

（6）承诺的行动（committed action）：根据价值观设定目标并负责任地执行这些目标，为有意义的生活服务。

2. 个案概念化

ACT 中的案例概念化可通过接受与承诺矩阵开展。该矩阵包含五个问题。

（1）何人何事对你最重要？

（2）有哪些事情阻碍你实现最重要的人生价值？

（3）是谁在进行这些思考？

（4）为了逃避讨厌的个人体验，你做了些什么？

（5）你可以做些什么来实现重要的人生价值？

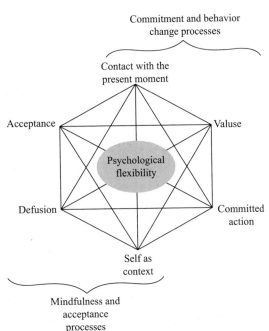

The ACT "Hexaflex" model. Hayes，Strosahl，& Wilson，2009

第五节　贡献与局限

一、贡献

认知行为主义流派有其独特的优势：它可以确定明确的、易于管理的和可测量的行为目标，并可以将此作为干预的焦点。它帮助来访者建立其对自己状况的希望，有助于培养自尊，帮助打破消极思想影响行为的恶性循环，有利于来访者发展更理性的思维过程。其结构性的本质也帮助来访者更好地学习和练习所学技能。

二、局限

认知行为疗法往往需要来访者全身心的投入。咨询师可以引导、帮助来访者，但最终需要来访者的积极配合才能够获取最大收益。在咨询课程之外，咨询师通常会给予来访者"家庭作业"，这些家庭作业也是咨询中很重要的部分，需要来访者有足够的自身动力来完成这些课后作业。这种疗法通常会要求来访者直面自身的负面情绪，所以需要来访者能够且愿意对最初的焦虑和不舒服的情绪有一定的耐受力。最后，该疗法侧重于一个人改变自己的能力（他们的想法、感受和行为），然而，这并没有解决系统或家庭中任何经常对某人的健康和福祉产生重大影响的更广泛的问题。

本章回顾

· 认知行为理论是由行为主义和认知理论整合而来的。尽管行为主义和认知理论有着不同的理论渊源，但是，在实践中二者被整合在一起，为人们提供了更有效的服务手段。其主要理论包括巴甫洛夫的经典条件反射、斯金纳的操作性条件反射，以及社会学习理论。基于这些理论，认知行为疗法将学习原则应用于解决特定行为，其核心在于找出导致来访者行为问题的思维方式，消除来访者适应不良的行为方式，代之以更有建设性的行为方式。

· 行为心理学或行为主义强调环境在塑造行为中的作用。解释行为如何学习和修改的两种行为主义理论是经典条件反射和操作性条件反射。经典条件反射是巴甫洛夫在研究狗的唾液分泌时发现的，涉及建立新的刺激和反应关联。在条件反射之前，无条件刺激会导致无条件反应，而中性刺激不会引起任何反应。经典条件反射将中性刺激转化为条件刺激，从而引发条件反应。操作性条件反射是斯金纳创造的一个术语，有时被称为工具学习，涉及通过后果来改变行为。经典条件反射侧重于刺激和反应、反思性反应以及反应之前发生的情况，而操作性条件反射侧重于行为和后果、自愿行为以及反应发生后发生的情况。

· 班杜拉对理解人类学习和行为做出了重大贡献。他发展了最广为接受的理论之一，被称为班杜拉的社会学习理论。 众所周知，观察学习需要许多过程才能有效。 这四个过程是注意力、保留、复制和动机。 这些过程的成功完成使个人能够通过观察和模仿他人来学习新的行为。

· 在认知行为疗法的第三浪潮中，正念疗法、辩证行为疗法以及接纳与承诺疗法成为主流。

· 正念是一种将注意力集中在情绪、思想、身体感觉和情感体验上的冥想形式。有时正念也被称为有意识的注意练习。将正念与认知疗法相结合，心理咨询师 Zindel Segal、Mark Williams 和 John Teasdale 开发了正念认知疗法。其主要假设在于思想先于情绪，错误的自我信念会导致消极情绪。 MBCT 利用认知疗法的元素来帮助来访者识别和重新评估消极想法模式，并用更贴近现实的积极想法取而代之。

· 辩证行为疗法（DBT）是一种最初为边缘型人格障碍（BPD）患者开发的干预措施，但后来成为干预其他心理健康问题的有效方法，例如药物滥用、抑郁和创伤后应激障碍。 DBT 有四个模块来帮助教授重要的技能：正念、痛苦承受能力、情绪调节和人际关系效率。 每个模块旨在帮助您更好地管理情绪困扰和人际关系困难。

· 接纳与承诺疗法（ACT）是由 Steven C. Hayes 于 1982 年创建的一种心理疗法，也是临床行为分析的一个分支。它是一种基于经验的心理干预，旨在使用不同方式混合的接受和正念策略以及承诺和行为改变策略来增加来访者的心理灵活性。

第七章 以人为中心疗法的理论与方法

　　精神分析流派是心理学的"第一势力"，代表人物有弗洛伊德、荣格和阿德勒。行为主义流派是心理学的"第二势力"，代表人物有巴甫洛夫、华生、斯金纳和班杜拉。这两个流派前面章节已经介绍过，而关于人性的探讨还在继续，有许多心理学家认为人性并不是由潜意识的冲动控制，也不是受外界刺激简单操纵，人生而有愿望去实现自己的自由意志。在批判精神分析和行为主义的基础之上，兴起了更加关注人性积极方面的心理学——人本主义（humanism）。人本主义心理学被称为心理学的"第三势力"，其代表人物有罗杰斯、马斯洛和布勒。

　　本章将要介绍的以人为中心疗法，其基于人本主义的观点，主要是由卡尔·罗杰斯（Carl Ransom Rogers，1902—1987）发展起来的。罗杰斯是对心理咨询有杰出贡献的著名心理学家。2007 年的 Psychotherapy Networker 公布了他们调查的世界上过去 25 年最具影响力的心理咨询师排行榜（"The Top 10"，2007），卡尔·罗杰斯位列首位。罗杰斯被其他心理咨询师视为最具影响力的心理学家，甚至超过了弗洛伊德。他的以人为中心理论对心理咨询产生了巨大影响，以人为中心疗法认为人从本质上来讲是积极的，人性基本是可以信赖的，并且注重良好的助人关系对当事人心理问题改变的重要性。在当前的干预理论中，以人为中心疗法是独一无二的，它关注人们行使自我权利的潜能，希望使他们实现自我，成为更健全的人，并发展他们对他人深切关怀的能力。近些年来虽然以人为中心流派的名气不复当年，但是以人为中心的这些主要思想对当今心理咨询和干预影响力不减，甚至产生了革命性的变化。

第一节　背景介绍

　　卡尔·罗杰斯是以人为中心疗法（person-centered theory）的创始人，是人本主义心理学的主要代表。1902 年出生于芝加哥郊区，父母都在威斯康星大学受过高等教育，家中条件殷实，宗教氛围浓厚，强调勤劳、礼教。小时候的罗杰斯消瘦文弱，经常生病，内向敏感，因受管束较严，不能经常和其他伙伴玩耍而显得十分孤寂。12 岁时，全家搬到芝加哥偏远郊区的大农庄，罗杰斯更少与他人交往，随之发展出了对科学的浓厚兴趣。罗杰斯的以人为中心理论和他的个人经历与其人格风格有关。

罗杰斯 17 岁考入威斯康星大学，一开始读农学，二年级决心投身宗教事业做一名牧师。大学远离父母约束的生活和农学教授乔治·汉弗雷自由支持的小组活动风格，支持了罗杰斯听从自己内心的声音。1922 年，罗杰斯三年级时作为学生代表参加了在北京举办的世界基督教徒学生联合会。为期六个月的异域旅行让罗杰斯经历了一次精神洗礼，人格和思想变得更加自由，更加信任自己的经验，彻底摆脱了父母的宗教思想，做真正的自己。这对后期他的理论形成产生了巨大影响。

罗杰斯

后来，罗杰斯的信念发生重大改变，1926 年到神学院对面的哥伦比亚大学学习临床和教育心理学。1931 年在哥伦比亚大学获得临床心理学博士学位。之后在罗彻斯特儿童咨询与治疗部门工作了 12 年，著有《儿童问题的临床心理治疗》，之后任教于俄亥俄州大学、芝加哥大学和威斯康星大学。在这期间，以人为中心理论逐渐成熟，1951 年罗杰斯的《当事人中心治疗》出版。1956 年美国心理协会（APA）授予罗杰斯杰出科学贡献奖。这是该奖项设立后首次颁奖。1961 年出版《论成为一个人》。1963 年辞去威斯康斯大学的职务，创办独立的研究院。后期将以人为中心理论运用于解决团体冲突，关注世界和平。并于 1987 年获得诺贝尔和平奖提名。

罗杰斯眼里，人性本善，有积极的朝向自我实现的力量。他关注如何创造一个值得信赖的环境帮助当事人发现自我，听从真实自我的声音，实现自我。

以人为中心疗法在不同的时间阶段有不同的叫法。比如"非指导性的疗法"、"以当事人为中心疗法"和"罗杰斯学派疗法"。在 20 世纪 50 年代，以人为中心疗法的出现是美国的心理学运动中一部分，这次运动对美国当时主导的心理学两大流派理论进行了选择，即精神分析流派和行为主义流派的理论。这次运动注重人自己的选择、成长和创造性。以人为中心疗法正是在这次运动浪潮下，诞生、成长和成熟。

以人为中心疗法的发展大致可以分为三个主要阶段。

第一阶段：非指导性（nondirective）干预阶段。这一阶段以罗杰斯 1942 年的著作《咨询和心理治疗》出版为标志。这本书里，罗杰斯提出了与当时的指导性心理咨询师非常不同的概念"非指导性干预"。主要思想是：只有当事人最清楚深刻地了解自己，要依靠当事人自己而非咨询师来指导干预过程。

第二阶段：当事人为中心（client-centered therapy）阶段。这一阶段以 1951

年罗杰斯的《当事人中心疗法》出版为标志。所以，罗杰斯的理论体系曾被叫作"当事人中心疗法（client-centered therapy）"。这本书扩展了罗杰斯的概念体系。重视咨询师要注意当事人隐藏在语言背后的情绪，这十分有助于咨询师准确的共情。罗杰斯认为了解当事人最好的途径就是进入当事人自己的参照系统去理解当事人，而且当事人自己内心有成长和治愈的趋势。

第三阶段：以人为中心疗法（person-centered therapy）阶段。大约从 20 世纪 70 年代开始，罗杰斯更注重于团体而非个人。罗杰斯是"会心小组"的主要促进者，在这样的团体里个体为了自我实现的目标共努力，而非为了克服心理疾病。另外，罗杰斯晚年不仅在团体中使用以人为中心的概念，而且使之应用于社会不同的方面，比如解决世界冲突问题、教育和管理等。尤其是在促进世界和平方面。

之后，以人为中心疗法对心理咨询和干预的启迪慢慢减弱，但是最近出现了复兴的信号。而且一些技术导向的心理咨询流派，比如：认知行为流派和家庭咨询和短程干预等，也吸收了以人为中心疗法强调的咨询成功的必要条件这一理念，变得注重良好的咨询关系。总之以人为中心疗法对心理咨询和心理干预影响巨大，甚至如今每个咨询过程里都能找到以人为中心疗法的一些理念。

第二节　主要理论

以人为中心疗法对于人性持有乐观的态度，它关注人的现在而非过去的经验，关注人的内部体验而非可观察的行为。以人为中心疗法认为人有满足两种需要的动机，第一种需要是自我实现的需要，第二种需要是获得他人的爱和尊重的需要。罗杰斯认为每个人都生活在自己的主观世界中，所以不同的人对两种需要满足的途径不一样，要了解一个人的行为，必须进入当事人自己的世界中去观察。在以人为中心疗法中，自我概念具有重要地位，用来描述关于人的特征，比如"我是……的"。机体评估过程会影响个体的自我概念，受到外界环境影响，个体为了获得别人的爱和尊重而让自己变成"我应该是……的"，从而去取悦重要他人，获得他们的关注和认可。这样的价值条件会让个体逐渐忽视自己本真的感受和快乐，当真实体验的快乐和价值条件冲突时，个体就会启动防御机制，防御机制失效会导致焦虑或各种心理问题。为了促进当事人走向机能健全的人，咨询师需要和当事人建立良好的咨询关系，为此咨询师必须做到同感、无条件积极关注和真诚一致。在心理咨询和干预的过程中，很容易遇到当事人对成长和改变的阻抗，这需要咨询师运用专业知识和技能去识别与解决。

一、人性的假设

以人为中心疗法具有浓厚的人本主义心理学色彩，强调对当事人的巨大信任。信任人有积极成长的内在动机，并且有能力实施成长的过程。罗杰斯认为人生来就有本性，人的本性不是依靠后天训练发展，也就是说人生下来就有某种心理倾向和本性，而非一块白板。就像狮有"狮性"，人也有人性。生物本性是指该物种共有的一些属性。提起狮子，我们就会想起狮子的勇猛，这是狮子的本性。对于人，以人为中心疗法关于人性的观点主要基于以下几个信念：（1）人性可以信赖；（2）人有内在的自我实现趋向；（3）个人独特的主观世界。这些部分与外部环境相互作用，促进了人的发展。

（一）人性可以信赖

罗杰斯认为，只要环境具有可以促进人发展的条件时，人就会朝着建设性的、积极的方向成长。就像在良好条件下成长的植物一样，环境适宜支持个体成长时人，人就会有一种走向成功的趋向。以人为中心疗法的咨询师在咨询关系中不能扮演领导者的角色，而是非指导者的角色，因为他们认为当事人才是自己世界里的专家。咨询师必须信任他们的当事人，当咨询师进入当事人的经验世界后，就一定能发现当事人是积极可信任的。当然，人类也时常发生与好的、建设性与可信赖相反的行为。但是罗杰斯认为这些不好的行为的发生，是个体的理想自我和现实自我不协调导致的。只要给予良好的发展条件，人就能朝着建设性的可信赖的方向前进。罗杰斯（1961）曾说过：当人的机能自由运作的时候，我相信人的机体本身……就会像老子所说的：'The way to do is to be'"。

（二）自我实现趋向

罗杰斯相信人的积极本性，信任："从本质上讲，人类是不断前进的有机体，会不断朝着自己创造的本性努力追求真理。"以人为中心的咨询师相信人类总是在致力成为最好的自己，这是人的共有属性，他们总是在寻求可以发展自己能力的方法以保持和增强自我。这使得个体的行动摆脱他人的控制，但不意味着与他人的关系或与外部联结相分离。外部环境的不良条件反而会阻碍个体的积极成长。罗杰斯这样描述自我实现趋向：

自我实现的趋向是……机体维护其自身的一种倾向——类似摄取食物，在面对威胁时表现出防御性行为，实现自我维护的目标，即使实现这一目标的一般途径受到了阻碍。我们所说的是机体朝着成熟的方向前进，而每个物种的成熟定义各不相同。

自我实现趋向是使个体维持、发展和增强其自我机能的根本驱力。与弗洛伊德提出的"力比多"概念相似，自我实现趋向是人的一种基本生命力，这种力量不会减弱，并且会促使个体不断地向前发展。

以人为中心疗法注重咨询师和当事人建立一种具有无条件积极关注、共情和真诚的咨询关系，咨询师不做专家和权威，而是在良好咨询关系下引发当事人积极的内在趋向。罗杰斯的自我实现趋向和另一个人本主义心理学家马斯洛"需要层次理论"中"自我实现的需要"观点一致。因为，罗杰斯曾受到了马斯洛动机与需求理论和自我理论的影响。他们描绘的自我实现的人，是一种个体的机能充分发挥的理想的人。马斯洛描绘了自我实现的人一些特征，比如，他们能够准确地觉知当下，接受变化，接纳他人和自己。他们具有豁达的幽默感，具有创造性。通过下面的简短测验可以帮助你测量自己自我实现水平。

自我实现量表

针对下面的说法，请用 1-4 分表示你对他们的赞同程度。其中，1= 不同意；2= 有些不同意；3= 有些同意；4= 同意。

_____1. 我不会对我的任何情绪感到羞耻。

_____2. 我必须要做其他人希望我做的事情。

_____3. 我相信人本质上是好的和可以信任的。

_____4. 我能自由地对我爱的人生气。

_____5. 我总是需要别人赞同我所做的事。

_____6. 我不能接受自己的缺点。

_____7. 我能够喜欢他人，而不一定要赞同他们。

_____8. 我害怕失败。

_____9. 我避免试图去分析和简化复杂的领域。

_____10. 成为自己比起受他人欢迎更好。

_____11. 在我的生命中，没有我觉得要为之献身的使命。

_____12. 我能表达我的情感，即使他们可能会导致令人不快的后果。

_____13. 我不觉得我有责任帮助任何人。

_____14. 我因为害怕不能胜任而感到烦恼。

_____15. 我因为给予爱而被爱。

在计算总得分之前，首先把第 2、5、6、8、9、11、13 和 14 项的得分倒过来。也就是说，对于这些项目，你所写的 1=4、2=3、3=2、4=1。然后再计算这 15 项的总得分。分数越高，说明在你人生的这个阶段，你的自我实现水平越高。女性的平均分是 46 分，男性的平均分是 45 分，两者的标准差都是 5。

以上简短自我实现量表来自 Jones and Crandall。

人物介绍

马斯洛（Abraham Harold Maslow，1908—1970），人本主义心理学创始人，出生于美国纽约的一个犹太家庭。父母是苏联移民美国的犹太人，马斯洛是家里七个孩子中的老大。他的父亲酗酒，对孩子们要求十分苛刻。母亲十分迷信，而且性格冷漠残酷暴躁，马斯洛小时候曾经带两只小猫回家，被母亲当面活活打死。

马斯洛

1927 年，马斯洛进入纽约市立大学主修法律，辅修人文和社科课程。后在行为主义心理学家华生影响下转向康奈尔大学攻读心理学，于 1934 年获得博士学位。1935 年于哥伦比亚大学任桑代克学习心理研究工作助理，后面发现很多心理问题用行为主义的理论是解释不通的，开始集中精力于人类动机理论和自我实现理论的研究。35 岁时提出了"自我实现"概念。1951年被聘为布兰戴斯大学心理学教授，任系主任。1954 年出版《动机与人格》，1967 年任美国人格与社会心理学会主席和美国心理学会主席，1970 年 6 月 8 日因心力衰竭逝世。

马斯洛认为人生来具有趋向成长和健康的潜能，主张以健康的人为研究对象，提出了著名的需要层次理论，自我实现理论和高峰体验等。他的理论对人类产生了重大影响，且至今仍有强大的生命力。《纽约时报》曾评论马斯洛说："马斯洛的心理学是人类了解自己过程中的一块里程碑。"

（三）个人独特的主观世界

以人为中心理论认为每个人都生活在自己独特的主观世界中。即使是相同的环境，每个人却会有不同的体验。所以说人并不是生活在一个同一的客观世界，而是生活在自己独特的主观经验世界中。罗杰斯吸收了现象学的观点，把人的主观经验世界称为"现象场"（phenomenological field）。这里的"场"可以类似理解为物理上的"电磁场"、引力场"中的"场"，是一个抽象概念。现象学是由奥地利哲学家胡塞尔（Husserl）提出的一种哲学研究方法，并广泛应用于存在主义。现象学的目的是描述个人的经验本质及实质。

以人为中心的观点认为世界上任何两个人所感受到的世界都不是完全相同的。文化背景、成长环境、思维方式和自我的经验都在影响着人们感知周围世界的过程。所以，了解一个人最好的方式就是进入他的主观世界感受他的情绪、思维和行为。只有当事人感受到的主观世界才是他眼中真实的世界。这是罗杰斯干预理论的重要指导性原则：只有当事人自己才真正地了解自己。

★小活动★

对于你们学校，你和你同学对它的认识和态度是一样的吗？请邀请一位你的同学，然后你们各自拿出一张纸，写下对你们所生活的学校的认识及态度，最后互相交流分享，你会发现什么？对于同样的那个你们所熟悉的事物，不同的人对其认识一样吗？为什么你的同学会有那样的认识和观点？你能感受到他／她的世界吗？

二、自我概念的发展

罗杰斯的干预理论对帮助人的成长有强烈的兴趣。他的人格理论可以被看作干预理论的扩展，可概括为个体自我的成长，走向机能健全的人。自我理论是罗杰斯心理失调理论的基础，也是其人格理论的核心。从当事人的自我概念可以了解其主观现象场，自我概念中真实自我和理想自我的差异显示了其自我概念中的矛盾。自人的幼年时，有的人是幸运的，其生活的环境本身就充满了爱和关注，自我朝着实现的趋向发展，机体评估过程也得到了重视和信任，从而会愉快地生活一生。但大多数人都那么幸运，他们没有无条件的支持和关注，需要靠实现一定的价值条件来争取爱和关注，这样其机体评估过程的价值逐渐消减，价值条件化愈加严重。

（一）自我概念

自我或自我概念（self-concept）是人主观现象场的一部分，而且具有核心意义。自我是个人经验中对自我的觉知（自我意识、知觉和感受）和评价。它包含了关于自我的相关问题，比如："我是什么样的人""我和他人的关系""他人怎么看我""我的价值是什么"等。自我概念还包含了自我实现和成长部分，不只是与自己真实的经验相同。所以也包含了真实自我和理想自我。

自我概念可主要概括为以下几点。

（1）对自己的觉知和评价。比如："我是个好学生"。"学生"是觉知，"好"是评价。

（2）对自己与他人关系的觉知和评价。比如："同学们都很喜欢我"。这是觉知，评价了"我很受欢迎"，"我很好"。

（3）对自己与外界环境关系的觉知和评价。比如："这个学校的平台有助于我的发展"。评价了学校的资源和机会。

（4）真实自我。真实生活中自己样子的知觉。比如：我有什么能力，我读的什么学校。

（5）理想自我。理想生活中自己样子的知觉。比如：我想成为具有什么能力的人，我想读什么样的学校。

真实自我与理想自我之间的不一致与一致示意图

小测验——认识你自己（Who am I？）

"二十个我是谁"测验

要求：拿出一张空白纸，以"我"开头，针对"我是谁？"这个问题，写出20个不同的回答，从而帮助你清晰地认识自我。

举例：1. 我是一个乐观开朗的人。

2. 我是一个青年。

3. 我_____

4. 我_____

5. 我_____

……

（二）自我概念的发展

信任机体评估过程会给个体带来真实的感受，了解真正的自我，然后个体朝着自我实现的趋向发展。但是当个体为了得到环境中他人的认可，就需要满足他人的要求，这样个体会忽视真实自我的感受。自我概念在发展中，需要有保障自我机体评估过程成长的环境，从而促进自我健康的发展。

1. 机体评估过程（organismic valuing process）

个体从出生开始，内部世界和外部世界相接触就会产生自我体验。每个人的生理、心理、文化环境和成长背景是不同的，这造就了人的唯一性。婴儿时期，个体从满意不满意维度评估他们的环境。不像我们大多数人，婴儿知道自己喜欢什么，不喜欢什么，这些价值选择最初的基础只限于他们自己。有的经历会带来好的、愉快的、满意的体验，有的经历会带来不好的、不愉悦的、不满意的体验。比如，当婴儿饿的时候，父母给予喂养，就能产生好的、积极的体验。当婴儿不饿的时候父母给予喂养，那么婴儿就会产生不好的、消极的体验。小孩子会对其经验进行评估，给满意的经验积极的评价，不满意的经验消极的评价。便逐渐发展出自己的机体评估体制，他们会在以后的生活中逐渐寻求积极的体验，回避消

极的体验。只趋向积极体验的活动，个体就会朝向自我实现的趋向发展，走向理想自我。但这只是理想条件，现实情况中，理想的发展常常受到干扰。

阻碍机体评估过程发展的案例

当事人：我印象中父母没有因为什么事情曾夸赞过我，他们对我总是充满了挑剔和不满。我妈妈觉得我邋遢，做事情不勤快。我爸爸总说我是笨蛋，小学时有一次我数学考了 99 分，他却说我偏科、不踏实。

咨询师：不论你多么努力，付出了多少，取得了怎样的成绩，在他们看来，你总是一无是处。

当事人：我的朋友们对我也一样。他们喜欢取笑我，说我长了一脸痘痘，还是个书呆子。我喜欢一个人，一个人走路，一个人去吃饭，一个人躲在角落里学习，我不希望引起任何人的注意。

咨询师：你也觉得自己很没价值，甚至想变成一个隐形人。

当事人：不仅之前这样，现在也一样。我男朋友不认可我做的任何事情，他觉得带我参加聚会都会给他丢脸，因为我会让他感到心烦。他们都觉得我一无是处，这样的话，我还是从这个世界上消失好了。

2. 价值条件化

孩子发展的过程中，需要周围人（尤其是父母）的积极关注和积极评价，即他人的尊重。Standal 假设，对积极尊重的基本需要是继发性的或后天习得的需要，通常在婴儿早期得到发展。当孩子成长得更大一点的时候，所需要的积极关注和积极评价越来越多。父母的赞美、拥抱、微笑和奖励都会给孩子带来积极体验和关注感。来自他人的尊重直接影响着孩子的自我尊重。受到他人尊重多的孩子自我价值感和自尊感强烈，相反会觉得自己没有价值，造成低自尊。

孩子与他人交往过程中，他人的尊重不能从自己这里获得，所以，为了得到他人积极关注和积极评价的满意体验，就必须先符合他人（主要是父母）的标准。他人觉得孩子的表现是好的，才会给予关注，这是他人给予关注的价值标准和行为准则。当孩子想要获得他人的积极关注和积极评价时，其条件就是要满足他人的价值标准和行为准则。这些条件体现的是父母和社会的价值标准。罗杰斯称这些条件为价值条件（conditions of worth）。

孩子不断的依靠满足这些条件来获取积极体验，就会学到新的评价标准，用外在的标准衡量什么是好的、什么是不好的，该怎么做才能成为别人口中的好孩子，获得社会的认可。这时造成了外界价值观念的内化，就变成了自我的一部分。举个例子，一个孩子最初喜欢在水坑里跳来跳去，觉得很开心。可是父母发现后非常生气，把他训斥了一顿，并且警告他以后不能再跳水。孩子为了避免父母的批评和生气，就会满足父母的要求来寻求父母的积极关注和积极评价。这里的"跳水很开心"是孩子自己的机体评估标准，"不能跳水"是外界的价值标准，当孩子为了获得他人的尊重和关怀，以后按照外界的标准做出行为时就产生了价值观念内化。

价值条件化的案例

当事人：刚开始我们两个在一起的时候，一切都很好。他欣赏我的穿衣风格和言谈举止，也喜欢我跟他的交往方式。我会主动找他聊天，关心他，把自己打扮得漂漂亮亮去见他，即使有时候我已经忙了一天。

咨询师：你知道怎么样去赢得他的欢心，而且你为此感到高兴。

当事人：是的，但是当我爸爸生病以后一切都变了。我希望能有人分担痛苦，可是他并不特别照顾我的情绪。我很累，没有精力像以前一样花时间打扮自己、和他聊天。他变得越来越喜怒无常，我也越来越抑郁。

咨询师：他不再接受你的样子了，你也是。

3. 自我概念中价值条件化的作用

在价值条件作用下，孩子把外界的价值标准和价值观念内化以后，行为评价标准就发生了改变。行为不再由自己的评估标准决定，而受内化的外界行为准则指引。罗杰斯称这是一件可悲的事情。这意味着个体的自我和经验两者间发生了"异化"。

现代社会价值内化常见的例子有："我要成为一个很有钱的人，不然我就没办法生活，我就是一个失败的人"；"我要成为非常有能力的人，不然就一无是处"。这些外界的价值条件不仅限制了人的行为，而且当这些行为没有很好地执行时，会带来过低的负面评价，会不切实际地认为自己是没有价值的。他们会固着在外部的评价体系，与内心真实的自我渐行渐远。

早期价值条件化导致混乱的案例

孩子：（摔到了胳膊，捂着胳膊哭着走过去找妈妈。）

母亲：不要哭了，根本没有流血，你这样子真的是丢人。

孩子：心里想：摔到胳膊是我的错，我也不该哭着找妈妈，可是我的胳膊很疼，我需要妈妈的怀抱。我不知道应该怎么办，我不知道该信自己还是妈妈，我需要妈妈的认可，但是我想哭。

三、心理异常的机制

个体通过自己的机体评估过程获得更多的真实体验，真实经验里的自我意识就越强烈，这样个体的心理协调性才会比较高。依靠个体的机体评估过程朝向积极的方向发展，罗杰斯认为这样一个人就能发展为机能健全的人。

相反，个体的机体评估过程和经验不一致的时候，个体就会产生焦虑或者矛盾冲突，其自我概念会受到威胁，自我和经验世界变得不一致。焦虑后，防御过程就会启动。防御主要是为了保持个体自我世界的完成统一，防止自我和经验的不一致被揭露，维持自我的完整性以及保持自我关注。罗杰斯认为并没有人是极端的机能健全的人，每个人都有不同程度上的心理失调。只要经验与自我存在不一致或冲突，启动了防御过程，个体就会体验到心理失调（incongruency）。心理失调是罗杰斯理论中的一个基本结构。面对心理失调，个体常用的防御过程有以下几种。

1. 选择性知觉（selective perception）

只选择性的意识到与价值条件下的自我价值相一致的信息。比如，只注意到有钱人的开心，认为有钱一定会幸福。

2. 歪曲（distortion）

给予与自我不一致的经验或信息以歪曲，使其与自我保持一致。歪曲常用两种过程，一种是把本不属于该情景的信息，经过主观联系，纳入自己的价值条件体系中。另一种是把本属于该情景中的信息排除出认知体系，使自我和价值条件体系统一。比如：一个自认为学习天赋很高的学生，主观地把这次考试成绩不好归结于试卷题目生僻。

3. 否认（deny）

否定真实的经验或事实。比如，一个曾被老师批评课堂上爱讲话的学生，当别人说时不承认曾有这样的事情发生。

选择性知觉、歪曲和否认都是为了避免自我不协调采用的防御过程，防止与自我认知中不一致的经验进入自我概念，导致自我不协调而产生焦虑。

根据罗杰斯的理论，几乎每个人都存在心理失调。不同点在于程度不一样，有的人失调程度轻，对经验较为开放，选择性知觉、歪曲和否认的信息比较少，感知到的世界比较客观准确。有的人失调程度重，主观经验偏离客观现实较远，真实自我的声音比较小。

一个人的行为反应基于其对自己的认识和理解，是其自我概念的表达。然而，更大程度的心理失调，就会导致一个人对自己行为更加强烈的监控意识。心理失调并不意味着心理适应不良（maladjustment）。当一个人潜在预感（subception，并没有完全清晰的意识，是一种模糊的觉知）到被否认、歪曲或选择性知觉之外的经验时，他就会感到焦虑；同时，保持原有防御过程的能力降低。在防御手段能力减弱或者防御失效的情况下，由于真实自我和价值条件的不一致，真实自我的经验就会进入自我概念，造成自我概念的混乱，出现各种心理问题，此时心理适应不良就发生了。总之，这是一个人对于"我是什么样的人"和"我应该是什么样的人"之间的矛盾。以人为中心疗法认为人所有的心理问题都源于自我和经验的不一致或不协调，失调程度不同导致心理疾病严重程度的类型不同。轻的表现焦虑、抑郁等，重的导致多重人格、精神分裂等。

四、咨询师与当事人的关系

罗杰斯的理论认为心理失调，就是由于一个人对积极关注和尊重的需要，而产生了对外界社会环境的顺从，从而导致的经验与自我的不一致。当个体处于一个良好的社会环境，在这里有人能提供无条件积极关注，还有真诚的交流态度并能产生准确共情的时候，个体的心理失调及其焦虑就会消失。罗杰斯关于良好的咨询关系重要性的观点应该在大学课堂、出版物、研究资助协议和专业培训计划中得到更广泛的认可。

其基本假设是，如果咨询师能提供一个促进性的、产生成长的心理氛围，那么这个人就可以朝着更好的理解自我、朝着改变行为或改变自我概念的方向前进。所以，以人为中心疗法特别注重咨询师创造一种和当事人之间良好的、建设性的咨询关系。这就要求咨询师必须具以下三个方面的能力。

（一）共情（empathy）

类似中文的"设身处地"和"感同身受"。也翻译为"同感""共情理解"或"感同身受"。就是咨询师要设身处地，进入当事人的主观世界里去感受他身上发生的事情给他带来的情绪体验，要用当事人的心去感受，用当事人的眼睛去看。它涉及每时每刻敏感地，对另一个人身上流动的变化，对他／她正在经历的恐惧、愤怒、温情、困惑或其他任何事情感受到意义。似乎那是咨询师自己的体验，但咨询师在当事人的感受框架里并不迷失，又能随时抽身出来，不丢掉似乎这一特征。就像伴随着当事人在他的世界里一起旅行，互相分享旅途中看到的事物，这就是共情。

比如，罗杰斯（1975）曾举例的这段包含了咨询师许多准确理解的生动的例子。

当事人：我甚至认为我有可能对自己有一种温柔的关怀……可是，当他们是同一个人和同一件事时，我怎么能对自己温柔，关心我自己呢？但我能清晰地感觉到……你知道，就像照顾一个孩子，你想给他这个，给他那个……我可以很清楚地看到其他人的目的……但对自己，我却从不能看到它们……我可以为自己做这些，你知道的。有没有可能我把好好地照顾自己当作我人生的主要目标啊？这意味着我必须面对整个世界，就像我是我最珍视和最想要的财产的守护者一样，这样的话，我处于我想要照顾的这个珍贵的我和现实世界的中间……就好像我爱我自己－你知道的－这很奇怪－但这是真的。

　　咨询师：这理解起来似乎是个奇怪的概念。这意味着"我将面对这个世界，就好像我的主要责任之一是照顾一个珍贵的，我爱的人——我自己。"

　　当事人：我关心的－我感觉如此亲近的那个人。呜呜！那是另一个奇怪的我。

　　咨询师：这似乎很奇怪。

　　当事人：是啊，这与我爱着我并照顾着我的想法非常接近。（他的眼睛湿润了）这是一个非常好的说法，非常好。

　　共情是一个过程，并非是一种反应。咨询师的一般性反射性反应并不一定能对当事人产生作用，只有当事人在连续的互动中能始终感受到咨询师对他／她内心世界的理解，才能算得上好的共情。否则就是一种简单的反应性技术，对当事人的话简单的还原，只停留在了交流技巧层面。比如下面的例子：

简单反射性反应的例子

　　当事人：我梦到我在一片黑暗的大森林里跑啊跑，后面有一头老虎在追我，我觉得非常害怕。当它快要追上我的时候我醒了，幸亏这是一个梦。

　　咨询师：森林很黑，老虎很可怕，还好这是个梦。

　　当事人：是的……

　　为了对共情进行研究和训练，对共情程度进行量化十分必要。共情量表能帮助分析咨询师共情的程度，发现不足逐渐积累经验而非只是技巧。共感的量表有很多，其中四水平量表足以说明共感水平的差异，该量表有以下四种共情水平。

　　水平0：倾听者并不理解当事人的感受。可能只是对当事人的感受评论、建议或下判断，这些可能是建议性的也可能是伤害性的。

　　水平1：倾听者部分理解了当事人的感受，并做出了肤浅的反应。这一水平也称为减损行共情，因为倾听者在作出共情反应时已经丢失了当事人经验中的部分东西。

　　水平2：倾听者已经感受到且理解了当事人的想法和情感。这一水平也称为准确共情。

水平 3：倾听者对当事人的理解已超越了当事人自己当下的知觉水平。倾听者对当事人不仅表达出了其表现出的表面感受，还表达出了对其潜在感受的感知和理解。这一水平也称为深度共情。

（二）无条件积极关注（unconditional positive regard）

咨询师要创造一种温暖的、积极接纳的环境，无论当事人内心的冲动和想法是什么，都要做出接纳。而这种接纳是不需要附加任何条件的，不是"你应该……"、或"当你……"时我会喜欢你。对待当事人要以不评价的态度。不做社会标准的好坏的评判，而是把当事人的想法放在当事人的世界里看其意义是什么。如果要评价，对事不对人，只评价这件事而不是这个人的好坏。

无条件积极关注是一种接纳和尊重的态度。具有这种态度的咨询师注重人性，不会因为当事人的特殊行为改变自己对当事人的态度。即使当事人和咨询师的价值观念冲突，咨询师也不会对这个人做出评价。比如咨询师不赞同当事人网络成瘾，但是不会接纳当事人这个人。这种接纳对于当事人来说是一种没有保留、没有条件、没有评判的关心，这会使得当事人从咨询师那里获得尊重、关爱、同情和信任的体验。

难以接纳的当事人

小 Z 是一位大学生，她的辅导员推荐她来心理咨询。谈话中她总是一副爱搭不理的样子，给人疏远的感觉，对于咨询师能给他带来什么她也并不关心。她喜欢谈论对同学和老师的憎恨。

"我恨我们的 ×× 老师，每次上课都要点名。我恨我们班的 ×× 同学，有一次背后说我坏话被我发现，我吼她她还理直气壮。每一次骂他们我会感觉很高兴，我不喜欢和别人交往。"

小 Z 的态度和行为让人难以接受，对她进行评价不符合以人为中心疗法的原则，只会增加咨询的阻碍。当给予她无条件的积极关注，让她感受到温暖之后，她说出了这样的话：

"有时候我觉得……特别难过。我却从不会把这种情绪表现出来，我会一个人躲在厕所里哭，我不喜欢别人评价我，也不想和他们说话，我害怕他们发现真实的我……一无是处。"

（三）真诚（genuineness）

即要求对自己不加任何矫饰，不加任何隐瞒和作假，表现真实的自我，言行一致，表里如一。咨询师要不加文饰地表达自己的观点和态度，内心的想法和观念与想让当事人感受到的内容应该相一致。当事人会感受到咨询师真实的感情和想法，而不是咨询师在外在表现下隐藏着另外的东西。真诚意味着咨询师不是扮演者职业化的角色，也没有隐藏在伪装后面，他们对自己的经验保持开放，其内在体验和外在行为完全一致。

当咨询师最真实、最自然的时候，就是咨询最有效的时候。一致性与无条件积极关注类似，会让当事人对咨询师产生信任。如果当事人发现咨询师表里如一，他会明白咨询师给他的反应是真实而坦白的。但是真诚不意味着在咨询过程中任何时候咨询师都是实话实说。咨询师的话需要本着为当事人负责的原则，给当事人一种信任的感觉，尽量不给当事人造成伤害。

咨询师真诚的案例

一位30多岁的中年男性前来咨询，未婚，身高162cm。恋爱多次均被对象嫌弃身高不够，形成了自卑心理。

当事人：我长得太矮了，只有162cm。谈了好几个对象，都觉得我身高不够所以分手了，我已经失去信心了。

咨询师：前几天我看了一个报道，中国男性目前的平均身高是167cm，你身高确实低于平均身高。现在很多女性在择偶时比较看重对方的身高，这让你比较没有优势，吃了很多亏，感到比较难受，我能理解你的焦虑。

总之，罗杰斯认为这三个方面是促进当事人改变的必要充分条件。共情、无条件积极关注和真诚三个条件促进了良好咨询关系的形成。他们彼此互相交织，共同出现，能创造出比任一单独条件更大的价值。博扎斯（Bozarth）这么说：共情、无条件积极关注和真诚之间联系紧密，无法分割，罗杰斯偶尔会单独讨论这些条件，不过是为了向咨询师提供实践指导，澄清每个条件的具体内容。以人为中心疗法对当事人改变的必要充分条件，同时为心理咨询的科学研究提供了基础的、非特异性的、共同或一般性的因素。

五、阻抗来源

罗杰斯曾说过："让当事人自己领导……以及没有限制地自由交流，通常会有一点困难"。阻碍咨询进展和当事人成长的所有现象统称为阻抗（resistance）。以人为中心疗法在咨询的过程中也常会遇到阻抗，原因可能是当事人对自己的自我成长缺少责任感，也可能是因为当事人的期望来自咨询师那里。

罗杰斯认为有两种类型的阻抗。第一种来自当事人，是避免揭露被意识否认的部分带来的痛苦。第二种来自咨询师，是咨询师对当事人的评判，或者咨询师给咨询过程强加了指导性方向，而这些方向对当事人来说是有威胁性，不符合需求的。并不是说以人为中心疗法必须是非指导性的，而是这种指导性必须是当事人独自领导的，朝向自己的自我实现趋向的，这样的话当事人才不会抗拒。

阻抗的案例

小 M 19 岁，男。他表现得比较多疑，与人疏远，易怒。在一次咨询中，他大部分时间都在侮辱和语言攻击咨询师，比如你是不是专业的啊，你怎么那么丑，穿衣服好没品位啊，你能不能养活自己啊。咨询师没有更好的办法应对他，为了咨询的进展只好忍受攻击。之后他们发生了以下的一段对话：

小 M：你告诉我怎么样能一夜暴富或者把成绩提高考上北大吧，赶紧给我建议！这不就是你的工作吗？我看你就是个骗子！

咨询师：（用一段时间调整自己的情绪后）我觉得你在故意激怒我，看起来想跟我吵架或者打架一样。

小 M：是的，你说得对，我就是想跟你吵架！你跟其他人一模一样，总想装作做个好人，想把世界变得更美好。我看你也不是什么好东西，你就是想赚钱吧？而且还是个丑八怪！

咨询师：（在长时间的沉默后）实际上我确实受到了伤害，也很不舒服。你感觉怎么样？心里很轻松吗？

这个案例中，小 M 用愤怒、猜疑和攻击来和咨询师保持心理距离，从而隐藏真实的自我，躲避与外界世界的交往。而咨询师的真诚、无条件积极关注和同感，没有受到当事人防御机制的影响。咨询师默默地等待和陪伴，重视当事人自己的价值，不对其做出评价，从而等待获得准许后进入当事人防御机制的背后，了解其真实的样子。

第三节　应　用

基于以人为中心疗法的自我实现趋向、价值条件导致个体对机体评估的疏远、心理异常的机制，以人为中心疗法认为心理干预的目标在于去伪存真，让当事人对经验和真实自我变得信任、开放，从而拥有协调性的自我。当事人从心理异常到实现最终的目标，是一个心理状态逐渐变化的过程，罗杰斯曾将当事人的改变划为七个阶段。最初当事人的感受是僵化的，然后逐渐缓解与流动，最终达到自由和自觉的状态。

为了实现干预的目标，以人为中心疗法特别强调咨询师的共情、无条件积极关注和真诚，从而创造出良好的咨询氛围和良性咨询关系。在这样的关系和氛围中，咨询师还有必要使用一些会谈技术促进咨询进程，比如积极倾听，反应当事人的谈话内容和情感。虽然以人为中心疗法会使用会谈技术，但其是一种非指导性干预。以人为中心疗法尊重当事人的价值和机能，信任当事人有能力自己为他的任何事做决定，所以注重让当事人发觉自己的声音，而不是咨询师替当事人去选择。形象地讲，在这个过程中咨询师与当事人是咨询师"跟"而非"引"的关系。

一、心理干预的目标

以人为中心干预的目标是让当事人从心理失调走向心理协调。也就是成为真正的自己，去掉由价值条件化了的自我概念部分，更多地听从内心本性的声音，按照自己真实的样子去思考、行动。罗杰斯的理论具有许多现象学的优势点，它的目标不是帮助当事人去想起什么是"真实"发生的，也不是去发现什么是他/她"真实"的感受或者什么被防御性地歪曲，而是帮助当事人更自由地体验他/她内心的指引趋向。这样的人能更好地接纳自己的优点与不足，进化自己积极的本性。当更多地接纳自己之后，当事人就会减少对主观世界的歪曲，思想观念也会变得更加真实。

所以，以人为中心干预并不只是把解决问题作为目标，更多的是帮助当事人成长，变成机能充分发挥的人，这样的人可以有效地解决当前和以后遇到的问题。罗杰斯认为机能充分发挥的人能时刻活在当下，对自己的经验更加开放，日益接受自己的感受，信任自我和人性。当当事人脱下面具，变成真实的自己，就会朝着机能健全的方向发展。机能健全的人在以下几个方面有根本的变化。

·对于经验和感受都比较开放。不对于自己感受到的信息和经验进行歪曲和否认，变得坦然面对，不排斥。能够客观真实地观察自己周围的世界，降低防卫，卸掉保护甲。

·自我的结构变得与自己的经验相协调，能不断变化，使新经验也与其保持一致。那些价值条件的东西被动摇、被改变，用自己本性的内心去感受，用不加外界标准的眼睛去观察，真实的面对自我。没有了很多的"我应该……""一定是……"。变得更加灵敏，能听到内心的声音。例如，一个学生终于发现自己真正喜欢的是文科而不是理科。

·更加信任自己内心的评价，评价由外变内。能够充分地利用自己的机体评估过程而不是外界的价值条件来评价其经验。不再过于寻求外界的赞扬和关注，不再依赖他人的观点做出决策。虽然机体评估过程也会出错，但是它具有自我修正的能力。比如：一个学生不再过于追求老师和同学的夸奖，不为了他人的尊重而做很多事。

·享受生活处于一个变化的过程，而不追求达到一种圆满、理想的固定状态。

愿意感受生命的过程随着时间的变化像流水一般流动和变化。注重生命的过程而不是为了某个目的活着。比如，不再像刚开始的时候想"我要拿到奖学金""我要有很高的学习效率"。

以人为中心疗法的干预目标是一个概况性的、一般性的目标，而不是针对某种状态表现的具体的改变目标。因为罗杰斯认为心理活动是具有整体性的，部分的改变能带来整体的变化。

二、心理变化的过程

在以人为中心疗法成功的心理干预中，当事人将会变得可以在更深程度和更高水平上加工有关自我及其相关体验的信息。罗杰斯（1951）把心理变化过程中成长的特征描述为具有越来越多的拒绝价值经验的意识，以一种独特的方式知觉世界的一般性运动，把机体的经验作为价值标准的来源。

罗杰斯（1961）曾提出以人为中心疗法的心理干预中，当事人改变的七个阶段。根据当事人的变化，咨询师可以做出当事人心理状态的评价。咨询师对当事人的评价可能是干预结果最常用的标准。

（一）第一阶段：僵化地对待个人的感受阶段。这一阶段的当事人不会主动寻求帮助，其特征主要为：

①不愿意表露自己，交流只限于事情本身和表面；

②具有个人意义的感受常不被其认知到，即使有意识到也会否认是属于自己的；

③不觉得需要任何改变。

（二）第二阶段：稍微松动的阶段。当第一阶段的人置身于以人为中心疗法的干预条件下，能感受到咨询师无条件的积极关注、及时准确的共情和真诚的态度，就会产生被接受的感觉，开始有所改变。其特征主要为：

①能感受到不协调，但是觉得问题与自己无关或者自己对问题没有责任；

②似乎能觉察到自我的感受，但难以实在地抓住它；

③矛盾可能会有所表露，但是难以意识到矛盾性。

（三）第三阶段：较上一阶段有些流动而不受阻碍，把自己当作客体看待。当事人能感受到咨询师对他完全接受的话就会进一步释放真实自我。其特点主要为：

①能够把自己作为谈论对象，可以谈论自己而不觉得别扭。例如："我跟她在一起的时候，总想表现得非常完美——幸福、友善、聪明——因为我希望她喜欢我"；

②可以一边看一边谈论自己，往往把周围人当作镜子；

③自我的感受可以表露出来，表露出来后也能意识到。

（四）第四阶段：是整个干预过程中维持时间较长的阶段，在上阶段基础上继续推进。其特征主要为：

①当事人表达的感受更加强烈和生动，但是要么谈论过去的一些感受，要么把当下的感受当作客体谈论；

②似乎想体会现在的感受，凡事害怕真的体会到，像小孩子放爆竹，既想又怕；

③能够对问题有责任感，虽然这样的感觉时常动摇。

（五）第五阶段：这一阶段的个体变得相当有弹性，更加贴近内心变化流动的感受。内心活动更加自由，意识也更准确。其主要特征为：

①能自由地表达现在的感受，比如"我老是想着跟她表白会被拒绝，应该在跟她平时交往的时候也表现出了这种担忧吧"；

②对于突然意识到的感受，常常觉得惊慌而不是高兴；

③对体验中的矛盾和心理不协调的地方，能够越来越清醒地面对，不加回避。

（六）第六阶段：当事人的感受和自我经验不再分离，两者融为一体，这个人的感受就是它的经验。其主要特点为：

①感受可以完全展现，自然而然地流动；

②自我当下的体验可以全部接受，平静地接纳这些体验；

③不再把自己当作对象；

④经验与自我的不一致转向一致的时候，能清楚地看到不一致。

（七）第七阶段：达到第七阶段的人不多，这是一种自觉、自由的人生境界。达到第六阶段时，积极关注和接纳的条件便不那么重要，因为改变是不可逆的。其主要特点为：

①在咨询关系之外，新感受也能及时、生动和丰富地体验到；

②对这些流动变化着的感受，日益有种属于自己的拥有感；

③有这样的体验：自己所选择的，改变后的存在方式是有效的。

三、主要的心理干预技术

以人为中心疗法不注重具体的技术去说某些话，采取某些行为或者判断。以人为中心疗法的重点是营造一种良好的咨询关系，使当事人可以自由自在地探索内在真实的自我。也就是说重点在于咨询师对待当事人的态度，咨询师需要全身心投入，集中精力在无条件积极关注、共情和真诚上，制造良好的助人关系。以下列出一些建议和具体行为，有助于在这样的助人关系中促进当事人改变的进程。

（一）会谈技巧

1. 积极倾听（active listening）

对当事人表现共情，需要高度的专注和交互技能。咨询师首先需要在肢体语言和面部表情上表达对当事人的关注。比如面对当事人、身体朝当事人前倾和适当的眼神接触。在这样的条件下获取当事人那里的信息，把当事人描述的琐碎内容串联在一起。反之，咨询师时不时地打断当事人的谈话，表现出没有耐心的样子，经常打开手机回信息，催促当事人等都是负面行为。

获取信息只是第一步。其次需要把倾听到的内容和情感反馈给当事人，这样双方才能发现哪部分是正确的理解，哪部分是错误的理解，促进更好的共情。

2. 反映内容和情感（reflection of content and feelings）

在良好共情的条件下，咨询师能够很好地了解当事人眼中的世界。接下来，咨询师还需要识别出当事人语言中隐藏的信息和情感，并传达给当事人。这样能帮助咨询师更完整地构建出当事人的主观世界画面。比如咨询师的复述：嗯，你觉得父亲对你关心不够，甚至是疏忽了你的感受，在你需要安慰和陪伴的时候他不在身边，因此你会觉得很失落很难过。反应当事人的谈话内容和情感有多种技巧，比如即时性和自我暴露。

（1）即时性（immediacy）：许多有力量的互动涉及内容和情感，它们关系到当事人和咨询师当下的情况。就像一面镜子，能提供直接的反馈，但是镜子不能提供外在信息背后的内容和情感。即时性是一种关注此时此地的技术，过去的感受只是当事人一个人的观点，减少了咨询师参与的机会。即时性的表达常见的有："你的话表达的很平静，但是你的手却在颤抖，好像你很紧张。""你的话让我感觉……"非即时性的表达比如："为什么你会有那样的感觉？"

（2）自我暴露（self-disclosure）：当事人了解自己的过程中，舒适地了解也很重要。咨询师应表现出真诚，让当事人看到的就应该是自己内心真正的想法、真实自己的样子。自我暴露能帮助当事人看到全面而真实的咨询师，能促进当事人的自我暴露。自我暴露就是咨询师有目的地表达出个人的经历和特征等。

自我暴露的案例

一个因车祸失去双腿的中年男子前来找咨询师咨询。

当事人：大学刚毕业的时候，在一场车祸中我失去了双腿，我觉得我非常不幸，自那以后，我的生活失去了色彩。我不明白为什么是我？那么老实本分的一个人。命运如此地不公。

咨询师：我不知道接下来我要说的话能不能帮助你，不过我想告诉你，我跟你有过类似痛苦的经历。去年我的肾脏查出了问题，医生说我很有可能活不过

50岁。所以你觉得自己活得很不好，找不到生活的意义，我可以感受得到，这种感觉真的很让人痛苦。

使用自我暴露技巧时需要注意，真诚的自我暴露不意味着咨询师讲出自己的任何想法、感受或故事。暴露的出发点是为了让当事人表达、为了建立良好的咨询关系、为了表达出对当事人的兴趣和对问题的卷入。咨询师为了自我表达而暴露是不正确的，以上案例中的咨询师，如果还未从自身的痛苦中走出来，遇到这样的当事人，很可能导致话题一直停留在自己的痛苦经历，两个人互相诉苦，最后抱头痛哭，并不会起到帮助当事人成长的作用。另外，暴露时机和暴露的深浅也至关重要。暴露不宜过早，深度要和当事人暴露深度对称为好。

（二）非指导性疗法（nondirective therapy）

罗杰斯（1942）年在其著作《咨询与心理治疗》中提出了非指导性治疗。先了解一下什么是指导性治疗。指导性疗法（directive therapy）的主要干预过程由咨询师主导，咨询师告诉当事人什么是正确的、该怎么做，指导当事人完成咨询师制定的目标。这样的干预暗示着当事人是无能的，不能承担干预的责任。而非指导性干预中，当事人自己制定咨询目标，咨询师认为当事人有能力为自己的选择承担责任。即使咨询师对当事人的看法和选择会不赞同，也不会将自己的观点加强给当事人。这些做法和态度的后面，有一个更基本的关于人性的断定：人有自我指导的能力。

非指导性疗法注重此时此刻的情感体验，关注干预本身。以人为中心疗法不提倡咨询师做分析师，工作内容不是帮助当事人分析其认知上的逻辑问题或童年的经历对其现在行为的潜意识影响。以人为中心疗法认为咨询师需要一定的情感投入，具有温暖和回应性的态度，促进当事人地道地表达情绪情感，从限制中解脱自我。

第四节　贡献与局限

以人为中心疗法最大的特点在于对他人的尊重，坚持以他人主观角度看问题，表现了对人性极大的信赖，对心理咨询和心理干预领域做出了独特的历史贡献。但是在以人为中心疗法把人作为自己命运唯一的主宰时，自我占据了极端的位置，难免走向自我的膨胀。所以以人为中心疗法有其极大的价值，也有自身的局限。

一、以人为中心疗法的贡献

以人为中心疗法扩展了心理咨询的理论，相信人的实现趋向。这是对人的自我指导能力，自我负责能力的肯定。另外，认为积极关注的环境对人的发展至关重要，这对于指导心理咨询和心理干预具有重要的意义。当咨询师以这样的信念对待当事人时，本身就是对当事人的一种支持和能力的肯定。

另一个重要的贡献是以人为中心疗法对咨询关系的极其重视。罗杰斯从实践中发现了良好的咨询关系对当事人改变的重要性，又证实了这是当事人改变的重要条件；并且提炼出了三个良好咨询关系的核心条件。这个观点如今基本上已经成为心理咨询和心理干预共同的实践基础。

二、以人为中心疗法的局限

以人为中心疗法的理论学习起来似乎过于简单，因为它缺少明确的概念，没有心理疾病明确判定和评价的过程。以人为中心干预体系排斥任何判定或评价，不对障碍进行任何分类，也忽视具体策略和技术的运用。好像仅仅倾听和反馈当事人的话就能产生干预效果。

以人为中心疗法的少数基本概念实践起来十分复杂。因为咨询师必须对于自己和当事人的现象世界有非常全面的了解。这需要非常出色的理解能力和觉察能力，但是对于新手咨询师来说相当困难。比如，虽然罗杰斯的主动性倾听被认为是一种基本的心理咨询准则，但很少有心理咨询准则像它一样被普遍地误解。

另外，以人为中心疗法有过于浓厚的个人主义倾向。鼓励每个人按照自己的本性去生活，这是一种自私而率真的生活。强调的是个人的感受、需求和愿望，忽略了人的责任、事业和奉献等。

本章回顾

对以人为中心疗法的主要内容做简要回顾，以帮助巩固。

1. 人性观

以人为中心疗法对于人性有非常高的积极态度，认为人都有实现自我的趋向，人会持续的朝着积极的方向努力，人性基本是可以信赖的。只要有良好的生长环境，就能激发人的自我实现潜能。

2. 主要理论

每个人都处于自己的主观想象场之中。当一个人的价值条件和自我不一致时，就会产生心理失调。心理失调的个体会启用防御过程，过强的失调导致焦虑和防御功能失效。促进当事人心理协调的核心是建立良好的咨询关系，其核心条件是咨询师的共情、无条件积极关注和真诚。

3. 咨询目标

降低当事人对于客观世界的歪曲和否认。信任自己的机体评估过程，从心理失调走向心理协调，往机能健全的方向发展。

4. 咨询过程

在咨询师共情、无条件积极关注和真诚的态度下，当事人能感受到温暖可信赖的环境，逐渐地觉察到真实自我的声音，最后达到经验的开放、联系和自由流动。

5. 干预技术

以人为中心疗法不注重特别的干预技术，注重一般的、基础的咨询环境，强调咨询师的倾听和良好的助人关系。以人为中心疗法是一种非指导性疗法，其相信当事人自己的力量。

6. 评价

以人为中心疗法的观点支持了人性积极的力量，提出了咨询关系对当事人改变的重要性。但是其内容缺少具体的概念，一些基本理论实践起来对于新手咨询师比较复杂。其过于个人主义的倾向也受到了较多批评。

第八章　其他短程实用心理干预理论与方法

第一节　理性情绪行为疗法／合理情绪行为疗法

一、介绍

　　曾经有一位年轻人，他非常害怕与不认识的女性交谈，但是他又真的非常想要结交一位女性，并且认识到自己的这种恐惧正在限制他结识女性的机会。于是，这位年轻人采取了一种办法。在接下来的一个月里，他每天都去公寓附近的植物园，并强迫自己在此期间与 100 个不同的女人交谈。虽然他被所有的女性都拒绝了，但他确实取得了一些成就：他对被女性拒绝的恐惧没有以前那么强烈，他也不再害怕和她们说话。他已经克服了他最强烈的情感斗争之一。

　　这位年轻人叫作阿尔伯特·艾利斯（Albert Ellis）。他后来成了一名有名的心理学家，于 20 世纪 50 年代创立了理性情绪行为疗法（Rational-Emotive Behavioral Therapy，REBT）。这是认知行为疗法的一种。在他早期作为心理咨询师的工作中，艾利斯注意到当一个人改变对自己和问题的思考方式时，他们会更快地改善他们的状况。因此，他最初的方法集中在重新构建一个人对生活的思考方式上。他希望人们采用更理性的方式来思考问题或情况，这样他们就会感受到不同的情绪反应。在研究这项技术时，埃利斯做了另一个观察。当一个人采用行为干预来帮助他们改变思维方式时，他们可以以更快的成功率改善他们的处境。因此，理性情绪行为疗法强调重新组织认知和情感功能、重新定义问题和改变态度，以形成更可接受的行为模式。

　　理性情绪行为疗法的过程需要咨询师与来访者的紧密合作来改变来访者的非理性信念。洞察力本身并不能带来改变，但是可以帮助来访者了解他们是如何正在破坏自己的生活以及他们可以做些什么来改变。因为理性情绪行为疗法本质上是一个认知和指导性的行为过程，所以来访者和咨询师之间的情感纽带是不必要的。事实上，艾利斯认为，过多的温暖和理解可能会导致来访者对咨询师的依赖，从而对干预过程产生反作用。咨询师帮助来访者了解他们是如何将许多非理性信念融入生活的，并向来访者展示他们如何通过继续体验这些非理性信念来延续情绪紊乱。一旦正确认识这些非理性信念，咨询师就会帮助来访者找到改变思维的方法，找到更理性的生活哲学，以防止未来出现问题。在来访者接受了他们的非

理性信念是造成负面情绪或行为的原因后，来访者会积极地重组他们的想法。他们学习如何将逻辑思维应用到他们的生活中，参与体验式练习，并完成指定的行为作业。

二、主要理论

（一）不合理信念（irrational belief）

REBT 的理论认为，个体的情绪是由自身的思维和信念所引起的，而不合理的信念往往使人们陷入情绪障碍之中。任何不合理信念都源自个体以"应该""必须""需要"为主旨的信念。艾利斯总结了三种关于对自我、他人和世界的要求的常见不合理信念，这些信念被称为"三个必须"，包括：

·我必须做到最好，否则我就是无能的；

·其他人对待我时必须是公平且友善的；若非如此，他们就不是好人，他们应该收到谴责；

·我必须随时随地得到我想要的东西，我必须不会得到我不想要的东西。我完全无法忍受得不到我所需。

这些不合理信念会导致不必要的痛苦。第一个信念通常会导致焦虑、抑郁、羞耻和内疚。第二种信念通常会导致愤怒、被动攻击和暴力行为。而第三种信念会导致自怜和拖延。这些信念的苛刻性质导致了问题。如果个体可以在信念体系中的要求不那么苛刻，可以做到更灵活，那么可以有更健康的情绪和有益的行为。

（二）ABC 理论

在 REBT 理论中，个体的情绪和行为障碍并不是由于某一激发事件（activating event）直接引起的；这一激发事件只是引起情绪和行为反应的间接原因。而经受这一事件的个体对该激发事件不正确或不合时宜的认知和评价会先形成一个信念、看法或解释（belief），最终由这种形成的信念导致在特定情景下个体表现出的情绪和行为后果（consequence）。这个从激发事件到信念最后到后果的理论被称为 ABC 理论。

REBT 认为个体有包括认知、想法和主意在内的无以计数的信念。相对于激发事件来说，这些信念更为直接地影响行为结果。这些信念与个体的成长经历、历史事件息息相关，结果就是不同的人对同一激发事件往往产生完全不同的信念。REBT 主要的关注点在于合理或不合理的信念；前者导致自助性的积极行为，而后者则会引起自我挫折和反社会的行为。

艾利斯后来将 ABC 理论进一步扩展为 ABCDEF 理论。如果一个人的信念（B）是非理性的或是由负面后果（C）引起的，根据理性情绪疗法的观点，那么这个信念需要被改变。这种改变需要通过引入一种破坏性干预（Disrupting intervention），即 D。本质上，D 是应用方法来帮助来访者挑战他们的非理性信念。用于创建破坏性干预的技术可以多种多样，并且基于每个来访者的独特需求。理性情绪疗法是多模式、综合性的，因此它可以使用或结合认知、情感或行为的各种干预技术。干预之后将出现一些新的效果（Effect），即 E。这种新的效果会导致一种新的感觉（New feelings），即 F。通过遵循这个过程，一个人可以选择改变负面的 A-B-C 循环，并用更积极的情绪和行为循环取而代之。

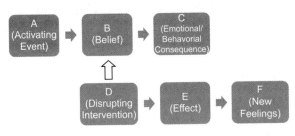

ABCDEF 理论

三、干预方法

如上文介绍，REBT 的基本观念在于个体的情绪障碍是由不合理信念所造成，因此简要地说，这种干预方法就是要以理性干预非理性，帮助来访者以合理的思维方式代替不合理的思维方式，以合理的信念代替不合理的信念，从而最大限度地减少不合理的信念给情绪带来的不良影响。此干预方法的干预过程一般分为四个阶段。

1. 心理评估（psychodiagnosis）

这是干预的最初阶段，咨询师首先要与来访者建立良好的工作关系，帮助来访者建立自信心。其次，评估清楚来访者所关心的各种问题，将这些问题根据所属性质和来访者对它们所产生的情绪反应分类，制定干预计划，从来访者最迫切希望解决的问题入手。

2. 领悟（insight）

在这一干预阶段，咨询师这一阶段主要帮助来访者增强对自身问题的领悟度。即：咨询师通过引导和心理教育，帮助来访者认识到自己不适当的情绪和行为表现有哪些，并且让来访者意识到产生这些症状的原因是自身特定的信念。来访者与咨询师在这一阶段达成一致，在后续的干预过程中寻找产生这些症状的思想或哲学根源，即找出来访者的非理性信念。

3. 修通（working through）

这一阶段，咨询师采用辩论和挑战的方式来挑战来访者的非理性信念。比如，咨询师用夸张或挑战式、但同时不失引导的发问让来访者思考他／她有哪些证据和理论对激发事件产生这种信念等。通过反复不断的挑战，来访者最后无法为他／她的非理性信念提供证据支持，这样帮助来访者意识到他／她的非理性信念的不合理性。此时，咨询师也在同时鼓励来访者探索新的信念，即对激发事件的不同想法，并帮助来访者区分理性信念和非理性信念，以达到最终用用理性的信念取代非理性信念的目的。

这一阶段是 REBT 中最重要的一个阶段，因此很多咨询师也会配合其他认知行为疗法的方法。比如，咨询师会让来访者完成认知性的家庭作业，在日常生活中自行练习咨询师对来访者的辩论与挑战方法等。有些咨询师也会结合放松疗法来加强干预效果。

4. 再教育（reeducation）

最后，为了进一步帮助来访者摆脱旧有思维方式和非理性信念，咨询师还要探索是否还存在与本状态无关的其他非理性信念。咨询师持续采用辩论及挑战的方法，帮助来访者逐渐养成与非理性信念进行辩论的习惯。

四、优势与缺陷

艾利斯的 REBT 疗法为心理咨询带来两个主要优势。第一个是它注重综合性的干预方法。该干预方法允许咨询师采用多种认知、情感和行为技术来增强来访者的变化过程。第二个是它专注于教来访者一种在没有咨询师直接干预的情况下自行继续干预变化的方法。这可以防止来访者过度依赖咨询师，并在他们的生活中培养独立性和控制力。

理性情绪疗法的缺陷包括缺乏对过去经验的重视，并且缺乏更柔和的一面或精神层面。理性情绪疗法是一种非常直接的、对抗性的、基于解决方案的干预方法。因此，它必须能够很好地适应咨询师和客户的需求和个性。

第二节　短期疗法

一、介绍

短期疗法（brief therapy）包括为特定问题提供直接干预。短期咨询是相对于传统的没有时间期限或长期咨询而言的，是指以尽可能少的会谈次数，对来访者的问题进行有效的处理，并促成其积极的改变。现代社会生活节奏加快，人们压力普遍较大，来访者对心理咨询的需求量不断增加，有限的咨询工作者要面对更多的来访者，势必缩短时间；另外，随着社会的迅速变迁，经济、有时效的心理咨询已为一般咨询师与来访者所共同期待。

假设你遇到了一个问题，你会如何处理这个问题？你对这个问题的回答很可能取决于你对问题的认识。有的人可能会寻求解决方案，确保可以将目前的工作或任务持续下去；另一些人可能会尝试确定如何预防类似问题再次发生。这两种不同的态度就是后续介绍的短期干预所采用的不同方法：短期战略疗法和焦点解决短期疗法。

（一）短期战略疗法（brief strategic therapy）

首先想象你刚刚搬入宿舍，为了有一些隐私性，你想要在床上安一个床帘。这个时候你可能会直接在网上搜床帘，选一个自己喜欢的，然后直接下单。在安装过程中，你也会注意牢固性，以防止床帘脱落。这个时候，你不太可能会去仔细研究床帘的发展历史，因为这与你现在想要解决的问题并不相关。

短期战略疗法就是这样一种类似的干预方法。它通过关注当前问题的结构而不是问题发展的原因来创造解决方案。通过短期战略疗法，来访者和咨询师都完全专注于制定一个用于解决当前问题的战略计划。为了实现这一目标，必须深入了解当前问题的结构。然后可以重组问题，创建解决方案。

比如说，来访者是一个害怕公开演讲的大二学生。咨询师和来访者将一起详细分析来访者恐惧的特征。也许来访者描述了在有听众时感到呼吸困难并难以专注于他们的演讲主题。这会增加他们的焦虑水平，从而导致呼吸和注意力更加困难。咨询师将帮助来访者制定打破这种循环的策略，比如将观众想象成小动物来分散焦虑情绪。这种干预将通过可能的解决方案来重构局势。

（二）焦点解决短期疗法（solution-focused brief therapy）

再想象一下，下课后你在骑车去食堂的路上，突然自行车爆胎了。你会怎么做？你大概率会停下来，推着自行车走，找一个修自行车的地方。如果是共享单车，你可能会报修，然后换一辆。这个时候，大部分人都第一反应都不太可能是调查爆胎的原因，因为你的需求是希望尽快到达食堂，而调查爆胎原因——即使你真的找到了其原因——对你要解决该问题也没有太大帮助。

这就类似焦点解决短期疗法（solution-focused brief therapy）想要做的事情：这种干预方法侧重于通过解决问题来改善当前和未来的功能。在焦点解决短期干预中，咨询师很少关注对问题的探索，而是鼓励来访者只讨论可能的解决方案。其重点在于来访者可以实现的变化，无论这种变化有多么微小。

焦点解决短期疗法最早是由 Steve De Shazer 及 Insoo Kim Berg 夫妇发展出来的一种心理干预模式。这种心理干预模式基于短程心理干预和后现代主义哲学观的影响，将来访者视作健康而充满能力的人，来访者有能力为自己的问题找出解

决方式，从而提高生活质量。

二、主要理论

短期干预与传统的心理干预有所不同，前者更注重的是现在和未来，而不像传统的心理干预那样注重探讨过去。相较于探讨问题的成因，咨询师更关注的是问题解决的可能性、问题解决的正确方法，而不是尝试去探讨理解来访者的问题本身。每个问题都有多种解决的方法，但适用于某一个体的方法并不通用，在焦点解决短期疗法中，来访者将为自己来选择希望达成的目标。

（一）积极定向

焦点解决短期疗法根植于乐观的假设：人们都是健康而充满能力的，人们有能力为自己的问题找出解决方式从而提高自己的生活质量。也就是说，在面对困境时，人们有能力解决这种困境，但可能时不时会失去方向感，失去对自己能力的认识。

基于这种积极的假设，焦点解决短期干预方法的本质在于通过创建积极的期望——问题的解决不成问题——来帮助来访者树立信心和乐观的态度。对于来访者而言，焦点解决短期疗法强调他们的能力而非其不足，强调其优势而非其弱点。

（二）寻找例外

来访者寻求帮助时，常常秉持着一种"以问题为定向"的态度，他们会将一系列故事带入干预当中。在一系列故事之中，来访者可能会利用其中的一些故事来说明自己的生活无法发生改变；有的来访者甚至可能认为生活离自己预期的目标越来越远。焦点解决短期疗法会通过探索这些故事之中的例外情况——那些不令自己那么困扰的偶然经历来将希望传达给来访者。在咨询中咨询师会帮助来访者探索怎样的行为能够促发这种例外情况的出现，从而帮助来访者运用这种认识去削减其问题出现的频率。

（三）引导实践的假设

焦点解决短期疗法的基本假设包括：

·越把焦点放在正向的、已有的成功解决方法并迁移运用到未来类似情境上，则越能使得改变朝所预期的方向发生；

·任何人都不可能每时每刻处在问题的情境中，总有问题不发生的时候，这就是所谓的"例外"，这些存在于来访者身上原有的例外情形，常常可以被作为问题解决的指引；

·改变随时都在发生，没有一件事是一成不变的；

·小的改变将为大的改变奠定基础，最后可以导致整个系统的改变，但通常情况下来访者的问题只需要小的改变就可以轻松解决了；

·合作是必然的，没有来访者会抗拒，不同的来访者会以不同的方式与咨询师合作，若咨询师仔细了解他们的思考及行为的意义，便会发现来访者努力地向自己启示了他们要改变所必需的独特方式；

·人们拥有解决自己问题所需的能力与资源，咨询师的责任是协助来访者发现自己所拥有的资源；

·意义并非由外在世界所引起，而是与经验的交互建构，是个体透过本身的经验对外在世界的解释，因此，焦点解决短期干预方法并不重视探究事件本身，而更重视来访者对事件的解释，以及在事件中采取的反应与行动；

·每个人对某一问题或目标的描述与其行动是相互循环的，因此可以借由改变个体看问题的观点，达到改变行为，也可以借由改变行为，达到改变看问题的观点；

·沟通的意义可从收到的反应中来判断，对咨询师而言，咨询过程中沟通的意义要视自己所收到的反应而定；

·来访者是他们自己问题的专家，设定什么样的改变目标，应由来访者自己决定；

·来访者的任何改变，都会影响其与所在系统中每个人的互动，也就会带来其他成员的改变；

·在团体咨询中，凡是有共同目标的人，都是咨询团体的成员，咨询师主要是协助团体成员协商出问题的解决目标，并找出个人可以做到的行动。

三、干预方法

焦点解决短期疗法强调来访者才是自己生活的专家，只有来访者自己知道哪些方法有效、哪些方法无效。干预过程中强调咨询师与来访者之间保持合作关系，而非教育与被教育关系。这样的合作型咨询关系能够让来访者更有效地投入干预过程中，提升干预成功的可能性。

焦点解决短期疗法的四个基本步骤包括以下内容。

（1）探索来访者的需要，而不是探索来访者不需要什么。

（2）不要将来访者病理化，不要给来访者贴病理化的标签。相反，咨询师应该聚焦于来访者行为中可取的一面，并鼓励他们继续朝这个方向发展。

（3）如果来访者当前的行为并没有任何效果，那么鼓励他们尝试新的行为。

（4）将每次干预都看作最后一次干预，尽力使干预过程高效而简短。

四、优势与缺陷

短期疗法有许多积极的方面。顾名思义，更快的时间框架是其主要好处之一。短期干预鼓励人们不去分析问题发展的原因，而是采取行动解决问题。通过消除对问题原因的冗长分析并专注于特定目标，可以比许多传统类型的干预更快地获得结果。这也使短期疗法成为一种更具成本效益的方法。

短期疗法的积极性质是另一个优点。短期疗法的运作假设人们有能力构建改善他们生活的解决方案。对积极的未来结果的关注使得来访者很少关注问题本身的消极性。短期疗法的方法也非常灵活。咨询师不设置任何对某种问题具有"正确"解决方案的假设；相反，它假设许多可行的解决方案可能适用于每个来访者，并且不同的来访者可能需要不同的单独解决方案。

短期疗法技术相关的主要问题在于咨询师。虽然咨询师致力于帮助来访者寻找自己的解决方案，但咨询师始终被视为自己生活中的专家。这有其利，但也意味着咨询师不能承担为来访者创造解决方案或指导干预目标的角色。同时，由于短期疗法通常包括较少的访问次数，因此咨询师还必须具备能够处理稳定涌入的新来访者的能力。

第三节　叙事疗法

一、介绍

叙事疗法（narrative therapy）是 20 世纪 70 ～ 80 年代发展起来的一种心理咨询方式，主要由澳大利亚社会工作者迈克尔·怀特（Michael White）和新西兰的大卫·艾普斯顿（David Epston）提出。叙事疗法是它摆脱了传统上将人看作问题的干预观念，通过一系列具体的干预技巧，使人变得更自主、更有动力。透过叙事心理咨询，不仅在可以让当事人的心理得以成长，同时还可以让咨询师对自我的角色有重新的统整与反思。叙事干预旨在帮助来访者确定他们的价值观和与之相关的技能。它让来访者了解践行这些价值观的能力，以便他们能够有效地应对当前和未来的问题。咨询师试图通过调查这些价值观的历史来帮助来访者共同创作关于他们自己的新叙述。

叙事疗法旨在通过以下途径帮助人们解决困难：

·帮助人们把自己的生活及与他人的关系从他们认为压榨生命的知识和故事中区分出来；

·帮助他们挑战他们觉得受压抑的生活方式；

·鼓励人们根据不同的和更倾向的关于个人自我的故事来重新塑造自己的生活。

二、基本理论

（一）问题才是问题，人本身不是问题

人与问题的关系是叙事干预的精髓之所在。生活中，人们总是将从外界得知的信息构建到个体已有的认知架构当中，当个体构建了不合理的认知架构，问题就会接踵而至。当个体以内化了的不合理的价值观及人生观去看待周围的事物和人时，往往会使积极的事件采用消极的意义诠释，从而对个体的自我成长产生负面的影响。

问题与问题的影响力有一种互相依赖的关系，问题的影响力可以视之为问题的生存条件，叙事疗法需要做的就是将人与问题分开。传统的心理咨询往往通过一些既定的标准将来访者自身存在的问题予以评估，而这种评估结果往往会导致来访者将问题内化，给自己贴上问题的标签，使来访者产生人本身视为问题的观念，容易使来访者感到筋疲力尽，不利于问题的解决，这也是叙事疗法对传统干预方法的批判之处。

（二）问题来自个体主控叙事之间的冲突

叙事疗法认为，我们生活中的每个人都有自己的主控叙事，主控叙事是诠释我们生活意义的重要依据，也是指导个体生活方式的重要"真理"。怀特指出人是因为自己或他人用来说自己经验故事的叙事不足以代表他的生活经验，在这种情形下，自己生活经验的重要部分和主控叙事互相矛盾，才感受到问题。

怀特的这一思想源于对福柯（Michel Foucault）知识与权力关系的思考。福柯认为真理是人建构出来的，而又赋予它"真理"地位的一些观念。这些"真理"具有"矫正作用"，因为人会受到煽动，依据这些"真理"建立的标准塑造或构造自己的生活，这种煽动就是所谓的知识表现出来的权力。主控叙事产生于个体与社会的互动以及社会历史文化的影响，是个体深深内化了的自我认同的故事，它在个体的生活故事中享有支配性力量的权力。人的生活经验是非常丰富的，主控叙事会有选择地建构主流文化所允许的部分生活经验，在这一建构的过程中有主动性，也有被动性，然而当个体的主控叙事与自己生活经验的重要部分产生矛盾时心理问题就会产生。

（三）咨询师与来访者之间是合作的关系

传统的心理咨询往往会表现出咨询师＝专家的特点。传统的心理干预效果是值得肯定的，然而这种咨询师是专家的态度往往让许多来访者在咨询的过程中产生被动依赖的情绪，希望咨询师能帮其解决所有问题。然而这种专家的态度容易使来访者过于依赖咨询师，而难以挖掘自身的能量。

在叙事干预的过程中，咨询师与来访者建立的关系更多的是一种合作的关系，并且认为来访者才是专家，因为没有比来访者更能了解他人生故事的人了，只有他才能真正地帮助自己打开新的视窗，而咨询师在这一过程中是来访者的合作者。

三、干预方法

叙事疗法的干预基于下列主要假设。

· 叙说是人类的天性，人都活在生活中，人也都有说其故事的需求。

· 故事是有生命的，每个人用其故事来展现其人生。

· 自己是故事的作者。生命中发生的事很多，但我选取其中的情节来成为我的故事，人会过滤生活事件中何者会进入我的主要故事（dominant story）。

· 人经历事件，也不断诠释其意义。

· 总有特定的事特别凸显，不断储存的记忆成为围绕着某个主轴、曲调的我的主要故事；不符合这个主轴，曲调的，不被注意的事件，称为替代故事（alternative story）。

· 咨询师应相信生命中有其他部分，虽未被描述，但仍在许多可能性，咨询师的职责即在与当事人共同寻求新的事件，创造新的故事叙说，并赋予新的生命意义。当一个替代故事可以纳入当事人的生命故事曲调之一时，即使有问题的故事（主要故事）依然继续存在，但当事人可以有更新的不同可能。

一些具体的干预技巧如下。

（一）身份重塑（re-authoring identity）

叙事咨询师专注于帮助来访者创造对他们有帮助的、关于他们自己和他们的身份的故事。这种"身份重塑"的工作通过咨询师对倾听和提问的熟练运用，帮助来访者确定自己的价值观，并确定实现这些价值观的技能和知识。

通过识别来访者生活中价值观的历史过程，咨询师和来访者能够共同创作一个关于这个人的新故事。人们讲述自己的故事以及被讲述的关于他们的故事在这种方法中很重要，它断言一个人的身份故事可能会决定他们认为自己有什么可能。叙述过程使人们能够确定哪些价值观对他们很重要，以及他们如何利用自己的技能和知识来践行这些价值观。

（二）问题外化（externalizing conversation）

身份的概念在叙事干预中很重要。该方法旨在不将来访者的身份与他们可能面临的问题或他们所犯的错误混为一谈。相反，该方法试图避免现代主义的、本质主义的自我观念，这些观念导致人们相信存在由生物学决定的"真实自我"或

"真实本性"。相反，身份主要被视为一种社会概念，可以根据人们做出的选择而改变。

为了将人们的身份与他们面临的问题区分开来，叙事干预采用问题外化的方法。外化的过程使人们能够考虑他们与问题的关系；因此，叙事疗法中有一句格言："人不是问题，问题才是问题。"一个人的优势或积极属性也可以被外化，这样允许来访者参与到他们喜欢的身份的构建和表现中去。

外化的主要方式是命名，通常我们也会用打比方或拟人的方式来命名。最好的方法是由咨询师与来访者商量出一个适合来访者体验的名字，以便人们可以评估问题对他们生活的影响，可以分析问题在他们的生活中如何运作，并最终可以选择他们与问题的关系。外化包含四个步骤：问题命名、询问影响、评估影响、论证评估。通过这四个步骤，我们可以问出来访者的核心价值观，以及他／她最看重的东西。

在外化的过程中有三点需要注意。其一，来访者对问题的命名并不是一成不变的，而是在不同时期根据不同的需求可能需要使用不同的命名。其二，有些来访者对于命名这一技巧并不熟悉，所以可能会无法想到合适的名称。来访者回答不知道也没关系，这时咨询师的任务就是去与那个"不知道"一起协作。其三，一旦来访者对问题命名之后，咨询师在谈话过程中需要注意指示代词的使用。使用指示代词会让外化得以保持，全然的把疾病和人分开。

（三）立场陈述（statement of position）

在叙事疗法中，咨询师旨在采用协作方式，而不是通过提供建议来将想法强加于来访者。迈克尔·怀特开发了一个名为"立场陈述"的对话方式，旨在引导来访者对他们生活中的问题和发展进行自己的评估。

咨询师和来访者都被视为拥有与咨询对话的过程和内容相关的有价值的信息。通过采取好奇和协作的姿态，咨询师旨在向来访者传达隐含的信息，即他们已经拥有解决所面临问题的知识和技能。当来访者根据自己的价值观为自己的问题制定解决方案时，他们可能会更加致力于实施这些解决方案。

（四）局外人谈话（outsider witnesses map）

在这种特定的叙述实践或对话中，局外人也可以被邀请参与到咨询过程中来。他们通常是来访者的朋友或咨询师以前的来访者，他们对现下的问题有自己的知识和经验。

在第一次采访中，在咨询师和来访者之间，局外人不加评论地倾听。然后咨询师对他们进行采访，指导他们不要批评或评估他们刚刚听到的内容，而是简单地说出对他们来说最突出的短语或图像，然后是他们的生活困扰与刚刚目睹的人

之间的任何共鸣。最后，局外人被问及从他们第一次进入房间时，他们可能会以何种方式感受到自己的体验发生了变化。接下来，以类似的方式，咨询师转向一直在倾听的来访者，并询问他们在刚刚听到的对话中哪些图像或短语比较突出，以及哪些信息引起了他们的共鸣。

局外人谈话通常对该局外人来说是有益的。但是对于来访者来说，结果也是显着的：他们了解到他们并不是唯一遇到这个问题的人，并且他们获得了关于这个问题的新想法和知识，以及他们选择的人生替代方向。

（五）解构（deconstruction）

解构被用来帮助来访者清晰地理解他们的故事。当感觉一个有问题的故事已经存在了很长时间时，来访者可能会使用笼统的陈述并困在自己的故事中。叙事咨询师将与个人合作，将他们的故事分解成更小的部分，澄清问题并使其更容易理解。

（六）独特结果（unique outcomes）

当一个故事感觉非常具体，好像它永远不可能被改变时，任何其他故事的想法都会消失。来访者可能会陷入他们的故事中，并让它影响他们生活的多个领域，从而影响决策、行为、经历和人际关系。这时，叙事咨询师的工作是不仅要帮助来访者挑战他们的问题，还要通过考虑其他故事来拓宽他们的视野。

第四节 积极心理学方法

一、介绍

积极心理学是由美国心理学家和作家马丁·塞利格曼（Martin Seligman）首先提出。该心理学分支专注于个体的积极发展，旨在帮助人们过上更充实的生活。积极心理学的提出与心理学其他分支有很大不同：当其他分支更加专注于"疾病"并强调非适应性行为和消极思维时，积极心理学关注的重点则是人们的幸福度。

积极心理学侧重于eudaimonia，这是一个古希腊术语，表示"美好的生活"，也是反思对幸福生活和充实生活贡献最大的因素的概念。积极心理学家经常交替使用主观幸福感和幸福这两个术语。他们认为，许多因素可能有助于幸福和主观幸福感。例如，与配偶、家人、朋友、同事和更广泛的社会联系；俱乐部或社会组织的会员资格；体育锻炼和冥想练习。宗教信仰也可以被认为是导致个人幸福感和幸福感增加的一个因素。

积极心理学的基本前提是，人们对未来往往比对过去更感兴趣。它还表明，关于过去、现在和未来的积极体验和情绪的结合会带来愉快、幸福的生活。

二、主要概念

积极情绪是如何帮助我们免受压力的呢？考虑到下列情况：小齐被炒鱿鱼了，他开始变得越来越沮丧，不愿意出门，不愿意与人沟通，整日瘫在床上刷手机。在同一时间，小林也被开除了。他觉得这是一个非常好的摆脱他不喜欢的工作的机会。他决定利用这段时间找到一份他更喜欢的工作。小林找到职业顾问，积极地准备简历、投递建立。可以看出，小林在失业期比小齐的状况要好得多，他更加积极地面对和处理他的生活状况，后来也成功找到了新的工作。

在这个例子中，我们可以注意到与积极情绪相关的三个概念。它们是乐观、自我效能和幸福。这三个概念也是积极心理学的核心概念。

（一）乐观（optimism）

乐观是指对未来成功的希望。它的反面是悲观主义。乐观主义者和悲观主义者在处理逆境和与人相处的方式上有所不同。乐观主义者倾向于相信他们可以解决问题，即使面临巨大的逆境，而悲观主义者倾向于怀疑。因此，乐观主义者往往比悲观主义者所经历的痛苦更少，这使他们能够更好地应对。

有证据表明，我们乐观的程度是遗传的。但其他心理学家，尤其是马丁·塞利格曼（Martin Seligman），将乐观作为一种习得的技能。例如，塞利格曼相信我们可以学会改变我们的自言自语，或者是在我们脑海中运行的未发声的想法。悲观主义者往往会有消极的自我对话，但这些想法是可以挑战的。

（二）自我效能感（self-efficacy）

乐观主义者也往往有更大的自我效能感，即相信自己有能力产生预期的结果。自我效能感较高的人更有可能接受新的挑战。相比之下，自我效能感较低的人更有可能避免新的挑战，并且他们更有可能相信现有的问题比实际情况更困难。

（三）幸福（happiness）

最后，乐观主义者往往比悲观主义者更幸福。什么是幸福？这是我们经常认为我们凭直觉就能理解的事情之一，但是当我们真正尝试定义它时，我们却找不到一个简单的定义。

积极心理学已经确定了幸福意义的三个不同层次。首先，幸福可以代表愉悦和积极情绪的体验。其次，幸福可以意味着感觉投入某项活动中并被某项活动所吸引。最后，幸福可以意味着不仅参与任何活动，而且参与有意义的活动，或者

对不仅仅是做这件事的人更有价值的事情。

研究表明，我们的幸福从一定程度上来说也是可遗传的。它也部分取决于外部环境，但并不像人们想象的那么多。事实上，幸福的体验可能只有不到 20% 是取决于我们所处的环境。例如，积累了大量财富的人不一定比没有积累财富的人更快乐。那些与大病作斗争的人一开始不太高兴，但很快就会恢复到平均幸福水平。虽然我们可能都想象我们认为自己会非常快乐的情况，但一位名叫丹·吉尔伯特（dan gilbert）的心理学家表明，人们其实不太擅长预测会让我们快乐的情况。

同时，可以真正提高我们幸福感的环境的一个方面是我们所收到的社会支持。研究表明，拥有更强大的社会支持网络的人更快乐。朋友和家人可以加强我们的网络。心理咨询也可以做到这一点，因为咨询为我们提供了解决我们面临的问题的支持。

三、主要理论

（一）通往幸福的三种途径

在他的 Authentic Happiness（2002）一书中，Seligman 提出了三种幸福生活。

1. 愉快的生活（pleasant life）

指人们如何最佳地体验、预测和品味作为正常和健康生活一部分的积极情绪和情绪。这里，正常和健康生活包括人际关系、爱好、兴趣、娱乐等。尽管"愉快的生活"的被关注度是最高的，塞利格曼却说幸福中愉快的生活是最为短暂，且最不重要的那一部分。

2. 美好的生活（good life）

指人们在最佳参与其主要活动时所感受到的沉浸、吸收和流动的有益影响。当一个人的力量与他们当前的任务之间存在积极匹配时，即当一个人有信心完成选定或分配的任务时，就会体验到心流。

3. 有意义的生活（meaningful life）

是指对于有意义的生活的探索，探究一个人如何从成为比自己更大、更持久的事物的一部分并对其做出贡献中获得积极的幸福感、归属感、意义和目的感（例如，自然、社会群体、组织、运动、传统、信仰体系）。

（二）PERMA 模型

塞利格曼开发了 PERMA 模型，用于概述了人类在看起来最快乐时倾向于拥有的五个要素。这些元素中的每一个都必须有助于一个人的幸福，必须是人们经常为了自己的利益（而不是为了获得其他元素）而追求的东西，并且必须完全依赖于其他元素。这五个要素分别为如下内容。

（1）积极情绪（positive emotion）：愉悦、平静、灵感、感激或任何其他令人振奋的感觉。

（2）参与（engagement）：被一项任务、项目或事件所占据，可以让我们体验到心流（即，当我们因高度专注而迷失在当下时）。

（3）关系（relationships）：与他人有意义和积极的联系。

（4）含义（meaning）：感觉你正在为重要的事情做出贡献；这可以包括宗教、慈善、充实的职业或改善人类的事物。

（5）成就感（accomplishment）：实现重要目标的满足感。

（三）性格优势与美德（character strengths and virtues）

塞利格曼和皮特森于 2004 年发表了《性格优势和美德手册》（*Character Strengths and Virtues Handbook*，2004），首次尝试识别人类积极的心理特征并将这些特征分类。

与精神疾病诊断和统计手册（DSM）非常相似，《性格优势与美德手册》提供了一个理论框架来帮助理解优势和美德，并开发积极心理学的实际应用。该手册确定了 6 类美德（即"核心美德"），并提供了 24 种可衡量的性格优势。《性格优势与美德手册》提出的这 6 种美德在绝大多数文化中都有历史基础；此外，幸福感也可以建立在这些美德和优势之上。

尽管有一定的局限性，该手册的建议有三个方面的重要贡献：（1）对人类积极品质的研究扩大了心理学研究的范围，开始将心理健康包含在内；（2）积极心理学运动的领导者正在挑战道德相对主义，表明人们是进化上倾向于某些美德的；（3）美德具有生物学基础。

这 6 种美德 24 种优势如下。

·智慧与知识（Wisdom and knowledge）：创造力（creativity）、好奇心（curiosity）、豁达（open-mindedness）、热爱学习（love of learning）、视野（perspective）、创新（innovation）。

·勇气（Courage）：勇敢（bravery）、坚持（persistence）、正直（integrity）、活力（vitality）、热情（zest）。

·人性（Humanity）：爱（love）、善良（kindness）、社交智慧（social intelligence）。

·正义（Justice）：公民（citizenship）、公平（fairness）、领导力（leadership）。

·节制（Temperance）：宽恕和怜悯（forgiveness and mercy）、谦逊（humility）、谨慎（prudence）、自制（self-control）。

·超越（Transcendence）：欣赏美与卓越（appreciation of beauty and

excellence）、感恩（gratitude）、希望（hope）、幽默（humor）、灵性（spirituality）。

四、积极心理学的五阶段疗法

以积极心理学理论为基础的应用干预方法是积极心理学疗法（positive psychotherapy）。这种干预方法结合了人本主义疗法以及精神动力学方法，其核心在于远离个人的"错误"或消极方面，而转向好的和积极的方面。

积极心理学疗法的咨询师通常会使用一系列跨学科的心理咨询方法，包括使用多元文化的故事、想法和隐喻，以帮助来访者以积极的方式对他们的心理健康产生新的看法。使用积极心理学疗法的咨询师也会邀请来访者将自己置身于所使用的故事中，因此让来访者以一种授权的方式积极参与他们的康复过程，从而成为他们自己康复的"咨询师"。

（一）核心原则

虽然积极心理学疗法的重点是积极的结果，但其整体理论依然提出了需要解决的三个核心原则。

原则一：希望原则（principle of hope）

该原则鼓励个人关注人性的整体积极性，并且通过积极的重构将消极的经历视为具有更高的目的。鼓励对幸福感的任何破坏进行探索，并将其重新定义为存在需要解决的不平衡的信号。

原则二：平衡原则（principle of balance）

这个原则考察了我们如何体验不满以及我们可能用来解决这个问题的应对方法。根据积极心理学疗法，当这些应对方法不起作用时，就会出现负面心理状态表现，我们的生活领域失去平衡，对生活的不满会影响我们的思考和感受。

原则三：协商原则（principle of consultation）

该原则规定了干预的五个阶段，必须通过这五个阶段来解决上述两个原则中出现的任何问题，以获得积极的结果。

1. 观察（observation）

来访者对让他们感到不安和让他们快乐的问题、挑战或情况进行说明。

2. 清单（inventory）

咨询师和来访者共同努力探索来访者的突出负面情绪／表现与个人真实能力之间的相关性。

3. 情境支持（situational support）

要求来访者关注于他们的积极特征以及周围为他们提供社会支持的人的积极

特征。

4. 言语化（verbalization）

鼓励来访者口头讨论和公开谈论任何负面情绪、挑战或表现。

5. 发展目标（development of goals）

邀请来访者将注意力转向未来，设定积极的目标，设想他们想要培养的积极情绪，并将这些与他们的独特优势联系起来。

（二）核心能力

积极心理疗法的另一个核心组成部分是它对核心能力的重视。根据积极心理疗法理论，每个人——不分性别、年龄、阶级、种族或对心理健康的先入为主的观念——都有两个核心能力。

1. 感知能力（the capability of perception）

是指我们在生活的不同领域之间建立联系的能力，不仅是我们自己存在的意义背后的更重要原因，而且是我们周围一切存在的意义背后的意义。

2. 爱的能力（the capability of love）

我们发展情感和发展人际关系的能力。

Pesechkian（1979）总结道，这两个核心能力是我们其他所有能力的基础。积极心理疗法试图探索个人的两个核心能力，以更好地理解并在适当的情况下解决不平衡以创造额外的积极成果。

（三）优势和缺陷

积极心理疗法的最突出优势在于其对于个人的赋权。由于积极心理疗法非常强调帮助个人以积极的方式重新审视自己的优势、技能和能力，它增强了他们对生活不同领域的赋权和控制感，以及他们应对挑战和挑战的能力。咨询师在来访者—咨询师关系中的作用是鼓励个人以自己的方式发现事物。它将好的与坏的放在一起，帮助来访者找到接受自己所有部分所需的平衡。这种技能、弱点、美德、弱点和优势的整合有助于建立一个更平衡的观点，而不是将个人简化为他们的表现或挑战他们的事情。

积极心理疗法的第二个优势在于它以积极的方式对消极心理状态进行重构以及其对于平衡的关注。尽管听起来该模型只关注积极方面而忽略了消极方面，但它其实更侧重于使两者保持一致和平衡。这种方法可以帮助个人更好地了解他们的优势和技能，他们可能存在的差距，以及如果处理不当，这些差距将如何延续负面情绪或不平衡。

第三个优势在于积极心理疗法能够更好地帮助来访者和咨询师管理预期干预结果。这是由于该干预方法对于来访者与咨询师关系的重要性的认识，以及所使用的自我指导技术对于帮助个人从过程中获得最大收益的作用。有了对个人能力、优势和技能的更大意识，来访者可以更好地了解他们的心理健康之旅，以及他们如何采取行动来改善这一点。

该干预方法的另一个优势在于其承认并支持文化间的转变和差异。由于积极心理疗法鼓励赋予个人权力，它可以帮助他们在生活的不同领域感受到更多的掌控感，即使可能感觉外部环境正在接管。事实证明，这对在多元文化环境或关系中遇到冲突的个人特别有益。Bontcheva 和 Huysse-Gaytandjieva（2013）探讨了移民以及那些搬到新国家和文化的人所面临的挑战。他们发现那些应用积极心理干预技术的人能够更好地克服这些挑战，三分之二的参与者报告他们的抑郁情绪得到了完全解决。

但由于积极心理疗法对多元文化故事的利用和思想的开放性，对积极心理疗法的一种批评是它在西方社会中效果不佳。这是因为西方社会的人们通常关注个人主义和独立性，如果不允许对负面或创伤性经历进行足够的探索，就会导致这些经历变得微不足道。

第五节　来访者中心疗法

一、介绍

来访者中心疗法（client-centered therapy），也称为以人为中心、非指导性或罗杰式治疗，是一种要求来访者在干预中发挥积极作用的咨询方法，而咨询师则是非指导性和支持性的。在以来访者为中心的干预中，来访者决定咨询的过程和方向，而咨询师澄清来访者的反应以促进自我理解。

来访者中心疗法是由美国心理学家卡尔·罗杰斯在 20 世纪 30 年代开发的。罗杰斯是一位人文主义心理学家，他相信我们如何生活在此时此地以及我们当前的看法比过去更重要。他还认为，在温暖、真诚和理解的支持环境中建立亲密的个人关系是干预改变的关键。罗杰斯使用术语"来访者"而不是"患者"来指代来访者中心疗法中咨询师与来访者关系的平等性质。罗杰斯相信人们能够自我修复和个人成长，从而走向自我实现，这是以客户为中心的咨询中的一个重要概念。自我实现是指全人类前进、成长和充分发挥潜力的倾向。罗杰斯认为自我实现会受到对自我的消极、不健康态度的阻碍。

来访者中心疗法的目标是增加来访者的自尊心以及对新事物的开放度。来访者中心疗法的咨询师致力于帮助来访者过上完整的自我理解生活，并减少防御、内疚和不安全感，与他人建立更积极和舒适的关系，以及增强体验和表达自己感受的能力。

二、主要概念

来访者中心疗法与其他形式的干预不同，因为该疗法不关注干预技术。在以客户为中心的干预中，最重要的是咨询师与来访者之间关系的质量。来访者中心疗法并非针对特定年龄组或精神类疾病亚群，而是已用于干预广泛的人群。它已被应用于患有抑郁症、焦虑症、酒精障碍、认知功能障碍、精神分裂症和人格障碍的人。当人们进入来访者中心疗法时，他们处于不一致的状态，这意味着他们如何看待自己和现实之间存在差异。这时，拥有准确的自我概念（人们对自己的想法、感受和信念）是来访者中心疗法的关键。

例如，一个人可能认为自己对他人有帮助，但经常将自己的需要置于他人的需要之前。来访者中心疗法的咨询师希望帮助来访者达到自我概念与现实之间的一致性或匹配状态。这只是意味着人们可以看到自己的真实面目。例如，如果一个人认为自己是一个好厨师，那么在做饭时他就不会怀疑自己。在来访者中心疗法中，咨询师不会试图以任何方式改变来访者的想法。咨询师只是通过为来访者提供一个舒适的环境来自由地进行集中、深入的自我探索，从而促进自我实现。

在来访者中心疗法中，咨询师的态度比咨询师的技能更重要。根据以来访者为中心的干预，咨询师的三种态度决定了干预的成功程度：真诚、无条件的积极关注，以及同理心。

1. 真诚（genuineness/congruence）

根据罗杰斯的说法，真诚度，也称为真实性或一致性，是干预中最重要的概念。真诚度是指咨询师保持真实的能力。当咨询师真诚时，咨询师可能会分享他们对客户问题和经历的情绪反应。

真诚并不意味着咨询师需要向来访者透露他们自身的问题或生活情况，而是指咨询师需要真实分享对来访者经历的感受。

2. 无条件的积极关注（unconditional positive regard）

为了让人们成长并发挥其在生活中的潜力，罗杰斯相信个体对于自己的重视程度也非常重要。而我们重视自己的一种方式是获得他人的认可。

根据罗杰斯的说法，无条件的积极关注是第二种必要的干预态度。无条件的积极关注意味着咨询师在不带有任何批判或评论的态度下接受来访者。通过促进接受关系，来访者能够分享和表达消极的感受和情绪，而不必担心被咨询师拒绝或指指点点。通过表现出无条件的积极关注，咨询师不是在对来访者说"我赞同你的行为"，而是说"我接受你的本性"。来访者中心疗法的咨询师始终对来访

者保持积极的态度，即使有时候他们并不同意来访者的行为。

3. 同理心 / 共情（empathy）

咨询师态度的第三个必要组成部分是同理心。同理心是理解来访者此时此地的感受的能力。咨询师能够通过倾听来访者所说的话并与来访者沟通他了解来访者的感受来表现出同理心。

表达同理心的一种方法是使用称为反思（reflection）的干预技术，其中包括总结客户刚刚说的话。反思表明咨询师正在仔细倾听来访者，并让来访者有机会反思自己的感受和想法，因为他的想法被重复了出来。

三、优势与缺陷

来访者中心疗法的主要优势之一是它的跨文化应用。在来访者中心疗法已经产生了全球影响，并已适应世界各地的许多文化。该疗法的创始人卡尔·罗杰斯甚至因其促进跨文化交流的工作而获得诺贝尔和平奖提名。

同时，该方法的一个缺点是，许多来访者寻求的咨询所需要的结构化比在来访者中心疗法能够提供的要更多。此外，对于某些来访者，可能需要更直接到方法来帮助他们。

第六节　职业咨询

一、介绍

职业咨询旨在帮助来访者了解自己性格中的强项和弱项，并在此基础上探索自己的职业道路。近年来，职业咨询变得越来越重要。在大学里，职业中心和职业顾问可以成为学生整个大学经历的宝贵工具。许多人发现职业咨询并不止于大学，而是在人生的不同时期变得重要，比如在决定更换工作、改变职业，或重返学校时。

二、职业咨询流程

卡尔加里大学教授克里斯·马格努森（Kris Magnusson）制定了职业咨询的五步法，这种方法的应用性很高，咨询师基本可以直接将其运用在于来访者的咨询过程中。

这个过程从启动（initiation）开始。启动是一段咨询关系的开始，需要首先确定来访者的需求。在初始阶段，咨询师和来访者建立了一种关系，在这种关系中，咨询师确定来访者想要改变的原因并提供鼓励。

下一个阶段，探索（exploration），是信息的收集和研究。在探索过程中，来访者会了解他们自己的兴趣。在这个步骤中，来访者可能会填写兴趣清单和一系列人格以及心理测试，以了解他们对什么感兴趣以及他们的能力是什么。一些广为使用的测试包括 Myers-Briggs 指标，它告诉个人四种不同的个性主题，包含 16 种不同的类型。Myers-Briggs 通常与兴趣清单结合使用，这些清单将指出来访者可能喜欢的职业。

随后，在决策 Decision making 阶段，来访者将决定职业规划，或缩小选择范围并最终选择职业道路。这一个步骤可能会需要多一些时间。如果来访者还处在大学阶段，他们将进入下一阶段，准备并与他们的辅导员会面，并开始围绕他们的新专业安排课程和实习。其他来访者，如已毕业的校友等，将继续规划他们的行动方案，无论是更多的学校教育、培训计划还是其他任何要求。

随后，来访者进入准备（preparation）阶段，在这一阶段内制定实现选定目标的计划。最后，在实施（execution）阶段中，来访者根据前面所有阶段的安排执行他们的个人计划。

第七节　危机干预

一、概念介绍

危机干预的主要目的是帮助受创伤者恢复一些控制感。这是一种为减轻灾难对受害者或救援工作者极度痛苦的情绪而采用的一种一对一的干预方法。这种方法也非探索性的干预方法，它关注"此时此地"，关注问题解决及建设性的应付方式，而不涉及深层次的心理问题。

二、实施干预步骤

在危机干预的过程中，危机干预工作人员首先应该思考和询问如下一些问题：求助者当前遇到的挫折或问题是什么？ 为什么此时此刻来寻求帮助？能够给予其什么样的帮助？ 然后按照下面的步骤实施干预。

1. 了解需求单位的诉求，设计危机干预响应系统

包括：危机干预相关人员培训、日常危机预警系统建立、现场应急响应评估、后勤支持、专家召集管理、现场危机干预评估与实施、预后评估与归档。

2. 问题或危机的评估

（1）发生危机时，危机发生地的相关工作人员在初期，必须全面了解和评价当事者有关遭遇的诱因或事件，以及寻求心理帮助的动机，同时建立起良好

的多方关系，取得对方的信任。需要明确：目前存在的主要问题是什么？有何诱因？什么问题必须首先解决？然后再处理的问题是什么？是否需要家属和同事参与？有无严重的躯体疾病或损伤？（这需要一套完整的预警系统。）

（2）危机干预实施过程中，随时对当事人做评估以便调整干预方案，把危险降到最低。

（3）干预结束后对整个干预过程做评估，针对不同的人群做相对应的预后安排或医治。

3. 制订干预计划

危机的解除必须有良好的计划，这样可以避免走弯路或减少不必要的意外发生。要针对当时的具体问题，并适合当事者的功能水平和心理需要来制订干预计划，同时还要考虑到有关文化背景、社会生活习惯以及家庭环境等因素。危机干预的计划是限时、具体、实用和灵活可变的，并且利于追踪随访。

4. 提供解决问题的基本方法与技术

因为危机干预的主要目标之一是让当事者学会对付困难和挫折的一般性方法，这不但有助于渡过当前的危机，而且也有利于以后的适应。

5. 危机解决和随访

一般危机现场的紧急干预要在 48 小时内进行，干预时间为 2～4 小时，然后进行评估转入一般性危机干预，经过 4～6 周的危机干预，绝大多数的危机当事者会渡过危机，情绪危机得到缓解，这时应该及时中断干预性干预，以减少依赖性。在结束阶段，应该注意强化学习新习得的应对技巧，鼓励当事者在今后面临或遭遇类似应激或挫折时，学会举一反三地应用解决问题的方式和原理来自己处理问题和危机，自己调整心理平衡，提高自我的心理适应和承受能力。

6. 预后评估与建档

建立危机干预档案，详细记录干预过程，并设计评估报告，如自测报告、他测报告、管理方报告等，对干预过程进行评估总结，便于审计并为后续工作做计划依据。

三、危机干预注意事项

（1）当灾难刚刚发生时，在努力去理解和感受灾难幸存者的基础上要说：

·对于你所经历的痛苦和危险，我感到很难过；

·你现在安全了（如果这个人确实是安全的）；

·这不是你的错；

·你的反应是遇到不寻常的事件时的正常反应；

·你有这样的感觉是很正常的，是每个有类似经历的人都可能会有的；

·看到／听到／感受到／闻到这些一定很令人难过／痛苦；

·你现在的反应是正常的，你不会发疯的；

·事情可能不会一直是这样的，它会好起来的，而你也会好起来的；

·你现在不应该去克制自己的情感，哭泣、愤怒、憎恨、想报复等都可以，你要表达出来。

（2）不要使用下列语言：

·"我知道你的感觉是什么"——遭遇这场突如其来的地震，幸存者的体验是撕心裂肺的，你这种轻飘飘的话会令他讨厌；

·"你能活下来就是幸运的了"——幸存者常常宁愿死去，他很可能会抱怨自己为什么不和亲人一起遭受苦难一起死去；

·"你能抢出些东西算是幸运的了"——这是旁观者的话，是站在你的角度上评论幸存者的处境；

·"你还年轻，能够继续你的生活"——死去的亲人是无可替代的，幸存者会渴望与他们同甘共苦；

·"你爱的人在死的时候并没有受太多痛苦"——实际，死亡是最大的痛苦；

·"她／他现在去了一个更好的地方／更快乐了"——这只是看法，而不是感受，而且是你的看法，不是幸存者的看法；

·"你会走出来的"——没有站在幸存者的角度去看问题；

·"不会有事的，所有的事都不会有问题的"——问题已经发生了，而且不可逆转；

·"你不应该有这种感觉"——任何感觉都是真切的，不能被否认的，也是否认不了的；

·"时间会抚平一切的创伤"——说这种话，是在帮助当事人主动遗忘悲剧，而这恰恰是创伤后应激障碍的源头；

·"你应该要回到你的生活继续过下去"——或许他也想，但他暂时做不到，而原来的生活轨道也的确不可能再回去了。

（3）心理急救注意点：

·尊重患者的感觉；

·使患者平静，减少其焦虑和压力；

·自信地与患者交流；

·承认患者所认为的心理限制；

·与患者的家属或者专业机构联系；

·尽量准确和迅速地评估患者的能力；

·鼓励患者尽可能地把脑子里的想法说出来，让他们释放他们的情感；

·当患者开始说话，尽可能不打断他。当你听完整个故事，再去问细节，多采用积极倾听；

·不要与患者争辩，哪怕你不同意他的话；

·在帮助儿童时，不用直接触及主题，可以给他们一些食物，让他们感觉舒适；

·不要把你自己的方法强加给这些灾难幸存者；要让他认为他自己的方法是最好的；

·认识到你作为一个援救人员的极限，不要去扮演上帝。

本章回顾

·由阿尔伯特·艾利斯（Albert Ellis）开发的理性情绪行为疗法（REBT）是最早的认知行为疗法之一。它是一种认知行为疗法，强调重新组织认知和情感功能、重新定义问题和改变态度，以形成更可接受的行为模式。REBT 是由认知和行为技术的融合发展而来的。A-B-C 框架是 REBT 的核心。它是一种用于可视化客户的感受、想法、事件和行为的工具，类似于显示各种组件交互的流程图。REBT 是多模式和综合性的，因此它可以结合认知、情感或行为的干预技术。REBT 的过程涉及咨询师和来访者之间的合作努力，以改变非理性信念。

·短期疗法（brief therapy）包括为特定问题提供直接干预。短期咨询是相对于传统的没有时间期限或长期咨询而言的，是指以尽可能少的会谈次数，对来访者的问题进行有效的处理，并促成其积极的改变。

·短期战略疗法通过关注当前问题的结构而不是问题发展的原因来创造解决方案。通过短期战略干预，来访者和咨询师都完全专注于制定一个用于解决当前的问题战略计划。为了实现这一目标，必须深入了解当前问题的结构。然后可以重组问题，创建解决方案。

·焦点解决短期疗法侧重于通过解决问题来改善当前和未来的功能。咨询师很少关注对问题的探索，而是鼓励来访者只讨论可能的解决方案。其重点在于来访者可以实现的变化，无论这种变化有多么微小。

·叙事疗法是 20 世纪 70～80 年代发展起来的一种心理咨询方式，主要由澳大利亚社会工作者迈克尔·怀特（Michael White）和新西兰的大卫·艾普斯顿（David Epston）提出。叙事疗法是它摆脱了传统上将人看作为问题的干预观念，通过一系列具体的干预技巧，使人变得更自主、更有动力。透过叙事心理咨询，不仅在可以让当事人的心理得以成长，同时还可以让咨询师对自我的角色有重新的统整与反思。叙事干预旨在帮助来访者确定他们的价值观和与之相关的技能。它让来访者了解践行这些价值观的能力，以便他们能够有效地应对当前和未来的问题。咨询师试图通过调查这些价值观的历史来帮助来访者共同创作关于他们自己的新叙述。

·积极心理学是由美国心理学家和作家马丁·塞利格曼（Martin Seligman）首先提出。该心理学分支专注于个体的积极发展，旨在帮助人们过上更充实的生活。积极心理学的提出与心理学其他分支有很大不同：当其他分支更加专注于"疾病"并强调非适应性行为和消极思维时，积极心理学关注的重点则是人们都幸福度。积极心理学包括三个核心概念：乐观、自我效能，以及幸福。

·积极心理学疗法结合了人本主义疗法以及精神动力学方法，其核心在于远离个人的"错误"或消极方面，而是转向好的和积极的方面。

·来访者中心疗法是一种人文干预形式，侧重于发展强大的干预关系，而不是特定的干预技术。真诚、无条件的积极关注和有同理心的咨询师态度使来访者能够公开表达他们的想法和感受，并在他们的生活中实现自我实现和理解。在来访者中心疗法中，咨询师的态度比咨询师的技能更重要。根据以来访者为中心的干预，咨询师的三种态度决定了干预的成功程度：真诚、无条件的积极关注，以及同理心。

·职业咨询旨在帮助来访者了解自己性格中的强项和弱项，并在此基础上探索自己的职业道路。职业咨询的五个步骤包括启动、探索、决策、准备，以及实施。

·危机干预的主要目的是帮助受创伤者恢复一些控制感。

第九章 心理危机干预

当今社会，经济发展迅速，社会变化明显，人们的生活也变得更加动荡。种种原因让许多人难以很好地适应生存的环境，以致学生自杀事件越来越多，甚至近些年中小学生自杀率升高。2021 年 5 月 9 日，成都一中学生跳楼事件引发多方媒体和社会强烈关注。如今，各类心理疾病患病率升高，抑郁症已经成为仅次于癌症的人类第二大杀手，在导致青年死亡原因中调查中，抑郁症也排在第二位。

近年来，SARS、汶川地震、新冠肺炎疫情等灾害频发。灾难给人们带来了沉重的伤害，轻则财产损失，重则骨肉分离。这些意味着巨大的痛苦和无尽的泪水。灾难和伤害是现实生活的一部分，它改变着许多人的心理状态，甚至改变了许多人的人生轨迹。面对这突如其来的变化，许多人会陷入心理危机，导致焦虑症、抑郁症、创伤后应激障碍和物质依赖等心理问题。

人类社会发展带来的进步伴随着痛苦的产生，自然灾害和人为灾难也威胁着人们的身心健康，正是因为痛苦的存在，心理危机干预不可缺少。这一章我们将介绍心理危机干预的概念、类型，干预理论和干预技术。

第一节 心理危机干预概述

危机干预从发展至今，已经有了一百多年的历史。美国内战期间（1861 ～ 1865），有战士在战场上出现了恐惧、心慌等症状，"吓傻了"那时被称为"战士的心"。到后来 1870 ～ 1871 年的普法战争，人类第一次对战士出现这种情况进行了干预。1933 年都纬提出对于战争中出现应激反应采取心理干预的三大基本原则：主动服务（主动性）；立即开展（及时性）；给求助者希望（及时性）。1944 年美国波士顿发生大火，很多人遇难，吉拉德·凯普兰提出了危机干预的基本原则，奠定了危机干预的基石。20 世纪 70 年代摩西尔提出危机干预要开展危机事件后的小组汇报（Critical Incident Stress Debriefing，CISD）。1980 年基于大量越战士兵出现创伤后应激障碍（Post - Traumatic Stress Disorder，PTSD），提出了创伤后应激障碍的概念。1989 年国际危机事件压力管理基金会成立，每年为美国培养大量危机事件压力管理人员。2001 年 "9·11 事件" 之后美国启动了危机事件压力管理（Critical Incident Stress Management，CISM）项目。2008 年汶川地震爆发，我国发起了大量危机干预项目。

心理危机领域仍在不断发展，人的一生也会经历各种各样的事情，喜悦或者悲伤。对青年来说，常见的心理痛苦来源有学业压力、失恋和职业规划等。从心理危机的定义出发，我们可以自我检查并帮助身边的人识别当下的心理状态。而压力和创伤等又与心理危机密切相关。提升复原力可以帮助人们更好地适应生活事件，尽快恢复到正常的心理状态。心理危机可以分为发展性危机、情境性危机、生存性危机和环境性危机。青少年常见的心理危机有学业危机、青春期危机、道德危机和重灾后的心理危机。

一、心理危机的概念及反应

　　什么是心理危机？心理危机有什么特征？人们在面对心理危机时会有什么样的反应？接下来将围绕这几个问题展开讨论。

（一）心理危机的概念

　　对个体来说，心理危机是指个体在心理危机事件中遭受巨大的心理压力、生活状况发生明显变化、出现了原有生活经验、现有生活条件、社会资源难以克服的困难或危机状态。格拉夫（Graf）2002 年将危机广义地定义为个人认为有压力的可预测的或不可预测的生活事件，这些事件以致正常的应对机制不足以应对。凯普兰（Gerald Caplan）是危机干预领域的先驱，他于 1964 年最早提出心理危机理论（psychological crisis theory），他认为心理危机是一种暂时的混乱状态，主要表现为个体作出尝试后不能用惯常的方法应付特定的情况解决问题。詹姆斯（James）和吉里兰德（Gilliland）对个体的心理危机提出了九种定义，其中大多数定义聚焦个体无法以有效的方式做出反应，致使人处于情绪化和心理失衡的状态。

　　可以说，心理危机主要包括四部分：（1）导致危机的事件；（2）感知到危机事件的发生；（3）这种感知导致情绪压力；（4）由于个体惯用的应对方式的失败，情绪压力导致机能障碍。对于个体是否达到心理危机，一般有三个判断标准：一是个体存在着具有重大心理影响的生活事件，如突然遭受严重灾难、重大生活事件或精神压力；二是出现严重不适感，引起一系列的生理和心理应激反应；三是当事人惯常的处事手段不能应对或应对无效。如"9·11"事件后，毗邻纽约世贸中心的美林证券公司员工反映，他们经常情绪紧张，失眠情况严重；而纽约市消防局 100 多人因精神紧张而请假，许多人靠服用安眠药和镇静剂才能维持正常生活。

（二）心理危机的特征

　　对心理危机特征的讨论可以看作心理危机概念的延伸。心理危机主要有以下几点特征。

（1）危险和机遇共存。危机分为"危"和"机"，"危"是有危害的，危险的，它可以导致个体心理上严重的负面影响，甚至导致心理异常。"机"是一种机遇，因为危机可以让人重新思考自己的生活，迫使人从危机中成长，突破障碍。

（2）状态的复杂性。心理危机往往是错综复杂的事件在一起导致的，而非单一的事件，很难简单梳理清楚。状态的原因和当事人生活的环境、成长的背景、个人的性格、危机事件发生的情境等都密切相关，就像一个大的系统。

（3）没有万能的解决办法。由于心理危机的复杂性，况且对于一些由于长期问题导致的心理危机，没有一种万能的方法可以成为万能药。虽然干预的方法有很多，但一些方法只能称为"短期疗法"。

（4）普遍性与特殊性。心理危机存在普遍性，在面对一些灾难时，没有人能不产生心理危机，也就是说这样的情境下危机是必然的。但是危机又具有特殊性，同样的事件，有的人能成功解决，而有的人则陷入困境。

危机一定是危害吗？

塞翁失马的故事

有位擅长推测吉凶掌握术数的人居住在靠近边塞的地方。一次，他的马无缘无故跑到了胡人的住地。人们都为此来宽慰他。那老人却说："这怎么就不是一种福气呢？"过了几个月，那匹失马带着胡人的许多匹良驹回来了。人们都前来祝贺他。那老人又说："这怎么就不是一种灾祸呢？"算卦人的家中有很多好马，他的儿子爱好骑马，结果从马上掉下来摔断了腿。人们都前来慰问他。那老人说："这怎么就不是一件好事呢？"过了一年，胡人大举入侵边塞，健壮男子都被征兵去作战。边塞附近的人，死亡众多。唯有塞翁的儿子因为腿瘸免于征战，父子俩一同保全了性命。

（三）心理危机的反应

当个体面临重大或突发事件，用自己惯用的解决问题方法难以解决时，内心的平衡会被打破，会表现出不同程度的应激反应。这些反应可能预示着个体即将陷入心理危机，也可能意味着心理危机正在发生或处于危机经历之后。个体的心理危机反应可以分为良性应激反应和不良应激反应两种。

1. 良性应激反应

能够激发个体潜能，提高个体活动水平，有效完成任务。比如参加演讲辩论赛失败后，小组成员博览群书，互相激励，不断模拟，为下次比赛充分做准备。

2. 不良应激反应

不良应激反应是多面化的，主要表现在认知、情绪、行为、生理和信念等方面。

（1）认知方面，会出现感觉失真和不真实感；无法集中注意力，犹豫不决，注意力狭窄，难以做决定；对事件偏执，无法理解行为将导致的后果，出现认知偏差或极端的自我评价。比如自我评价过低，极端缺乏自信，对自己全盘否定。

（2）情绪方面，主要表现为焦虑和恐惧情绪（焦虑是指向未来的，恐惧是指向当前）；易激惹，生气愤怒，某些期待不能满足时会有愤怒；害怕、恐惧、回避或冷漠，长期会导致抑郁。比如一位即将毕业的女青年，在经历多次求职面试失败后，情绪波动很大，有时候拒绝他人的关心，有时候默默流泪，有时候喜怒不形于色。

（3）行为方面，主要表现为有冲动行为或冒险行为，在条件不具备的情况下做一些活动；过度进食，过度使用酒精或毒品；过度警觉，惊跳反应，很小的刺激引发过度的反应；补偿性行为，比如补偿性购物、报复性娱乐；退缩行为，比如逃避一切尽可能的社会交往；家庭不和，可能会出现家庭冲突、离婚，这可能是替代性攻击的后果，替代性攻击是为了减少压力事件带来的痛苦，选择替代性可以攻击的对象进行宣泄的一种行为；阵发性哭泣，目光呆滞，行动缓慢，没有目的。

（4）生理方面，会出现心动过速或过缓；头痛或头晕；呼吸急促；肌肉痉挛；心因性出汗；精疲力竭；消化不良或食欲不振、恶心、呕吐；对与危机事件相关的声音、气味和画面等过分敏感，对疼痛刺激反应迟钝；失眠、易醒和多噩梦，失眠是青年在心理危机中常表现出来的生理反应。

（5）自杀意念与自杀行为。自杀是心理危机中最为严重的后果，青年自杀会给其家人、朋友、同学和老师等带来极大的心理痛苦。许多自设者在自杀前都会以各种形式散发出"求助"信号，往往会表现出无望与无助、表达死亡的想法、谈论与自杀相关的事情。也会在行为上表现出自杀信号，比如过度疲劳，情绪难以捉摸；过量饮酒或使用毒品；变得孤僻不和人交往；把自己的纪念性物品送人等。

★知识扩展★

青少年自杀倾向量表

下面的一些句子，描述的是一个人的心情、意念或态度，每个句子的后面有1～5共5个选项，请你根据最近一周自身的实际情况，对选项做出相应的选择。其中，1=不符合；2=有些不符合；3=不确定；4=有些符合；5=符合。

1.上课听讲的时候，我从来不走神儿_____。

2.有时我会将今天该做的事情拖到明天再做_____。

3. 有时候，我说出的话并不是我内心的真实想法_____。

4. 大人吩咐我做什么，我总是心甘情愿地去做_____。

5. 我曾经怨恨过某个人_____。

6. 我对生活感到绝望_____。

7. 我觉得自己一无是处_____。

8. 我觉得自己很失败_____。

9. 我认为未来没有希望_____。

10. 我想好好活着_____。

11. 我对前途比较乐观_____。

12. 自杀违背我的信仰_____。

13. 我不想再继续活下去_____。

14. 我想自杀的想法已经有很长时间了_____。

15. 自杀是一个人的自由，别人无权干涉_____。

16. 我为自杀做好了具体的计划_____。

17. 我确定了自杀的时间_____。

18. 我过去曾经自杀过_____。

19. 我一定会自杀成功的_____。

20. 我安排好了自己的身后事_____。

二、心理危机相关的概念

熟知与心理危机相关的几个重要概念，对于有效地组织危机响应策略十分重要。以下几个概念在心理危机干预实践和研究中常常用到，比如，适应不良容易导致心理危机，长期的压力也是心理危机的来源。这里对心理危机相关几个重要概念进行介绍，帮助了解心理危机干预。

（一）压力与应激

压力与应激和危机联系紧密，都是长期的压力或严重的压力事件会导致危机。对于压力和应激，可以从其概念、应激反应和应激障碍三个方面理解。

1. 压力与应激的概念

汉斯·塞尔耶（Hans Selye）将压力（stress）引入健康领域，将其描述为人体对施加在身其上要求的非特异性反应。压力是人们在社会适应过程中，对各种刺激做出生理和行为反应时所产生的一种紧张的心理体验和感受。在西方，压力也称为应激，但压力是在一般意义上的概念，应激是临床意义上的概念。赛尔耶将压力激活称之为"一般性适应综合征"，与生物响应相关，比如荷尔蒙、肾上腺素和皮质醇的增加。压力与危机相关但是不同，压力会导致心理危机，但是压力是一个持续性变量（即压力有程度轻重的差异），而危机是二分状态的变量（危机的存在只有是与不是）。从压力存在的时间长度，可以将压力分为暂时性压力和长期的压力。比如一次考试没通过，带来的是暂时性的压力；而一直存在的家庭暴力则会带来长期的压力。

作为一种心理感受，压力是压力源（stressor）作用下的结果。给个体带来压力体验的客观刺激称为压力源。对青年来说，常见的压力源有期末考试、英语等级测试、人际交往和就业问题等。普遍来说，压力源是什么呢？压力源是问题或灾难本身。在面对问题或灾难时，原有的措施变得无效，给生活和生存环境带来了冲击；资源有限，心理能力或经济物资不充足，出现超负荷的情况；目睹挫折或伤亡情景，比如看到过伤病员倒下或别人崩溃的场景。对咨询师来说，压力源还可能是超负荷：咨询师本身超负荷工作以及服务对象的超负荷，比如救援活动持续时间过长，精力、热情以及同情心会出现枯竭；职业胜任力不够，导致压力，要明白危机干预与心理咨询不同。

★知识扩展★

作为压力源，生活事件对人们的身心健康影响广泛。刘贤臣等人（1997）结合国内外前人研究编制了青少年生活事件量表（Adolescent Self-rating Life Events Checklist，ASLEC）。适用于中学生和青年，评估其生活事件发生的频率强度和所带来的应激强度。

ASLEC共由27个项目，均为会给青少年造成负面心理反应的生活事件。评定可以根据目的，使用3、6、9或12个月内的事件评定。事件造成的心理感受分为5级，即无影响（1）、轻度（2）、中度（3）、重度（4）和极重度（5）。未发生按无影响算。

各项总得分反映了总应激程度，若需要进一步分析，可以从6个因子统计。（1）人际关系因子包括项目1、2、4、15、25；（2）学习压力因子包括项目3、9、16、18、22；（3）受惩罚因子包括项目17、19、20、21、23、24；（4）丧失因子包括项目：12、13、14；（5）健康适应因子包括项目5、8、11、27；（6）其他包括项目6、7、23、24。

指导语：在过去3/6/9/12个月内，你和你的家庭是否经历过以下事件？请认真阅读下列每个项目，这些项目没有对错之分，请你根据第一反应真实作答，每个项目只能有一个选择，在你的选择下打"P"。

青少年生活事件量表

生活事件	未发生	发生过，对你的影响程度				
		没有	轻度	中度	重度	极重度
1. 被人误会或错怪						
2. 受人歧视冷落						
3. 考试失败或不理想						
4. 与同学或好友发生纠纷						
5. 生活习惯（饮食、休息等）明显变化						
6. 不喜欢上学						
7. 恋爱不顺利或失恋						
8. 长期远离家人不能团聚						
9. 学习负担重						
10. 与老师关系紧张						
11. 本人患病严重						
12. 亲友患病严重						
13. 亲友死亡						
14. 被盗或丢失东西						
15. 当众丢面子						
16. 家庭经济困难						
17. 家庭内部有矛盾						
18. 预期的评选（如三好学生）落空						
19. 受批评或处分						
20. 转学或休学						
21. 被罚款						
22. 升学压力						
23. 与人打架						
24. 遭父母打骂						
25. 家庭给你施加学习压力						
26. 意外惊吓、事故						
27. 如有其他事项请说明						

2. 应激反应

应激的反应主要表现在生理、认知、情绪和行为等方面，分为两部分，一部分是由于应激自动产生的，一部分是在应对导致应激的事件时，在个体主观评价下产生的。青年常见应激反应有以下几种：出现身体反应，如血压升高、心跳加快、大汗淋漓、头痛、胃痛、易受惊吓，不知疲惫，睡眠需求减少，睡眠困难；认知上会有对事件威胁性评估的偏差、有伤害易感性、强迫性思维、注意力不集中，思维混乱，决策困难，出现遗忘；出现多种情绪反应，如焦虑、兴奋、抑郁、愤怒和麻木，无法顾及人际间微妙的情感或出现过多的多愁善感；由于在提供援助时自身精力付出的太多，导致自己社交活动减少。

另外，青年常见的极端应激反应有：感觉自己资源和能力不足，无能为力，产生无助感和孤独感；发生同情疲惫，情感上出现疏远、麻木，进而退出援助活动；替代性创伤会出现做噩梦，哭泣等情况；主动要求退出，完全自我隔离，不和舍友、同学或老师交往；依靠物质（药品、烟、酒等），出现预防情绪，变得过分的投入学习；人际关系严重困难，出现言语暴力甚至是行为暴力；具有伴随绝望的抑郁，甚至出现自杀意念或自杀行为，行为不考虑后果，冒不必要的风险。

应激事件发生后，个体会产生一系列生理反应，比如血流循环加快、心跳加快、血压升高、骨骼肌血管舒张等，调动全身能量来应对外界事件。但是长期或反复的应激反应会损害个体各个系统的功能。据此，汉斯·塞尔耶提出了一般适应综合症的反应理论（压力反应理论），并将个体适应压力事件的过程根据身心状态分为三个阶段。

第一阶段：警觉阶段。

警觉阶段又称为准备阶段或唤醒阶段。这个阶段发现刺激事件，产生警觉并准备应对。交感神经系统会调动肾上腺分泌肾上腺素与副肾上腺素，这些激素能加快人体的新陈代谢，释放能量。另外，人体主要器官会处于兴奋状态，会出现心跳呼吸加快、血压体温升高和骨骼肌紧张等。保证身体机能处于随时准备"战斗"状态。

第二阶段：抵抗阶段。

抵抗阶段又称为战斗阶段或反抗阶段。在警觉发生之后，人体机能投入"战斗"，在抵抗阶段与压力做斗争，最终能够消除压力或适应压力，也可能是被压力击败。在抵抗阶段，人体主要有以下身体、心理和行为表现。

（1）抵抗阶段的生理指标表面上恢复正常，外在行为表现平静但实际上是意识控制下的抑制状态。

（2）个体的生理、心理资源和能量被大大消耗。

（3）个体变得极其敏感脆弱，即使是小的刺激，也能引发其强烈的情绪变化。比如听到别人一句日常玩笑，反而对刚下课回到宿舍的室友大发脾气，在室友身上出气。

第三阶段：衰竭阶段。

衰竭阶段又称为枯竭阶段或倦怠阶段。个体在抵抗阶段已经把能量消耗殆尽，短时间内无法继续再抵抗压力。这样的三个阶段，称为压力反应的一个周期。经历一个周期后，外在压力如果消失，个体经过一段时间的休息和调整，很快就能恢复正常状态。但是如果经历一个周期后，压力源仍持续存在，此时个体的能量已经消耗殆尽，却还不能适应压力事件，就会发生危险。可能会发生身体上的疾病，也可能是心理上的疾病。

3. 应激相关障碍

青年生活中的应激源有很多，各种对个体来说极度的困境，比如考试失败、亲人去世等，当其不能用惯用的压力应对方式去处理时，个人能量就会耗尽，产生心理状态失衡引发应激障碍。引发应激障碍的诱因主要有四种：（1）重大自然灾害，比如台风、洪灾、突发公共卫生事件等；（2）人为灾难事件，比如车祸、斗殴、战争等；（3）生活因素，比如被虐待、长期工作压抑、身患绝症等；（4）个体危机因素，比如存在应激障碍病发史、精神障碍家族史、有神经质倾向等。

应激障碍可以分为急性应激障碍（Acute Stress Disorder，ASD）和创伤后应激障碍（Post-Traumatic Stress Disorder，PTSD）。这里对急性应激障碍进行探讨，创伤后应激障碍将会在后面的创伤部分展开讨论。

急性应激障碍又称为急性应激反应（Acute Stress Reaction，ASR）是指个体在遭受到急剧、严重的精神创伤性事件后在很短一段时间（数分钟或数小时）内所产生的一过性的精神障碍，会有强烈的身体反应，如惊恐、木讷或茫然等。一般在数天或一周内缓解，最长不超过一个月。急性应激障碍表现的快慢、强度和持续时间和个体所受到的刺激强度、个体身心素质有关，男女性别无显著差异，且愈后良好。急性应激障碍患者的主要表现为以下特征。

（1）茫然：表情呆滞，不知道该做什么，对身边的一切都漠不关心，不能够明确方位，言语混乱等。

（2）恐惧：非常地害怕和焦虑，担心再次受到伤害，害怕自己崩溃或无法应对，表现地紧张害怕。

（3）语言和动作增多或变少：表现可能为自言自语，有强烈的求助感和倾诉欲，动作混乱，做事情没有目的；表现出冲动性行为，比如摔东西；烦躁不安，做事动作迟缓，注意力不集中，身体僵硬等。

对于急性应激障碍患者，心理干预者要保护好个体让其尽快摆脱紧急应激状态，感受到正常化，防止其受到更大伤害。必要时候应该适当给予药物干预，缓解焦虑、恐惧等情绪状态表现。

测一测

青年心理韧性量表

心理韧性（resilience），也译作复原力，是个体面对生活创伤、逆境、悲剧、威胁或其他重大生活压力事件时的良好适应能力，它意味着个体面对生活压力或挫折时的"反弹能力"。很多青少年在成长中会遇到一些挫折和不顺利，下面的27个句子描述了与此相关的一些情况，请你根据自己在面临这些挫折和逆境时的实际情况和这些句子的符合程度，给出相应的答案。其中 1= 完全不符合；2= 比较不符合；3= 说不清；4= 比较符合；5= 完全符合。你的答案没有对错之分，请根据实际情况填答。

1. 失败总是让我感到气馁_____。

2. 我很难控制自己的不愉快情绪_____。

3. 我的生活有明确的目标_____。

4. 经历挫折后我一般会更加成熟有经验_____。

5. 失败和挫折会让我怀疑自己的能力_____。

6. 当我遇到不愉快的事情时，总找不到合适的倾诉对象_____。

7. 我有一个同龄朋友，可以把我的困难将给他 / 她听_____。

8. 父母很尊重我的意见_____。

9. 当我遇到困难需要帮助时，我不知道该去找谁_____。

10. 我觉得与结果相比，事情的过程更能够帮助人成长_____。

11. 面临困难，我一般会定一个计划和解决方案_____。

12. 我习惯把事情憋在心里而不是向人倾诉_____。

13. 我认为逆境对人有激励作用_____。

14. 逆境有时候是对成长的一种帮助_____。

15. 父母总是喜欢干涉我的想法_____。

16. 在家里，我说什么总是没人听_____。

17. 父母对我缺乏信心和精神上的支持_____。

18. 我有困难的时候会主动找别人倾诉_____。

19. 父母从来不苛责我_____。

20. 面对困难时，我会集中自己的全部精力_____。

21. 我一般要过很久才能忘记不愉快的事情_____。

22. 父母总是鼓励我全力以赴_____。

23. 我能够很好的在短时间内调整情绪_____。

24. 我会为自己设定目标，以推动自己前进_____。

25. 我觉得任何事情都有其积极的一面_____。

26. 心情不好也不愿意跟别人说_____。

27。我情绪波动很大，容易大起大落_____。

其中，项目1、2、5、6、9、12、16、17、21、26、27反向计分，即选择的1按5分、2按4、3按3、4按2及5按1。该量表共包含五个字量表，分别是：

1. 目标专注：3、4、11、20、24；

2. 情绪控制：1、2、5、21、23、27；

3. 积极认知：10、13、14、25；

4. 家庭支持：8、15、16、17、19、22；

5. 人际协助：6、7、9、12、18、26。

五个子量表可以概括为两个分量表，个人力：目标专注，情绪控制和积极认知；支持力：家庭支持和人际协助。

（二）创伤

创伤（trauma）在生活中大家并不陌生，创伤后应激障碍（PTSD）在影视作品中也时常见到，比如李安导演的电影《比利·林恩的中场故事》，主人公比利是美派往叙利亚战争的一名士兵，一次奋不顾身的战斗后比利回到平静的生活，但是他对身边的小的动静变得异常敏感，脑海中经常浮现出战场上惨烈的场景，他和队友们都患上了PTSD。那么创伤究竟是什么呢？创伤事件每个人的一生都会经历吗？创伤后应激障碍又有哪些具体的表现呢？这里将围绕以上主要问题展开讨论。

1. 创伤的概念

什么是创伤？心理创伤是可以影响整个人，包括身体，智力，情绪和行为的改变。它是指那些有生活中具有较为严重的伤害事件所引起的认知、情绪、意志行为甚至生理的不正常状态。比较强有力的应激事件会导致创伤，它们威胁人们对安全的感知。心理危机事件本身并不会导致创伤，当心理危机事件是不可控的，一个人感知到危机事件影响其日常心理机能时，心理危机事件就可能会成为创伤体验。比如目睹美国"9·11事件"的人可能会有心理创伤。造成创伤的事件称为创伤性事件，它可能是人为的蓄意伤害，比如虐待或性暴力等；也可能是自然灾害，比如2008年的汶川大地震等。

（1）创伤性事件

创伤事件是指那些严重威胁到安全或躯体完整行性的，引起个体社会地位或社会关系发生急骤的威胁性改变并引起个体心理上产生反应的事件。其心理反应的共同特点是感觉强烈的恐惧，无助，失控，毁灭的威胁或其他的内心体验。从创伤性事件的大小可以将其分为大创伤事件和小创伤事件。

①大创伤事件：指超乎寻常的人类体验，会威胁到每个个体的生命，自身或者他人躯体完整性的事件，个体会体验到强烈的无助、恐惧以及害怕，如同心口的大石头。比如地震发生时，整个区域的人面对死亡的恐惧，感受到死亡就在身边，随时失去生命的绝望威胁着每个人。

②小创伤事件：是指任何在儿童期普遍存在的负性经历，如同鞋子里的细沙，无法排解也不能摆脱。比如，小学时候因为作业本丢失而吓得不敢去学校，被老师叫家长。

造成创伤的原因多种多样。从其多样性的角度可以将创伤性事件分为四类：①重大自然灾害，比如台风、洪灾、海啸和泥石流等；②公共卫生事件，比如新冠肺炎疫情、非典和埃博拉等；③生活突发事件，比如亲人去世、婚姻破裂等；④人为灾难事件，比如车祸、斗殴、战争等；

（2）心理创伤的分型

根据心理创伤距离创伤事件爆发的时间，心理创伤的表现特点，可以将心理创伤分为Ⅰ型（急性）心理创伤和Ⅱ型（慢性）心理创伤。

①Ⅰ型（急性）心理创伤是指，发生在成年期的一次性创伤（包含急性应激障碍——ASD、创伤后应激障碍——PTSD、适应障碍等）如地震、火灾、爆炸等带来的心理创伤。Ⅰ型心理创的特点主要为：一次性、时间短暂；可发生在成年期不同阶段；一般持续3个月之内；能自然愈合、干预获益或转为Ⅱ型创伤。

②Ⅱ型（慢性）心理创伤

Ⅱ型（慢性）心理创伤是指持续时间长、反复发生的心理创伤，开始于童年期。（包含：慢性创伤后应激障碍——CPTSD，适应障碍，躯体化障碍，严重应激障碍未定型）。Ⅱ型（慢性）心理创伤的特点主要有：持续时间久，影响大；可发生在儿童和成年期的不同阶段；不易自愈，表现为复杂的"神经症症状"；可由Ⅰ型演变而来。

2.创伤后应激障碍

（1）创伤后应激障碍的含义

创伤后应激障碍是异常的威胁或灾难性经历引发的巨大痛苦，是个体经历、目睹或遭遇到一个或多个涉及自身或他人的实际死亡，或受到死亡的威胁，或严重受伤，或躯体完整性受到威胁后，所导致的个体延迟出现和持续存在的精神障碍。个体即时性的反应包括强烈害怕、惊吓和无助，在创伤事件之后，个体会在睡梦或回忆中再次反复体验创伤性事件，感到恐惧、无助和厌恶。创伤后应激障碍一般在创伤后事件发生几天到几个月后发生，偶尔也会在半年或更长时间后发生。创伤后应激障碍的发病率报道不一，但女性比男性更易发展为

PTSD。

（2）创伤后应激障碍的分类与表现

创伤后应激障碍根据发病事件距应激事件的间隔可以分为急性型、慢性型和迟缓性。急性型是指事件发生后三个月内发生创伤后应激症状。当症状持续三个月或以上，称为慢性型创伤后应激障碍，慢性患者会有更明显的退缩行为和情感麻木，症状持续时间较长。迟缓型是指事件发生后六个月之后才发生创伤后应激症。

PTSD的核心症状有三组，即创伤性再体验、回避和麻木类表现、警觉性增高。但儿童与成人的临床表现不完全相同，且有些表现是儿童所特有的。

①创伤性再体验

· 在头脑中记忆中或梦中反复、不自主地涌现与创伤有关的情境或内容；

· 出现严重的触景生情反应，甚至感觉创伤性事件好像再次发生一样。

②回避和麻木类表现

· 长期或持续性地极力回避与创伤经历有关的事件或情境，拒绝参加有关的活动，回避创伤的地点或与创伤有关的人或事；

· 出现选择性遗忘，不能回忆起与创伤有关的事件细节。

③警觉性增高

· 过度警觉，个体表现出过度防御；惊跳反应；激惹性增高；

· 注意力不集中；焦虑情绪增高。

创伤后应激障碍案例

比利·马克是越南战争中的老兵，他曾目睹了战争的蔓延。他说即使是一个家庭美满、工作稳定的人也会受到创伤事件影响的。

他说："我无法想象自己会杀死一个孩子或妇女，但这一切真实发生了。我们的军医约翰试图去救一个满是鲜血的孩子，我们都以为那个孩子受伤了，但军医约翰走近他的时候，那孩子却扔了一枚手榴弹杀死了军医。那么你说以后遇到孩子和妇女我要不要杀了他们呢？毫无疑问。

"是的，我酗酒，我也确实杀死过孩子，但是我喝酒是为了忘记我曾杀死过孩子这个事实。没有亲身经历过的人是永远不会理解的。

"我再也不去牛轭湖钓鱼了，那个地方的气味和场景和越南简直一模一样，我去那里就会想起来那个村庄，想起那个战火连天的村庄，这会让我战栗不已。"

（三）心理应对、适应和复原力

当压力或应激发生后，个体需要去积极应对，逐渐适应压力，重新恢复正常的状态。而每个人在这个过程需要的周期不同，这与个体复原力有关。个体复原力和家庭复原力及社区复原力又层层关联，这里对心理应对、适应和复原力进行讨论。

1. 心理应对

心理危机事件可能会因为缺少应对资源和解决策略而发展为创伤。心理应对（psychological coping）是努力管理压力时行为、认知或行为上采取的行动。Erford（2017）认为心理应对是一个过程，这个过程以评估压力源和它的潜在伤害开始，如果情境被评估为有威胁性或有挑战的，那么进一步的评估就会发生，从而决定该采取怎么样的反应，以及该反应肯能带来的后果。对压力的反应主要分为三类：以问题为中心的应对；情绪型应对；回避型应对。

以问题为中心的应对方式，指采取直接的行为行动来改变被认为是造成压力的环境因素。当采用这种应对策略时，人们会努力定义问题、产生可能的解决方案、权衡替代方案的成本和收益、选择替代方案并采取行动。比如手机丢失后采取行动寻找。以情绪为中心的应对方式，更有可能在被认为不太可能改变的情况下使用。这种应对的目的是减少情感唤醒，从而使紧张的情况可以被容忍，它通常涉及改变压力源的含义或与压力源产生情感距离。比如当努力后发现丢失的手机并找不回来，则降低认为手机丢失损失并不严重。以回避为中心的应对，可看作以情绪为中心的应对的一个子集，在这种应对中，诸如分心或转移注意力等反应被用来避免压力源和与之相关的情绪。

2. 适应

心理适应（adapting）是个体面临挫折情境时逐渐减轻压力，恢复平衡的自我调节过程。适应或危机的结果是机能在很长一段时间内发生变化的程度，可以通过个体或家庭系统与环境来衡量。一些个体或者家庭能从挫折中受益，成功地应对挫折能让人达到没有经历挫折前更好的状态。一些不良的应对方式，比如酗酒和暴力常导致附加的压力。另外，一些看起来健康的应对行为也会导致压力。比如父母为了更好的经济收益选择了经常加班，陪伴子女的时间减少，因此与子女之间的亲密程度降低，与孩子的沟通不足，导致孩子严重的叛逆心理，这反而是无形的资源损失。

3. 复原力

复原力（resilience）的定义多种多样，常见的有特质论和过程论。特质论认为复原力是一种特质或能力，经过培养可以获得，Greene 等人（2004）认为是复原力是一种可以克服逆境，并在高风险下获得成功的能力。过程论把复原力看作一个动态的过程，Norris 等人将复原力定义为："联系适应力的各个部分使得经历混乱后，保持机能在积极的轨道和保持适应的过程。"总之，良好的复原力可

以帮助人们更好地适应压力事件，避免陷入危机，也可以促进从不良状态中恢复。复原力涉及的层面较广，这里从个体、家庭和社会三个层面介绍。

（1）个体复原力

从以上对复原力的定义可知复原力是个体在面对挑战或挫折时的积极适应。乌加尔（Ungar）等人在此基础上将个体复原力描述为，个体从经历挫折到感受到幸福的过程。从社会生态学角度看，个体复原力是个体的一种利用资源的能力，强调个体的环境，包括家庭、工作场所和社区等，所有可提供资源和外部支持的社会部分。

（2）家庭复原力

家庭复原力也可以从特质论和过程论两个角度理解。特质论将家庭复原力视为一种特质或者能力。乌加尔等人认为家庭复原力是家庭承受挫折和摆脱逆境、变得更坚强和具有灵活性的一种能力。后来，有学者在前人基础上提出，家庭复原力不只包括家庭成员在挫折下成功应对逆境的能力，它还包括了能使他们能感到温暖和支持，并且可以增加家庭凝聚力，从而使家庭蓬勃发展的能力。过程论将家庭复原力视为一种过程。麦库宾（McCubbin）等人认为家庭复原力是家庭遇到挫折或压力时的适应过程，尤其是促进其应对、抵御以及生存的过程。家庭复原力能帮助家庭面对挑战和危机情况时抵御混乱，使其能适应当下的和即将发射的状况，成功地应对压力。

（3）社区复原力

目前普遍认为，社区复原力是能一种主动应对并积极恢复的能力。马吉斯（Magis）将社区复原力定义为，是社区成员发展和参与社区资源，以便于在一个变化的、不确定的、不可预测的和意外的环境中健康成长的能力。这是社区能够抵御挫折并从逆境下恢复的能力。社区复原力是一种社区社会资本、基础设施在文化上的相互依存模式，使社区有可能从变化和挑战中恢复，保持社区适应性，并将危机的经验结合起来表现出新的增长。可以发现，社区复原力是社区能利用自身资源以成功应对挫折或变化，并克服挫折，恢复常态化，甚至比之前更好的一种能力。

测一测

危机脆弱性测验

请回答下列问题，其中 Y= 是的，我同意；P= 也许是，我不能肯定；N= 不，我不同意。

	Y	P	N
1. 我无法努力工作，因为总是别人从我的工作中获利。			
2. 我喜欢日常工作秩序被意外的事情打断。			
3. 如果权威对某事做了判定，我便无能为力。			
4. 我的不幸几乎全是自己造成的。			
5. 生活充满了有趣的冒险。			
6. 如果有人生我的气，我会非常沮丧。			
7. 如果有人强我所难，我将非常难说服他改变主意。			
8. 什么问题都会有解决办法。			
9. 那些我觉得可以信任的人，常让我感到失望。			
10. 如果我回避了问题，那么它将变得不再存在。			
11. 人们能够通过合理安排生活，从而避免危机的出现。			
12. 我认为只要努力工作，就可以得到想要的东西。			
13. 人们通常并不感激我为他们做的一切。			
14. 即使在困难的处境中，我仍然有选择自由。			
15. 我乐意听别人讲述他们自己的经历和体会。			

积分规则：

问题 2、5、8、11、12、14、15，Y=0，P=1，N=2；

问题 1、3、4、6、9、10、13，Y=2，P=1，N=0。

结果说明：

总分相加低于 5 分，说明面临危机，你很少会有开朗的表现；5～10 分，你可以成功地面对大多数危机；11～15 分，有时候你会发现自己在危机压力下无法保持平衡；15 分以上，面临危机，你此时可能非常脆弱。

三、心理危机的种类

心理危机干预是指对于身处困境或挫折，遭受心理失衡的个体给予关怀和支持，使用简短有效的心理咨询或心理咨询方法，帮助其渡过危机，恢复正常的身体、心理和社会功能，从而有效地适应社会。可是对每个身处危机的人来说，危机情境各不相同，危机干预者有必要了解危机的种类。布拉默（Brammer）将心理危机划分为发展性危机、情境性危机和生存性危机。詹姆斯和吉利兰（2009）

在此基础上补充了环境性危机。对于青少年，常见的心理危机有：学业危机、青春期危机、道德危机和重灾后的心理危机。

（一）心理危机的四类说

心理危机的分类存在不同意见，有凯普兰的两类说，把心理危机分为发展性危机和情境性危机。也有格若兰（Gerala）的三类说，把心理危机分为病理危机、成长危机和情境危机。这里介绍一下心理危机的四类说：发展性危机、情境性危机、生存性危机和环境性危机。

1. 发展性危机

发展性危机（developmental crisis）是人的正常发展过程中要经历的一些事件引起的，因为这些事件具有重大人生转折意义，所以容易带来异常反应。比如面对大学毕业的时候，面对结婚生子的时候。一般来说，发展性危机被认为是正常的，但是对每个人的意义不同，需要具体评估。

2. 情境性危机

情境性危机（situational crisis）是人生活中发生的非同寻常的事件，这些事件致使当事人不能进行预见和控制。比如遭遇恐怖袭击、性攻击、下岗和亲人去世等。情境性危机时偶然发生的，有令人震惊的强烈情绪反应，结果一般是灾难性的。

3. 生存性危机

生存性危机（existential crisis）是由于人的目的、责任、自由等重要人生观念和事物引发的内心冲突和焦虑。比如当一个人年迈时后悔没有结婚生子，但那时候已经不可能完成这件事了；当一个年老态龙钟时候为自己虚度一生感到追悔莫及；可能是一种持续的、压倒一切的感觉，如总感觉生活是空虚无意义的，自己的生活永远无法找到东西填补它的无意义等。这时候人所体验到的就是生存性危机。

4. 环境性危机

环境性危机（environmental crisis）是指当某一自然灾害或人为灾难发生在某个人或一群人身上时，这些人深陷其中，他们的生活环境中其他人也受到了影响。环境性危机常发生于自然现象，比如地震、山体滑坡、洪涝灾害和森林大火等。也可能是生物因素或政治因素引起的，比如突发公共卫生事件和战争等。

（二）青年常见心理危机

以上心理危机的四类说并不能很好地贴合青年阶段的发展，所以这里介绍我国青年常见的四类心理危机。

1. 学业危机

青少年时期最为重要的任务就是掌握科学知识、学习职业技能、养成良好的生活习惯和价值观。这些任务基本是通过学校学习完成的，而学业状况又是衡量这一任务情况的重要指标。学业不佳、考试经常失败的学生容易遭受挫折陷入学业危机。

2. 青春期危机

青春期青少年发展的主要任务是发展正确的自我意识，培养正确的性别认同。但是在青春期发育中受到许多方面因素影响，有的青少年会出现自我同一性混乱、性别角色混乱、性意识不当等，从而引发青春期危机。

3. 道德危机

道德危机也称为道德冲突危机。是由于个体在将社会价值观念内化为自我观念，良好道德品质形成过程中，因为各种因素，导致其道德意识错误、道德体验感缺乏或道德意志薄弱。从而产生违背道德的行为，产生心理危机。

4. 重灾后的心理危机

重大灾害是人们无法抗拒的、危险的并常为突发的创伤性事件。比如大地震、大洪灾、大火灾和重大流行性疾病等。它们往往会带来巨大的经济和心理伤害，甚至有的青少年会目睹亲人离世、同伴离开、家庭破裂和校园被毁。重大灾难会致使他们陷入身心状态超负荷的紧张状态，导致身心平衡状态被打破，陷入心理危机。

第二节　心理危机理论

心理危机干预的理论对心理危机的产生做出了理论性的解释，也对心理危机干预提供了方向指引。心理危机干预的理论和模型仍在不断发展，对其做专业性的一般化了解，能帮助我们对青少年学生心理危机理论进行更好的掌握。所以这一节将对基础的三类危机理论：基本危机理论、扩展危机理论和应用危机理论进行介绍，在此之后，考虑到青少年发展阶段的具体任务，对青少年的同一性危机理论和儿童社会化理论展开介绍。

当前流行的危机理论众多，但并没有能包括全部人类危机的理论或模型。贾诺希克（Janosik）将危机理论分为三类：基本危机理论、扩展危机理论和应用危机理论。针对青少年特有的生理心理发展特点，许多心理学家提出了青少年心理危机理论，常见的青少年心理危机理论有埃里克森（Erikson）的同一性危机理论和哈维格斯特（Havighurst）的儿童社会化理论。

一、一般危机理论

心理危机理论在不断地发展，实际上除了贾诺希克的三类危机理论，最近新发展的还有生态系统理论和危机干预的实用理论，感兴趣的同学可以进一步了解，这里对基本的三类危机干预理论进行介绍。

1. 基本危机理论

基本危机理论认为人在创伤后事件中的普遍反应是正常的暂时性反应，可以通过短程危机干预技术得到解决。重点在于帮助当事人矫正创伤事件所带来的暂时的认知、情绪与行为上的扭曲。认为每个人都会经历心理创伤，但是无论应激还是创伤，其本身并不构成心理危机，当主观上个体认为应激或创伤危及其需要的满足、存在的安全和意义时候，才会逐渐陷入心理危机。心理危机时暂时的，也是成长的契机。

林德曼（Lindemann）最早对丧亲人员的观察中提出了基本危机干预理论。他发现许多丧亲者并没有表现出临床上的什么疾病，却有许多相似的相关症状。林德曼认为这些因悲痛引起的危机是正常的、暂时的，经过短程心理干预就可以恢复，干预应关注悲痛的即时性解决而不是把这种危机当作病态做干预。林德曼认为这些"正常"的悲痛行为包括：（1）不由地会想起去世的亲人；（2）把自己看作已故的亲人；（3）内疚感或敌意感；（4）日常生活紊乱；（5）出现一些躯体化症状。

凯普兰（Caplan）在林德曼的基础上，把关注焦点从哀伤危机扩展到了全部创伤危机干预中。凯普兰认为心理危机是一种状态，这是由于生活目标实现时遇到障碍，无法克服导致的一种状态。生活目标的阻碍可能是关于人的发展的，也可能是境遇性的。凯普兰和林德曼都在危机干预中采用平衡—失衡范式，林德曼把这一范式分为四阶段（1）平衡受到破坏；（2）对悲伤短程干预或干预；（3）当事人试图克服问题走出悲伤；（4）恢复到平衡状态。

2. 扩展危机理论

扩展危机理论的产生，是由于基本危机理论对社会、情境和环境等因素考虑不足，只有精神分析的观点。随着人们对危机干预的含义与内容的扩展，人们意识到，仅仅将心理先天素质作为危机产生的原因是不够的，也随着危机干预理论和实践的发展成熟，人们清楚地认识到任何人在社会的、心理的、发展的、环境或情境的因素配合共同作用下，都可能进入暂时的危机状态。扩展危机理论主要成分有：精神分析理论、系统理论、适应理论和人际关系理论。

（1）精神分析理论。精神分析理论认为通过对当事人的潜意识和之前的情绪体验进行分析，可以理解其陷入的心理不平衡状态。决定一件事情是否会让当事人陷入危机，精神分析认为主要是由童年期经历的固着（fixation）决定的。精神分析理论可以帮助分析当事人的内在行为动力与原因。

（2）系统理论。系统论的观点更加注重人与人、人与事物之间的联系和影响。可以理解为"一个系统中，所有的因素是相关联的，而且任何一部分的改变将导致整个系统的变化"。系统论并不是非常强调危机中个体的内部环境，与许多传统的危机理论相背离，把当事人的危机放在其所处的社会环境背景中理解，而不是单一的因果线性关系。

（3）适应理论。适应理论认为，人的适应不良行为、不当的思维和不恰当的防御机制组成了个体的危机。危机干预通过矫正其不恰当的思维和行为，便能消除当事人的危机。不适应的行为和思维是通过学习获得的，那么适应性的思维和行为也可以通过学习获得，危机干预者可以让当事人学会自我增强的替代性行为，改变原有的不适应，从而使危机得到解决，强化当事人走出危机的信心。

（4）人际关系理论。人际关系理论认为，如果当事人相信自己同时又相信他人，他会有足够的社会支持，并对自我实现和走出危机富有信心，很快摆脱危机。危机理论以科米尔（Cormier）等人提出的，增强自尊的不同维度为基础：信任、开放、安全、无条件积极关注和真诚等。

测一测

社会支持评定量表（Social Support Rate Scale，SSRS）

测验简介：在心理学中，社会支持指一个人从自己的社会关系（家人、朋友、同学等）中获得的支持，以及个体对所获支持的主观感受。社会支持包括了指物质上的条件与资源也包括了情感上的支持。这里的社会支持评定量表，是肖水源等人在国外社会支持评定量表的基础上，依据我国的实际情况，自行设计并编制的，共10道题目，它能帮助人们对自己社会支持系统做一个全方位的评定。社会支持评定量表使用的是自测法，就是说请您根据实情，对问卷中的各个项目做出主观评定，并进行回答。

理论背景：对社会关系与身心健康关系的研究早已引起学者广泛注意，很多数学者认为，良好稳定的社会支持有利身心健康，而劣质的社会关系则有害身心健康。国外影响的社会支持量表一般从两个维度进行评价。（1）社会支持数量。（2）对所获社会支持的满意度。这里使用的社会支持评定量表，则包含了客观支持、主观支持。（3）对支持的利用度三个维度。也就是说增加了对社会支持的利用情况，作为社会支持的第三个维度。

适用人群：适用于14岁以上各类人群（尤其是普通人群）。

社会支持评定量表

指导语：下面的问题用于反映您在社会中所获得的支持，请按各个问题的具体要求，根据您的实际情况来回答。谢谢您的合作。

1.您有多少关系密切且可以得到支持和帮助的朋友？（只选一项）

（1）一个也没有　　　（2）1～2个

（3）3～5个　　　　（4）6个或6个以上

2.近一年来您：（只选一项）

（1）远离家人，且独居一室。

（2）住处经常变动，多数时间和陌生人住在一起。

（3）和同学、同事或朋友住在一起。

（4）和家人住在一起。

3.您与邻居：（只选一项）

（1）相互之间从不关心，只是点头之交。

（2）遇到困难可能稍微关心。

（3）有些邻居很关心您。

（4）大多数邻居都很关心您。

4.您与同事：（只选一项）

（1）相互之间从不关心，只是点头之交。

（2）遇到困难可能稍微关心。

（3）有些同事很关心您。

（4）大多数同事都很关心您。

5.从家庭成员得到的支持和照顾（在合适的项内划"√"）

无	极少	一般	全力支持
A.夫妻（恋人）	B.父母	C.儿女	
D.兄弟妹妹	E.其他成员（如嫂子）		

6.过去，在您遇到急难情况时，曾经得到的经济支持和解决实际问题的帮助的来源有：

（1）无任何来源。

（2）下列来源：（可选多项）

A.配偶　　　　　B.其他家人　　　　C.朋友

D.亲戚　　　　　E.同事　　　　　　F.工作单位

G.党团工会等官方或半官方组织　　　H.宗教、社会团体等非官方组织

I.其他（请列出）

7. 过去，在您遇到急难情况时，曾经得到的安慰和关心的来源有：

（1）无任何来源。 （2）下列来源（可选多项）

A. 配偶 B. 其他家人 C. 朋友

D. 亲戚 E. 同事 F. 工作单位

G. 党团工会等官方或半官方组织 H. 宗教、社会团体等非官方组织

I. 其他（请列出）

8. 您遇到烦恼时的倾诉方式：（只选一项）

（1）从不向任何人倾诉。

（2）只向关系极为密切的 1～2 个人倾诉。

（3）如果朋友主动询问您会说出来。

（4）主动叙述自己的烦恼，以获得支持和理解。

9. 您遇到烦恼时的求助方式：（只选一项）

（1）只靠自己，不接受别人帮助。

（2）很少请求别人帮助。

（3）有时请求别人帮助。

（4）有困难时经常向家人、亲友、组织求援。

10. 对于团体（如党团组织、宗教组织、工会、学生会等）组织活动，您：（只选一项）

（1）从不参加 （2）偶尔参加

（3）经常参加 （4）主动参加并积极活动

量表计分方法：第 1～4，第 8～10 题，每题只选一项，选择 1、2、3、4 项分别计 1、2、3、4 分，第 5 题分 A、B、C、D 四项计总分，每项从无到全力支持分别计 1～4 分，第 6、7 题如回答"无任何来源"则计 0 分，回答"下列来源"者，有自己个来源就计几分社会支持评定量表分析方法。总分即 10 道题计分之和，客观支持分：2、6、7 题评分之和，主观支持分：1、3、4、5 题评分之和，对支持的利用度：第 8、9、10 题。

该量表用于测量个体社会关系的 3 个维度共 10 道题：有客观支持（即患者所接受到的实际支持），主观支持（即患者所能体验到的或情感上的支持）和对支持的利用度（支持利用度是反映个体对各种社会支持的主动利用，包括倾诉方式、求助方式和参加活动的情况）3 个分量表，总得分和各分量表得分越高，说明社会支持程度越好。

3. 应用危机理论

应用危机理论把基本危机理论和扩展危机理论付诸应用实践，强调危机干预要注重灵活性。因为每个人以及每次的危机事件都是不同的，所以危机工作者需要把每个人的每次危机事件都看作唯一的。布拉默（Brammer）认为应用危机理论包含了三个方面：（1）发展性危机；（2）境遇性危机；（3）存在性危机。应用危机理论所讨论的这三个方面和本书前面"心理危机的种类"部分讨论的三种类型心理危机一致。

二、青少年危机理论

心理学家赫尔（Stanley Hall）和斯普兰格（Spranger）认为，青少年心理危机主要是指青春期危机，是在青少年阶段特有的生理和心理基础上，受到家庭、学校和社会环境的不利因素影响，导致青少年出现成长和发展受阻的现象。埃里克森（Erikson）提出了著名的同一性混乱理论，他认为青少年时期主要任务是发展同一性，防止同一性混乱和危机。与埃里克森的理论类似，哈维格斯特（Havighurst）认为青少年阶段有其阶段特有的社会化任务，必须完成才能实现良好的社会化，防止出现社会化危机。

1. 同一性危机理论

埃里克森认为人一生的发展从出生到死亡由八个顺序固定、循序渐进的阶段组成，每个阶段都有着一种对立的心理冲突，它们既可能是机遇也可能是危机。危机的积极解决会增加自我的力量，促进人格健全发展。

埃里克森认为在第五个阶段（12～18岁），个体必须思考积累的关于自己的知识，形成自己的生活策略，获得同一性，即自我同一性。自我同一性是健康自我具有的一种内部状态，它包括四方面：（1）个体性，一种独特感，个体以一个独立的、不同的人而存在；（2）整合感，一种内部的整体感，源于自我潜意识的整合作用；（3）一致和连续性，个体感受到过去和未来的内在一致性和联系性，感受到生命的有意义性发展和连贯性；（4）社会团结感，感受到社会的认可，获得社会支持，具有团体的理想和价值。埃里克森指出，同一性实质上就是生存感，没有获得同一性就会陷入同一性危机。

★知识扩展★

埃里克森的社会发展八阶段

埃里克森认为，人自我意识的发展持续一生，并把自我意识形成和发展的过程分为八个阶段，这八个阶段的顺序固定，是由遗传决定的，但每个阶段是否能顺利度过是由环境决定的，因此这个理论也被称为心理社会阶段理论。

1. 婴儿期（0～1.5岁）：基本信任与不信任的冲突。此时是基本信任与不信任的心理冲突期，因为这时期孩子开始认识人了，当孩子哭或饿时，父母是否出现是建立孩子信任感的重要因素。

2. 儿童期（1.5～3岁）：自主与害羞和怀疑的冲突。这一时期的儿童，掌握了大量技能，比如爬、走和说话等。最重要的是他们学会了坚持或放弃，也就是说他们开始有意志地决定做什么或不做什么。

3. 学龄初期（3～5岁）：主动对内疚的冲突。这一时期如果幼儿表现出的主动探究行为受到鼓励，就会形成主动性，这对他将来发展成为一个有责任感、有创造力的人奠定了基础。

4. 学龄期（6～12岁）：勤奋对自卑的冲突。这一阶段的儿童都应该在学校接受教育。因为学校是训练儿童去适应社会、掌握今后生活所必需知识和技能的地方。

5. 青春期（12～18岁）：自我同一性与角色混乱的冲突。这一时期，一方面青少年本能的冲动高涨会带来问题，另一方面是青少年面对新的社会要求与社会冲突会感到困扰、混乱。根据埃里克森的观点，青春期的各种问题发生在自我同一性未建立之上，这会导致"角色混乱"。

6. 成年早期（18～25岁）：亲密与孤独的冲突。具有稳定自我同一性的青年人，才敢冒与他人建立亲密关系的风险。因为与他人建立爱的亲密关系，等于把自己的同一性与他人的同一性融于一体。

7. 成年期（25～65岁）：生育与自我专注的冲突。当一个人成功地度过了亲密与孤独时期，之后的岁月他将过上幸福而充实的生活，将生儿育女，关心和养育后代。

8. 成熟期（65岁以上）：自我调整与绝望的冲突。老年人对死亡的态度直接影响下一代儿童时期信任感的形成。因此，第8阶段和第1阶段首尾相连，构成一个循环或生命的周期。埃里克森认为在人格发展的八个阶段中，每一阶段都以一种确定的危机为其特征。

2. 儿童社会化理论

哈维格斯特提出了人一生的"发展课题"概念，他认为人的发展课题是其在一生的某个阶段该获得并具备的知识、技能和态度，这是在于个人需要于社会需要之间存在的东西。他将人一生的社会化过程划分为六阶段：幼儿期、儿童期、青年期、壮年初期、中年期和老年期，并对每个阶段的发展任务做了描述。发展任务即各阶段的发展课题，在一定程度上代表着社会对各阶段人们的要求，表现为各阶段必须完成的社会化内容。

青年期的社会化任务为：学习和同龄男女的交往，学习男性和女性的社会角色；了解自身的生理结构，有效保护自己的机体；获得从父母与其他成人那里的情绪体验；又实现经济独立的信息，有择业准备；有结婚和组织家庭的准备；追求并实现有社会性质的行为，学习作为行为指南的价值体系。

第三节 心理危机干预技术

心理危机干预源于心理咨询与干预，因此心理咨询与干预的技术都可以应用于危机干预，但考虑到心理危机干预要在短时间内帮助求助者恢复心理平衡状态，所以心理危机干预者所使用的技术较心理咨询与干预有所侧重，更有针对性。心理危机干预主要用使用以下三类技术：建立良好关系技术、心理支持技术和危机的积极干预技术。

一、建立良好关系及相关技术

心理危机工作者在提供心理支持和实施积极干预技术之前首先要与求助者建立良好的助人关系，这与以人为中心疗法对良好助人关系的重要性观点一致。如果没有良好的关系，干预者就不能与求助者进行良好的沟通，积极干预技术的效果也将大打折扣。通过建立促进交流的关系和使用护理技术，能有效地帮助心理干预者建立良好助人关系。

（一）建立良好助人关系

心理干预过程中，干预咨询师要与求助者建立一种和谐、信赖、融洽的关系，才能促进双方积极交流，取得良好的干预效果。罗杰斯的以人为中心疗法认为建立良好的咨询关系有三个条件：同感、无条件积极关注和真诚。与前面章节《以人为中心疗法》中的内容一致。

（二）护理技术
1. 注意个别差异

心理干预的咨询师应该注意当事人的个体差异，了解其基本信息，灵活应对。不同的当事人可能会有文化差异、年龄差异、宗教差异、民族文化差异和语言差异等。另外，咨询师应该注意当事人个体的话语，注意其说话的声调、声量、语速和用语。当求助者说话快时，咨询师要降慢语速，避免造成沟通气氛过于紧张；求助者说话慢时，咨询师要稍微提高语速，激发求助者的情绪；咨询师要避免使用与疾患相关的字眼，给当事人造成心理负担。

2. 非言语注意

咨询师在语言之外方面的注意可以让对方体会到关心，有助于咨询师探究更多的内容，可以尝试了解当事人对自己的态度。咨询师可以使用"嗯，啊，好，哦"等语气词，但不可机械，应富有感情，体现关切；可利用当事人话语中的部分词汇进行重复；可以身体前倾以及适当的眼神接触，让对方感受到积极关注。

3. 沉默（不说话）

咨询师可能一开始会不习惯在心理干预中有沉默，会觉得自己没有做好，显得束手无策而尴尬，但实际上沉默是正常现象，因为当事人往往需要时间思考怎么回答咨询师的提问。当事人不说话可能的原因有：当事人正在犹豫，不确定是否应该暴露给咨询师；当事人正在考虑该如何回应咨询师的问题，陷入思考中；当事人对咨询师有阻抗，不认可咨询师；使用的通话媒介信号不好，影响了通话质量等。

干预中咨询师可以恰当地使用沉默技术，通常咨询师沉默是为了给对方空间，引发对话，促进对方表达，鼓励对方完成想说的话，让对方感受到咨询师的耐心。另外，当咨询师需要表示哀痛时可以使用。咨询师在使用沉默技术时，首先应注意沉默时间不宜过长，一般不超过 5 秒；其次要留意非言语的表达，不要让对方误认为沉默是因为你对他不关心或不感兴趣。

二、沟通和支持性影响技术

心理危机干预与心理咨询与干预一样以语言的沟通为主，均注重一些基本助人技术，如倾听、提问、引导和澄清等技术。

（一）倾听技术

倾听（listening）不仅是信息收集的过程，更是咨询师主动关切、接纳当事人的过程。不仅要听出当事人说出来的，还要用心听出其没有用语言表达出来的"言外之意"或"无声之音"。倾听是危机干预的第一步，是建立良好助人关系的基础。倾听既可以表达对求当事人的尊重，也可以在使当事人信任和宽松的环境下倾诉烦恼。

咨询师要全身心投入地去听，对当事人的想法和情绪情感要表示理解，不带价值标准去评判。不对当事人讲述的内容表示惊讶、奇怪、激动或厌恶等，而是表现出无条件地接纳。对当事人的倾诉可以通过语言和非语言的表达做出反应，比如说"嗯""我理解"和"然后呢"等；可以用点头、微笑等表示积极关注和倾听。要明白，咨询师最重要的不是"讲"而是"听"。

（二）两种提问技术——钻石结构

咨询师使用询问技术是为了鼓励当事人更多地表达，在一定情况下，结合干预的目标和当事人的问题，向当事人提出相关的问题。询问技术有两种：封闭式提问和开放式提问。

1. 封闭式提问（closed ended question）

封闭式提问提出的问题，答案单一（是 / 否）或有限选择。响应者只能根据实际情况回答。比如："你家只有你一个孩子吗？""你喜欢你的性格吗？"，响应者只能回答"是"或"不是"、"喜欢"或"不喜欢"这样单一的答案。封闭式提问的好处是可以收窄答案范围，让发问者从响应者身上得到最直截了当的回答。另外，其坏处也很明显，限制了对方做详细表达。

2. 开放式提问（open-ended question）

开放式提问提出的问题，没有规范响应者回答的固定内容，让对方有更多自由空间去表达自身状况。比如："你对你们专业的就业前景怎么看？""你和家人的关系怎么样？"这类问题没有确定的答案，响应者可根据自身实际回答。开放式提问的好处是只要对方愿意响应，发问者便可从对方身上得到更多及更全面的信息。另外，其坏处是未必能够得到最直接的答案。

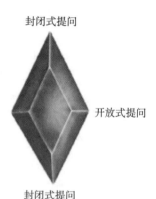

封闭式提问

开放式提问

封闭式提问

钻石结构的两种提问技术

在咨询与危机干预实践中，两种提问方式往往结合使用，可以采用钻石发问结构：先采用封闭式提问，以掌握事实；再采用开放式提问，以掌握更多资讯；最后以封闭式提问总结对话肯定经验。

（三）释义

释义（paraphrase）也称内容反应，是咨询师基于对方说话的内容进行概括总结，利用专业知识或临床经验尝试着做出推断给予解释。释义可以让当事人感到被理解、同情、关怀；咨询师也可以确认没有错误地诠释对方的意思，并让对方了解自己内心的想法探究更多的信息。在使用释义技术时要注意，咨询师既要听到求助者表达的负面的一面，又要看到求助者积极的一面，如：网络成瘾的学生不想回家，寒假过年也不回家。可以抓住积极的点进行反馈。

释义的方法有概要和推断。概要是以不同的用语，尝试总结对方的话，去有效地澄清，并表达你正在聆听。推断是除了总结对话，也要加入自己的想法，是有效的行为改变技巧，但是在危机干预里较少应用。

（四）具体化技术

具体化（concreteness）是指咨询师帮助当事人清晰、准确地表达他们的想法、使用的概念、感受到的情感和经历的事件。具体化可以让咨询师对当事人的感受准确地理解，达到准确共情；也能帮助当事人把自身模糊、混乱的思想和情感表达清楚，使原本复杂的问题变得具体。要做到具体化，咨询师可以采用四个"W"和一个"H"技巧。即When：具体时间；Where：具体场所；What：具体感受；Why：具体原因；How：当事人的具体行为反应。

在当事人出现问题模糊、过分概括和概念不清时，咨询师可使用相应的具体化技术。问题模糊是指当事人用一些模糊的、笼统的表达说自己的问题。比如"我好难受""我快烦死了"等。很多时候当事人自己也不清楚自己要表达的情绪、思想是什么。过分概括是以偏概全，把个别事件上看到的东西上升为一般化的结论，把有时变为经常，扩大到当下和未来。概念不清是当事人对某些词语概念和内涵的理解没有非常准确导致使用不当，容易引起咨询师对当事人表达内容的误解。

三、积极干预技术

积极干预技术也叫问题解决技术。危机干预是以求助者的认知为基础的，目标包括疏导求助者的情绪；认识危机发生发展的过程和原因；习得解决问题的技巧；帮助求助者建立新的人际交往方式，面对现实。围绕危机干预目标，常用的积极危机干预技术有躯体和情绪不适技术、认知行为技术、当事人中心疗法和表达性干预等。

（一）躯体与情绪不适技术

焦虑、应激等常有躯体化表现，针对这些表现，有的技术效果良好，避免或减少了药物干预。与身体放松有关的技术对焦虑、恐惧、疼痛、肠胃不适、血压升高等情况有显著效果。

1.放松训练

放松训练（relaxation training）是行为主义疗法的一种常用干预技术。放松对身体内脏和肌肉能起到调节作用，危机干预中用放松技术可以帮助当事人舒缓焦虑和恐惧情绪。放松训练主要有：呼吸放松、肌肉放松和想象放松。

肌肉放松训练

肌肉放松训练时，可以让别人朗读这段文字，或播放录音。

首先，平静地做几次深呼吸练习，直到你准备好做下面的训练。

现在把右手放在胸前或握成拳头，越握越紧。你可以想象你正在把水从一个海绵中挤出来，这种力量越来越强，一直蔓延到小臂、手肘，最后到上臂。短时间内保持肌肉紧张并集中精力去感受。

然后放松，你会感觉到这股力量慢慢减弱，手臂紧张感缓慢消失，呼吸慢慢平静下来。

接下来把你的左手放在胸前，握拳并越握越紧，这种力量越来越强，一直蔓延到小臂、手肘，最后到上臂。短时间内保持肌肉紧张并集中精力去感受。

然后再次放松。你会感受到这股力量从手臂上逐渐消失。呼吸慢慢平静下来，均匀地呼吸，享受放松的感觉。

最后，把两手都放于胸前握拳，越握越紧，这种力量越来越强，一直蔓延到小臂、手肘，最后到上臂。短时间内保持肌肉紧张并集中精力去感受。

再次放松，你会感觉到这股力量慢慢减弱，手臂紧张感缓慢消失，呼吸慢慢平静下来。

用这个步骤，你可以做全身所有肌肉部位的放松练习，脸、脖子、腹部、腿和脚等。

2. 安全岛技术

安全岛技术是利用想象改善情绪的技术。荣格（Jung）认为"安全感是人的第一愿望"。安全感是能够掌握一切，不可控剥夺了我们的安全感。安全岛技术是试着让当事人感受到控制感的方法。

"安全岛"就是让当事人想象一个自己感到最安全和舒适的地方，这一地方可以是想象的，也可以是现实到过的地方，比如卧室、沙滩等。当一个人遇到挫折时，可以想象自己身处安全岛，感受在安全岛上的心情，身处一个保护性的、安全的地方。通常可以一定程度地缓解焦虑和恐慌。

（二）认知行为技术

认知行为疗法技术通过改变当事人的认知过程，纠正适应不良的观念、情绪和行为达到危机干预的效果。干预的目标不仅针对行为和情绪这样外在的表现，而且要分析当事人思维活动，找出不合理的认知加以纠正。

1. 接纳与承诺疗法（ACT）

接纳承诺疗法认为负性思维总会反复出现，事物之间的联系一旦形成就无法消除，越想消除反而越容易想起。当我们想尽办法控制自己思维的时候，就会思维狭隘而不能思考重要的事情。所以我们要接纳自己的消极心理，接受痛苦，之后才能找到生存的价值。在本书行为主义第三浪潮中对接纳承诺疗法已经具体介绍。

2. 合理情绪想象技术

当事人的情绪困扰，很多时候是其自己传播的不合理信念在头脑中带来的烦恼，在头脑中夸张化，想象各种失败情境，产生不恰当的情绪和行为。合理情绪想象（Rational-Emotive Imagery，REI）技术有以下三步。

（1）使当事人生动地想象自己面临过的心烦意乱的情境，体验到极度的不适应情绪。

（2）鼓励当事人改变这样不适应的情绪体验，当当事人感到困难时，坚持让其继续这样做，直到找到适应性情绪替代。

（3）停止想象，让当事人讲述自己是怎么做到的，往往是通过改变不合理信念，形成理性思维做到的。咨询师这时应加以启发，帮助其发现其他理性思维。

最后，让当事人按照以上三步，保持实践练习。

（三）表达性技术

表达性技术通过艺术性的方式展现当事人内心的冲突和问题，达到心理治愈的效果。当事人的艺术性表达能帮助当事人和咨询师理解危机事件对当事人内心的影响，引导双方深入当事人内心，这些艺术形式充当了当事人内心世界和现实沟通的桥梁。常见的有绘画干预方法、音乐干预方法、心理剧干预方法、沙盘干预方法等。

1. 沙盘干预方法

沙盘干预方法（sand-play intervention）也称为箱庭干预方法，让当事人在有细沙的箱子里随意摆放组合玩具模型来构建其多维的现实生活，使当事人的无意识整合到意识中，是一种从人的心理层面来促进人格变化的心理咨询方法。沙盘干预方法有三个主要工具："沙""盘""玩具模型"（如恐龙、蛇、高楼、汽车等）。

沙盘具有时空概念，当事人可以在沙盘上追溯记忆，具有时间意义。另外，矩形沙盘的上下左右中，四个角落都具有空间意义。理论上讲，对右利手的人来说，左边代表过去，右边代表未来，中间代表现在或现实自我等。沙盘干预方法中的玩具模型又具有象征性意义。比如寺庙、森林等象征人的无意识；人物的性别、年龄等特征又具有独特意义。不同玩具出现在不同的位置，组合了具有特殊意义的心理表达。

2. 心理剧干预方法

心理剧干预方法由奥地利精神病学家莫雷诺（Moreno）创办，当事人通过扮演某一角色，体会剧中角色的情感和思想，自发表演，将心理冲突与情绪问题外化在舞台上，宣泄情绪，增强适应环境和战胜危机的能力。它不是观赏性戏剧，

而是一种以动作主导的戏剧性心理咨询方法。莫雷诺视戏剧为生活的一种延伸（an extension of life），他以自发性与即兴表演的方式进行个案矫治。

心理剧共六个要素：导演（咨询师）、主角（当事人）、舞台、辅角、替身和观众。一个完整的心理剧包括三个阶段：暖身、演出和分享。暖身阶段是导演依据剧中角色，以创造性动作系统地引导角色做身体或者心理活动，激发团体气氛。演出阶段是针对主角，所有剧情人员参与进来，协助其演出本人的问题或心理冲突。分享阶段是主角的情绪净化阶段，导演鼓励并引导主角做表演回忆，倾诉此刻感觉，观察其反应，安抚其情绪并分享经验等。

本章回顾

当今社会急剧发展，人的一生难免遇到危机性事件，心理危机干预可以帮助陷入心理危机的个体缓解痛苦，恢复健康的身心状态。

1. 心理危机

心理危机是指个体在心理危机事件中遭受巨大的心理压力、生活状况发生明显变化、出现了原有生活经验、现有生活条件、社会资源难以克服的困难或危机状态。心理危机具有"危"与"机"并存、表现的复杂性、没有通行的解决办法、普遍性与特殊性的特征。

2. 压力

压力也称应激，是人体对施加在身其上要求的非特异性反应。压力是人们在社会适应过程中，对各种刺激做出生理和行为反应时所产生的一种紧张的心理体验和感受。

3. 创伤

心理创伤是可以影响整个人，包括身体，智力，情绪和行为的改变。它是指那些有生活中具有较为严重的伤害事件所引起的认知，情绪，意志行为甚至生理的不正常状态。

4. 心理应对、适应和复原力

心理应对是努力管理压力时思维、认知或行为上采取的行动。心理适应则是个体面临挫折情境时逐渐减轻压力、恢复平衡的自我调节过程。复原力是主体联系适应力的各个部分，使其经历混乱后，保持机能在积极的轨道和保持适应的过程。

5. 心理危机的种类

发展性危机是人的正常发展过程中要经历的一些事件引起的，因为这些事件具有重大人生转折意义，所以容易带来异常反应。情境性危机是人生活中发生的非同寻常的事件，这些事件致使当事人不能进行预见和控制。生存性危机是人的目的、责任、自由等重要人生观念和事物引发的内心冲突和焦虑。环境性危机是指当某一自然灾害或人为灾难发生在某个人或一群人身上时，这些人深陷其中，他们生活环境中的其他人也受到了影响。

青少年时期常见的心理危机有学业危机、青春期危机、道德危机和重灾后的心理危机。

6. 心理危机理论

基本危机理论认为人在创伤后事件中的普遍反应是正常的暂时性反应，可以通过短程危机干预技术得到解决。扩展危机理论扩展了社会的、心理的、发展的、环境或情境的因素。应用危机理论把基本危机理论和扩展危机理论付诸应用实践，强调危机干预要注重灵活性。埃里克森认为青少年时期要形成同一性，避免陷入同一性危机。哈维格斯特提出了人一生的"发展课题"概念，明确了青少年阶段的社会化任务。

7. 心理危机干预技术

心理危机干预技术分为建立良好关系技术、心理支持技术和危机的积极干预技术。

建立良好的咨询关系要以同感、无条件积极关注和真诚为基础，同时注意个体差异、非言语注意和沉默。沟通和支持性影响技术可以使用倾听、钻石提问技术、释义和具体化技术和当事人沟通，促进交流进程。常用的积极危机干预技术有躯体和情绪不适技术，比如放松技术和安全岛训练；认知行为技术比如ACT和合理情绪想象技术；表达性干预比如沙盘干预方法和心理剧。

第十章 心理咨询与干预的专业伦理

心理干预是对人的行为和思维进行干预的活动，在这个过程中要考虑一些必要的干预伦理，保护当事人的权益，因为心理从业者只有在合适的界限内对当事人进行干预是恰当的。伦理定义为一种如何符合道德的行动和决策，如何过好生活的哲学。伦理和道德不同，道德是对选择和决策做出证明或判断，支持这些行为。伦理是如何做出这样的证明或判断。这些年来，国内心理咨询与干预专业化逐渐提升，2001年国家劳动和社会保障部发布了《心理咨询师国家职业标准》。中国心理学会临床与咨询心理委员会分别于2007年和2018年颁布了《中国心理学会临床与咨询心理学工作伦理守则》第一版和第二版，其中第二版是目前为止国内最为权威和专业的行业伦理守则。

专业的心理咨询与干预从业者对于本专业的伦理准则应该牢记于心。但是我们应该知道专业的伦理准则只能够提供一般性的标准，在具体的情境下需要心理咨询师和心理干预者有自己敏锐的职业判断。本章对与心理干预实践联系密切的当事人权益问题、咨询师与当事人的关系、保密原则、咨询师在干预中的胜任力以及其心理干预中常遇到的其他伦理标准进行讨论。

第一节 当事人利益

咨询师应当严肃对待当事人的利益和权利。在心理干预中应该把当事人的利益放在自己前面，做到真诚、热情和尊重。不因为当事人的职业、种族、性别、年龄、宗教信仰和性取向等因素而对当事人有不公正的态度。当事人有自己的权利知道咨询师的专业背景、心理干预的内容等与自身利益相关的信息。本节讨论当事人利益优先和知情同意两个原则。

一、当事人利益优先

咨询师和当事人的专业助人关系以当事人的利益为基础。许多人会有疑问，在这种助人关系中，应该满足谁的需求呢？当事人的还是咨询师的？在回答这个问题之前，首先咨询师应该对自己的心理需求有所了解。需要了解那些自己心理上未完成的事情、那些早期生活经历给自己带来的影响和那些容易产生反移情的来源等。咨询师并不是完美的，也会遇到阻碍心理干预进程的情境。在了解自身的需求之后，对当事人进行心理干预服务时，通过工作满足自己的心理需求并不违背伦理，但要以正确的方式去实现，这一点非常重要。

在考虑心理干预伦理准则时，需要牢记根本目的是维护好当事人的利益。如果一个咨询师在从事心理咨询与干预工作时只是考虑了自己的行为是否符合道德标准，那么他／她对自己行为要求只是满足了专业伦理，而对自己要求较高的咨询师会要求自己将当事人的利益最大化。当事人利益优先原则就是要维护好当事人的利益，使其利益尽量最大化，并对其利益尊重和负责。所以，咨询师在自己需求和当事人利益发生冲突时，不能以牺牲当事人的利益为代价，必须把当事人的利益放在自身利益前面，不能对当事人进行利用、剥削或伤害。

按照当事人利益优先的原则，咨询师在当事人没有能力支付费用时，应该以同样耐心和热情的态度对待当事人。在安排工作时间和地点时应首先考虑到当事人是否方便。在学校的心理干预工作中，如果学校把咨询师作为一种辅助工具，目的是提供专业鉴定或者证明，要求咨询师提供会损害当事人利益的信息时，专业的伦理原则要求咨询师首先考虑当事人的利益，如果通过解释说明仍无法拒绝学校的要求，咨询师宁可自己的利益受损也不能违背当事人利益优先原则。

案例思考

讨论以下情境中咨询师的做法是否符合职业伦理。

情境一：一名家境殷实的学生因为失恋，心境低落前来学校心理咨询中心寻求帮助。咨询师暗示自己最近生活无聊，而且专业的心理服务场所太拘束，没有生活化的感觉。而且讨论了如果在一个热闹放松的环境比如餐厅和咖啡馆，会更好地让双方进入状态，促进当事人心理的成长。

情境二：当事人因为自己高数的期末考试而感到焦虑不安，找咨询师寻求帮助。咨询师对当事人的困扰表示头疼，说从来没有遇到像其如此难以解决的焦虑。但是自称认识当事人的高数老师而且经常和他一起运动，暗示当事人其高数老师喜欢打网球，但是最近他的网球拍坏掉了，正为此事感到郁闷。

情境三：咨询师近期准备买房，正在为房子的首付问题发愁没有足够的资金。近期在工作中向多名当事人表明其问题比较严重，需要更长的周期才能解决。还将部分当事人介绍到自己妻子的辅导机构参加课程辅导，声称有考试的内部资料。

二、知情同意

知情同意是心理咨询关系中一个动态的过程，是心理咨询的内在组成部分。咨询师和当事人应该花时间反思和探讨干预的本质、效果、计划和目标。这为咨询师和当事人建立良好的咨询关系提供了基础。这样来看，知情同意远不止在知情同意表上签字就结束这么一个简单的动作。知情同意书是咨询关系的产物，但不是知情同意本身。

知情同意是心理干预和心理咨询的重要伦理标准。同意之所以重要是因为个体有权利拒绝不必要的干预，有权利不接触。在心理干预中的同意类似医学上的同意。在技术上，没有同意的心理咨询和干预好比法律所说的殴打，因为也是没有经过对方同意而直接接触个体。在心理咨询和干预中，构成殴打的接触可以理解为心理或情感上的接触，非身体接触。更为重要的是，在专业伦理范围内，知情同意是为了尊重当事人的自主性和自我决定的权利。如果当事人认为咨询师并没有考虑到当事人的利益，那么当事人有权利停止或拒绝咨询干预。

发展良好的助人关系过程中，遵守当事人利益优先原则，首先要做到的是知情同意。一些人建议最好给当事人提供知情同意书让当事人了解自己的权利并签字。知情同意书常包含以下信息：签字同意的日期、双方姓名并签字、咨询师自身的专业信息、当事人明白咨询师解释内容的声明、心理干预中可能的风险和效果、可以选择的干预技术、保密问题、办公时间和收费情况等。对不具有判断能力的当事人，应当由其法定监护者或者家人签字。咨询师不能利用歧视、威胁、强制和讽刺等手段影响当事人的决定。干预的过程中，对于心理测验目的和结果的解释、过程记录的保密性和评估的结果，咨询师都应当让当事人明白清楚。解释时要根据当事人的教育和成长背景让其容易理解，而不是晦涩难懂的专业术语。

当事人有权利了解咨询师的从业资质。当事人问及咨询师的专业资质问题时，咨询师应该全面准确地向当事人说明自己在心理咨询相关领域的教育背景、训练经历、从业资格或执照等。另外，咨询师是否接受专业的督导和相关工作经验对当事人来说也比较重要。咨询师不能出于面子或者其他原因虚假制造经历和使用谎言欺骗当事人。但是当事人想要知道咨询师与心理服务无关的信息，涉及咨询师隐私的时候，咨询师有权利拒绝。

对于以网络形式提供的心理干预服务现在越来越普遍，而且网络能避免现实接触的尴尬。用网络形式提供服务时也要遵循基本的准则，比如当事人权益优先原则、保密问题和知情同意原则等。由于网络心理干预关系的特殊性，知情同意除了需要考虑到以上介绍的关键因素，还要注意到网络方面的问题。比如网络服务的安全性、当事人问题进行网络干预的恰当性、回复当事人信息的即时性和紧急情况的转介等。双方应该明确非人为因素导致的当事人信息泄露，咨询师并不负有责任，也就是说接受网络形式的心理干预，当事人需要自己承担非咨询师所为以外的隐私泄露风险，咨询师也有义务使用更为安全的网站。

案例思考

讨论以下案例中咨询师的做法是否符合职业伦理。

案例一：一名小学生在家长的带领和强制要求下前来找咨询师寻求帮助，家长说孩子网络成瘾，逃课去网吧上网，放学回家不写作业只想打游戏。因为这个，班主任曾多次叫家长到学校沟通，家里的电脑也摔坏了两台，家长没有办法，逼迫他前找咨询师。但是孩子自己拒绝咨询师的干预，咨询师以孩子小没有正确的观念为理由对当事人做了多次心理干预。

案例二：一位咨询师正在努力完成自己关于高中生考试焦虑的博士学位论文，他的研究内容需要多名当事人心理干预的具体材料。但是他并没有告诉当事人他们的干预过程会用于专业的心理学科学研究。而这名咨询师的博士学位论文完成得很成功，学校将其评为了优秀博士学位论文。

第二节　咨询关系

咨询师与当事人为当事人成长而建立的咨询关系是一种特别的人际关系。这种关系可以促进当事人发生心理和行为上的变化与成长。咨询师在这种关系中处于主导者地位，需要对专业助人关系有明确的界限，保持这种关系的纯粹性，避免出现与当事人间发生双重关系。

当咨询师和当事人之间除了咨询关系外，同时或者相继存在着其他一种关系，比如师生关系、同事关系、血缘关系和性关系等，这时候我们就说咨询师和当事人之间具有双重关系（dual relationships），如果除了咨询关系外存在其他多种关系，那么称存在多重关系（multiple relationships）。比如学校常见的双重关系有，给学生教授心理健康课的老师是学校心理咨询中心的咨询师，有的听了该老师课程的学生，慕名前往学校的心理咨询中心寻求该老师帮助。还有常见的学习心理学的学生，会寻求自己专业的老师给予心理帮助。那么在这样的情况下就发生了咨询关系外的师生关系。咨询师除了需要扮演着咨询师角色，同时也扮演了老师的角色。这样复杂的状态对心理干预的进程和效果造成了挑战，咨询师自身也容易无意识地混淆了自己在具体情况下是否扮演了恰当的角色。

对于双重和多重关系的好处与伤害，一直以来都存在争议。双重关系虽然并不总是，但常常的确是有害的。强调避免发生双重或多重关系主要是因为双重关系种类多，对当事人造成的影响难以确定；双重关系容易对当事人带来伤害，减弱咨询师的客观性，造成当事人的权益受到侵犯；双重关系不仅容易伤害当事人，而且会引起外界对行业的不满。况且双重关系波及范围较广，造成的影响有时候难以察觉，比如一位学校心理咨询中心的咨询师给一名自己的学生做心理干预，学生表示自己有学习困难，咨询师刚好在研究学习心理学，没有注意到向该学生推荐了自己的学习方法网络课程和配套书籍，学生作为当事人这时可能会感到迷茫。不清楚咨询师是出于咨询师的角色给的专业建议，还是出于推销目的，向学生出售课程。而在咨询关系中，当事人和咨询师并不具有相等的权力，当事人处于弱势，容易被咨询师剥削和利用。

双重关系的问题发生率高并且难以避免，而心理咨询与咨询师对双重关系的伦理判断确信度不高且争议较大。双重关系之所以难以避免是因为各种客观的现实原因。我国目前社会服务机构较少，心理服务人员短缺，很多突发的处于心理危机状态的人前来求助，可能这个人就是咨询师一起工作的同事或者上司的朋友等，也就是说已经具有了某种人际关系。而附近地区又没有可以求助的心理服务机构，这时候咨询师就会陷入两难境地，给予心理干预会陷入双重关系，但不帮助对这位求助者的伤害和道德风险都比较大。所以面对一些不可避免的双重关系，咨询师应该学会如何处置。需要咨询师清醒地向求助者说明双重关系的伦理风险，可能存在对心理干预影响，甚至对求助者造成伤害。在求助者明确了双重关系的性质和可能后果之后，并征得了求助者的同意再开始心理干预。在心理干预的过程中咨询师要时常检查自己的行为是否发生了角色混淆，跨越了单纯咨询关系的界限。

虽然双重关系的影响存在争议，但是对于性关系普遍认为是不允许的。在心理咨询与干预伦理标准中，任何情况下，与当事人发生了性关系都被认为是不符合心理咨询与干预行业伦理的。美国心理学会在咨询干预的伦理准则中规定，禁止咨询师与其当事人发生性关系，也禁止接受之前有性关系的求助者作为当事人，并且要求在咨询关系结束两年之内咨询师不能和当事人发生性关系。咨询师与当事人发生性关系会致使当事人产生抑郁和内疚等情绪，甚至导致创伤后应激障碍，增加自杀风险。

案例思考

讨论以下案例中咨询师的做法是否符合职业伦理。

案例一：当事人是一位女青年，因为与父亲的关系而前来校心理咨询中心求助。她和父亲从小就难以交流，觉得父亲过于严厉，总是批评她的不足，所以他感受不到父亲的爱。每次与父亲见面几乎都要吵架，事后自己心里也很内疚，看着父亲年龄越来越大，自己觉得没有照顾好他。

咨询师是一位刚毕业的年轻男硕士。咨询师一次次地对当事人共情、接纳和安抚，这让当事人感觉很温暖，在他面前她什么都可以说，因为有足够的信任和依赖。而且每周一次的咨询会面就像一场共同相处的约会，很快当事人对咨询师产生了爱慕之情。而咨询师也恰好因为毕业，和女朋友各奔东西分手了。在和当事人的工作接触中，他发现了她的单纯和温柔，满满地也产生了好感。在这段咨询关系结束后，他们很快相恋了。

案例二：求助者是一名30多岁的中年男子，某当地知名公司的执行经理。因为婚姻问题前来找咨询师求助。他和妻子两人因互相不信任经常吵架，现在矛盾加剧，导致婚姻处于破裂的边缘。

咨询师是一名中年女性，求助者和咨询师曾经是高中隔壁班同学，但是两人并未互相说过话或打招呼。求助者高中时在学校里成绩优异又喜欢运动，是同学和老师公认的三好学生，也是咨询师曾经的暗恋对象。但是他从来不知道咨询师暗恋他这件事情，后来两人在不同的城市读了大学，如今都已大学毕业有了自己的家庭。咨询师觉得两个人好多年没有见面了，也没有生活交集，于是接下了这个个案。

第三节　保密原则

咨询师想要改变当事人的心理状态，必须进入当事人的心理世界，对其足够的了解，这个过程中当事人会逐渐暴露出自己的个人隐私，甚至是一些从未给任何人说过的秘密。咨询师为了快速地从专业角度了解当事人，也会让当事人做一些与其当前症状相关的心理测验，对其心理状况进行评估。所以当事人会比较重视心理干预中，咨询师对其个人隐私怎么处置和使用的问题。

从心理干预的过程看，保护当事人的隐私牵涉当事人对咨询师的信任，这直接影响着干预效果。在具有信任感的咨询关系中，当事人能够感受到安全和舒适，这样才能更自由地探索自己的想法，即使是平时会带来不好体验的感受，当事人也不会在这样的关系中启动与恐惧等负面情绪相关的生理反应。另外，一个保密、信任和安全的咨询环境，能够帮助当事人和咨询师建立安全持续的依恋，甚至可能改变当事人早期不安全的依恋类型。大脑会体验到安全信任的环境带来的积极生存体验，促进当事人和咨询师的关系，保证良好的干预效果。

保守秘密不仅对咨询过程有重要意义，更是基础的咨询干预伦理原则。咨询师有伦理和法律的责任对当事人有关信息做好保密。咨询师在不恰当的场合向他人谈论当事人的信息，会对当事人造成严重的伤害，失去当事人的信任，而且会损害咨询行业的声誉。尽管保密原则十分重要，但是这种原则不是绝对要遵守的，而且有时候是必须打破的。咨询师在保密原则前提下，一些情况需要依据法律和伦理标准许可的方法解决。在打破保密原则前，最好征得当事人许可，并向其解释这么做的目的，而且要在达到预期的前提下尽量少地暴露当事人隐私。

　　考虑到当事人利益时的保密例外。有的时候咨询师需要就当事人的问题与专家探讨，或者接受督导师的督导，有时候需要和当事人的家属交流情况，出发点都是为当事人的利益，但是会涉及暴露当事人的隐私。比如，针对一位有社交焦虑症的当事人，咨询师和社交焦虑专家交流探讨当事人的问题，吸收他人的经验智慧。另外，也会和当事人的家属交流，寻求他们参与配合一些干预措施。在做这些事情之前，咨询师应该向当事人说明用意，征求当事人的同意，从而做到保护其利益维护当事人对咨询师的信任。

　　为了科学研究时的保密例外。咨询师在专业的科学研究中、教学的案例分析中或其他专业发展时，可以用到当事人的案例。但是这必须是在单纯的专业内容范围内进行，而且要根据《中国心理学临床与咨询心理学工作伦理守则》，隐藏能辨别出当事人的有关信息。一般是隐藏当事人的姓名、工作单位和住址。

　　当事人生命存在威胁时的保密例外。咨询师在与当事人接触的过程总，应该留意当事人是否有自杀的生命危险。对当事人自杀风险的评估是一个需要重点关注的事情。咨询师应该留意是否当事人表现出了自杀倾向，是否曾经尝试自杀、准备自杀、有清晰的自杀计划、重度抑郁感觉生活无望、严重的物质依赖以及安排人写遗嘱等。当咨询师意识到当事人有自杀企图时，应该尽一切努力阻止其自杀活动，鼓励当事人抵抗自杀的诱惑并给予心理支持。而且应当尽早告知其家人或相关机构。

　　危害他人安全时的保密例外。当咨询师遇到当事人表示有伤害其他人的意图，或准备做出危害社会公共安全秩序的行为时，应该保护潜在的受害者和社会公共安全，不再遵守保密原则。但是如何识别出当事人的危害企图并不是一件容易的事情，遇到可疑情况时，要做好咨询记录，与有关专家探讨分析。如果情况紧迫，应该马上向相关部门报告，这时候不必要先把自己的目的告知当事人。

　　发现虐待时的保密例外。当咨询师在对未成年人、老年人和残障人员进行咨询干预时，如果当事人倾诉自己曾经遭受到虐待或遗弃，或者父母当事人透露自己有对子女虐待或遗弃时，咨询师应该依据法律有责任向有关部门报告。而且咨询师应该无论是在怀疑还是证据确凿的情况下，都要向相关部门报告情况。

第四节　咨询师胜任力

　　胜任力意味着咨询师要在自己的专业知识和能力范围内提供心理服务。心理咨询师在执业前必须有系统的教育或培训，必须有相应的心理专业知识和技能并取得了从业资质。我国行业内也有相应的执业资质标准，比如中国心理学会《中国心理学会临床与咨询心理专业机构和专业人员注册标准》中就有《心理师注册标准》。在学校为学生提供心理服务的心理师，应该有足够学校心理咨询和学校心理健康教育学习、训练和咨询经历。

咨询师有了专业的学习、培训和资质并不意味着能从事所有类型的心理援助工作。每个咨询师所擅长的领域往往有所不同，咨询中常会遇到超出咨询师个人专业能力范围的情况，导致咨询师的不胜任。不胜任是咨询师不能充分有效地扮演自己的咨询师角色和为当事人提供心理服务。不胜任的原因有很多，一般是由于缺乏充分的学习、培训和实践经验。从不胜任的类别可以将其分为技术不胜任、认知不胜任和情感不胜任三种。咨询师应该清楚地知道自己的能力范围，遇到不胜任的情况时，需要向当事人说明情况，尽早做好转介工作，转介时清晰阐述原因能避免当事人恶意揣测自己病情，导致不必要的心理压力。咨询师一定不能盲目蛮干，要记住：错误的干预等于伤害。

为了获取更大范围的胜任力，咨询师要有开放和持续学习的态度去发展自己的胜任力。可以选择与比自己优秀的同行交流、进行学历教育和参加培训获得相应的资质等。心理咨询与干预的理论与技术在不断发展，咨询师应该与时俱进跟得上学科的发展，为他人提供优质高效的服务。当咨询师想要在某个个案上尝试新学习的干预技术时，应该遵循以下两点：（1）当事人知情同意；（2）有一位经受过此技术严格训练的专业人士作为督导。

美国心理学会伦理守则——胜任力

1. 胜任力的范围

（1）心理工作者必须在经历了足够的教育、训练、督导、咨询、研究或实践后，在能力之内向他人提供服务。

（2）如果心理学研究和专业的知识对当事人的年龄、性别认同、民族、文化、信仰和社会地位等的理解对心理工作者提供服务或研究内容至关重要，那么他们应受到充分的培训、督导或有相关经验，从而来保障他们有胜任所提供服务的能力，否则需要做好转介工作。

（3）当心理工作者要提供的专业服务、教学或所做的研究中涉及的群体、文化、技术或理论是他们并不熟悉的，那么他们应该提前做好相关的培训、督导和学习。

2. 保持胜任力

心理工作者需要不断地努力，保持并发展他们的专业素养和专业能力。

第五节　其他伦理问题

心理学和公共卫生科学能够提供有价值的信息，帮助从业者做出决策；然而，仅仅依靠科学是不够的，决策者还需要考虑潜在的道德价值观。机构间常设委员会（Inter-Agency Standing Committee，IASC）2007 年提出了一些心理干预的伦理标准。2002 年，一个公共卫生从业人员小组与公共卫生领导学会合作，制定了一项题为《公共卫生伦理实践原则》的守则，被美国公共卫生协会采用。世界卫生组织（World Health Organization，WHO）针对心理危机干预也制定了伦理标准。本书基于这些机构和干预伦理标准和准则做出了整合。首先我们应该牢记心理危机干预的总则，然后了解具体的干预伦理标准，包括设定优先权并尊重人权保证公平、充分参与且不造成伤害、利用现有资源和能力多层面支持和强调文化能力。心理危机干预的总则是公正、尊重、责任和善行。

公正：从业者应该公正地对待自己的干预工作和求助者，要有谨慎的态度，防止自己主观的偏见、成长背景、知识理论、技能限制影响了干预工作。

尊重：从业者应尊重每个地区的文化，尊重每个人的隐私、资源、决定权等。

责任：从业者在干预中应认真履行自己的责任，尽自己最大程度的专业能力对受干预者进行帮助，要维护行业的荣誉。

善行：从业者的工作目的是帮助受害者从自己的专业服务中获益，应该保障求助者的利益，避免其受到伤害，并提供良好的助人氛围。

一、设定优先权并尊重人权保证公平

设定资源分配的优先权能确保心理危机响应的公平性和及时性。比如流行性公共卫生事件给卫生和心理系统带来了巨大的压力，学校的决策制定者需要基于已有的心理健康资源做出分配决策。心理服务者在进行干预时也需要做出时间和精力分配的优先权决策，针对自身能力和受害者特征将可用资源最大化。把处于紧急危机状况的学生排在优先地位，组织紧急应对小组及时做出响应，因为在不做出干预的情况下，他们的生命时间可能最短。另外，资源分布也是为了让受害学生得到同等权重的心理援助资源，这应当与本校学生的需求相结合分析。总之，在所有情况下都存在这样一种共识：决策者用于确定资源分配优先次序的过程应该是透明和包容的，涉及比较广泛的利益相关者参与。

尊重人权和公平性意味着咨询师在制定干预方案和实施时，要考虑弱势群体（儿童、青少年和残障人士等）、民族文化差异、经济差异等方面。学校的学生很可能来自不同地域和民族，不同的社会阶层和成长背景，在对学生提供心理干预服务时应照顾到求助者的社会背景，不带有偏见和歧视。咨询师应尊重他人。

比如在受新冠病毒影响的重灾区，疫情对每个人都是挑战，恐惧、悲伤和紧张在当地区域可能会增多。在困难时刻，甚至比以往更加困难时，咨询师应尊重这些地区的求助者，形成所有人享有尊严的气氛。从而确保他们能公平和无歧视地获得帮助。

二、充分参与且不造成伤害

充分参与应包括求助者的知情参与，应考虑真实和有意义的方式，以确保所有参与者都知情同意。很多当事人在心理咨询干预过程中都展现了很好的自愈能力，他们有能力和精力参与学校的心理咨询工作，甚至能帮助他人缓解心理压力。许多精神心理援助服务都是依靠自身的援助体系而非外部组织，紧急情况下使本校人群最大化地参与心理援助工作，做好心理健康宣传、协助评估或执行评估，这有助于提高学校学生整体心理健康知识，缩短学校心理咨询与干预的周期。

心理干预人员需要注意消极后果，不仅要关注干预的益处，也要关注干预的消极后果。校外转介工作如果没有向当事人解释清楚原因，当事人会有比较多的猜疑，如果没有做好向其周围人的解释，其周围学生往往会对当事人贴标签，带来一系列污名化效应。要有当事人的安全意识，避免由于咨询师的行动而使他人处于受伤害的危险之中。咨询师应尽自己最大的能力来确保所帮助的当事人的安全，并保护他们免受身心伤害。

三、利用现有资源和能力多层面支持

当事人个人和家庭都具有自身的能力和复原力，并有许多优势和资源。咨询师往往是在向当事人提供支持和资源，但是不能忽视了当事人本身的资源，可以将其充分利用以帮助构建可持续的发展。

在重大事件的学校心理危机干预中，学生常常受到不同方面的影响，所以需要的支持类型也是多样的。我们可以根据马斯洛需要层次理论，结合紧急情况中精神卫生和社会心理干预金字塔，对金字塔各层次支持活动同时展开。首先是基本服务与安全：提供基本的住所、食物和水，基本的医疗卫生保障。其次是社区和家庭支持：大部分紧急情况下，由于损失和伤害，家庭正常功能和系统会遭到破坏，即便家庭和社会网络系统完好，危机情况下提供家庭功能教育使人们加强了解也有益处。再次是集中的非专业支持：经过专业培训的临床与心理工作人员在督导下进行个人、家庭和团体的重点干预。最后是专业服务：紧急情况下，仍有一小部分人仍无法摆脱其经历所带来的伤害，甚至影响了正常生活，这时候需要采取额外的干预措施，甚至是精神干预方面的措施。

四、强调文化能力

咨询师也受到自己成长背景的影响，会有自己的文化偏见和假设，而且这常常是无意识的。咨询师应该对自己的假设和偏见保持反思态度，同时尝试学习和尊重不同地域的文化。文化决定人们如何沟通，并可确定所说的话和所做的事，哪些是正确的，哪些是不对的。文化胜任力和文化适应与精神健康与社会心理支持（MHPSS）有密切的关系。文化胜任力在文献中有两种描述基本模式：（1）有效运作的能力，运用文化差异和态度的知识；（2）学习态度，这是公认的能力是一个文化适应的过程，没有既定的终点。文化适应最基本的目标是使咨询师能够：（1）优化交互，避免干扰，防止冒犯；（2）优化利益的可持续性。为了在设计、实施、监控和评估阶段达到目标，牢记四个方面至关重要：预期的受益人、利益相关者、主要信息与外部援助者。

文化不适应的案例有很多。比如在海外留学回来的心理咨询师在学校心理咨询中心工作，由于受到西方文化影响较多，对东方人的观念和传统和本校学生不一致，这时候咨询师应该站在当事人的文化背景下去考虑和尊重当事人的观念。

本章回顾

本章讲了心理咨询干预中的伦理标准问题。

1. 当事人利益

当事人利益优先：咨询师应该把当事人的利益放在自己前面。即使要面临自己利益受损也不能危害当事人利益。

知情同意：当事人有权知道关于咨询师的专业背景、咨询的理论、干预方法、收费等。有权中断或终止咨询干预。

2. 干预关系

咨询师应当尽量避免与当事人发生双重或多重关系，以免因为角色混乱造成对当事人的伤害。性关系更不被允许。

3. 保密原则

咨询师应当对当事人的个人信息、隐私、咨询干预内容进行保密。但是也存在保密例外的情况，比如当为了当事人的利益、为了科学研究、当当事人有自杀危机、当事人要危害他人或社会、存在虐待等情况时可以打破保密原则。

4. 咨询师胜任力

咨询师从事心理咨询与干预工作必须有相应的专业学习和训练，并且取得行业认可的资质。咨询师常常存在不胜任的情况，这时候要面对自己的不足，及时做好转介工作，不勉强。

5. 其他伦理问题

设定优先权并尊重人权保证公平：在资源有限的情况下应给予更需要援助的人更多资源，心理干预对不同群体要保证公平性并尊重人权。

充分参与且不造成伤害：心理咨询与干预要充分调动求助者的积极性，参与干预活动中去，但不能给求助者造成伤害。

利用现有资源和能力多层面支持：求助者和其周围环境中的资源应该利用和调动起来。

强调文化能力：对不同种族、民族或文化背景的求助者，咨询师不能带有文化偏见，要尊重他们的文化，用其文化适应的方式对其进行干预。

第四篇

案例分析

第十一章 抑郁相关问题案例

第一节　抑　郁

抑郁相关心理问题属于常见的情绪类问题，它不是单一原因造成的心理问题，而被视为复杂的生物、心理与社会现象，个体在很大程度上受到遗传与其他生物因素的影响。研究已经证实，单纯的抑郁先天遗传因素的影响和后天成长环境的影响作用都存在着显著的影响，后天环境包括家庭环境，成长工作环境以及压力事件的影响，其中先天遗传因素影响了个体对于压力事件的易感性以及抗压性。这进一步地证明了先天因素和后天因素的相互作用，生物，心理，社会因素的相互影响对抑郁的产生至关重要。

当个体陷入抑郁时，他的神经传导物质、对事物的正向和负向的情绪感受能力等多层面都呈现出混乱的状态。他在感受快乐的能力下降、情绪恢复能力减慢的同时，体会到的悲伤、生气，羞耻等感受会增加。

除了神经生理与情绪的表现外，也存在人际关系的问题，如社会孤立、疏离等。他们对自己、世界与未来的观点是负面的，神经化学、生理、情绪、认知、行为与社会因素以一种复杂且动态的方式交织在一起。

青年期的抑郁常常伴随着家庭关系未解决的冲突，学业压力、亲密关系、同学关系等人际关系的压力等，表现形式更为多样和复杂。

一、状态表现

核心表现

抑郁的人会出现数周或者更久的抑郁、悲伤、沮丧或者枯竭的感受，在他们的体验中，大部分时间都处于"低落"的状态（即便事实上并非如此）。很多处于抑郁症中的人或者家属常有的困惑："那天和朋友在一起的时候，还有说有笑的，怎么会是抑郁呢？"很多抑郁的人并不是不会笑了，也不是没有开心的时候，他们不缺少快乐的能力，只是情绪的恢复能力变差，没办法快速地从悲伤等消极情绪中"恢复"过来，缺乏情绪快感（见下表）。

抑郁状态

情绪表现	躯体表现
抑郁情绪	睡眠障碍
普遍性的、压抑的心境	失眠
易激惹	嗜睡
失去体验快乐的能力（快感缺乏）	进食问题
自责，负罪感	体重减轻
自杀意念	体重增加
认知功能（思维）表现	疲倦
注意力障碍	头痛
记忆力下降	便秘
迟疑不决	持续性躯体疼痛
思维迟缓	
缺乏动力	

　　如上表所示，抑郁主要包括了情绪表现，认知功能状态和躯体表现三大部分。很多表现为抑郁的人，虽然是相同的状态，但他们抑郁的表现有很大的差异。有些人会表现出沮丧、自责、自我批评，感觉自己很失败，什么都没做成；有些人表现出不被人喜欢的受伤感，自我嫌弃，感觉自己被遗弃了；一部分人体会到的是没有目标感的空虚、困惑；还有一些人有很强的焦虑感，或者容易被激惹，容易发脾气、愤怒，并有一种低能量的感觉；一部分人呈现高度的人际关系回避的状态；有一些处于极度脆弱、极度焦虑的状态中。

　　即便抑郁的人的体验有很大的差异，但突出表现为"三低"，即情绪低落，兴趣减退，精力下降。情绪低落的表现中，来访者的情绪是悲观、低落、灰暗的，他们时常感受到悲伤、失落、无助；他们对于以前喜欢的事物、兴趣爱好的关注减少。甚至开始抵触之前有兴趣的事情，更多提及这个兴趣爱好带给他的负面的体验，如运动会流太多的汗、清理起来很麻烦；精力下降的状态会让来访者感受到容易疲劳或者过度疲劳、精神萎靡、倦怠等。

　　除此之外，所有的抑郁的来访都有共同性的表现：他们在应对抑郁时出现应对困难。例如，无法很好地和抑郁的情绪相处，很害怕自己永远也无法走出抑郁，无法接受自己心情低落；在情绪层面有一种自我封闭、脆弱、退缩的状态；对自己有很强烈的自我批评，自我羞辱，如对自己的学业极其不满意，认为自己是一无是处的（即便自己成绩较好）或者对自己的外表或者其他的部分有非常多的不满。在与他人的关系中存在遗留的关系冲突，如和父母的关系紧张、对家庭成员有强烈的敌意或者埋怨；对自己要求过高，力争完美，即便已经出现抑郁，精力下降，依然希望自己保持良好的学业，对某一领域保持很强的胜任力等。

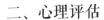

二、心理评估

抑郁者的心理评估是心理咨询的重要环节，评估是一个动态的过程，在咨询前期的评估主要是全面地了解来访者心理问题的严重程度、具体的困惑以及背景信息等，帮助咨询师判断该来访者是否符合心理咨询、是否需要其他的干预，例如临床心理科的药物辅助，团体干预等方法予以辅助或者转介到其他的机构，如精神科住院。心理咨询的中期评估可以帮助咨询师形成咨询的方案，指导咨询的方向，心理咨询中期的评估主要是评估干预的效果以及结束咨询的相关内容。

本阶段的心理评估侧重于咨询初期的评估，包括来访者心理问题的严重程度（包括精神科诊断）的评估，思维习惯、情绪感受、身体感觉的评估，家庭结构、亲子关系及社会支持力的评估，创伤经历、生活事件等问题，人格因素，自杀风险的评估等。

（一）抑郁的严重程度的评估

根据美国精神医学会制定的《精神障碍诊断与统计手册（第5版）》（DSM-5）的标准，"抑郁症"的指标包括如下方面。

- 大部分时间情绪低落。
- 大部分时间对几乎所有活动缺乏兴趣或乐趣。
- 明显的体重增加或减少（>5%），食欲增加或降低。
- 失眠（通常为睡眠维持障碍），或睡眠过多。
- 他人观察到的精神运动性激越或迟滞（未自我报告）。
- 疲劳或乏力。
- 无价值感或过度的、不适当的内疚感。
- 思考能力下降、注意力不集中或犹豫不决。
- 反复出现自杀意念，企图自杀，或制订了自杀的具体计划。

在两周内每天的大部分时间里，出现上述9种指标的5种及以上，会被考虑诊断重性抑郁（这里不包括自杀想法或行为）。这里需要说明的是，尽管为大家介绍了一种诊断标准，但抑郁的具体诊断需要由精神科医生专门开具。如果自己的情况与上述多条都可能符合，或许需要临床心理医生或精神科医生的专业诊断（心理咨询师没有诊断的权力）。

（二）认知及思维习惯、情绪感受，身体感觉的评估

（1）认知及思维习惯方面。被抑郁困扰的青年人常常表现自我评价低的特征，他们表现出对自己的贬低，认为自己缺少了某些"优良"的品质，例如，自己不够聪明，学业表现比较差。不够有毅力，无法坚持学习英语；家庭背景比

其他的同学差，以致找工作出现困难等。他们会放大自己的失败，甚至觉得自己一无是处；他们表现出悲观消极的状态，总是看到事情发展中消极的一面，会表现出"现在都不顺利了，未来又会好到哪里去"的"绝望感"；习惯于自我苛责，表现出自我为中心的"自我批评"，遇到任何事情，都会从自身找原因，归结为"是我不够好，才会有现在的局面"；做事情优柔寡断、举棋不定，对于日常的一些决定也会犹豫不决，无法快速做出决定，把简单问题复杂化；对自我形象不满意，不停地审视自己的外貌，并因为自己的自我形象问题而加深了自责和自我贬低。

（2）情绪感受方面。被抑郁困扰的青年人会表现出"沮丧"的感觉，而这种沮丧感常会以悲伤和忧愁的情绪表现出来；他们还会表现出内疚、羞耻等对自我的消极情感，他们常常表述为"我是一无是处的……"甚至表现出严重的自我憎恶，"自己就不应该活着""不配活着"；欲望的满足感缺失或者出现被剥夺感，他们在做事时的满足感逐渐减少，原本可以让他们觉得满足的事情也无法让他们感受到满足，如"以前考了好成绩会很开心，尤其是得到老师的表扬或者同学的鼓励时，现在却感受不到开心"。青年人常出现"对方比我好，比我拥有了更多""仿佛自己本该拥有却没有得到"的感受，导致自己因为没有得到而感到"失落""愤懑"的情绪；情感依恋缺失的状态出现，很多人描述"我以前关心的人，现在都提不起兴趣去关心了"，对亲密关系、家人表现出"冷漠"不关心、还有来访者会表现出无助，无望的感受、表现出"对任何事情我都无能为力，一切都不会变好"的消极情绪。

（3）身体感受方面。抑郁者会表现出食欲减退、缺乏的状态；容易疲劳，有滞种感，"感觉自己像一滩泥一样"或者"好像快要没电的电池"，没办法带动自己的身体做任何事情。

（三）家庭结构、亲子关系及社会支持力的评估

对家庭结构的了解是必不可少的内容，来访者家庭状况是单亲还是双亲、父母的互动、依恋关系模式等对抑郁都有着一定的影响，依附理论创始人约翰·鲍尔比曾指出，如果早年的依恋关系遭受了破坏，或者依恋关系不稳定的情况下，孩子会体会到养育者是靠不住的不安全感，或者觉得自己是不值得爱的"不配得感"。这种感觉会形成一个不安全的依恋模式，等这个孩子在成年之后遭遇到"失落"的场景时，被遗弃感被再度激活，导致抑郁。

青年期，尤其处于高中高年级或者大学的青年，他们处于人已成年，但是无法完全脱离父母影响的阶段，更要去了解他们和父母的关系，父母对他们得病的认识。如果和父母的关系紧张，冲突矛盾较大，或者父母完全无法理解到自己的孩子，都会导致来访者出现不被支持、不被理解的状态，不利于抑郁的干预和康

复；在应对抑郁的"孩子"时，父母的无力感常常也会被激发出来，他们可能会暴怒地指责抑郁的孩子，加剧孩子的自责、被遗弃感等。

（四）创伤经历、生活事件等问题

创伤事件的评估包括事件发生的时间、地点、事件等因素，并要探索这个事情与当前抑郁状态的关系。心理学家肯德勒指出，如果个体在成长的早期有遭受虐待、被忽视、被遗弃或者和养育者长期分离的经历，他们在成年之后很容易受到虐待、侵害、工作压力，分手、离婚，亲人离世等事件的影响，更容易诱发抑郁。精神分析理论也认为，抑郁的出现是早年经历了失落，即重要他人、健康、自由等的失去，对于失落的易感性增强，在成年之后产生抑郁的困扰。

（五）自杀、危机风险评估

被抑郁困扰的人，常常表现出自杀的念头甚至行为，青年期的来访者群体，冲动性的自杀尝试和蓄谋已久的自杀同样危险，这也突出地表现出青年期处于情绪稳定与不稳定之间。自杀等危机风险的评估就至关重要。一旦发现来访者自杀的念头强烈，或者蓄谋已久、有强烈的动机，必须启动危机干预程序，保证来访者的安全。

第二节　案例背景

一、案例介绍

求助者 L 某，女，22 岁，大学二年级学生。

主诉：两个月前，和室友发生矛盾，争吵了几句，感觉失落、疲惫、无法集中注意力，反复地思考，时常出现悲伤、难过等情绪。学业压力也变大，无法完成老师交代的作业任务。很想让自己积极一点，但内心开心不起来，经常莫名地烦躁。很想发脾气，之前可以隐忍，但是慢慢地无法隐忍，常常觉得别人在针对她，容易跟人产生冲突。很在意别人对自己的态度，想要和人处理好关系，一旦发生冲突又想要逃离人群，总是感觉自己做得不够好，又没办法做得更好，变得更加自责。

既往史：该女生曾经因为抑郁低落而休学两次，初中、高中各休学 1 年。初一入学因为学业压力大，出现焦虑、担忧等情绪，偶尔有请假在家休息的情况，随着对同学、学业、学校的熟悉，情绪慢慢好转。初二的时候，和同学发生了一次冲突，感觉被同学针对、孤立，内心开心不起来，经常莫名地烦躁，很想发脾气。之后情绪越来越低落，注意力无法集中，精力下降，悲观、难过等。初二下半年有过一次割腕自伤的行为，后家长带到当地精神心理专科医院就诊，诊断为"抑郁症"，并休学了一年。

一年调整后好转复学，顺利考入高中。由于进入高中新学校，出现环境适应困难、学业压力大等问题，又出现了情绪低落、言语消极、兴趣减退、什么事也不想做、想要独处、不想与外界接触等情况，终日感到疲劳，再一次出现自伤等行为。上述表现早上的时候感觉强烈，晚上会有所有缓解（晨重暮轻），没办法持续学业，又休学一年。

来访者在大学入学开始寻求学校的心理咨询服务，入学之后的学业压力、室友关系等再一次成为来访者的压力源，但基本可以适应。大二入学之后，由于室友之间的冲突升级、学业压力增加，来访者的抑郁情绪加重，再一次开始自伤的行为；学校老师转介来某医院门诊咨询。

家族史：母亲较为焦虑，容易受到外界刺激的影响，有时情绪崩溃，有暴力虐打等行为。父亲较为回避，不善于表达情感，没有有效的策略可以安抚母亲的焦虑。没有长辈，如爷爷、奶奶、外公、外婆的的干预和支持，这个家庭的社会支持力都比较差。

个人史：来访者从小由妈妈带大，妈妈情绪不稳定，行事强势，追求完美，对来访者要求苛刻，对来访者有情绪忽视、身体虐待的行为，常常会因为生活中的压力迁怒来访者，对来访者进行殴打。来访者的爸爸经常出差，常年不在家，父母的情感不和谐，妈妈常常因为爸爸表现不好责罚来访者。来访者小学的时候成绩优异，但初中开始不适应学校生活，有被同学孤立和排挤的经历。

二、案例分析心理评估

从状态表现的角度看，L 同学表现出情绪低落、精力减退、快乐体验缺乏三条抑郁发作的核心状态表现，同时存在抑郁发作的多项状态表现：集中注意能力降低、自我评价降低、自罪观念、认为前途暗淡悲观、自杀观念、睡眠障碍、食欲下降 / 体重减轻；不伴有精神病性症状；本次抑郁情绪持续了两个月，曾经有过明确诊断；学习、生活的功能有一定的受损。

心理学家 Blatt 对抑郁的阐述中提出了两种潜藏的精神动力结构，依附型和内射型抑郁。其中形成依附型抑郁的人，他们早年经历过被抛弃、被忽视，因此经常感受到无助、孤独的感觉，或者在关系中表现出很强的脆弱感，害怕被拒绝或者被抛弃。L 同学明显地表现出了依附型抑郁的状态，早年的经历导致她在应对人际关系的时候出现很多适应不良的行为，她期望得到照顾，被保护和被支持，一旦人际关系冲突的时候，会表现出很多的脆弱、无助，无法应对人际冲突的表现。内射型抑郁的形成，源自个体早年成长中遭遇了养育者严苛的要求、过度的控制，并内化了养育者的形象，形成了自我苛责的状态，他们的自我效能和积极自我遭到了明显的破坏，表现出无意义感、无价值感、内疚感，总是感觉自己很失败。这部分的表现在 L 同学身上表现得也很明显，当她感受到来自关系压力，或者学业压力时，会表现出嫉妒的自我批评、自罪感，总是感觉自己不够好，甚至缺乏胜任力。

从情绪聚焦的角度，L 同学在一个忽视和虐待的环境下长大，导致她发展出一种抑制自己感受情绪体验的情绪加工风格。这让她难以发展出健康的情绪基模来指导她的行为。同时，她很也难体会到自己健康的适应性情绪，例如，她对妈妈的虐待有很强烈的愤怒，这个愤怒是适应性的情绪，但是如果她表现出生气，母亲会因为她的表现而更严重地虐打，这是她害怕的事情。在这个过程中，她的愤怒（健康的初级情绪）会发展出恐惧的情绪（不健康的次级情绪），以致她用恐惧感的次级情绪来掩饰愤怒的初级情绪。她会形成一个以恐惧感为中心的情绪基模来指导她的行为，当和人发生冲突的时候，她会陷入恐惧中，并开始自责，食欲下降等。这个以恐惧为核心的情绪基模的指导，并不能让 L 同学感受到被保护，也没办法满足她的安全感的需求。

L 同学在成长的过程中被妈妈批评惩罚，形成了"我不值得被爱""我是糟糕的"等情绪基模，在学业压力增加，人际关系有一些冲突的时候，这些情绪基模被激活了，这些脆弱的、受伤的、感到糟糕的自我体验会替代强壮的、有活力的、高兴的自我体验。恐惧和羞愧两个情绪是最重要的适应不良情绪基模，处于感情障碍的核心，所以来访者常常处于"防备"他人伤害自己，并以自伤的方式缓解自己的羞耻感。

从辩证建构主义理论来看，抑郁被看作自我组织加工过程中的情绪问题。来访者对自我、世界和未来都持有消极的看法，并且行为退缩。个体对痛苦的核心适应不良情绪被现实刺激激活，与此同时，又想要回避这些适应不良的情绪，导致了抑郁的发作。这些适应不良情绪主要是恐惧、羞愧、孤单、被抛弃或愤怒。另外，如果个体使用适应不良的应对方式来应对这些情绪时也可能导致严重的抑郁。

第三节 干预方案与结果

一、常用干预方法包括哪些

1. 认知行为疗法（Cognitive-Behavioral Therapy，CBT）

最常见的抑郁干预方法之一，由亚伦·贝克（Aaron Beck）博士与他的同事于 1960 年提出。这个干预方法主要关注抑郁的人的想法和认知。研究指出，抑郁的青年会出现"认知三联征"，即对自己持有负面思维，对自己的经历持有消极的态度看待，对未来持有悲观的视角。这样的研究发现也符合认知行为干预方法的主张，患有抑郁的人长期或经常处于对自己和世界的偏见中，采用某一种思维或者反应模式，导致自己一直处于抑郁的状态中。

认知行为咨询师会指导抑郁的求助者注意自己思维模式当中的错误和负性的自动化思维，并采用一些手段和方法矫正自己扭曲的认知和负性自动化思维，换一种更积极的方式解读生活事件。认知行为疗法是被证明对程度较轻的抑郁具有显著的干预方法。

2. 人际心理疗法（Interpersonal Psycho Therapy，IPT）

IPT 主张专注于抑郁求助者的人际关系，这个干预方法具有较好的操作性，有很多的循证医学的研究支持。该干预方法的显著特点是不关注抑郁症的起因，忽视疾病发生的内在根源和生理因素的影响。IPT 认为人际关系问题不是导致抑郁的根本原因，但是处理好人际关系的问题可以缓解抑郁。尤其是青年早期（甚至青少年）的人群，他们无可避免地存在着人际关系的困扰，帮助他们识别并找到哪些生活遭遇导致了抑郁的不断发展，并帮助他们发展出更好的沟通方法改善这个困境，使困境好转。

IPT 咨询师会增强青年人在重要人际关系中的沟通交流：与父母、同伴以及恋人，帮助他们学会更多开放式的交流方式；同时帮助求助者了解自己的需求，澄清自己的角色期待，处理角色冲突和转变。这样的方法可以帮助青年更好地获得更加稳固的社会支持系统，也获得更多来自环境的支持和帮助。

3. 家庭干预法

家庭干预法不以一个人作为咨询的单位，而把整个家庭作为一个咨询的单位。他们把抑郁当作这个家庭系统或者家庭结构出了问题，而不是一个人出了问题。青年人的家庭干预法希望通过识别和改变家庭中的互动问题，减少家庭成员之间的负性互动，减少抑郁，如，当家庭成员中孩子出现抑郁，父母试图帮助孩子走出抑郁，但孩子的抑郁让父母感受到无法施以援手的无助和挫败，父母可能会因为无助而变得愤怒，并开始指责或者否认孩子渴望改变却无力改变的现实困境，又导致孩子进一步地感到羞耻、内疚和抑郁这样的恶性循环的形成。

4. 接纳与承诺疗法（Acceptance and Commitment Therapy，ACT）

这个干预方法是行为主义心理学领域的新发展，是以运用正念为基础的一种干预方法。ACT 不以减轻痛苦、降低不适感为干预目标，反而是让人学会接受，减少习惯性的回避这些不适感的行为，最终达到无视不适感。

ACT 干预不是让求助者识别负性思考，矫正自动化思维，而是让人们关注自己的想法和痛苦的念头，增加承载这些负性情绪及体验的能力。例如，抑郁的人的自我批评，觉得自己做得不够好，因为自我批评而出现羞耻感，ACT 咨询师会让求助者觉察自己的批评，接受自己没有做好的部分，羞耻感因此而缓解，抑郁也随之减轻。

5. 情绪聚焦疗法（Emotion-Focused Therapy，EFT）

EFT 的情绪理论认为情绪是适应性的，健康的情绪可以为人们提供信息，帮助人们适应当下的环境。人们被情绪问题所困扰的原因并不是情绪本身出了问题，而是情绪的调节能力出了问题。抑郁症的求助者早年经历了创伤性的事件，形成了适应不良的情绪基模，造成了情绪调节技巧不足、情绪调节过度等情绪调节的功能失调。

EFT 咨询师帮助求助者提升情绪的觉察能力，使来访者更好地接纳自己的情绪，学会情绪调节的技巧，探索情绪背后的创伤意义，并创造出新的叙事、转化不健康的情绪、增加情绪的容忍能力等。帮助来访者改变适应不良的情绪基模，改善情绪调节失调。

二、实操指导

咨询师使用情绪聚焦疗法对该个案进行了干预。在干预抑郁症的过程，EFT 取向咨询师以同步同调的共情为来访者营造出安全、被理解的氛围，促进来访者对自己情绪的觉察，并帮助他们表达自己觉察到的情绪，学会与这个情绪共处，有效地调节情绪，反思这个情绪以及情绪背后的意义，最终达到对这个情绪的转化。

EFT 认为导致来访者情绪失调的原因包括缺乏情绪觉察、逃避或疏离情绪体验、习得适应不良的情绪基模、叙事建构和存在的意义的问题、以情绪为基础的自我的不同成分存在着冲突、自我和他人之间没有解决的情感，即未完成情结六部分。L 同学在这六部分内容中有很明显的表现，L 同学曾经遭受过妈妈的虐待和爸爸的忽视（未完成事件），在人际关系互动中失去了较好的应对弹性，常常陷入绝望、无助当中（适应不良的情绪基模），她会采用忽视、压抑等方式避免体验痛苦的情绪，甚至以伤害自己的方式转移悲伤、羞耻等情绪带来的痛苦（缺乏觉察，回避情绪体验），当别人的表情冷漠或者不回应她时，她都会做出"你在针对我，你不喜欢我"的反应（叙事建构意义偏差），甚至进入自我冲突当中，猛烈地批评自己，觉得别人不喜欢自己，是因为自己做得不够好，自己就是不被喜欢的。

咨询师需要协助来访者提升觉察，克服回避情绪体验，进入来访者适应不良的情绪基模中，整合来访者的冲突和未完成情结，实现新的叙事建构。而这个过程中常用的技术则是共情技术、聚焦技术、双椅技术和空椅技术等。在咨询的过程中，咨询师会根据来访者的不同表现采取不同的技术。而技术使用的目标是帮助来访者觉察自己的情绪，激活来访者曾经的创伤性的体验，对创伤的情绪进行处理，增加来访者的情绪调节能力和表达能力，促进反思和转化。

与 L 同学的咨询工作一共进行了 16 次，这 16 次的有较为明确的干预阶段划分，其中前 4 次作为关系联结与觉察阶段，这个阶段咨询师要收集资料，建立干预联盟的关系，促进来访者更多的体验和觉察情绪，并帮助来访者了解情绪工作的重要性；在建立关系的过程中，咨询师通过倾听，寻找来访者情绪表达的方式，并识别出与来访者工作的工作任务。

咨询的第 5～13 次是唤起和探索情绪阶段，这个阶段咨询师会针对已经标记出来的任务进行工作。EFT 把工作任务分成六大基本类型：问题性反应、模糊的身体感受、自我冲突分裂、自我情绪打断、未完成事件、脆弱感；并把这六类问题"标记"出来，在唤起和探索阶段，会把标记出来的干预任务作为干预的目标，使用针对性的技术方法来干预这些特殊的标记任务。

第 14～16 次是来访者情绪转化的阶段，事实上，在咨询的第二阶段情绪探索过程中，来访者就会表现出部分转化，转化也并不需要使用多少次的时间，也许在情绪觉察之后的几个瞬间，来访者就进入了转化的状态。

三、干预过程中的改变

咨询的全过程可以划分为三个阶段，每个阶段有不同的咨询目标和干预的方向。第一阶段是建立联结与觉察阶段，该阶段咨询师和来访者建立稳固的咨询关系，促进来访者对自己情绪的觉察；第二阶段是激活和探索阶段，该阶段咨询师协助来访者唤起适应不良的情绪基模，共同探索形成这种情绪的经验、这个情绪基模以及适应不良的情绪意义；第三阶段是转换阶段，促进来访者产生新的情绪反应，促进来访者而对于旧的情绪经验的反思以及新的情绪经验的体验。

（一）第一阶段：联结与觉察阶段

EFT 是人以为中心干预方法的新发展，对于咨询关系非常的重视，故此，这一阶段咨询师的主要任务是建立咨询关系，倾听来访者的表达方式及经验内容，适当地运用共情技巧。让来访者在稳定而安全的关系中关注内在的情绪体验，对自己的情绪有所觉察，推进咨询的进程。

这位来访者和很多抑郁的来访者一样，对改善目前的状态是失去希望的，而且他们在讲述的过程中也会担心自己是不是给别人添麻烦了；同时既想表达，又不想去表达自己曾经的痛苦，因为表达就意味着他们需要再"经历"一次这些事情；他们对关系很敏感，会关注咨询师的状态，甚至咨询师的一些表达或者动作表情会被解读成"你是不感兴趣的"。

来访者：我知道咨询对我来说没什么用，我做了那么多次的咨询，最终的结果都是他们劝我好好活着，或者让我吃药、住院。我一直感到很糟糕，我小学的时候就感觉自己不被喜欢，没有人喜欢我，没有朋友……（来访者看看咨询师）你可能也不太喜欢我这样的人，现在你可以很耐心是因为刚开始，你的职业道德还在支持着你……我总是告诉自己：我的同学和室友对我挺好的，但是我总是很担心哪天就不好了，他们不是真的喜欢我，就算是喜欢我，也是因为我装得比较好，我不能崩溃……

来访者讲述了自己这些年的遭遇，在上小学的时候，因为无法适应学校的生活被老师批评，也常常被同学欺负和排挤。爸爸常年不在家，妈妈有很多的情绪，每次情绪上来的时候，就会批评和"殴打"来访者。在前三次的咨询中，来访者一直在叙述自己抑郁的背景，咨询师对来访者的童年和青少年的生活有了较为全面的了解。在来访者的小学和中学时期，经常产生无人支持、无人陪伴、孤立无援的感觉。她内化了妈妈对她的批评，觉得自己是"累赘"，是一个不值得被喜欢的人。加之没有得到其他长辈照顾，来访者一直在身体和情感上被虐待的环境中长大，她内在有非常强烈的不安感和被抛弃感。

在前面的探索中，咨询师发现来访者无法更明确地描述自己的感受，也没办法聚焦于内部的体验，常常会说"我难受""我不舒服"，她的很多情绪是弥散的、不清晰的。从情绪的反应类型的角度来说，来访者是衍生的无助、无力和绝望的状态。这些衍生情绪掩盖了她的原发适应性的悲伤或者愤怒，并且不能体会到被接纳、被理解和亲密感等。咨询师试着绕过这些衍生的情绪去探索来访者适应不良的恐惧等情绪。

第一次咨询中，她探讨了她的父母，她说道：

来访者：她（是一个）强势（的人），我对她没什么想讲的，她见到我，除了会骂我以外也没什么想和我讲的。我现在基本上不和她说话，我来读大学，我抑郁了，我的一切都不想讲给她。讲了也没有用……（长长地叹气）我爸……他想起来要照顾我的时候，就把我带在身边，但是他好烦，总是表现出关心我的样子，早干吗去了？现在表现出很关心我……如果以前他能这么上心（关心），我妈是不是就不用打我了？打我的时候也可以有人保护我一下。

来访者讲述妈妈的时候，以一种没有情感的、生硬的方式表达，是一个外化的、非聚焦（于内在体验）的状态；而在说爸爸的时候，声音中流露出带着情绪的波动。这意味着咨询师可以通过来访者的情感波动，共情来访者的感受，让她的关注点放在内在的体验，引导她体验和反思她的孤独感和渴望被保护的内在需求。

咨询师：你好希望在你被妈妈责罚的时候，爸爸可以在，可是在你最需要的时候，他却不在……那时候的你，只能一个人去面对暴怒的妈妈，很孤独，也很害怕。

咨询师试图引导来访者进入到内在的体验中，可以让她感受到她的孤单、脆弱无助等情绪，这样的引导也会带来放着进入绝望的感觉中。来访者迟疑了一下，眼圈泛红。

咨询师：当你听我这样说的时候，有什么样的感受呢？

来访者：突然想要用刀划一下自己，感觉这样就可以好受一些。

咨询师：这种划一下自己，可以让你好受一点是说……

来访者：不想要停在这种没事可以做的感受（一个弥散的情绪）里面，划一下就不用那么难受了。

咨询师：这种没事可以做的感受一出现，你就希望做点什么让自己不要陷入其中，这个感觉对你来说是和难受的，我看到你眼眶泛红了，这两种感觉是同时出现的？

来访者：嗯，就是不想要自己流眼泪，也不想这么难受。

咨询师：所以这个眼泪意味着孤独、悲伤？

来访者：嗯……可能吧，就是想要划（伤）自己……感觉到很无力。

咨询师：好像划伤自己是想要克服自己有无力的感觉，也可以不去感受其他的感觉。好像有很多的情绪在你的心里，它们不停地出现，你不停地回避，用划伤自己的方式去让自己不要陷入情绪中……

咨询师为来访者解释了她划伤自己等行为是一种情绪的表达方式，同样也是打断自己体会情绪的方式。咨询师跟随来访者的痛苦，帮助来访者体会无法言语表达的涌动的情绪。

前面的三次会谈，咨询师跟随者来访者的情绪，标记了两个工作任务，第一个干预任务是对于父亲和母亲的"未完成事件"的任务，感到妈妈对于自己的暴力，父亲的忽视和不关注等家庭成员的恶劣对待；第二个干预任务是来访者感觉自己是不值得被爱，又渴望被爱被接纳的"自我冲突分裂"的标记。这些标记会在工作联盟关系建立之后尝试着展开。

（二）第二阶段：唤起和探索情绪阶段

情绪唤起和探索阶段，咨询师会通过来访者表述中的"任务标记"来确定下一步的工作。在前面的谈话中咨询师发现了来访者和父母之间"未完成事件"和觉得自己不被人喜欢的"自我批评"的任务，在EFT的干预中，这两个不同的任务会采用"空椅子技术"和"双椅子技术"干预。

在第六次的咨询中，来访者讲述了和妈妈之间的关系。她说道："你除了打我，什么都没有教会我！不开心了打我，受委屈了打我。"这是一个明显的"未完成情结"任务，咨询师使用了空椅子技术，试着用椅子的方式帮助来访者唤起被压抑的情绪，把和妈妈之间没有完结的情绪完结掉。

咨询师：可以邀请妈妈坐在你对面（对面的空椅子）吗？

来访者：嗯。

咨询师：可以看到她吗？她是什么表情？（这个问话是帮助来访者代入面对妈妈的场景中，通过想象，更好地唤起来访的情绪。）

来访者：嗯。

咨询师：看着妈妈，你有什么感受吗？可以告诉她。

来访者：（沉默）害怕……

咨询师：可以告诉妈妈吗？告诉她，你看到她的感受？

来访者：（摇摇头），良久之后说，我说不出来……

咨询师：可以告诉她，你对她没话可说吗？

来访者：（沉默良久）我对你没话可说……

……

在这一节咨询中，来访者在和咨询师探讨的时候，可以表达对妈妈的一些情绪，但是在空椅中并没有顺畅地表达自己的情绪。这是来访者第一次和妈妈"对话"还是有很多的情绪阻断的显现，不能顺畅地表达自己的情绪和感受。

虽然来访者在这一次的对话中没有"成功"的对话，但是后续的工作中，她的人际关系的议题渐渐地清晰起来。来访者在和妈妈的互动中形成了"我是不被爱"的情绪基模，她渴望得到父母的爱和关心，但是这是很难得到的，她就开始学会压抑自己的情绪，阻断自己去体验自己的情绪感受，也让自己不要脆弱，否认自己的孤单，否认自己的依恋感，与人产生了疏离。这样的行为也让来访者变得越发地"明确"自己是不值得被爱的，自己是"不配"被表扬、被喜欢的。

在第 8 ~ 10 次的咨询中，来访者的自我批评的任务标记清晰起来，她的核心信念中认为自己是不值得被爱的，自己是糟糕的。咨询师使用"双椅对话"帮助来访者清晰的呈现她内在的冲突。双椅任务中椅子的一端是"批评者"的角色，另一边是"体验者的角色"，咨询师会引导"批评者"从严厉的批评到具体的批评的过程，让"体验者"明显地感受到被贬低，以便更好地挑起这个被压抑的情绪。

咨询师指导来访者坐在"批评者"的位置上。

咨询师：你（批评者）要让她（体验者）感受到她是不值得被爱的，糟糕透了。

咨询师指导来访者坐回到"体验者"的位置上。

咨询师：你（体验者）的感受是怎么样的？（体验者位置上主要是体验来访

者内在的情绪感受，增加来访者的体验，激活这个情绪。）

　　来访者：我觉得她说的是对的……我确实是糟糕的……

　　咨询师：当你这样说的时候，你的内在感受是怎么样的？

　　来访者：感觉到很难过，我感觉并不完全像她说的那样，有时候我并没有做什么。你这样说，好像是我做错了什么一样，我感觉悲伤……

　　……

　　来访者在表达完悲伤之后，慢慢地有了愤怒的感受，她对"批评者"的自己表达了愤怒。

　　来访者：你说的话，让我很愤怒，好像他们打我是我的错一样。我之前一直以为这是我的错，一定是我不好，我是不值得被爱的，可以我他们打我只能说明她不爱我，不等于我是不被爱的，只是你不爱我而已，我又不是不可爱的。

　　椅子对话在"批评者"和"体验者"之间进行了几轮的对话之后，来访者的悲伤和愤怒慢慢地出来了，她的"我是不被爱"的核心信念被体验者用健康的愤怒挑战了，她的无力感、绝望感有所缓解。

　　在第14～16次之间来访者和咨询师重新探讨了和妈妈以及爸爸之间的主题。在家暴或者虐待的案例中，受害者一般不能直接地面对施暴者（妈妈），可以先让来访者试着去向保护者（这个案例里面是爸爸）表达自己的愤怒，当被虐待者可以向保护者表达对对方有期待，同时有失望，爸爸常常不在家，一直没有保护好自己的愤怒之后，她才可以尝试着向施暴者（妈妈）表达自己的愤怒。

　　咨询师使用空椅子技术，让来访者想象妈妈坐在对面的椅子上，而自己向那个"不存在"的妈妈表达自己的情绪。

　　来访者：你打我！你除了打我，什么都不会做，你从来都不爱我，我现在看着你，很生气，我不想看到你，你除了打我，你什么都不会。

　　来访者反复的再描述你打我，但是没有表现出其他的情绪，咨询师用共情性猜测去共情来访者。

　　咨询师：看到妈妈，你觉得很害怕，是这样吗？

　　来访者：是的。

　　咨询师：告诉她，你让我很害怕。告诉她，你有多么的怕她。

　　来访者：我是你的女儿，你怎么下得去手呢？难道我不是你的女儿吗？

　　来访者的状态，在表达一个愤怒，但是她使用了一个反问句，咨询师需要去帮助她顺畅地表达自己的愤怒。

　　咨询师：告诉她，你现在对她很愤怒，可以吗？

　　来访者：我对你很愤怒，好生气……

　　来访者可以表达愤怒，但是让咨询师让来访者坐到爸爸的位置上的时候，来访者扮演的妈妈并没有表现出对来访者的歉意和怜悯。咨询师在让来访者回到体验者的椅子上时，试着让来访者去表达情绪背后的需求。

咨询师：告诉她，你的需求是什么，你想要她怎么样。

来访者：我想你爱我，我想你告诉我说，孩子，妈妈爱你。不过我知道，你就不是那种可以爱我的人，你就爱你自己，不对，你也不爱你自己，你呀，你从小就不被人喜欢，你没有被爱过，你也不爱别人，我真的对你很难过，你不爱我，你就不会爱我，你让我感觉我是不可爱的，我想得到爱（流泪中）……我一直以为我是不可爱的……你不爱我，我可以爱我自己！你不爱我，那我以后就爱我自己好了。我是可爱的，只是你不会爱而已。

当来访者表达了自己的悲伤和愤怒之后，她的自我怜悯增加了，健康的愤怒和哀悼的悲伤帮助来访者转化掉了核心的羞耻感。来访者从"我不值得爱"的核心痛苦中走出来，可以客观地看到"我不是不可爱的，只是她不会爱"。

这个阶段，来访者处理了自己和妈妈、爸爸的情结，顺畅地表达了自己压抑已久的愤怒和悲伤。也转化掉了"我不够好"的羞耻感，抑郁情绪随之缓解，自我苛责的部分慢慢地缓解。

（三）第三阶段：情绪转化的阶段

这个阶段的一部分工作已经在第二段的椅子工作中完成了，在这个阶段来访者更具有反思能力，可以觉察到自己的自我批评以及和父母关系中参与的情绪，可以以更客观的方式看待自己，并发展出了新的叙事自我。比如在和同学的关系中，她会发现，每次对方冷脸，我就会有害怕的感觉，甚至有一些沮丧，我觉得她的表情就好像我妈妈的脸，让我突然回到了小孩子的时候，我好像又要挨打了，会有愤怒和下意识的躲闪，但是让我觉察到这部分的害怕之后，就可以不那么紧张了，我可以告诉自己，她（室友）只是有一些不高兴，并不是我做错了，她也不是针对我。

新的意义阶段，当来访者能感受到她的感受，并开始在别人面前表达她的故事时，他们就被赋予了新的方法来思考以及体验自己的感受。在这个干预的过程中，由于来访者的情绪基模的改变，也让她的认知、身体感受、行动倾向的元素随之改变。她的认知、行为等不同的元素都整合在一起，促进来访者更深入的

四、干预结果

经过16次的咨询之后，L同学的"我是不好的，不值得被喜欢"的适应不良的羞耻感逐渐减少，她在人际关系中变得更有弹性，更有创造性地解决问题，例如，她在无法应对学业压力时会积极主动地寻求老师或者同学的帮助，在和室

友有矛盾的时候，她不会以退缩的方式或者觉得对方有敌意，做出保护性的敌意反应的方式来应对现有的环境，她可以和对方沟通，询问对方，我是不是让你觉得不开心了？她抑郁中的无价值、无意义感也随之减少，筋疲力尽的感受慢慢的消失。注意力分散的情况逐步减少。自伤的行为消失。

来访者的睡眠问题有一定的改善，但还是存在着一定的夜眠少的情况。当她感受到一定的学习或者外界压力的时候，睡眠减少的情况较为明显。但是睡眠减少不会像过往一样引发她的焦虑状态。

五、预后

出于治愈性的咨询关系考虑，来访者在16次咨询结束后，还在持续低频率的访谈，从一开始的每周一次降低到每两周一次，再到每三周一次的频率，让咨询起到维持性的效果，为来访者提供渐渐地从咨询关系到现实关系的过度时间。来访者在后续的咨询中，情绪逐渐平稳，咨询效果也逐渐显现出来，她的自我肯定增加了，人际关系中的力量感也有所增加，可以更好地应对现在的压力，为自己提供正行积极的鼓励和肯定。她的抑郁情绪也以显著的方式缓解。来访者和母亲的关系并没有"跨越式"的好转，但是和母亲的冲突减少，她在某一天"突然"想到：她（妈妈）情绪不稳定，我不激惹她就好了，为什么一定非要和她硬碰硬或者戳在那里等她来打我呢？惹不起我还躲不起吗？感觉以前的自己简直是个活该挨打的受气包。她开始回复和爸爸之间的对话，不再"厌烦"自己的父亲，"感觉我们同病相怜"，何苦难为彼此呢。

本章回顾

抑郁相关心理问题属于常见的情绪类问题，它不是单一原因造成的心理问题，而被视为复杂的生物、心理与社会现象，个体很大程度上受到遗传与其他生物因素的影响。先天因素和后天因素的相互作用，生物、心理、社会因素的相互影响对抑郁的产生至关重要。

抑郁不同于日常生活中的"心情不好"，是以情绪低落为主的一系列的情绪问题的集合，求助者会出现数周或者更久的抑郁情绪，很多抑郁的人并不是不会笑了，只是情绪的恢复能力变差，不能从悲伤等消极情绪中"恢复"过来，缺乏情绪快感。

抑郁主要包括情绪表现、认知功能状态和躯体表现三大部分，突出表现是"三低"，即情绪低落、兴趣减退、精力下降。除此之外，抑郁的共同性的表现：在应对抑郁时出现应对困难；在情绪层面有一种自我封闭、脆弱、退缩的状态；对自己有很强烈的自我批评、自我羞辱；在与他人的关系中存在遗留的关系冲突；对自己要求过高，力争完美。

抑郁者的心理评估是心理咨询的重要环节，评估是一个动态的过程，在咨询前期的评估主要是全面地了解来访者心理问题的严重程度、具体的困惑以及背景信息等，判断治疗手段。中期评估可以帮助咨询师形成咨询的方案，指导咨询的方向，心理咨询后期的评估主要是评估治疗的疗效以及结束咨询的相关内容。

心理评估内容包括心理问题的严重程度（包括精神科诊断）的评估，思维习惯、情绪感受，身体感觉的评估，家庭结构、亲子关系及社会支持力的评估，创伤经历、生活事件等问题、人格因素，自杀风险的评估等。

认知行为取向的咨询师会指导抑郁的求助者注意自己思维模式当中的错误和负性的自动化思维，并采用一些手段和方法修正其扭曲的认知和负性自动化思维，换一种更积极的方式解读生活事件。CBT是被证明对程度较轻的抑郁具有显著的疗法。

IPT咨询师会增强青年人在重要人际关系中的沟通交流，包括与父母、同伴以及恋人，帮助他们学会更多开放式的交流方式；同时帮助求助者了解自己的需求，澄清自己的角色期待，处理角色冲突和转变。帮助青年更好地获得更加稳固的社会支持系统，也获得更多来自环境的支持和帮助。

家庭理论流派不以一个人作为咨询的单位，而把整个家庭作为一个咨询的单位。识别和改变家庭中的互动问题，减少家庭成员之间的负性互动，减少抑郁的困扰。

ACT治疗让人们关注自己的想法和痛苦的念头，增加承载这些负性情绪及体验的能力，让求助者觉察自己的消极念头和想法，接受自己没有做好的部分，增加对于自我的接纳，以至抑郁消失。

EFT治疗师帮助求助者提升情绪的觉察能力，使来访者更好地接纳自己的情绪，学会情绪调节的技巧，探索情绪背后的创伤意义，并创造出新的叙事，转化不健康的情绪，增加情绪的容忍能力等。帮助来访者改变适应不良的情绪基模，改善情绪调节失调。

第十二章 焦虑相关问题案例

第一节 广泛性焦虑问题

广泛性焦虑问题（Generalized Anxiety Disorder，GAD），在过去的十年间越来越引起大众的关注。被 GAD 困扰的人常常表现出对于当下并不存在的危险超出预期的、过度的担忧。他们担忧的可能是生活中的小事，或者在一般人看来不需要思考，或是几乎不会出现的事情，如刚大一入学就一直再焦虑"未来我找不到好的工作怎么办"的学生，他觉得"即便我的学业表现较好，但万一在大学四年里出现一些什么事情，学业就变差了，无法顺利毕业，即便顺利毕业，也可能发生别的事情导致无法找到好的工作……我会不会为突如其来的事件伤害到"……抑或是"杞人忧天"的大事情，比对人类社会未来的前途、对地球环境逐渐恶化的担忧。

焦虑情绪本身被视为在生命经验中具有积极作用的情绪，它指导人们对周围环境做出警惕性的反应，以便人们可以对环境中的危险信号做出快速的反应，让个体得以在危险环境中生存下来。比如，在原始部落里面，人们要在危机四伏的深林中生存，焦虑在提醒外出打猎的人要随时保持警惕，可能在某个草丛中隐藏着一只老虎，或者在某一个拐角就和猛兽不期而遇了。"感官敏感的人"更容易觉察到周围环境中细微的危险信息，他们更像一个"敏感的雷达"，可以在更大范围内觉察到更细微的信号，以便更快地做出反应，而存活下来的可能性比"迟钝的雷达"更大。在这样的过程中，"焦虑"的人更好地存活和延续下来，而焦虑的情绪也更好地得以保留。现代社会已经没有了"猛兽"的侵袭，也不会在某个草丛中遭遇危险，但是引发个体焦虑的"危险"信号无处不在，"敏感雷达"的人依然保持着战斗或者逃跑的高度警惕状态，他的焦虑依然在提醒他身边可能躺着一只"老虎"。为了寻找这只老虎，人们把注意力放在了某一些事物上，为这些事物贴上了"老虎"的标签。此外，在个体成长的过程中，父母的支持力不足、创伤性事件、焦虑易感性、生存压力等因素的影响，让一部分人的雷达过于灵敏以致"失灵了"。"高度敏感的雷达"常常会误报很多的危险信息，导致它们无法再正确而有效地指导个体去接受信息，个体每天都在接受焦虑雷达发送的"身边有一只老虎""未来有一只老虎"的信息，惶惶不可终日，胡思乱想，缺乏安全感。

一、焦虑的状态和表现

遭受焦虑困扰的个体核心的表现是过度的、超出预期的极端或者慢性的"担忧"，同时表现出身体疼痛、紧张等躯体反应（见下表）。这些人很难摆脱他们的担忧，常常感受到心神不宁、莫名不安、身体不适、失眠等痛苦。

广泛性焦虑问题的表现列举

焦虑心境	疲劳无力感
过度担忧	注意力集中困难
易激惹情绪	胃肠道问题
坐立不安	肌肉紧张干
有烦躁感	失眠

广泛性焦虑的个体所表现出来的"担心"的范围是"广泛"的，他们常常被各种各样的担心所困扰着，什么事情都可能成为他们担忧的内容，而不只是被一个两个特定的刺激源或者特定的问题所困扰。这也是 GAD 区别于其他焦虑问题的一个标准。

GAD 通常是一种慢性疾病的状态，很多被 GAD 困扰的个体会把自己表现出来的问题"正常化"。一方面他们觉得担心是有必要的，他们认为自己就是一个"想太多"的人，"多想"一些事情算是早做准备，防止有些事情真的发生了，局面会失控。另一方面，他们又会觉得这些担忧的状态给他们造成了很大的影响，困扰了他们的生活。

GAD 的躯体化表现较为丰富，可能会出现坐立不安、胸口发紧、口干舌燥、肌肉酸痛、胃部不适、头涨头痛、心跳加速等。

二、心理评估

心理评估是心理辅导开始的重要环节，评估分为咨询前评估、中期评估以及后期的效果评估，它是一个连续的、动态的过程。在咨询前期的评估主要是全面地了解来访者心理问题的严重程度，具体的困惑以及背景信息等，这个过程可以帮助咨询师判断该来访者是否符合心理咨询，是否需要其他的干预，例如临床心理科的药物、团体干预等方法予以辅助或者转介到其他的机构，如精神科住院。心理咨询的中期评估可以帮助咨询师形成咨询的方案，指导咨询的方向，心理咨询后期的评估主要是评估干预的疗效以及结束咨询的相关内容。

对来访者的焦虑评估可能涉及使用很多的访谈和自我报告工具，本阶段的心理评估侧重于咨询初期的评估，包括来访者心理问题的严重程度（包括精神科诊断）、焦虑水平、"担忧"的整体水平、担忧的潜在结构和加工过程、个体对不确定性或不完整信息的忍受能力、与其他焦虑困扰的鉴别和区分和早年经历等。

（一）焦虑的严重程度的评估

根据美国精神医学会制定的《精神障碍诊断与统计手册（第5版）》（DSM-5）的标准，"广泛性焦虑"的指标包括以下方面。

（1）在至少6个月的多数日子里，对于诸多事件或活动（如工作或学校表现），表现出过分的焦和担心（焦虑性期待）。

（2）个体难以控制这种担心。

（3）这种焦虑和担心与下列6种症状中至少3种有关（在过去6个月中，至少一些症状在多数日子里存在）。

①坐立不安或感到激动或紧张。

②容易疲倦。

③注意力难以集中或头脑一片空白。

④易怒。

⑤肌肉紧张。

⑥睡眠障碍（难以入睡或保持睡眠状态，或休息不充分、质量不满意的睡眠）。

（4）这种焦虑、担心或躯体症状引起有临床意义的痛苦，或导致社交、职业或其他重要功能方面的损害。

（5）这种障碍不能归因于某种物质（如滥用的毒品、药物）的生理效应，或其他躯体疾病（如甲状腺功能亢进）。

（6）这种障碍不能用其他精神障碍来更好地解释［例如，像惊障碍中的焦虑或担心发生惊恐发作，像社交焦虑障碍（社交恐怖症）中的负性评价，像强迫症中的被污染或其他强迫思维，像分离焦虑障碍中的与依恋对象的离别，像创伤后应激障碍中的创伤性事件的提示物，像神经性厌食症中的体重增加，像躯体症状障碍中的躯体不适，像躯体变形障碍中的感到外貌存在瑕疵，像疾病焦虑障碍中的感到有严重的疾病，或像精神分裂症或妄想障碍中的妄想信念的内容］。

（二）焦虑水平及具体焦虑问题的评估

焦虑水平和焦虑问题的评估会使用心理问题及自我报告问卷等测评方式，常使用的问卷是焦虑自评量表SAS、贝克焦虑问卷（BAI）等。其中SAS能够较好地反应有焦虑困惑的来访者的主观感受，可以更好地了解来访者焦虑的主观感受以及痛苦程度。BAI的总分越高说明焦虑的程度越高。

GAD 的核心特征是"担忧"，可以使用"担忧问卷"（PSWQ）评估焦虑者担忧的整体水平，因为该量表是由普遍的担忧因子组成，既可以了解整体焦虑水平又可以了解焦虑者问题解决的风格，比如回避问题，担心，自责或愿望思维等。使用"元认知问卷"（MCQ-30）了解来访者担忧的潜在结构和加工过程。

（三）早期经历和焦虑形成的早期经验

焦虑产生的根源很多，比如家庭环境、父母养育方式以及社会文化环境等都会成为个体焦虑问题的影响因素。焦虑问题的研究中指出，焦虑者都有着被父母过度保护、缺少父母关爱、与父母分离或者父母丧失的成长史，而且他们的童年记忆是模糊的，让他们回忆童年经验是较为困难的。了解患者的成长史以及创伤史可以更好地了解焦虑者困扰，形成咨询假设。

第二节　案例背景

一、案例介绍

来访者，小丽，女性，23 岁，大学三年级，计算机专业学生。

主诉：因为马上要开始实习，焦虑变得严重，总是有很多的担心：担心自己无法胜任后续的工作，担心自己无法毕业，甚至有"奇怪"的念头出现，会担心自己在走出宿舍的时候被车撞伤，会发生战争波及自己等，担心妈妈会死掉，家里人的生命健康为严重威胁；坐立不安，有严重的躯体感受：感受到后背疼痛、头痛、肌肉紧张、心悸；有严重的失眠，入睡困难，躺下之后持续 1 ～ 2 小时无法入睡，甚至毫无睡意。这种状态持续了两个月，在初中三年级和高中的时候曾经有过相同的体验。

既往史：从小就容易紧张、担心，遇到困难或者需要做出抉择的时刻，总是举棋不定、左右摇摆、缺乏信心，甚至退缩。在她的回忆中，每次遇到重大考试，她都需要提前很久开始做准备，但是持续的紧张，晚上难以入睡。有时候因为过于紧张，考试临近时无法看书学习，一直处于紧张焦虑的感受中。这种焦虑感会在完全没有压力、"一切顺利"的时候才会消失，一旦才发生事情，又会立马进入焦虑当中。所以初中三年级和整个高中阶段都处于紧张焦虑的感受中。

家族史：来访者的妈妈非常焦虑，容易受到外界的干扰。妈妈常常是举棋不定，在小的决定之后出现懊恼的感觉。来访者的父亲脾气较为暴躁，容易发火。

个人史：来访者从小由妈妈带大，妈妈焦虑的时候会忽视来访者的感受，并需要来访者照顾她的情绪。来访者觉得妈妈一直都在否定她，不关心她，甚至时长贬低她。爸爸不善言辞，发火的时候很可怕，会辱骂来访者和妈妈。来访者上学一直很努力，初中和高中的阶段，来访者非常认真，感觉自己不聪明，所以非常努力地学习，成绩一直很优异，为了保持自己的优异，又要付出更多的努力，所有一直处于紧张中，很少放松下来，缺少娱乐。

二、案例分析

从来访者的情绪困扰及行为表现的角度看，小丽表现出极端的担忧，且无法控制自己的担忧；坐立不安，集中注意力困难，有严重的躯体化反应，入睡困难；困扰持续了两个月，但考虑初中高中时曾经都出现过类似情况；学习、生活的功能有一定的受损。

心理学家认为焦虑的人早年的经验，养育者没有有效地回应孩子或者未及时回应孩子的需要，导致个体在生命早期没有形成较好的自我安抚能力，也没有形成安全和稳定的心理状态以及安全型的依恋状态，导致他们成年之后更容易受到焦虑问题的困扰。

小丽的原生家庭中，母亲是一个高焦虑的养育者。妈妈的高焦虑导致她无法有效地回应小丽，小丽没有形成良好的自我安抚能力，当压力出现的时候，就会表现出焦虑的情绪调节失调，自我安抚能力差等问题。

情绪聚焦疗法认为，一个人在成长过程中遭遇了创伤性的事件，形成了一些适应不良的情绪基模。常见的适应不良的情绪有恐惧、羞耻、被抛弃或者愤怒、孤单等，以恐惧的情绪基模为例，这个恐惧的情绪基模表现为感觉自己随时被攻击的、随时被抛弃的、随时会失控的核心的恐惧感等负面情绪。这些情绪伴随着的无能的、无助的、想要依赖他人和不安全感等感受会隐藏在隐性记忆中。

当个体遭遇到压力事件时，现实刺激激活了这个人适应不良的情绪基模（隐性记忆中的创伤性记忆），导致这个人内在恐惧、羞耻等情绪表现出来，以致这个人表现出无能力应对现实压力，有不安全感或者被指责的感受出现，而核心的恐惧和羞耻感又引发了这个人的绝望和无助的衍生情绪反应。加之这个人的情绪调节能力失调，无法有效地应对这些情绪，也无法调节，导致个体陷入无法应对的忧心忡忡当中。

由于适应不良的情绪基模激活，个体表现出对自我、对未来、对外在世界的消极认知，又因为应对现在压力的无力感，导致他们陷入一种应对无力的退缩状态。他们不再能很好地体验到确定感、自信以及安全的感受，他们总是处于惴惴不安、柔弱无力、无法应对现在环境的状态，并根据这些感受对环境中的危险过分地解读，处于焦虑当中。

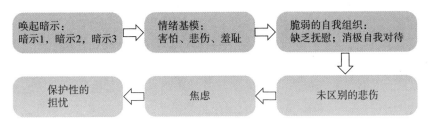

在意识边缘

在小丽的生命成长早期，由于妈妈的不稳定状态，小丽一直处于害怕被抛弃的恐惧中、时常被"打骂"的羞耻和愤怒中。也让她形成了"我是不够好"的情绪基模。在应对考试和毕业压力的情境下，激活了小丽害怕、悲伤和羞耻的情绪基模，导致她脆弱的自我组织中的自我消极对待出现，她的内在冲突就是"自我贬低"和"自我恐吓"，总是感觉自己无法毕业，自己是糟糕的、没办法获得好生活的人，这样情绪又会被无力、无助等衍生情绪掩盖。由于成长过程中，小丽未形成较好的自我情绪调节的能力以及自我安抚的能力，所以她出现了焦虑，担忧的情况。

第三节　干预方案与结果

一、常用干预方案与结果

1. 认知行为疗法（Cognitive-Behavioral Therapy，CBT）

最常见的干预方法之一，由亚伦·贝克（Aaron Beck）博士与他的同事于1960年提出。CBT主要关注焦虑的人的想法和认知。研究指出，焦虑的青年会出现"三种认知歪曲"，即扭曲的自动化思维，如"我是一个失败者""我总是焦虑"；适应不良的假设，如"我焦虑和担忧是危险的""我必须时刻当心我的焦虑，这样我的焦虑就不会影响到我了"；功能失调性图式，如"人们会嘲笑我""我这样的软弱，别人不会喜欢我的"。Lazarus提到的认知模型指出，当焦虑反应被激活时，焦虑者的认知歪曲就会增加焦虑的水平，并维持焦虑的存在。

认知行为取向的咨询师会指导焦虑的求助者注意自己思维模式当中的错误和负性的自动化思维，并采用一些手段和方法修正自己扭曲的认知和负性自动化思维，换一种更积极的方式解读生活事件。CBT是被证明对程度较轻的焦虑具有显著的干预效果。

2. 接纳承诺疗法（Acceptance and Commitment Therapy，ACT）

这里主要是指接纳承诺理论，ACT是行为主义心理学领域的新发展，是运用正念为基础的一种干预方法。ACT 不以减轻痛苦、降低焦虑带来的不适感为干预目标，反而是让人学会接受，减少习惯性地回避这些不适感的行为，最终达到无视不适感。

ACT 干预不是让求助者识别负性思考，矫正自动化思维，而是让人们关注自己的想法和痛苦的念头，增加承载这些负性情绪及体验的能力。例如，修正焦虑者对于焦虑的回避，很多焦虑的人的焦虑出现的时候，他们试图回避焦虑体验，ACT 取向咨询师会促进来访者体会焦虑，不会逃避或者与焦虑"撕扯"，试着把"我很焦虑"从焦虑体验的背景中脱离出来，改变成为"我有一个焦虑的念头"（认知解离技术）。由于对焦虑的接纳和承受，缓解了焦虑的情绪体验。

二、实操指导

咨询师使用情绪聚焦干预方法对该个案进行了干预。EFT 认为焦虑问题适应不良情绪的核心表现：对未来的灾难性预期、保护性恐惧（这个恐惧是为了提醒个体，有危险出没，要小心谨慎）和不安全感。情绪聚焦的干预焦点是帮助来访者重新处理他们的情绪，让他们重新体验曾经没有被处理好的情绪（创伤性的情绪），并对这些情绪加以转化，最终恢复个体情绪处理的能力，从未命名，或者淹没性的情绪中走出来。

情绪聚焦干预方法辅导焦虑问题等情绪问题主要集中在两方面：①增加来访者对于情绪的觉察，重新体验曾经的情绪体验和记忆，并对之前未被觉察的或者需要处理的情绪进行评估，增加情绪的表达，并加强对这些情绪的反思；②在共情性的人际关系基础上，针对适应不良的情绪进行工作，探索出替代性的情绪反应或用新的情绪转化适应不良的情绪（创伤性的情绪）。

EFT 的总的步骤分为三个阶段，第一阶段觉察情绪，第二阶段唤起情绪，第三阶段转化和反思。在广泛性焦虑的咨询中，具体的工作内容也有三个阶段。第一阶段，发展共情的咨询联盟关系，加强来访者的情绪觉察，探索"焦虑分裂"的工作任务。第二阶段，展开焦虑分裂的工作任务。在展开焦虑分裂的工作同时，评估来访者适应不良的情绪基模的类型，常见的适应不良的情绪基模是基于被抛弃的恐惧、不完美的羞耻（因为感觉自己不够好而感受到的羞耻感）而表现出来的不安全感。倾听来访者自我批评的标记，拓展自我批评的对话，消除消极自我对待。在自我批评的探索过程中，探索早年的情感创伤，探索这个适应不良的情绪基模的出处，通常是有"未完成情结"的工作任务需要完成，处理未完成情结的工作。第三阶段，转化情绪，最终通过激发健康的愤怒（适应性的健康情绪）和自我怜悯来消除恐惧和羞耻，促进情绪的反思以及创建新的意义，协助来访者发展出自我安抚的能力。

小丽的咨询一共进行了 18 次。第 1～4 次是咨询的第一阶段，这个阶段作为关系建立和促进情绪觉察的阶段，咨询师在收集资料的同时也对来访者的情绪进行了评估，评估来访者的情绪是原发适应性的焦虑还是继发的焦虑。咨询师为来访者提供情绪觉察的机会，促进来访者开始关注她内在的感受。第 5～14 次是第二阶段，这个阶段主要是通过焦虑分裂的任务帮助小丽看到"自我焦虑"的过程，并探索到和妈妈之间渴望被妈妈认可，但是同时被妈妈的焦虑情绪所影响的未完成情结。第 15～18 次，来访者用愤怒转化了恐惧和羞耻，并学会了自我安抚和自我怜悯，并可以更好地调节自己的焦虑情绪。

三、辅导中的改变与家庭作业

（一）辅导中的改变

第一阶段，关系建立及情绪觉察阶段：在这个阶段，咨询师和来访者建立稳定而安全的咨询关系，并对来访者的焦虑情绪进行评估，并促进来来访者的情绪觉察。

第 1～4 次的谈话，首先评估来访者的焦虑情绪的类型：来访者的情绪是原发适应不良的焦虑，还是继发的焦虑。原发适应不良的焦虑是无法应对现状的无能为力感和缺少被支持的感觉造成的基础性的不安全感，比如对"我要去考试了，但是我没有看书，也没有准备好"而表现出来的担心，核心的情绪感受是脆弱、不安全。继发性焦虑的不安全感涉及特殊的内在体验，比如对于灾难的预期，而感受到的无助反应，或者担心失败，如"我这一次考不好，未来可能无法找到好的工作，未来将一事无成"等。

在咨询中小丽向咨询师介绍了自己的相关信息，自己的问题以及想法等。她一直会自我激励，不希望自己会失败，希望自己可以成功，所以会过度地规划，过度地控制自己的行为。希望自己在学习的路上，一步都不可以走错，在职业生涯规划中也要顺利地进行。因为要坚持这样的状态，所以来访者每天都在做准备工作，防止自己考试考不过，要努力地学习，也要花费大量的时间去计划后续的工作、学习、生活等。因为使用了太多的力气制作这些计划，所以来访者每一步都要"踩"在计划上，每一步都小心翼翼，就怕有任何的闪失。在她的计划里，每一天做的事情都是规定好的，一旦没有完成，就会打乱所有的计划，就需要再重新规划。在这个小心翼翼的过程中，她的脑子中就会冒出很多的"担心"，万一考试没考过，万一我几天没起来，如果我什么事情没错……甚至家里人出了什么事情，就会打乱我的计划……在最近的这段时间，来访者无法按照自己的要求完成任何工作和学习，导致她开始越发地担心自己的能力。因为这些计划，她

又无法克制地冒出来很多令他焦虑的念头。

小丽这样的表现是次级焦虑的特征。咨询师需要让来访者觉察到自己的刺激情绪下面的原发适应不良的情绪，故此要深化来访者的觉察，让来访者更深入地觉察到自己是如何让自己进入焦虑中的。

第二阶段，深化情绪，使用"焦虑分裂"的空椅子任务，帮助来访者意识到她内在焦虑的自我是如何发生的，如何"吓唬"自己而创造出自己焦虑情绪的。

第5～9次咨询，咨询师开始使用"双椅工作"展开"焦虑分裂任务"。帮助来访者深化焦虑感。

情绪聚焦干预方法对焦虑的干预，会使用一种特殊的干预模型——"焦虑分裂"的干预模型。EFT认为，个体会内化一些焦虑的感觉，并以一种不容易被觉察的方式对自己输出，提醒自己提防危险，让自己免于受到伤害，甚至让自己持续地保持警惕，防止未来的危险，保护自己免受羞辱，强烈的自我批评，拒绝，忽视和孤独等情绪的困扰。而这种对自己的保护会让脆弱的人感受到恐慌和负担，产生强烈的焦虑感，而这些焦虑感又以衍生情绪的方式掩盖了原始的初级情绪，如恐惧、脆弱、羞耻和悲伤等。咨询师通过使用两把椅子的方式，让来访者自我对话，将担忧的过程扮演出来，让来访者看到她是如何让自己变得焦虑担忧的，并通过这样的方式深化焦虑感，激活来访者对焦虑的深刻感知，并觉察和体验到焦虑情绪掩盖下的恐惧，羞辱，自我批评等。

咨询师帮助来访者分开两把椅子，一把椅子是扮演"表达焦虑的"自己，另一把椅子扮演"体验焦虑"的自己。

咨询师帮助来访者去深化觉察，让来访者看到自己内在"焦虑的自己"（恐吓者）是如何输出焦虑的信息，让正在经受着焦虑的自己（体验者）感受到这种焦虑，甚至如何火上浇油似的增加了很多的次级情绪反应，让她自己备受煎熬。

咨询的5～9次，咨询师带领小丽进行了焦虑分裂的探索，在这个探索的过程中，并不是一蹴而就的，咨询师用了四次的咨询，组织了四次的焦虑分裂对话。咨询师让来访者开始扮演恐吓焦虑的咨询，去输出焦虑，恐吓体验者身份的自己。

第8次咨询的片段如下。

小丽：老师，我最近几天特别地紧张，就是典型的焦虑，感觉有什么事情在发生了，就是已经在发生了，我就只能等着，就是英文课本里面的那个扔鞋子的故事，楼上的女人平时习惯了晚上回来把鞋子扔在地上，楼下会听到"咣""咣"两声，楼下的男人上来找这个女人说，你每天晚上回来都会咣咣的扔鞋子，请下次不要这样了，女人第二天回来"咣"一下把第一个鞋子扔在地上，想起来男人说的话，就把第二个鞋子轻轻地放在地上。半小时之后，楼下的男人上来敲门说，女士，你的第一个鞋子已经扔下来了，我做好了准备听第二声，但是等了半个小时了，第二声还没来，我非常不安心，你要不然把第二只也扔一下吧，这样我就不用等待了……我现在就是这种感觉，像是楼下的男人一样，等待着某一个不知道是什么的东西快点来，来了我就安心了。我知道这是我的抑郁，但是就是这样的感受。

咨询师：听起来你感到紧张不安吗？

来访者：是的，我就好像在保护自己的状态，好像我最好准备去迎接，这样坏事发生的时候，我也不会有什么不好的应对方式。

咨询师准备展开一个焦虑分裂的双椅对话，让来访者先扮演恐吓者，坐在恐吓者的椅子上，扮演那个吓唬自己的角色。

咨询师：你现在扮演这个担忧的我（来访者），你要讲一些话，让体验者的你感受到焦虑、担心，惶惶不可终日。

小丽（在恐吓者的位置）：你还没完成你应该完成的任务呢。你这样，会变的原来越糟糕的。（这是一个对未来灾难化的预期）

咨询师邀请小丽到体验者的位置上，去体会这个情绪。

咨询师：坐过来这边（体验者的位置），当她这样说的时候，你的感受是怎么样的？

小丽（体验者的位置）：我觉得她说得对。（这是一个衍生情绪反应）

咨询师：内在的感受是怎么样的？（咨询师在加强来访者的内在的体验）

小丽：我感觉有一点紧张，害怕。

咨询师邀请来访者换到恐吓者的位置上

咨询师：告诉她，她（体验者位置上的小丽）她没有完成任务会有什么糟糕的结果？（具体的预期）

小丽（恐吓者）：你现在的计划都搞不定，你的工作也搞不定，你无法毕业，你会变得一无是处……

咨询师邀请小丽回到体验者的位置上

咨询师：你听到她（恐吓者的位置）这样对你说，你有什么感受吗？

小丽（体验者位置）：突然有一个重担压在身上，心一下被穿透了……感觉到有一些害怕。但是我感觉，有一点生气，我觉得我不至于那么惨啊……我不会像你说的一无是处。

咨询师：嗯，告诉她你不认为的是……

小丽：我就不会一无是处，即便是我再差劲，也不会成为班里最差的，我实习肯定也不会是最差的，我还是有很多的空间的。

咨询师：告诉她，她把烦恼带给你，你的感受是？（分辨感受）

245

小丽：我有点生气啊。你这样说的我，好像我真的什么都不是一样。

咨询师：告诉她你的情绪。

小丽：我希望你闭嘴，不会说话就别说话，你怎么可能不停地否定我？

咨询师：你此刻的感觉怎么样？

小丽：感觉很生气，我希望她闭嘴。

咨询师：用"你"这个词来表达。

小丽：你别说话了，少烦我，安静一下可以吗？

咨询师：告诉她你的需要是什么？

小丽：我需要你支持我，而不是不停地吓唬我，我很辛苦，我需要的是支持和鼓励……我希望你可以鼓励我，即便不能鼓励我，也可以保持安静，闭嘴。

在这段对话中，让来访者看到她的焦虑来自恐吓者的恐吓，体验者位置的小丽可以表达自己的愤怒，用愤怒来转化恐惧。另外，恐吓者的声音慢慢地减弱，让小丽可以更多地自我关怀，支持自己可以放松一点。在这个过程中，也听到了恐吓者的声音和妈妈有关，进入了一段与妈妈之间的未完成情结的工作。

咨询的 10 ～ 14 次，咨询师协助来访者探索和妈妈的未完成情结。使用的是 EFT 中与重要他人未完成情结的"空椅子"干预模型。让小丽与妈妈对话，一个椅子扮演的是妈妈的角色，另一个椅子扮演小丽自己。小丽的妈妈是一个焦虑的、充满了恐惧的妈妈。妈妈在椅子上会不停地告诉小丽"你要尽你所能的做事情，你除了学业以外，一无所谓"，"别以为你现在挺优秀的，那优秀的人比你多多了，你只要不认真就不会有好的结果……"

在这个未完成情结的对话中，小丽对妈妈做出了回应，对妈妈有强力的愤怒和悲伤，她觉得妈妈并没有支持和鼓励她。当小丽把愤怒表达出来之后，她觉得妈妈就是妈妈，她焦虑是她的事情，她之前焦虑，我会真的以为我是焦虑的，如果我做不好就会像妈妈说的一样。现在看看，我其实做得还挺好的，我也可以挺好的。另外，在和妈妈的互动中，小丽感受到自己非常渴望得到妈妈的认可和支持，但是现在即便是得不到认可和支持，她也不会那么在意了，不被支持不会那么困扰自己，也放下了对妈妈的期待。她可以更加放松、更加自由地做自己想做的事情，不用提心吊胆的。

咨询的 15 ～ 18 次，自我怜悯和总结反思阶段。小丽向咨询师汇报了自己更多的体验，她说她感受到了被妈妈否定之后的羞耻感。"我在想象中看到了羞耻的我自己，我在妈妈的批评中那么的脆弱和无助、那么的羞耻，恨不得让自己原地爆炸、原地毁灭的羞耻感。"咨询师帮助来访者做了一个自我怜悯的椅子对话。

小丽告诉这个脆弱和羞耻的自己说："你很好，我是喜欢你的，即便你妈妈没那么喜欢你，但是没事，你是一个认真而坚定的人，你是值得被爱的……"

在后续的咨询中，小丽发现了来自妈妈的羞辱、害怕等感受。小丽可以为自己划定边界，哪一部分是妈妈传达给她的，另一部分她能体会到自己可以更好地肯定自己，即便是偶尔还会被羞耻感困扰，但是可以很快地自我怜悯、自我肯定。她的绝望感和无力感缓解。焦虑的情绪也随之变少，处于正常的担忧和交流水平。

（二）家庭作业

小丽像大多数广泛性焦虑的来访者一样，对于改变的期待普遍较高，他们也有强烈的自助意识和自助愿望，咨询师为来访者布置了家庭作业（如下表）。该家庭作业是借鉴了行为干预方法、身体取向心理咨询以及正念冥想等技巧（EFT本身并没有明确的家庭作业的内容）。

广泛性焦虑障碍家庭作业

具体困扰	采取措施
肌肉紧张，头颈疼痛	放松或呼吸训练
忧心忡忡，胡思乱想	正念、冥想训练
担忧，坐立不安	运动

1. 放松训练

放松训练作为行为取向心理咨询的常用技术运用于焦虑问题的干预中，对于肌肉紧张，头痛等躯体反应有显著的缓解作用。在咨询结束之后，小丽会使用渐进式放松的方式，早晚各训练一次。

2. 正念训练

正念训练是用于 GAD 的常见技术之一。正念训练让人"全心全意"地把注意力关注在某一个具体的事件上面，并以非评判的态度有意识地关注当下。让小丽关注在自己的呼吸上，当被闯入性的担忧所困扰时，让其不做出任何的评判和控制，以观察者的角度把"担忧"看作"仅仅是一个念头"，并加以观察。

3. 运动

身体取向的咨询指出，当焦虑出现时，身体会进入战斗或逃跑的模式，身体开始提醒人："快点逃跑，或者快点隐藏起来！有老虎来了！"交感神经系统被激活，并释放出大量的肾上腺素。这时候需要人们回应身体的自然反应。当人运动起来了，就是在回应身体，"我已经动起来了""老虎已经离开了"。焦虑感也就自然地得以释放。

所以咨询师和小丽商量，建立一个有规律的运动计划。根据小丽的运动习惯和运动能力（小丽没有任何的运动喜好，完全没有运动天赋）为她选择了跳绳和

瑜伽伸拉动作进行训练。

四、干预结果

在整个咨询的过程中，咨询师帮助小丽觉察到了妈妈在养育她过程中带给她的忽视和伤害，以及由此而产生的恐惧、羞耻感（和妈妈的未完成情结的处理）。改变了小丽对自己的批评，修正了她的原发适应不良的羞耻以及被抛弃的恐惧。让小丽获得了保护性的愤怒（健康的愤怒），学会了自我接纳和自我怜悯，提升了小丽情绪调节的能力。

小丽担忧、恐惧的感觉有所减少，她认为"现在的担心足以忍受"。每次焦虑感出现的时候，她可以很好地觉察，而不会陷入焦虑的体验中。妈妈可能会出事、会有不好的事情发生等闯入性的思维消失了。她顺利地完成实习工作，并开始撰写毕业论文，准备研究生考试相关的学习任务。

五、预后

由于去外地实习，无法每周一次地面对面咨询，咨询师和小丽在 18 次的时候讨论了结束，宣告第一阶段的咨询结束。小丽汇报在实习即将结束的时候，有过一小段的时间出现了焦虑的波动，但是她很快地调整好自己的状态，坚持正念训练、渐进式放松以及运动等方式，持续地缓解自己的焦虑，减少焦虑的刺激。小丽和妈妈的关系有一些"质"的变化，她可以快速地识别出妈妈的焦虑情绪对她的影响，她可以有力量地回应妈妈的焦虑。当妈妈开始跟小丽"唠叨"研究生毕业以及找对象的担心时，小丽回应了妈妈的情绪，如"妈，我知道你为我着急，我会听取你的一部分建议的"，并可以从情绪情感上和妈妈设定较好的边界，不会因为妈妈的焦虑和担心就开始自我怀疑、自我恐吓。整体上，预后的保持效果较好，来访者可以有弹性地处理新出现的困惑和问题。

第四节 社交焦虑问题

"和同学一般性交谈就已经让我尴尬的脚趾扣地……掏空了我所有的力气……感觉自己眼睛也不知道应该放在哪里，手也不知道放在哪里，就想赶快结束，回到自己的空间……"一位社交焦虑的同学向我描述他的"劫后余生"，在他看来没有什么事情比"社交"更让人尴尬、紧张的事情了。

社交焦虑问题（Social Anxiety Disorder，SAD），是指个体对于某一个或者多个社交场合的过度担心和恐惧。社交焦虑的人"不喜欢"在公开场合的"社交"活动，如公开演讲、聚会、公共场合吃饭，甚至和权威人士说话，在这种场合下，他们害怕自己表现不佳被评价，或会预设别人对他们做出负面评价，这对他们来说是一个挑战和煎熬。被 SAD 困扰的人，常试图回避这些令他们不适的场合，当他们不得不进入他们恐惧的场景中，就会体会到严重的焦虑感，甚至出现躯体反应，如流汗、肌肉紧张、面红耳赤、心悸、胃痛等，更有甚者躯体强烈程度会达到惊恐发作的级别。可以导致学业，工作和社会功能受损。

社交焦虑分为"操作型社交焦虑"和"广泛型社交焦虑"两种，其中操作型社交焦虑是对个别的、一两个社交场景感觉到焦虑和恐惧，而广泛型社交焦虑则是对很多不同社交场景都感到焦虑和恐惧，占社交焦虑总人数的三分之二以上。大部分操作型社交焦虑会发展成广泛型社交焦虑。

SAD 可能在儿童早期就有潜在倾向，而问题突出表现出来常常在青春期的时候（11～16 岁）。成年人（18 岁以后）遭受重大生活事件之后，也可能导致 SAD 的出现。但是 SAD 人群因为"社交焦虑"的原因来寻求心理咨询的人数少于其他心理困惑者。很多人常把 SAD 归结为"性格内向"或者"正常的害羞"，在遭受较长时间的情绪问题之后才会寻求帮助。未经干预的 SAD 人员，学习、事业、亲密关系以及社会功能都会呈下降趋势。

一、社交焦虑的状态和表现

社交焦虑的个体核心的表现是对某一个或者多个社交场所的回避或者过度的焦虑，且伴有强烈的恐惧，担心对方对自己的某一方面有负面的评价，情绪方面表现出极端的羞耻感，并伴随着不同程度上的躯体化反应（见下表）。

社交焦虑的躯体（生理）反应

脸红	恶心	眩晕
颤抖	口干	恶心
出汗	肌肉紧张	感觉虚弱

社交焦虑的人存在着极端的羞耻情绪，这种害羞是一种适应不良的情绪状态，会促使个体在社交场合中表现出回避、退缩等适应不良的行为。这种回避和退缩会影响个体的社会参与度，而这种行为状态却容易被误解为"性格内向"。性格内向与极端害羞不同的是，性格内向的人趋向于安静、较为单一的交流方式，对人际情感的需求较少，并不过度地在意别人的评价，也不会担心与人交往中自己的表现。内向的人可以表现得善于交际、开朗热情，但是他们更倾向于在一个相对稳定的人际圈子中，以一对一或者一对少量的交流方式。

社交焦虑的个体存在着扭曲的认知状态，常见的表现为：常常存在着消极的想法和念头，如"我的紧张一定会被人看出来，他们都会认定我是一个懦弱的人""我太平凡了，根本不会有人对我感兴趣"；对于自己陷入尴尬带有强烈的恐惧感，"我一会儿一定会紧张的""我太担心人多的时候，可能会表现得太差"；有多过多的不安全感，总是感觉到丢脸，对未来做出极端的预测，如"一会儿上台演讲，我一定会忘词的，大家会因为我的忘词而嘲笑我，甚至对我留下不好的印象"；自我厌恶和自我批评，如"我长得太丑，身材也不好，更不会讨人喜欢，太笨拙了"。

社交焦虑的身体反应，以脸红、颤抖、出汗、恶心等焦虑引发的躯体反应为主，有一些人还会出现说话困难、思维空白等认知方面表现，甚至出现濒临死亡、极度恐惧等惊恐发作的表现。

二、心理评估

心理评估是心理辅导的重要组成部分，心理评估分为咨询前评估、中期评估以及后期的效果评估，它是一个持续的、有更新的过程。在咨询前期的评估主要是全面地了解来访者的相关信息，如呈现出来的问题、问题的严重程度，询问所有的不适情况，常规的心理测验的使用。这个过程可以帮助咨询师判断该来访者是否符合心理咨询，是否需要其他的干预，如临床心理科的药物、团体干预等方法予以辅助或者转介到其他的机构，如精神科住院。中期评估可以帮助咨询师修正自己的干预方法，完善咨询方案。心理咨询后期的评估主要是评估咨询的疗效以及结束咨询的相关内容。

对来访者的社交焦虑评估可能涉及使用很多的访谈和自我报告工具，本阶段的心理评估侧重于咨询初期的评估，包括来访者心理问题的严重程度（包括精神科诊断）的评估，了解个案所有的躯体、认知和行为的焦虑情况，了解目前会引发个案焦虑或者回避的场景具体有哪些，每个场景下个案的情绪状态、压力水平、个案表现出来的回避行为、人际关系情况、教育背景以及社会功能的受损程度等。

（一）社交焦虑的严重程度的评估

社交焦虑的严重程度影响着干预的方式和方法，如果来访者的表现已经符合临床诊断的标准，即需要接受精神科（或者临床心理科）医生的诊断并做出适当的干预建议，如药物使用；如果来访者焦虑表现较轻，未达到临床诊断标准，则以心理咨询为主，必要的时候建议个案到精神科（临床心理科）寻求帮助。

根据美国精神医学会制定的《精神障碍诊断与统计手册（第5版）》（DSM-5）的标准，"社交焦虑"的指标包括如下内容。

（1）个体由于面对可能被他人审视的一种或多种社交情况时而产生显著的害怕或焦虑。例如，社交互动（对话、会见陌生人），被观看（吃、喝的时候），以及在他人面前表演（演讲时）。

（2）个体害怕自己的言行或呈现的焦虑状态会导致负性的评价（如被羞辱或尴尬；导致被拒绝或冒犯他人）。

（3）社交情况几乎总是能够促发害怕或焦虑。

（4）主动回避社交情况，或是带着强烈的害怕或焦虑去忍受。

（5）这种害怕或焦虑与社交情况和社会文化环境所造成的实际威胁不相称。

（6）这种害怕、焦虑或回避通常持续至少6个月。

（7）这种害怕、焦虑或回避引起有临床意义的痛苦，或导致社交、职业或其他重要功能方面的损害。

（8）这种害怕、焦虑或回避不能归因于某种物质（如滥用的毒品、药物）的生理效应，或其他躯体疾病。

（9）这种害怕、焦虑或回避不能用其他精神障碍的表现来更好地解释，例如惊恐障碍、躯体变形障碍或孤独症（自闭症）谱系障碍。

（10）如果其他躯体疾病（例如，帕金森氏病、肥胖症、烧伤或外伤造成的畸形）存在，则这种害怕、焦虑或回避是明确与其不相关或是过度的。

（二）社交焦虑的焦虑水平及具体焦虑问题的评估

咨询师对来访者的社交焦虑的起因进行全面的了解，了解来访者具体担心的情景［可以为来访者提供"社交焦虑问卷"（SAQ）］，以及社交焦虑出现的历史，确定来访者的动态变化，如最初对什么场景产生了焦虑，现在焦虑的场景是否增多或者减少；了解来访所列出的场景中，哪些场景采取了回避的方式应对，哪些场景没有回避，并产生了焦虑以及每一个场景对应的压力水平；在焦虑过程中的躯体、认知和行为的表现；在这个焦虑过程中，来访者采用了什么样的方式来应对，并列出其中有效的应对方式和无效的应对方式。

（三）早期经历和社交焦虑形成的早期经验

一些研究指出，社交焦虑者受到家庭环境、成长环境以及创伤性事件的影响较为显著。创伤性事件，如虐待或者被忽视的经历容易造成个体成年后出现人际交往困难；早年目睹兄弟姐妹或者同学被欺负的经历，会出现替代性学习的创伤，出现社会退缩行为。特定的家庭教育，如专制的父母会不停地责怪或者纠正孩子的行为，这样的行为方式会增加孩子的社交负担，增加孩子社交时的焦虑风险。

第五节　案例背景

一、案例介绍

来访者：小金，男，27 岁，单身，硕士一年级，医学专业。

主诉：小金因为学业压力和人际冲突来的问题前来寻求帮助。医学研究生第一年，他对自己的业务能力以及科研学术表现出非常的焦虑，本科的时候学业较为优秀，但是考上了研究生后，由于导师是一位非常优秀、科研能力强、医术高明的医生，在老师的指导过程中焦虑水平显著上升。之前在写病历、案例讨论和实验室研究的时候略有紧张，现在闲下来的时候也在紧张的状态里面，有很多的自我怀疑，情绪越来越低落，紧张、急躁和失眠等状态相继出现。

小金自述，导师是一位严肃认真的人，做事非常严谨，不苟言笑，是出了名的"冷面杀手"，对学生非常地严格，无论是写病志，还是实验报告相关的内容，导师都会要求他反复地修改很多遍。小金觉得自己一直都非常地努力，也非常地认真，但是不论怎么样努力，导师还是会发现他的一些错误。这迫使小金用更多的时间琢磨文字内容，反复地修正自己的文字内容，避免出现错误，甚至在给老师发送消息的时候都非常地焦虑。他的每一条信息都琢磨很久，发送电子邮件之前反复地检查，确保不被导师挑出毛病。他也总是感觉别人可以更轻松地完成这些，而且觉得自己的同学以及师兄弟们能更好地完成导师交代的任务，深得导师的喜欢。

既往史：小金对自己的小学记忆不深刻，他的初中和高中期间有几个好朋友，但是之后也不经常联系。上学的时候总是感觉自己无法融入同学当中，感觉自己是被排挤在外的。因为学习优异，所以人际关系较为正常，也较为自信。所以他把更多的精力放在学业上面，也为了取得好成绩，常常感到焦虑。

大学本科的时候，小金的学业成绩依然表现出众，依然感觉到自己无法融入同学中，处于主流之外。大学期间只谈过一场短暂的恋爱，因为学业压力较大，时长感觉到焦虑，无法投入恋爱当中而分手。

个人及家族史：小金的家庭关系融洽，有一个妹妹。父亲是一名教师，母亲是一位画家。他的父亲是一位非常优秀的教师，对孩子，尤其是小金的要求极高，非常苛刻。小金回忆说，如果考试成绩不是 100 分，爸爸会质问他为什么不是满分，会让他好好反思自己的行为。父亲也常对小金其他方面的表现不满，比如人际关系、对长辈的态度等。父亲要求小金说话要得体，不可以没有礼貌，平时要对自己有要求，不能太随意等。母亲是一个优雅而寡言的人，她很少和外界接触。小金觉得自己像妈妈一样，在人际关系中比较害羞。

二、案例分析

小金在应对学业和导师的时候，常常会因为自己的表现而觉得自己不够好，认为导师会觉得自己是一个愚蠢、不努力的人，一起学习的师兄师姐可能觉得自己是一个无聊的人。他时长怀疑自己不适合医生的工作，不胜任研究生的学业。

从行为主义角度，成长中创伤性的互动或者紧张的社会互动会导致一个人习得羞耻、紧张或者焦虑的条件性反应。当环境中的刺激与这个条件性反应相似时，就会激活个体窘迫、紧张或者羞耻的情绪。小金的家庭环境中，爸爸是苛责和挑剔的，这样让小金常常处于恐惧和羞耻的焦虑环境中，而苛责的导师会引发他早年的苛责的环境中的社交焦虑。

保护性的"准备"概念指出，当个体面临大型刺激的时候，会做出一个"准备"抵制刺激带来的伤害，而这个准备在社交焦虑中表现为"回避"，而回避帮助人们脱离焦虑的情景，焦虑水平会因此而下降，焦虑感的下降又会导致回避的加强。

社交技能缺乏也会是社会焦虑者的困扰，另一些研究指出，社会焦虑者可能不缺少社交技能，他们社交的表现可能被焦虑、恐惧等情绪所干扰，无法充分地表达。

从认知主义角度，SAD 者头脑中有一个"观众评价"的概念，他们会认为有很多的观众在观察和评价他的社交表现。SAD 者也会感觉自己的表示是不够好的，是欠缺的。而这些又叫作功能失调性信念，SAD 者常有的功能失调性信念包括多余的、负面的、灾难性的预期。小金觉得自己表现不佳的时候，就会把更多的注意力放在表现不佳的行为上，强化了他们自己的预期性的焦虑。

SAD 者把注意力放在危险信号上之外还会表现出"安全行为"。这些行为是为了保护 SAD 者免受失败的干扰，比如小金会过度地反复检查自己发送给导师的信息。而"安全行为"的出现又会影响到良好的社交表现。

第六节　干预方案与结果

一、常用干预方法包括哪些

以认知行为理论为基础的干预方法发展出大量的改变社交焦虑问题的行为技术和认知技术。

（一）行为暴露

行为暴露技术让 SAD 这暴露在令他恐惧和焦虑的社交场景中，反复的暴露直至焦虑下降。这样的方式可以平息个体对社交场景的恐惧。行为暴露可以使用想象暴露的方式，并不需要个体进入真实的场景，只需要在想象中就可以达到现实场景中的目标。也可以使用角色扮演的方法，假设一个令其焦虑的场景，让其注意力在这个场景中，直至焦虑降低。

暴露技术的使用常常是从一个可以接受的恐惧到更严重恐惧的场合，SAD者从可以接受的恐惧慢慢地"习惯"这个焦虑的强度，以至强度下降。

（二）放松训练

放松训练主要是渐进式放松的使用，通过一套系统的身体肌肉紧张—放松的训练方法，帮助焦虑恐惧的SAD者进入放松的场景中。试着让他们可以使用放松的状态来替代紧张的状态。

（三）社交技能训练

社交技能训练为缺乏社交技能的SAD者提供具体的方式和方法，其中包括自我暴露、信任、共情、倾听、言语表达情感、非言语的情感表达、自我肯定、愤怒和压力的自我管理、表达不同意见、提出主张等。咨询师会为来访者进行角色扮演、信息提供、指导和示范，来访者可以在咨询室之外进行练习，提升社交技能。

（四）认知重建

认知重构主要针对SAD者出现的功能失调性的思维方式，主要是理性情绪法、自我指导训练、认知技术。这些技术为SAD者提供心的适应性的想法来替代消极的想法。

（五）正念冥想

SAD者表现出很多回避行为以及自我批评的认知，正念冥想提倡非评判的、接纳的面对自己的行为和想法。为来访者提供一套正念训练的方法，帮助来访者关注自身的状态，以减少自我评判等。

二、实操指导

心理咨询师使用以行为认知为基础的心理咨询方法（CBT）对个案进行干预，主要是针对来访者的不合理信念、扭曲的认知以及回避性行为的干预，并为来访者改善人际关系技能提供协助和辅导。

其中认知重建技术用于改变他人负性评价的不良信念，改善来访者不良的信息加工过程；暴露技术建构一个干预的梯度和顺序，帮助来访者克服回避行为，逐步降低来访者对于某一个或多个特定场景引发的焦虑感；社交技能训练为来访者提供基础和复杂的人际交往的技巧，如眼神接触、积极倾听、建立和保持友谊等；放松训练，通过教会来访者学会渐进式放松，克服来访者的身体紧张的状态，促进来访者可以放松下来，形成社交表现的良性循环。

小金一共进行了 24 次咨询，每周一次。

辅导中的改变与家庭作业

第 1 ～ 4 次咨询为初始访谈阶段，了解小金的基本信息、初始评估、既往史等背景信息。

咨询师和小金确定了一个初步的咨询方案，并确定了小金的情绪困扰。心理测评的结果显示小金存在着中度的抑郁和显著的焦虑状态，但没有自杀的风险。咨询师认为小金的情绪困扰主要是来自对导师以及同门师兄师姐评价的恐惧。而小金的抑郁情绪是一个激发的抑郁情绪，即因为怀疑自己的胜任力不足，无法应对现有焦虑而表现出来的抑郁。确定咨询目标为缓解社交焦虑。

家庭作业：咨询结束到下次咨询开始，小金需要记录本周感到焦虑的情景。

第 5 ～ 8 次咨询为探索阶段，发现来访者的自动化想法，并初步设定场景，实施暴露。

小金在这几周的抑郁情绪所有缓解，焦虑情绪却变得更加明显。在这一周，他在呈报自己的实验报告之前做了大量的准备和检查，花费了大量的时间索引他觉得导师可能会涉及的任何与实验报告有关的话题，希望避免任何被导师问住、无法回答问题的情况。咨询师建议小金记录自己的思维表。

自动想法：

"他会问很多不相关的问题"；

"他会认为我懒惰"；

"我是愚钝的"；

"我不应该考研究生"；

"我是没能力的"。

咨询师使用苏格拉底式提问帮助小金进行"检验证据技术"验证这些想法的真实性。小金意识到自己的导师不只是要求他重写病志和实验报告，而是对所有人都有同样的要求，每一个在导师手下工作和学习的人都是同样的对待。导师"铁血无情"，苛刻而严谨。

咨询师询问小金，你的导师是否有明确地说你不够努力？小金想了一下说，并不是这样的，老师从来没有说过这样的话，只是自己根据之前导师的表现推测出来的。

咨询师帮助小金识别自己的扭曲自动化思维，并对自己的自动化思维进行理性反应的转化。

小金发现了自己个人化和灾难化的思维，并针对这两个思维做出理性化反应：导师对所有人都是苛责的，导师知识对一部分的工作内容不满意并不是全部。之后他的焦虑水平从 80% 降到 50%。

家庭作业：小金在之后的一周填写自己的思维记录表。

在第 8 次的干预中，咨询师给小金介绍了一下暴露的基本原则，并要求他做一个家庭作业：建立个恐惧情景的表格，并在后续的咨询中回顾，为后续的社交焦虑的行为暴露做准备。

社交焦虑情景列表

姓名：_____　　咨询周：_____

请列出所有你习惯回避或让你焦虑的社交情境。在第二列中记下你是否回避这个境，在第三列中记下在此情境中你感到（或将感到）的焦虑程度，从 0（不焦虑）到 10（最焦虑）。

社交情景

社交情景	回避？（是/否）	痛苦程度（0-10）
发信息给导师	否	7
和学长谈话	否	6
和导师谈话	否	8
写邮件	否	7
查房	否	7

第 9～14 次本阶段开始实施暴露，以想象暴露，现实暴露等方式降低来访者的焦虑感，邀请来访者配合家庭作业。

第 9 次咨询实施想象暴露。咨询师为来访者做想象暴露，需要一起创造一个电影的脚本，找到一个令小金恐惧的场景，小金想象的到的最恐怖的场景是去导师办公室讨论学习和研究的时候，被导师质疑"没能力"，并要求他马上重新完成这部分的工作，并要以愤怒的、不满的方式去批评他、质疑他，质疑小金的学业能力和科研水平。咨询师和来访者把这段路程了录音，以声音的方式来呈现给小金。

小金第一次听这个录音脚本之后，焦虑水平达到了 9 分。当导师开始质疑她的能力和表现时，他的焦虑水平得了 10 分。咨询师要求小金连续听 10 编，小金的焦虑水平慢慢地降到了 6 分。

这是一个不错的进展，所以咨询师给小金安排了家庭作业，在接下来的时间离，小金每天都要听这段录音，只到焦虑的分数继续下降。

第 10 ～ 12 次咨询，回顾了一下前面的训练效果，小金觉得整体上的感受较好，可以感觉到有一些放松。咨询师和小金设定了一个新的暴露场景，小金在给导师回复消息的时候不可以反复检查超过 2 遍，整体的信息发送不可以超过 3 分钟。小金在后续的暴露中焦虑降到了 4 分以下。他在暴露的过程中意识到自己的自动化思维是"导师会觉得他是不认真的"。在后续的暴露中，小金可以不太在意老师会怎么想自己，他觉得"导师怎么想都不重要，重要的事情是我已经把事情办好了"。

第 13 ～ 14 次咨询，咨询师有和来访者实施了想象的暴露，想象着来访者查房的时候和患者交谈，导师和其他的医生跟在他后面的场景。这也是一个让来访者很恐惧的场景，来访者的焦虑等级飙升到了 8 分，他脑子中"我和患者说话不流畅""我的工作服湿透了可能没看到""他们肯定看出我紧张了"这样的念头突然再一次冒出来了。

咨询师在这个时候提议自己作为一个"关切"他一举一动的同事（师兄），在他旁边和导师谈话说，"小金这话都说不利索，小金后背都湿透了，都做了这么多年的医生了，还这么紧张……"小金的紧张感瞬间就升到了 10 分。之后小金在这样的暴露场景中反复体会了 8 遍，焦虑等级降到了 3 分，没办法再降到更低的程度。

家庭作业：小金可以做一些有"小错误"的事情，比如在和导师以外的人发消息的时候，不去反复地检查，可以故意打错几个字。原本咨询师的打算是小金可以跟导师发消息的时候打错几个字，但是小金每一次给导师发消息都是一些比较重要的事件，有错别字会被当成"工作事故"，所以就改成了给导师以外的人进行暴露。这个作业是为了挑战来访者的"安全行为"，让来访者感受到焦虑减少。

第 15 ～ 21 次咨询，人际训练阶段及图式重建阶段。这个阶段帮助进入人际关系中来处理焦虑感，并建构一些关于自我的新的图式。

在之前的咨询中，小金的情况有所改善，他对工作的焦虑变得越来越少，担心的事情也开始减少，尤其是在工作之外的时间不会有太多的担心，睡眠也变好了很多。他的"如果不够努力，导师不认可，我还是失败的"自动化认识依然存在，在人际关系的困扰依然还在。他希望增加他的社交技巧，这样就可以很好地与他人保持良好的关系。

小金在练习中列出自己的想法："我是无趣的，别人不会对我感兴趣，我也找不到别人感兴趣的话题。""我社恐的时候，会被看到，他们就会取笑我，没有人喜欢和一个一说话脸就红到脖子根的人聊天，这样太让人尴尬了。"而这样的想法更加说明了为什么小金没办法融入群里中。

第 15 次咨询，咨询师在这样的场景下实施了角色扮演的暴露，咨询师扮演成小金同一个实验室的师兄，两个人进行一场"无聊而友好"的对话。小金一开始对这个对方非常的焦虑，他开始一次都是在"踩雷尬聊"，在尝试了几次之后，慢慢地放松下来，可以不抢话地倾听，关注对方的情绪，回应对方，等等。他表现出了良好的社交技能。

当觉得扮演结束时，咨询师寻求小金的反馈，觉得自己表现的怎么样？小金表示，无论如何我也是一个"医生"，学别人说话是可以的，只不过这样的讲话太没有新意了，一点都不让人"眼前一亮"，就是两个人"无聊而友好"的交谈而已。

这样的回馈引出了来访者对于谈话有一个超出预期的想象。有一个不恰当的认知和期待。咨询师又和来访者探讨了一下"交谈原本的样子"，让小金试着觉察自己的高期待。

本次的家庭作业进行"行为实验"和"现实暴露"，小金被要求和同一个实验室的同学以及学长聊天，也尝试着学习别人是如何"真正"聊天的，并尝试着和同事聊一些他认为的"有的、没的的事情"（可将可不讲，无聊的话题）。小金虽然在开始作业时非常不安，但是他顺利地完成了他的作业，他观察到了别人"无聊"的谈话，也发起了一个"可能更无聊"的谈话。

第 17 次的咨询中，小金反馈自己最近的状态感觉很好，他对工作的焦虑继续减少，尽管导师没有什么变化，还是严苛的，但是他的并不是非常在意导师的"态度"了，他也不觉得导师是在针对自己。和同实验室的师兄的沟通和交流也变多了。但是他依然觉得自己是糟糕的，是不好的。

小金自己也列出来自己的自动化想法：

"你是愚蠢的，笨拙的"；

"你是能力不足的"；

"是你没有价值的"；

"你是一无是处的"。

……

小金的自动化思维存在着非黑即白的特征，但他没有办法通过理性的思考来改变这部分的内容。

咨询师针对来访者的内容进行了一次消极想法的暴露。咨询师让小金大声说出来自己的消极想法，小金开始大声说出自己的想法时，有一些尴尬的感觉，随之越来越流畅，声音也变得情感丰富起来，愤怒，羞辱性的语音说着，小金的的焦虑感也是一次又一次地上升，再慢慢地下降，最后冷静下来。这样说出自己的情绪十几次，他感觉到自己的情绪不会出现得那么多了，暴露结束。

第18次咨询，咨询师看到来访者批评中的声音可能来自父亲，这是一个典型的"未完成情结"，即和父亲之间的情感没有处理好。这是一个格式塔咨询的理论，但是去处理来自原生家庭的批评，效果比较好。咨询师和来访者探讨了上次他重复的批评的声音，小金觉得这些批评的声音像小时候父亲批评他的声音。他也感觉到导师的"臭脸"的样子，也很想父亲的样子，父亲从来都是不苟言笑的，尤其是对他不满意时，更是一脸严肃，言语间尖酸刻薄，让人感到紧张和恐惧。

咨询师试着让来访者扮演父亲的语音语调，做了一个和父亲的对话。这个对话的方式是格式塔咨询理论常用的方式。想象中让爸爸坐在小金的对面，爸爸试着批评小金，让小金开始进入被批评责怪的场景中，唤起他的恐惧情绪。爸爸很苟责的表达："你怎么可能怎么笨，猪都比你聪明……"在几轮的对话之后，小金的的紧张变成了无力、无助，之后陷入羞耻当中。之后小金从羞耻转化成为愤怒："你对我的表达，让我非常生气，我觉得作为一个父亲，你没有好好地保护我，鼓励我就罢了，为什么如此苟刻，不留情面？"小金的紧张和恐惧感被愤怒转化，情绪下降。

家庭作业，由于小金在和父亲的互动中情绪波动比较明显，这也是他的核心情绪困扰，他有一个渴望被爱、不被孤立的需求未被满足，所以咨询师让来访者回去为父亲写一封信，写给曾经的父亲或者现在的父亲。因为孩子咨询中，来访者并不需要真的把信寄给父亲，也不需要此时和父亲进行真实的对话，防止场面不可控，父亲再说出其他刺激小金的话。

第19～21次，这段咨询中，咨询师让来访者想象一下父亲坐在他对面的空椅子上面，给父亲阅读自己写的信。向父亲表达自己对父亲的爱，以及如何想要取悦父亲，渴望得到父亲的认可和支持，也去表达父亲的批评让他多么受伤和难过。来访者试着去和父亲划清边界，不希望父亲如此苟刻，如果不能支持和鼓励，闭嘴也好。

三、干预结果

第22～24次咨询开始，来访者的正性反馈随之增加了。他开始和身边的同学以及实验室的同事聚会，去了解他们的兴趣爱好、参与什么样的活动。也开始感受到身边人的好感，甚至有人"暗送秋波"。

他也和导师有过几次交流，把自己的困惑告诉导师"……我很怕您生气，嫌我笨，总是出错……"，导师出乎意料地反馈说，"你做得很好啊，研究生第一年就比一些研二研三的学生做得还好。你的脾气也很像我，不苟言笑的，一是一，二是二，汇报完了事情就走，也没有多余的废话，就是弹性少了点，做医生不能太死板，我现在是带学生了，要为人师表了，以前我总是出去喝酒、泡吧什么的。趁着现在还有时间，赶快恋爱，以后上班了这份爱的余温就没有了……"小金非常高兴获得肯定，也没有过度地解读为"他只是敷衍，他说的不是真的"的想法。

咨询也进入总结阶段。

四、预后

咨询改成两周一次，持续了四次之后，改成一个月一次的维持性方案，之后解除了咨询。

小金的感受越来越好，抑郁的情绪随着工作胜任力的增加而减少了，焦虑情绪明显降低了。人际关系也变得融洽，偶尔还会有担心，但是他可以避免自己回避，也开始和有好感的女生约会。因为情绪消耗减少，他的工作更加专注，工作效率也在增加，学业压力减少，和导师的关系改善。

预后效果较稳定，可以及时地降低自己的压力，也可以使用人际策略改善自己的关系，并做到较好的自我对话和自我安抚。

本章回顾

广泛性焦虑常表现出对当下不存在的危险超出预期的、过度的担忧。他们担忧的可能是生活中的小事，或者在一般人看来不需要思考，或是几乎不会出现的事情，抑或是"杞人忧天"的大事情，比如对人类社会未来的前途、对地球环境逐渐恶化的担忧。

广泛性焦虑的个体所表现出来的"担心"的范围是"广泛"的，他们常常被各种各样的担心所困扰着，什么事情都可能成为他们担忧的内容，而不只是被一个两个特定的刺激源或者特定的问题所困扰。这也是 GAD 区别于其他焦虑问题的一个标准。

GAD 的躯体化表现较为丰富，可能会出现坐立不安、胸口发紧、口干舌燥、肌肉酸痛、胃部不适、头涨头痛、心跳加速等。

当人们感到不确定时，会引发担忧的感受。而不确定感通常分为三种：不可预测的场景、陌生的场景以及暧昧不清的场景。常用管理焦虑方法：正念冥想、渐进式肌肉放松和体育锻炼。

社交焦虑问题，是指个体对于某一个或者多个社交场合的过度担心和恐惧。社交焦虑的人"不喜欢"在公开场合的"社交"活动，如公开演讲、聚会、公共场合吃饭，甚至和权威人士说话，在这种场合下，他们害怕自己表现不佳被评价，或会预设别人对他们做出负面评价，这对他们来说是一个挑战和煎熬。被 SAD 困扰的人，常试图回避这些令他们不适的场合，当他们不得不进入他们恐惧的场景中，就会体会到严重的焦虑感，甚至出现躯体症状，如流汗、肌肉紧张、面红耳赤、心悸、胃痛等，更有甚者躯体强烈程度会达到惊恐发作的级别。可以导致学业，工作和社会功能受损。

社交焦虑分为"操作型社交焦虑"和"广泛型社交焦虑"两种，其中操作型社交焦虑是对个别的、一两个社交场景感觉到焦虑和恐惧，而广泛型社交焦虑则是对很多不同社交场景都感到焦虑和恐惧，占社交焦虑总人数的 2/3 以上。大部分操作型社交焦虑会发展成广泛型社交焦虑。

SAD 的身体症状，以脸红、颤抖、出汗、恶心等焦虑引发的躯体症状为主，有一些人还会出现说话困难、思维空白等认知症状，甚至出现濒临死亡、极度恐惧等惊恐发作的表现。

第十三章 应激相关问题

第一节 急性应激状态

认识急性应激状态

（一）临床表现

人们每天都需要应对和处理来自生活各个方面的诸多事务，比如工作学习、人际交往、家庭关系、恋爱婚姻……幸运的是，日常生活中的大多数事情并不会超出正常心理能力所能够处理的程度，因此基本能够被消化应对。但在一些特殊情境下，一些突发的、意料之外的、带有创伤性质的可怕事件可能会在身边上演，使亲历或间接经历的人的心理防线崩溃，出现不常有的应激反应。在医学上，人们将这一类情况称为急性应激障碍（Acute Stress Disorder，ASD）。

出现急性应激状态的人先前可能直接或间接地经历了严重的创伤性事件，比如自身遭受严重伤害、暴力对待，甚至面对死亡的威胁，也有可能目睹见证了发生在他人身上的可怕事件，或是得知有糟糕至极的事情发生在关系紧密的亲友身上。在经历过这些创伤性的应激源后，即使脱离了现场，人们仍然可能在心理上重新体验到那种可怕的感觉。他们会在心理上再次经历这些创伤，并且倾向于回避能够引起创伤体验的线索，因此对于日常生活感到过分焦虑。部分患者还可能出现解离的表现，情感变得麻木，与周围人的情感联结变得薄弱，甚至感觉自己不是真实存在的。

什么是创伤？

人们对于创伤的关注，最早来源于战场上士兵频繁表现的异常情绪状况。在一战期间，美军中大范围出现了失忆、抽搐、歇斯底里等症状，当时的医学无法解释这一现象，只好取名为"战争神经症"。出现症状的士兵可能要在战地医院接受可怕且作用不大的电疗。更糟糕的是，当时的社会大众并不能理解创伤可能给人造成的精神损伤，因此出现症状的士兵往往还会被扣上"懦夫""装病"的帽子，承受社会大众的批评和谴责。基于这个原因，在二战开打前，有精神分析学家设计了一个筛选项目，将那些被认为"天生神经比较脆弱""遭受不起打击"

的人排除在服役名单外，当时的人们认为，能够通过筛查的"勇士"们势必不会再出现精神崩溃的状况。然而事实是，即使是这些被筛选过的人，在进入战场后仍然会出现偏执、抑郁、记忆丧失、发烧失眠等情况，且不在少数。追踪调查显示，在战争结束后，许多退伍士兵的症状仍然无法消解，甚至造成家庭生活的痛苦。后来学界通过对越战士兵精神状况的细致研究，终于提出了创伤相关障碍的概念，证实创伤事件对人的精神状况可能造成的严重损害。

在现代社会，大多数地区的人们可以不用直接面对战争之苦，但生活中仍然可能会出现一些极具创伤性的重大意外，比如自然灾害、事故或犯罪事件而导致的死亡及死亡威胁、严重的受伤、性暴力等，此类创伤通常是一次性事件，但影响力较大。除此之外，近年来有越来越多的研究发现，那些长期、慢性的不良体验同样有可能构成创伤，比如长期的校园霸凌、家庭暴力，或罹患慢性疾病等。值得注意的是，衡量创伤给人带来的影响不能在客观上"比惨"，看似相似的事件（比如失恋）给不同人带来的主观体验可能是完全不一样的，我们需要关注的是每个人如何知觉自己所经历的创伤事件。

创伤会引起情感上的极大痛苦，而且可能给当事人带来一种"颠覆性"的体验。对于当事人来说，他们往往很难描述清楚在自己身上发生了什么，因为这种创伤的体验对他来说是前所未有的，跟过去所经历的事件感觉都不太一样，因此会促发很多"怀疑人生"的问题出现，比如"外面的世界是否充满危险""周围的人是否真的值得信任""我有没有能力保障自己的安全"等，在经历过那些颠覆性的创伤体验后，当事人的价值观可能会因此而崩塌。

大多数人在经历过创伤之后，都会出现情绪、认知和行为上的波动。有的人可能会更容易受到某些能勾起创伤回忆的人、事、物影响，这种状况类似我们日常所说的"触景伤情""睹物思人"，或是"一朝被蛇咬、十年怕井绳"；经历过安全威胁类创伤的当事人可能会在一段时间内更容易感到不安全，变得更加警觉，担心来自周围环境的威胁。这些波动可以视作为应对创伤的正常反应，人们在经历创伤体验时，大脑中的相应脑区会被高度激活，比如触发位于大脑边缘系统中的杏仁核，形成"战或逃"（fight or flight）的反应，引发心跳加速、瞳孔放大、四肢紧张等生理表现。正常来说，这些反应随着时间的流逝以及危机场景的消失，会逐渐平复下来。但部分人在创伤经历后会频频触发这些机制，造成终日惶恐惊慌、过度警觉的状态，出现急性应激障碍甚至创伤后应激障碍的症状表现，整体的身心机能变得紊乱，对日常生活受到影响。

急性应激状态是个体在亲历、目击或面临创伤事件后 2 天至 4 周内所表现的应激反应。进入急性应激状态的人，在情绪、认知、行为、躯体感觉等方面都可能出现明显而急剧的变化，具体的表现却是因人而异，不同的人所展现出来的面貌可能会大相径庭。

在情绪方面，有的人在创伤后会显得焦虑不安、暴躁易怒、向外界表达出强烈的愤怒和攻击性；有的人却可能变得恐惧紧张、惊慌失措；还有些人会变得麻木、低迷、缺乏快感、心境低落；有的人则可能出现解离的表现。

在认知想法上，患者可能会知觉到侵入性的画面、声音或气味，且大多与创伤有关，这导致他们的注意力难以集中，容易遗忘事情，还可能因为担心侵入性念头而变得过度警觉、多疑、难以信任他人，同时又难以控制自责和内疚感。

在行为层面，急性应激容易使人做出刻意回避、躲避的行为，有的人会通过过度投入工作或其他活动当中的方式来试图填满自己的思绪，有的人则会显得僵硬麻木。不少患者会报告身体上的不适或变化，例如食欲改变、失眠、头疼、腰酸背痛、疲劳等。

了解解离

解离是一种独特的表现，它可以被理解为：意识无法承担惯常的整合功能，即难以觉察并达成认知、情绪、动机和其他经验的整合。在日常生活中，人们有时也会出现轻度解离的表现，最常见的就是我们俗称"心不在焉"的时刻：你坐在公交车上，心里在为下周即将进行的考试而焦虑担心，不断思考自己还有哪些部分没有准备，是否还有足够的时间……一不小心，心事重重的你忽视了公交上的语音播报，错过了下车的时机。当然，在心理病理学上我们所描述的并不是这些常见的解离经验，而是更深层次的解离状态。出现解离的人会报告自己出现部分失忆表现，又或是出现觉得周围的人与自己相隔很远，觉得自己的存在不真实，认不出自己的声音，觉得自己在身体以外等种种罕见的感觉经验。

对于解离的产生，学界有不同视角的解释，当中最为流行的可能是来自心理动力学理论的观点。心理动力学理论认为，人们会通过压抑这种心理防御机制，来将令人厌恶的创伤经验排除到意识之外。然而，一些认知学家很难认同这一观点，因为目前实证研究还难以完全探明大脑是否确实真的会发生"压抑"这个行为过程。无论是动物还是人类的研究实验都发现，高度压力不仅不会让记忆受损，反而有助于提升记忆力（Shobe 和 Kihlstrom，1997）。我们可能也有过类似的经验，不少人都会对自己小时候被父母收拾得最惨的一次事件印象深刻。然而，确实也有研究发现，在极端的压力情境下，人们的注意力和记忆会受到严重影响。原因可能在于处于可怕情境下的人会倾向于将注意力放在情境中最具威胁性的线索上，而忽略了其他的中性线索（McNally，2003），因此他们往往只能记住事件中的部分，而且通常是最让人畏惧焦虑的那一部分，而难以提取关于事件全貌的记忆，从而出现部分失忆的表现。

目前人们对于解离的理解还有很多有待探索的空间，不过可以确定的是，人们在创伤事件后更有可能出现解离。

目前对于急性应激状态的评估工具，主要分为量表问卷和访谈两大类。斯坦福急性应激反应问卷（Stanford Acute Stress Reaction Questionnaire，SASRQ）是一个包含30个条目的5点评分式自评问卷，具有良好的信度和效度（Cardeña等，2000），该量表可用于测量急性应激的症状表现，主要适用于成年人群体。针对儿童和青少年群体，则有儿童急性应激反应问卷（Child Acute Stress Reaction Questionnaire，CASRQ，适用于9～15岁人群）以及儿童急性应激核查表（The Acute Stress Checklist for Children，ASC-Kids，适用于8～17岁人群）。当然，对于非专业人士而言，自评式的量表问卷只适用于协助评估和了解自己的情况，并不具有诊断效力。如果你发现有人出现了类似急性应激障碍的症状表现，最恰当的做法还是尽快寻求精神科医生、学校心理老师或专业心理咨询师的帮助，由他们协助判断下一步应该如何应对。

（二）发生率和相关因子

不同类型的创伤事件可能导致急性创伤状态的概率也有所不同。有研究发现机动车事故后当事人出现急性创伤障碍的发生率在13%～21%（Harvey等，1998），16%～19%的人在遭遇暴力袭击后会出现急性创伤障碍（Harvey等，1999），目睹大规模枪击事件很容易带来急性创伤障碍——有大约1/3的目击者会在事后出现相关表现（Classen等，1999）。除了突发意外事件之外，重大疾病也有可能是引起急性创伤障碍的重要应激源，一个研究发现28%的癌症患者符合急性应激障碍的诊断，并且有32%的病人达到亚临床诊断标准，即仅有一个诊断标准不符合（Kangas等，2005）；另一个研究对经济不发达地区艾滋病感染者进行的研究发现，有43%的研究对象出现急性应激障碍。（Israelski等，2007）通常来说，个体所经历的可怕事件越具有创伤性，其出现急性创伤状态的可能性就越高。

目前学界普遍认同女性比男性更容易出现急性应激状态，这可能是因为男性和女性在思维方式、对感受的觉察力等方面普遍存在差异。也有学者认为这可能是因为女性和男性面对的生活环境不同，比如，与男性相比，女性在童年期和成年期更可能受到性侵及性骚扰，而过往的创伤经历又是引起急性创伤状态的重要因子，因此当女性在再次经历类似的性创伤事件后更容易出现急性创伤的表现，而如果在数据分析过程中将过往的创伤经历加以控制，男性和女性的急性应激状态发生率会大致持平（Tolin 和 Foa，2008）。另一方面，年龄也是影响急性创伤状态发生率的一个重要因素。研究普遍发现，年纪越轻的人在经历创伤事件后出现急性创伤表现的可能性越高，相对而言，儿童和青少年普遍更难处理创伤经历对自己的影响，更容易在遭遇创伤事件后出现急性应激状态（Cohen，2008）。

除了性别、年龄这些生理性因素外，一个人本身倾向于如何看待、思考和应对问题的认知模式也会影响急性应激的发生率。习惯以回避的方式来应对问题的人，似乎比其他人更容易发展出急性应激状态。而且，这种类型的人更有可能出现解离，通过解离的方式来回避创伤经历的记忆（Sharkansky 等，2000）。另外，有的人倾向于聚焦生活中的威胁性线索（Bar-Haim，2007），本身的不安全感和焦虑感较高（Meiser-Stedman 等，2007），这类人群也更可能受到急性创伤的侵扰。此外，个性中原本带有的焦虑、抑郁特质，都是急性应激状态发生的风险因子。总的来说，如果一个人本身在面对挫折和挑战时不太习惯积极应对、正面思考，本身的个性又比较抑郁或焦虑，在遭遇创伤事件后，出现急性应激表现的可能性也许会更高。

另外，也有一些个性特质可能作为保护因子，能够帮助个体更好地应对创伤事件，降低急性应激出现的可能。有研究发现高智商（Breslau 等，2006）和坚实的社会支持（Brewin 等，2000）是两个重要的保护因素。这也许是因为较高的智商水平能帮助个体对创伤经历作更多有意义的解读和诠释，而来自朋友和家人的支持可以帮助个体更顺利地度过创伤历程，避免应激状态出现。

急性应激状态的持续时间通常较短，有的人数天之后就能自行恢复，大多数人的应激表现在一个月内完全消失。尤其当引起创伤的应激因素消除，应激状态通常能迅速缓解。有时候，一些可怕事件的源头会持续相当一段时间，甚至具有不可逆转性，比如重大疾病的发生、亲人的离世等。然而，尽管如此，许多人的急性应激状态也会在 24～48 小时后开始减轻，大约在 3 天后变得轻微。然而，如果急性应激状态一直未见消退，持续时间超过一个月以上，则可能需要考虑其罹患创伤后应激障碍（Post-traumatic Stress Disorder，PTSD）的可能性，这可能会对个体的长期生活造成显著的损害。因此，如果能够在出现反应的早期就对个案施加及时的干预，则有利于避免发生"问题"长时间存在甚至恶化的情况，帮助个体尽早恢复到正常的生活状态。

第二节 案例背景

一、案例介绍

丽君是一名大二学生，此前在学校各方面的表现都不错，担任班级干部，学习成绩中上，对待同学很热情。在某次突发性公共卫生事件期间，学生们居家学习，辅导员通过线上交流的方式密切留意同学们的情况。没想到，原本让他最放心的丽君，似乎逐渐出现了一些变化。

在事件之初，丽君很热心地在社交平台上转发和该事件有关的消息，也很积极地协助老师完成对于班级其他同学的情况统计工作，和辅导员保持着密切的联系。然而不久之后，丽君的事务性统计工作中开始频频出现一些小差错。由于丽君此前的工作风格很细致、很少出错，辅导员很快就觉察到了异样。此时，也开始有别的同学向辅导员反映，丽君平常的消息回复速度越来越慢，和同学聊天时也不像之前一样热络了。因此，辅导员和丽君约好了时间，通过视频的方式，进行了一次深度辅导，才知道了丽君所遭遇的变故。

原来，在三天前，丽君在老家生活的奶奶不幸感染了病毒。丽君小时候和奶奶共同生活，对奶奶的感情很深。得知这个消息之后，丽君感到非常焦虑。她每天致电老家的亲戚好几次，不断确认奶奶的情况。在独处的时候，她会不断地想到奶奶的状况，并且止不住地在网上不断浏览关于卫生事件的最新消息，当看到一些危重个案的情况时，她就会不由自主地想起奶奶，担心奶奶的病情恶化。她很想不顾一切地回到老家陪在奶奶身边，但由于卫生防控的政策，她没有办法出行。她也知道自己的这个想法并不理智，因为即使回到奶奶身边，也不一定能对奶奶的病情有所帮助，反而会增加自己被感染的风险。但她就是很想做些什么，来抵抗自己心中愈发严重的焦虑和恐慌。

丽君开始失眠了，到了深夜仍然在床上辗转反侧，心里充斥着纷扰的念头和恐惧的感受。即使好不容易睡着，梦境里总会出现奶奶躺在病床上，医生宣布抢救失败的可怕场景。她感觉时间的流逝好像变慢了，一天要过很长时间才能过去，而在这漫长的时间中，自己什么都做不了。逐渐地，她发现自己没法集中注意力完成学习任务和班级工作，班级群里的同学有时热火朝天地聊天，她也丝毫没有参与其中的欲望。她甚至发现自己很害怕听到手机的新消息提示，因为她担心收到的是关于奶奶的坏消息。丽君的父母也发现她好像有很长的时间坐着发呆流泪，他们关心丽君的情况，询问丽君是否因为奶奶的情况而担忧，并告诉她奶奶正在进行治疗，情况很稳定。这些时候，丽君只能木然地点头，她觉得父母的声音似乎离自己很远，不确定自己是否真的听见了。

二、案例分析

在世界范围内的很多重大公共卫生安全事件中，人们的心理健康状况会受到巨大的冲击。这是因为在这些重大事件中，人们会自然而然地开始担忧自己及亲朋好友的安慰，也会对重大事件可能对生活各方面造成的消极影响心有顾虑。而当自身或亲朋好友感染疾病，对于死亡的焦虑和恐惧将更加具体，形成强烈的心理应激源，对日常生活功能造成损害。

在本案例中，丽君因为知道自己的至亲感染了病毒，出现了急性应激状态。例如，她在看到其他患者病例时产生强烈的心理困扰，反复出现关于疾病的痛苦的梦，持续不能体验到积极情绪，对于正常的声音（手机消息提示）过度警觉，难以集中精力，甚至出现一定的现实感改变（感觉时间流逝变慢，终日发呆）。

在突发性公共卫生事件爆发期间，社会大众对于事件发展情况普遍存在焦虑、不安的感受，在这样的背景下，丽君的应激反应更容易被周围人理解为对于事态发展的过度担忧，未能引起足够的重视，周围人对她的关怀和支持力度不足，使得心理状况的恢复变得困难。

约1/4的人在经历创伤体验后可能出现急性应激状态。即使原本心理健康状况良好的人，同样有可能因为创伤事件的影响而短暂地出现急性应激状态。出现相关表现并不是一个人心理脆弱的表现，我们不用对当事人多加责备，以免引发当事人不必要的羞耻感和焦虑感，阻碍心理复原的进程。

对于出现急性应激状态的人来说，首先需要确保的是心理上的安全感，应尽快让当事人脱离创伤情境，或是帮助当事人确认事态已经得到控制。除此之外，身边人的理解和情感支持非常重要。实际上，很多急性应激个体在脱离创伤情景并得到适当的心理支持后，状况很快会得到好转。但如果急性应激表现没有被觉察且得到有效干预，则有可能发展成创伤后应激障碍，对个体的生活造成长期影响。

从丽君的例子可以看到，急性应激状态对于一个人当下状态的影响和损害比较明显，丽君的生活和学习状态都受到了影响。不少个案在面对自己在心理和生理上突如其来的变化时会感到焦虑、不安、恐惧，并试图采取各种方法来应对。然而，很多时候人们下意识想到的应对措施不一定是恰当的。比如，不少存在急性应激个体可能会通过回避一切社交活动、整天独自待着、过度睡眠，或是借助酒精、镇静类药物来回避内心的感受和想法；又或是借助过度工作、暴饮暴食、通过危险刺激活动来达成更大的情绪体验，希望借此来盖过那些创伤性的念头和想法。这些方式实际上都是饮鸩止渴的做法，虽然在短期内可能会让当事人感觉好受，却无法真的让人从创伤体验中复原，反而可能使得当事人因此而养成了不适宜的生活习惯和问题应对模式，造成长远的消极影响。

第三节　干预方案与结果

一、干预策略

（一）提供情感上的支持和理解

对于进入急性应激状态的个体来说，来自他人的理解和共情可以帮助他们觉察并排解积攒在心理的不安情绪，逐步重建心灵上的安全感和稳定感。心理干预应尽量选取稳定、安全的空间内发生，确保当事人能够尽可能处于舒服的姿态，用温和、包容、开放、鼓励的态度了解当事人的具体情况，提供共情式的反馈。干预者要帮助当事人理解，产生消极的情绪感受是在创伤应激情境下的正常反应，不需要因此而感觉自责，当人们越能够觉察、面对和处理自己的情绪感受，就越可能真正接纳目前的困境，找到合适的应对方法。

对于一些没有接受过专门训练的人来说，与创伤当事人进行共情可能并不容易。共情的视角要求干预者能够调动自己的生活经验和对于生活的体察，设身处地体验当事人的处境，去感受和理解对方的情感。人本主义心理学大师罗杰斯认为，共情意味着"能够正确地了解当事人内在的主观世界，并且能将有意义的信息传达给当事人。明了或觉察到当事人蕴含着的个人意义的世界，就好像你自己的世界，但没有丧失这'好像'的特质"，即既要尽可能贴近当事人，对其主观感受达成深层次的理解，又不能不加筛选地全盘认同对方的感受和想法，要保有自己的理性和思考，向对方传达有意义、有力量的反馈。从客观上讲，很多创伤事件有着一定的独特性和罕见性，比如严重的天灾人祸、意外事故等，干预者不一定有过切身体会。而且，经历过创伤事件的当事人的主观体验往往是颠覆性的、极度痛苦的，助人者在尝试进行共情的时候，可能出现两种极端的情况。一方面，有的助人者可能觉得难以感同身受，无法体会当事人所表达的那种极度不适的感觉，甚至可能生出对来访者的指责，觉得对方矫情、小题大做等，这种指责的态度不仅会对干预者和当事人之间的关系造成损害，致使干预难以顺利开展，还可能会对当事人造成严重的二次伤害，加重他们自责内疚的想法，让他们更难从应激状态中恢复过来；另一方面，有的助人者可能会过度认同当事人因创伤事件而产生的无力感、无助感，他们会情不自禁地和当事人一起嗟叹命运的不公，认同当事人觉得未来完全没有希望的消极想法，和当事人一同沉溺在悲愤的情绪当中，这可能会致使干预者自身也变得消极而无助，从而没有办法成为坚定可靠的力量，帮助当事人有效复原。

即使没有出现上述情况，干预者也可能因为无法为创伤事件当事人提供合适的反馈，让沟通未能达成心理干预的效果。在日常生活中，当听到对方说出一些让人焦虑不安的事件时，人们可能会下意识地想将事情往积极的方面去讲，比如："没事的，事情不一定有那么糟。""我相信一定很快能好起来的。""你不用胡思乱想太多。"这些话语虽然在表达正面的期待，但却阻碍了当事人更加具体和细致地觉察和描述自己的情绪感受。而这些未能处理的情绪体验往往就是持续对当事人造成心理困扰的重要因子。此外，过早地说出这些"积极"的话，也可能使当事人产生自己不能被完全充分理解的感受，对干预者没有足够的信任感，损害干预的效果。在本案例中，丽君的父母和同学都对其状态的变化有所觉察，但他们都没能先认真、耐心地倾听丽君讲述自己的担忧、害怕和焦虑，提供的反馈也难以让丽君觉得自己被真正地理解和支持。

因此，对于干预者来说，耐心地倾听是一个稳妥的策略。干预者要提供充足的时间和空间，允许且鼓励当事人讲述心中的想法和感受。在倾听的过程中，当事人要尽量做到将焦点放在当事人身上，用不评判的态度去倾听当事人所说的内容，细致地体会其感受和想法，并且提供真诚、关怀的反馈和安抚。记住，此时干预的重点不是要让当事人立刻"好起来"，而是要让当事人真切地体会到情感上的理解、支持和陪伴。

（二）帮助当事人学会自我照顾，重建生活秩序

处于急性应激状态的当事人在经历创伤事件后，可能会出现基本生活规律上的混乱，比如难以入睡导致睡眠时相紊乱、晚睡晚起；可能出现食欲不振、过度进食或随意进食的现象；对于体育运动或其他休闲活动缺乏兴致，觉得缺乏足够的专注力去做好一件事情。这些混乱的生活状态可能由紊乱的生理机能所引起，更糟糕的是，一些创伤事件的当事人在心理上也会缺乏重新整顿生活的意愿，他们可能会认为生活状态的好坏对于他们来说没有意义，有的人甚至会因为亲朋好友仍然处于危机之中（比如罹患重大疾病）而感觉内疚，觉得自己"不应该过得太好"，无意识地维持自己的糟糕状况，来让自己的心里好受一些。还有一类急性应激当事人，因为在创伤事件中体验过严重的威胁和暴力对待，自尊心遭受重创，因而觉得自己糟糕的，没有价值的，认为自己"不配过得更好"，在这一类型的个案看来，自我照顾似乎没有什么意义。

混乱的生活状态显然不利于抵御当事人心中的不确定感和失控感，反而会让当事人不断感受到来自日常生活的消极反馈，进入更加颓唐的状态。因此，要帮助当事人从消极的旋涡中解放出来，很重要的一个部分是引导他们关注自己的身体健康状况，重建生活秩序。一些常用且有效的方法包括：保持规律健康的饮食、睡眠和锻炼方案；重视自我关怀，主动制定、积极遵循每天的日常安排，专注地

投入每一项活动当中，如起床、淋浴、穿衣、外出、散步、按时吃饭等；鼓励自己沉浸到能感兴趣且专注的事情中，如绘画、做手工、烹饪等。干预者可以通过布置家庭作业的方式，邀请当事人写下每天的时间安排，记录对于计划的执行情况，并将在专注做每一件事的时候的感受和想法记录下来，在下次见面的时候与干预者进行分享；在当事人同意的前提下，还可以邀请当事人身边的人（经常同学、家人、朋友等）带动其进行具有积极意义的活动，以此来增强当事人的动力。

急性应激个案可能会体验到高强度的负性情绪侵扰，并由此下意识地回避、压抑这些情绪。部分个案可能会进入"冻结"的状态，对周遭的事物显得麻木、不感兴趣，这是他们为了隔离那些高强度的痛苦情绪所采取的"自保"策略。干预者可以鼓励当事人进行能调动起其积极情绪体验的活动，借此改变这种麻木、低唤起的状态，比如进行感兴趣的娱乐活动，和朋友外出游玩，做能让自己开心、发笑的事情等。不少个案会自发地采取一些方式来帮助自己重新"获得感觉"，干预者必须帮助检查当事人所采取的方式是否恰当，有的个案会选择一些具有潜在风险的方式来寻求感官体验，比如冲动消费、超速驾驶、不安全的性行为、药物滥用，甚至自伤自残等。干预者要旗帜鲜明地反对这些行为，同时也要帮助当事人行之有效地纠正这些非适应性的应对方式。在日常生活中，每个人都曾经听过对吸烟、酗酒、赌博等"不良行为"的批评，但很多人在听过一次又一次的批评之后，仍然难以进行纠正。究其原因，是因为他们没能真正明白这些应对方式在自己生活当中所起到的防御作用，缺乏对于自身心理状态的觉察。因此，想要帮助急性应激当事人避免使用对自己有害的应对方式，助人者首先要让当事人理解自己之所以会采取这些行为的心理机制，阐明这些适应方式的危害，并让当事人明白，他们可以采用具有类似心理调适功能，且危害性较少甚至有利的方式，再一步一步地帮助当事人建立新的应对习惯，逐步替代原有的风险行为，以此来帮助当事人重新构建健康、稳定的生活方式。

（三）帮助当事人获取更多社会支持

很多处于急性应激状态中的个体也许会感觉难以与他人进行正常的社交活动。当处于高压状态，当事人浓烈的愤怒、烦躁、焦虑、担忧、恐惧的感觉很容易将身边的人推开，其自身也可能会因为难以控制自己的情绪而感觉挣扎苦恼。由于负性情绪过于强烈，即使当事人能够意识到身边的人是关心自己的，也可能因为无法控制自己的情绪而产生厌烦的感觉，或者不由自主地采取回避的态度。在人际方面的困境可能会让个案更难从痛苦中恢复过来，这种类似于"孤岛"的处境让当事人难以感受到来自外界的理解和支持，这可能会印证了他们觉得"周围的人不值得被信任""自己总是处于孤立无援的状态"这些非理性的信念，却难以意识到自己的情绪状态正在将有意关心他们的人推开。另外，由于缺乏和外界的交流，当事人难以获知新消息和新资讯。这会导致当事人对于自己的应激状况处于不自知的状态，也致使他们对所担忧的危机情况缺乏客观的了解，他们可能会绝望地认为自己会永远地被囚禁在目前身处的牢笼之中，永世不得翻身。此外，封闭的状态还会导致当事人难以从其他人身上得到思维或行为上的启发，只能在脑海中不断重复那些让人沮丧的想法，在行为上变得越来越回避和退缩。我们常常发现，经历创伤事件后的个体容易展现出自我封闭的倾向，当他们离"现实世界"越远，就越难从痛苦的状态中挣脱出来。

干预者需要促进当事人在社交功能上的恢复。一方面，干预者要努力让当事人意识到人际交流的重要性，并鼓励当事人和值得信赖的亲朋好友主动交流。这并不容易，因为当事人可能会对此有顾虑和阻力。即使在日常生活中，也经常会听到人们说"不想向别人传递太多负能量"一类的说法，向其他人倾诉自己的想法和情感并不是一件容易的事，它需要人们对于其他人怀有基本的信任，很多非理性信念会阻碍人们进行交流。因此，干预者需要耐心地与当事人进行讨论，共同看到让他们回避交流的想法，逐步纠正当中可能存在的非理性信念。有时候，当事人本身可能就比较缺乏与人沟通的勇气和技巧，干预者可以更加仔细地了解当事人过往在人际关系中的表现，觉察他们可能在人际中面临的困难，与他们进行人际交往的练习，通过场景模拟、角色扮演、即时反馈等方式，让当事人明白在不同的场景下与人进行交流的重点和策略，增强他们与人交流的信心。

另一方面，干预者也可以更加积极地发掘当事人周围可提供帮助的人际资源，并且调动这些资源来为当事人提供帮助。有时候，即使干预者已经非常努力地和当事人进行工作，当事人可能还是难以在生活中尝试调整和突破。这种情况时有发生，尤其对于那些本身在人际关系上就不是特别擅长、基础人际支持比较薄弱的当事人而言，在遭受创伤事件的打击后，还要比原先更加勇敢地与人建立关系，自然不是一件容易的事情。因此，除了尽可能调动当事人自身的意愿和动力之外，干预者也可以尝试从当事人身边的人际资源着手开展工作，让当事人有机会感受到来自他人的正向反馈。

很多时候，急性应激个案的身边不乏愿意关心他们的人，但可能存在多种多样的原因阻碍他们与当事人之间的沟通。首先，当事人身边的人同样可能受到了创伤事件的影响，他们自身同样可能处于不同程度的应激状态之中，因而难以向当事人提供合适的关怀和支持。例如在本案例中，丽君的父母其实同样面临着至亲罹患新冠肺炎的危机情境，他们同样可能因此而感觉焦虑、担忧、恐慌。因此，虽然他们觉察到了丽君发生的变化，但没有做好心理准备去为丽君提供充足的情感支持和安抚。有的时候，当事人身边的一些人甚至会生出指责的态度，责备当事人在这个时候添乱，让情况变得更糟。这种指责会让当事人很无力，他们承受了危机事件所带来的负面影响，却还要因此而受到责备。在这种情况下，当事人身边可能并非缺乏愿意关心他们的人，只是这些潜在的情感支持提供者此刻也正在受到危机事件的困扰而自顾不暇。这就要求干预者能从当事人和其他信息来源中确定哪些人可能能够成为当事人身边的有效支持资源，哪些人可能会起到反作用的效果。必要时，助人者甚至可能需要对当事人身边的人也提供一定的心理支持和干预，让当事人及其身边的支持系统能在整体上处于一个相对稳定牢靠的状态。比如，青年人大多在学校里学习生活，在学校情境下，干预者可以凭借日常对学生的了解和观察来评估当事人周围的人际关系状况。对于一个进入急性应激状态的学生来说，如果他身边有室友一直以来情绪比较稳定，交流和共情能力比较强，干预者也许可以将这些室友一同纳入心理干预的队伍中来，让他们在日常生活中积极与当事人进行互动，从而起到帮助当事人调整生活状态，获取社交支持的重要力量。相反地，如果干预者意识到当事人身边的某个室友同样受到了创伤事件的影响，或心智状态相对不稳定，则应该更加注意这可能对当事人造成了消极影响，避免当事人在从创伤状态复原之前，受到二次伤害。

此外，急性应激状态带来的表现可能会让当事人周围的人产生"不敢靠近"的感觉。很多人都有过类似的体验：当发现别人情绪状态不对劲时，我们可能反而不敢再去和对方多说什么，因为担心自己的话不仅无法给当事人带来什么帮助，反而会激起反效果，让当事人的状态更加糟糕。实际上，真诚和关怀的态度并不会给人带来心理上的伤害，指责、不理解的态度才是让当事人感觉雪上加霜的元凶。对于遭受创伤事件的人来说，周围人主动的关怀和慰问是很重要的。很多时候，也许人们确实永远无法扭转不幸的事实，但良好的人际关系可以为当事人提供坚实的情感支撑，让他们更有力地度过艰难的时光。

二、实操指导

（一）干预过程

辅导员与丽君通过视频通话的方式进行深度辅导。对话刚开始，丽君就很敏感地觉察到了辅导员联系她的用意，主动因为自己在工作中犯的错误而道歉，说着说着就哭了出来。辅导员能够感受到丽君的情绪很强烈，带有浓烈的难过、自责，似乎也有一些委屈。他没有以苛责、居高临下的姿态询问丽君为何最近在工作中频频犯错，而是以关怀的态度表示最近觉察到丽君的状态似乎发生了变化，问她是否遭遇了什么事情，可以放心地与自己说。在辅导员真诚地关怀之下，丽君逐渐地说出了事情的来龙去脉。

丽君：导员，我真的觉得特别对不起大家，我也不想那样的。但我真的感觉自己集中不了注意力，脑子里一直在想不好的事情，很容易就很烦躁，感觉现在根本做不好事情。

辅导员：嗯，我确实注意到了你最近状态的变化，也感觉到了你的难受和自责，我们先来谈谈发生了什么事情吧，你说"不好的事情"指的是什么？

丽君：我的奶奶……她在老家住着。前几天亲戚打电话说，奶奶确诊新冠肺炎了（痛哭失声）。我真的好害怕，好害怕她会撑不过去。

辅导员：天哪，你知道后一定很受打击。

丽君：我当时整个人都愣住了，我从来没想过自己也会有亲人感染新冠肺炎。我看到有那么多确诊的人去世，就开始止不住地想，奶奶身体这么大，她会不会出事、会不会明天就不行了……一想到我就觉得好绝望。我的天啊。

辅导员：这确实是一个很让人难过的消息，尤其当患病的是我们的亲人。

丽君：是啊，我小时候就是和奶奶一起生活的，在我小时候，她是我最亲的人了，比父母还亲近。虽然她一直以来身体都挺好的，但毕竟也已经70多岁了，最近这些年我也越来越担心她的健康状况，每次见到她都有一种不放心的感觉。疫情出来的时候，我特地给她打了个电话，让她一定要做好防护少出门。我奶奶自己也很注意，去哪里都戴好口罩，没想到还是感染了。唉，我真的好怕会失去她。自从知道奶奶确诊之后，我就没睡过一个好觉，晚上一闭上眼就心烦意乱。

辅导员：会有什么让你心烦意乱的想法，可以具体说一下吗？

丽君：很多很零碎的想法。一部分是担心奶奶的身体。小时候有一次奶奶带我到市场，人很多，我记得前一秒还牵着她的手，一抬头突然就找不到了，我记得那时候一下子眼泪就出来了，很慌张，现在晚上闭上眼的时候偶尔也会有这种感觉，担心她一下子就消失了。有时候还会想到，奶奶都感染了，我还好好地在家里，一想到这个心里面就会特别难受。说实话，如果可以的话，我很愿意代替奶奶生病。

辅导员：嗯，你很担心会失去奶奶，想到这件事会感觉很焦虑、很慌张。另外，你好像还有一些内疚感，因为很想要帮助奶奶，想要分担她的痛苦，尽管在现实里却什么都做不了，但在情感上，你会因为没有和奶奶承受相同的痛苦而感到自责。

丽君：是啊，也许是我不忍心她受苦吧，所以自然而然地会这样想。有时候我也觉得自己似乎不应该这样想，这样的想法也不会有什么帮助，反而可能让家里人感觉更担心，但我就是会情不自禁地想到这些，尤其是夜深人静一个人的时候，那些想法会一个接一个地蹦出来。

辅导员：当遭遇很可怕的事情，情绪很难排解的时候，我们会有很多衍生的消极想法。奶奶对你来说是很重要的人，现在她生病了，你却没有办法做些什么，甚至没有办法陪在她身边。我想你一定非常着急、非常难过，以致都没办法容许自己不想到这些……

辅导员首先为丽君提供了安全的倾诉空间，耐心地倾听了丽君的讲述。在听到丽君遭遇的情境后，他没有急着说出安慰的话，而是尝试着共情对方的感受，很细致地对丽君的情感进行感应和描述。这实际上在向丽君传递以下的信息：目前眼前的情况确实很让人难过，我能够理解你的处境，你没有必要因此而责备自己。这也为接下来的干预提供了充足的空间，让丽君有机会仔细描述她心中的感受。可以听到，除了感觉到担忧、难过之外，丽君心中还带有明显的自责、无力等情绪，这些都是之后的干预中需要考虑并处理的。

在与丽君进行完情感上的排解后，辅导员开始客观地评估丽君所面临的现实状况是怎么样的。他开始问到丽君奶奶具体病情，是否得到妥善安置，丽君家里是否面临哪些方面的困难等。对于当事人现实状况的评估是很重要的，干预者需要确定当事人是否已经脱离了创伤情境，与创伤体验相关的事态发展是好是坏。假设当事人依旧处于创伤的情境之中，或者确实面临着再次遭受伤害的高度可能，那么其应激状态的出现就显得合理，甚至具有很重要的保护作用，能让当事人保持警觉，避免受伤。在这种情况下，干预者首先要做的不是处理应激所带来的异常表现，而是确保当事人能够尽早脱离当下的危险处境。

很多时候，人们说出的安抚语句之所以对于当事人来说显得苍白无力，往往是因为忽略了当事人所面临的实际情况如何。我们既不希望当事人过分乐观，对于确实可能存在的危险和伤害视若无睹；也不希望当事人在遭受打击后一蹶不振，因为曾经受过的创伤而一直处于消极的状态之中。人们的反应程度应当与他们所面临的处境相一致，这才是合理且协调的心理状态。

辅导员：所以在这些天来，因为很担心奶奶的情况，你也一直处于一个很焦虑、很紧张的状态。

丽君：是的。我原本以为自己已经上大学，应该可以很坚强地处理这件事情。但现在说来，不得不承认这件事情对我的影响很大。这几天感觉自己像失了魂一样，我也没想到自己的反应会这么大。

辅导员：嗯，现在疫情还比较严峻，我们本来就会处于一个比平常更容易焦虑紧张的状态。加上奶奶是我们很亲近的人，年纪又比较大了，我们当然会更加担心。实际上奶奶现在的状况是怎么样的？

丽君：老家的人每天都会跟我们更新情况。客观来说，奶奶目前其实比较稳定的，她属于无症状感染者，是被组织核酸筛查的时候检出来的，没有出现什么很严重的症状。目前她在接受很严密细致的观察治疗，其他接触过的亲戚也在解除隔离。我奶奶其实之前身体不错，心态也比较乐观。以前回老家的时候，她经常跟我在一起闹着玩的。说起来，如果被她知道我在这边担心成这个样子，她没准儿还会笑话我。

辅导员：嗯，听起来奶奶目前的状况似乎不错。听起来你好像也会觉得自己担心的程度有点太过了。

丽君：确实，从客观的严重程度来说，我是不需要那么担忧的。

辅导员：大家在照顾奶奶的时候会面临什么困难吗？

丽君：没有什么明显的困难。因为在老家亲戚比较多，大家相互之间都还可以互相照应，当地的政策很妥善，经济方面也没有什么压力。

辅导员：你的爸爸妈妈他们是什么态度呢？

丽君：我知道我爸其实也挺担心的，刚接到消息的时候，有几次看到他唉声叹气，或者看着窗外发愣，他平常是个挺高兴的人，不太会有这样的状态。我想这可能也是让我感到更加焦虑的原因。不过我爸只在听到消息后一两天显得比较落寞，他后来就恢复过来了，又像以前一样和我们有说有笑，对于奶奶情况的判断也比较乐观，他挺相信奶奶很快就能好过来的。现在我父母每天都会和老家那边的人联系更新近况，我们自己在家里面也更加注意地做好防护。

辅导员：听起来家里人的状态都不错，情况还是比较让人放心的。

丽君：是啊，这样说起来，我确实是有点太紧张了。仔细一想这段时间网课落下了不少，还让导员和其他同学都担心了。

辅导员：没关系。其实我们每个人都会有状态不好的时候，不需要因为这个而苛责自己。在情绪压力很大的时候，允许自己休息也是很重要的。不过当我们觉察到自己状况不对的时候，也得想想办法调整，只有让自己保持在好的状态，我们才有力气应对遇到的困境。

丽君：是啊，我也觉得自己不能再这样下去了。

在交流的过程中，辅导员询问了丽君奶奶的病情、家人照顾的情况，以及和丽君关系最密切的父母的应对状况如何。可以看到，丽君的父亲也许也出现了一些应激反应，但在一两天后症状反应就自行消退，属于正常的表现。丽君的奶奶病情状况乐观，得到了妥善的救治，周围的家人也有能力处理这次的危机，这些都是一些良好的信号，说明情况正在向好的趋势发展。实际上，丽君本人也了解这些情况，只是当急性应激占据主导地位时，当事人往往容易忽略了这些显而易见的客观事实，而将注意力聚焦在那些容易引起恐慌的消极线索之上。

在和辅导员对话的过程中，丽君开始能比较客观地看待奶奶的病情和家里的状况，她能够意识到现实情况没有自己感受的那么糟糕。更加可喜的是，在意识到这一点后，她很自然地意识到自己的状态受到了严重的影响，并且产生希望调整改变的意愿，这些都是很好的指标，提示她有动力，也有能力从这次的危机中恢复过来。因此辅导员很敏锐地抓住了她开始进行有质量的自我觉察，并且希望调整改变的意愿，对这个意愿进行了强化。

丽君：导员，您说我应该怎么做呢？

辅导员：我想在关注奶奶的状况之余，你也要开始将大部分精力放回自己的日常生活中。其实在我印象中，一直以来你都挺自律的。

丽君：是啊，我以前作息习惯特别好，隔两天还会运动一下。

辅导员：我想，将你的这些旧有的习惯重新拾回来，其实已经很好了。那样的生活状态也是你很熟悉的。在家里面会对你的这些生活习惯造成影响吗？

丽君：作息方面还好，我有自己的房间，相较在学校宿舍反而更不容易受到外界干扰。运动的话可能稍微困难一点，在学校的时候，我会和同学去打羽毛球。回家后虽然也有球伴，但因为现在疫情防控，很多体育场馆都关掉了，我自己也觉得最好不要到处乱跑。

辅导员：是的，在目前出去运动可能不太合适。有一些替代性的方法吗？我知道现在有很多居家健身的视频。

丽君：嗯，我之前在视频网站其实见到过很多类似的视频教程，只是因为以前觉得自己运动量足够，没有认真去看。我接下来会去试一下的。

辅导员：好的。学习方面呢？之前落下的进度怎么样？补回来会觉得困难吗？

丽君：我觉得应该还好。其实之前我上网课的状态都还挺好的，感觉能够专注，在家上课反而感觉更自在一些，而且跟在学校的时候相比还少了很多学生社团的活动要处理，时间还是比较宽裕的。我可以抓紧时间将之前落下的内容补回来，不会的时候可以请教一下同学，感觉问题不太大。

辅导员：好的。那要不我们约定一周后再这样交流一次，到时你可以告诉我你尝试调整的情况，到时我们看看会不会有什么困难出现，再一起来想办法？

丽君：好的，谢谢导员。

辅导员比较细致地了解丽君在各个方面的状态，探索她在进行调整的过程中可能面临的困难，这一点非常重要。在心理干预中，干预者在鼓励当事人进行生活状态的调整时，需要和当事人细致地讨论各方面的具体情况和潜在困难，并和当事人共同想办法解决，这样的支持足够有力，会让当事人确实去执行的动力和信心增加许多，也能在一定程度上帮助当事人预判在实施过程中可能出现的困难，并且明白可以如何应对。

规律作息和定期运动是保持身心健康的基础，因为丽君此前有良好的生活习惯，这些对于她来说是相对容易做到的。在制定调整的策略时，干预者要和当事人一起进行具体的讨论，根据当事人过往的生活经验和性格特点等，先对比较容易实现的习惯进行调整，这样能让当事人比较明显地感受到自己状态的变化，增强复原的信心。假如当事人不像案例中的丽君一样有着比较良好的生活习惯作为基础，干预者就需要更加细致地就作息、运动等习惯的注意事项和有利之处进行心理教育，比如教导当事人如何调整睡眠节律，注意睡眠卫生，让当事人理解坚持运动的好处，帮助一起找到可以尝试的运动方式等。

辅导员跟丽君约定了一周之后再交流，是为了进一步评估丽君是否能从原本的应激状态中有效恢复过来。很多时候，虽然当事人在干预交流中表现不错，但当他们独自回到日常生活中后，原有的焦虑、恐慌、担忧等焦虑情绪很有可能卷土重来，让当事人再度回到干预前的状态之中。因此，和当事人保持稳定的交流和进行后续追踪在很多时候都是重要的。辅导员没有让丽君在感觉难受时随时通过网络联系他，而是制定了一周的时间约定。这可以避免当事人对干预者养成依赖，又能让干预者知道当事人所面临的困难，并且陪伴当事人一起调整应对。因此，约定可能进一步强化丽君尝试调整的决心和动力，即使在过程中遭遇困难、出现情绪，她也能想到之后还有一个让人感觉安心的辅导员能陪她面对、和她一起想办法。这同样有助于提升她心里的安全感，对于从急性应激障碍中复原有积极意义。

（二）干预效果

接下来的一周中，辅导员能感受到丽君对班级日常事务的完成情况相较于前段时间好了很多。在日常和丽君交接事务时，他也注意给丽君更多的肯定和鼓励。一周后的约定时间，辅导员和丽君再次取得通过视频方式进行交流。

辅导员：我感觉这一周你的状态似乎改变了不少，你自己的感觉是怎么样的？

丽君：我觉得相比之前好多了。这一周里面不再有前阵子那种魂不守舍的感觉了。虽然现在疫情的新闻还有很多，有时候看到了，会想到奶奶的状况，还是会感觉心里一紧，但我会有意识地提醒自己，奶奶现在挺好的，让自己不要多想，也不再过多地关注网上那些关于疫情的言论，每天只看官方更新的最新消息，这样做之后，感觉好了很多。我在网上找到了一个喜欢的视频主更新的健身视频，每天晚上都抽出半小时左右跟着练，感觉身心舒畅了许多，晚上睡觉也不觉得困难了，上周有好几天居然一沾枕头就睡着了。

辅导员：太好了，听起来状态恢复得和以前差不多了，你在很努力地进行调整。

丽君：是的，心态确实还是很重要的。另外，上周五晚上吃完饭，我专门跟父母也聊了对奶奶状况的担忧。我父母跟我说，他们刚开始知道消息的时候也挺担心的。我当时一下就觉得：噢！原来大家的感觉都是一样的，不只有我一个人在担忧，当时心里面感觉好像就更加轻松了一些。我爸跟我说，他们和老家的叔叔详细聊过，老家亲戚们都很齐心，把一切都安排得很好，大家也都觉得奶奶肯定很快就能好起来的，我听到之后也感觉更安心了。

辅导员：嗯，听起来家里人其实都对这件事情很上心，不仅你一个人有担忧的感觉，大家都在努力。

丽君：是啊。后来我父母说，下次跟老家那边联系的时候，我也一起参与。周末的时候有一次联系，我们整个家族的人一起开了视频会议，叔叔他们详细跟我说了奶奶现在的情况。我现在感觉也更有信心了，奶奶一定能好起来的。

在上次的沟通之后，丽君意识到需要为自己的状态负责，在感受到情绪侵扰的时候积极调整自己的认知，避免自己再次卷入消极情绪的旋涡中。她有意识地对恢复良好的作息和运动习惯，这些都非常有利于她重新回到健康、稳定的身心状态。除此之外，她从家人身上得到了有力的情感支持，意识到不仅自己一个人在为奶奶的事情而担忧难过，父母和家里其他亲戚一直都在用心地处理，这也让她能够更勇敢、更理性地面对奶奶生病的事实。

一个月之后，丽君收到了奶奶康复出院的消息。她向辅导员报了喜讯，并且对辅导员的关心、陪伴和鼓励表达了感激。

（三）其他干预方法：家庭作业

在本案例中，丽君的优势在于她原本的社会心理功能较好，因此能比较顺利地进行情绪的自我调节，重建生活的秩序。但对于很多急性应激个案来说，由于在此前的生活中比较缺乏积极的体验或良好的习惯，想要尝试自行进行情绪管理和认知重构并不是容易的事情，他们往往会有更明显的无力感和迷茫感，即使有希望调整的愿望，也不知道该做些什么，从哪里开始做起。在这种情况下，除了进行上述的心理干预交流之外，干预者也可以借助布置一些家庭作业的方式，来帮助个案达成情感、认知和行为上的改变。可以尝试的家庭作业包括：

（1）在感受到负面情绪时，写下脑海中的想法，辨别当中与现实不符的不合理信念，并尝试与这些信念进行辩论；

（2）干预者和当事人共同制定一个具体的生活作息表，并设定奖励目标，当事人坚持按照表里的内容去执行，达到奖励目标时进行自我奖励；

（3）写"心情日记"，记录自己每天的心情状态，就自己当天的表现分别列出三个满意之处和三个不满意之处，并尝试在第二天让自己更满意；

（4）每天坚持进行半小时以上的体育锻炼；

（5）每天至少与三个人聊天相处，勇敢地向对方表达自己的想法和感受；

（6）每天至少做一件帮助他人的事情。

本章回顾

人们在经历创伤体验时，大脑中的相应脑区会被高度激活，比如触发位于大脑边缘系统中的杏仁核，形成"战或逃"（fight or flight）的反应，引发心跳加速、瞳孔放大、四肢紧张等生理表现。

急性应激状态是个体在亲历、目击或面临创伤事件后 2 天至 4 周内所表现的应激反应。进入急性应激状态的人，在情绪、认知、行为、躯体感觉等方面都可能出现明显而急剧的变化。

女性、儿童和青少年更容易出现应激状态。此外，如果一个人本身在面对挫折和挑战时不太习惯积极应对、正面思考，本身的个性又比较抑郁或焦虑，在遭遇创伤事件后，出现急性应激表现的可能性也许会更高。

对于出现急性应激状态的人来说，首先需要确保的是心理上的安全感，应尽快让当事人脱离创伤情境，或帮助当事人确认事态已经得到控制。在重建安全感的基础上，提供情感上的支持和理解，帮助其重建生活秩序，获取社会支持，是干预的基本策略。

第十四章 ❤ 失眠相关问题案例

第一节　失眠问题

　　睡眠是人们生活不可或缺的一部分，正常人对睡眠的要求也是因人而异的，不同年龄、不同人群的个体差异较为明显。例如，新生儿每天平均睡眠时间为16个小时，成年人只需要6～8个小时，老年人甚至更少。睡眠问题也有不同的表现，包括失眠、嗜睡、"白天瞌睡—夜晚清醒"的睡眠周期紊乱、睡眠中异常活动和行为（如俗称的"梦游"）。

　　失眠是最常见的睡眠问题，也就是大众口中说的"睡不好"，是以睡眠启动和睡眠维持困难为主的心理问题，也因此导致了睡眠质量不能满足个体的需求，为个体带来程度不同的痛苦。有关研究指出，有10%～20%的人遭遇着失眠的困扰，也就是十个成人中有一两个存在着睡眠问题。

一、睡眠的状态和表现

　　失眠主要表现为个体在夜间入睡困难、睡眠不深、半夜易醒并难以再次入睡，醒得太早，以上表现会导致个体睡眠不足，白天活动受到困意影响。这些反应可能和个人特质、生活事件、焦虑抑郁等情绪问题息息相关。其中焦虑情绪的人常常表现出入睡困难，而抑郁情绪的人往往出现早醒的困扰。一旦睡眠出现问题，又会为原本有情绪困扰的人多了一项担心和困扰——对失眠的紧张和恐惧。失眠的人常常陷入"焦虑抑郁—失眠—焦虑抑郁"的恶性循环。

　　长期失眠可能导致个体情绪不稳定，甚至出现性格大变的情况。很多人对失眠的重视不足，在日常生活受到影响之前并不会想要寻求帮助，往往是已经被睡眠困扰一段时间之后才会寻求帮助。很多人缺少健康的睡眠卫生习惯，导致失眠问题得不到很好的改善。有一部分人为缓解睡眠问题，长期睡前饮酒或者服用助眠药品，可能引发酒精或者药物依赖等问题。

二、心理评估

　　失眠问题的心理评估是睡眠辅导重要的组成部分，也是失眠辅导很关键的部分，如上面所说，很多睡眠困扰的人，他们的失眠问题可能存在着情绪易感性、睡眠卫生问题、潜在心理问题等。评估分为咨询前评估、中期评估以及后期的效果评估，它是一个连续的、动态的过程。在失眠辅导之前，全面地了解来访者情绪水平、认知功能、睡眠习惯、具体困惑以及背景信息等，这个过程可以帮助咨询师判断该来访者是否符合心理咨询，是否需要其他的心理干预，例如临床心理科的药物或者转介到其他的机构，如精神科住院。心理咨询的中期评估可以帮助咨询师形成辅导的方案，指导咨询的方向。心理咨询后期的评估主要是评估干预的疗效以及结束咨询的相关内容。

（一）失眠的具体困扰评估

ICSD—3 和 DSM—5 对于慢性失眠的定义基本一致，以下以 ICSD—3 为例，列出慢性失眠问题的标准。

必须满足以下每一条件标准。

1. 个人出现以下一个或更多现象

（1）睡眠维持问题；

（2）入睡困难；

（3）早醒；

（4）在恰当的时间抵制上床就寝。

2. 以下一个或更多与夜间睡眠困难相关的表现：

（1）疲劳或不适；

（2）注意力、集中力或记忆力受损；

（3）社会、家庭、职业或学习成绩受损；

（4）不良情绪或烦躁不安；

（5）日间嗜睡；

（6）行为问题（如多动、冲动和易激惹）；

（7）积极性下降或体能下降或主动性下降；

（8）易于犯错或发生事故；

（9）对睡眠担忧或不满。

3. 对于睡眠或觉醒的主诉不能单纯由睡眠的不恰当的时机（如足够分配给睡眠的时间）或不恰当的环境（如睡眠环境是安全的、安静且黑暗和舒适的）而解释。

4. 睡眠困难和相关的日间功能障碍至少每周出现 3 次。

5. 睡眠困难和相关的日间功能障碍至少已经存在 3 个月。

6. 睡眠困难不能由其他睡眠问题更好解释。

（二）睡眠状况的检查和评估

失眠状况的评估是心理辅导之前重要的评估内容，其中包括个人对于睡眠的态度和现在的睡眠情况的评估，了解失眠者真实的睡眠状况，认知水平等。对于失眠者的睡眠态度的评估常常使用"睡眠个人信念和态度评估量表"，本量表一共31道题，包括个人对睡眠的多种错误认识、不合理期待等。

了解失眠者的真实睡眠状况会使用"睡眠日记"（见下表），让来访者对自己的睡眠进行记录，以便于得出有利于咨询计划安排的内容。

失眠日记

早上填写的内容为：

  1. 昨天上床的时间：＿＿＿＿＿＿＿＿＿＿＿

  2. 今早起床的时间：＿＿＿＿＿＿＿＿＿＿＿

  3. 昨晚多长时间内睡着：＿＿＿＿＿＿＿＿＿＿＿

  4. 尽早起床后的感觉：（　）精神恢复　（　）精神部分恢复　（　）疲劳

  5. 昨晚总的睡眠时间：＿＿＿＿＿＿＿＿＿＿＿

  6. 昨晚睡眠被以下因素干扰：＿＿＿＿＿＿＿＿＿＿＿

临睡前填写的内容分别为：

  1. 引用含咖啡因饮料情况：　（　）早上（　）下午（　）睡前2小时内（　）无

  2. 进行20分钟以上的运动：　（　）早上（　）下午（　）睡前2小时（　）无

  3. 上床2～3小时前进食情况：　（　）饮酒（　）饱食（　）无

  4. 白天服用过任何种药物：＿＿＿＿＿＿＿＿＿＿＿

  5. 入睡前1小时的活动情况：　（　）看电视（　）阅读（　）无

注：请您记录失眠日记，有助于了解您真实的睡眠状态以及相关的行为。本记录分为早上填写和临睡前填写两部分。请在真实情况下填写。

（三）生理状况的评估

有一些疾病以及药物服务的问题会导致失眠出现问题，需要了解失眠者一直以来的疾病史以及药物使用的情况，需要了解疾病对于睡眠的影响，以及失眠者长期服用的药物中，哪些药物存在着咖啡因等影响睡眠质量的"兴奋成分"。

问题筛查：来访是否存在着神经系统疾病，如神经性头痛、三叉神经痛、慢性疼痛等来访者是否存在着心血管疾病，如高血压等。是否存在着胃肠疾病，如胃食管反流。是否存在内分泌系统疾病，如肥胖，甲状腺结节等。是否存在泌尿系统疾病、膀胱和前列腺问题，如尿频、前列腺炎等。

（四）心理状况评估

睡眠问题与情绪状态以及个人特质息息相关，很大一部分的失眠者否认自己存在着心理、情绪问题以及潜在的心理问题。他们常常忽视或否认情绪和睡眠之间存在的关联。

心理状况评估主要包括易感性以及情绪状态的评估，生活事件以及生活事件的解决方式的评估和个性特点的评估。焦虑、抑郁以及创伤后应激问题导致的失眠问题尤为突出。评估中常常使用抑郁焦虑量表，如宗氏焦虑量表（SAS）和宗氏抑郁量表（SDA）、汉密顿抑郁量表（HAMD）和汉密顿焦虑量表（HAMA）进行初步的筛查；生活问题的解决方式评估，也称"生活事件应对量表"，可用于了解来访者如何处理自己的情绪，是否存在着过多的逃避等行为；个性特点评估，了解来访者的人格倾向，焦虑的易感性等。

第二节　案例背景

一、案例介绍

来访者，岳先生，男性，25 岁，本科毕业一年，正在准备出国读硕士。

来访者反复失眠持续半年以上，在应对工作的时候精力不足，因为长期的缺少睡眠而焦虑、担心，精力下降。失眠的前两个月对睡眠是有欲望的，入睡容易，常出现早上 4 点觉醒、无法再次入睡的状态。最近一段时间入睡前有很强烈的担心（怕自己睡不着），入睡困难，甚至整个晚上没有睡意。

岳先生自述是一个非常有活力的人，本科第二年的时候就开了一个工作室，做商业策划等工作。之前他是一个精力充沛、有创意、有想法、积极乐观的人，被同学们誉为"全能小超人""拼命三郎""工作狂"。他在咨询中反复地强调多么怀念之前的精力充沛的日子，"之前不论怎么忙，想要睡觉就可以睡觉，想要起床就马上起床的状态"。

岳先生大学第三年准备出国留学，他一边在准备英语雅思考试，一边在经营自己的工作室，还在准备实习和毕业的相关事宜。身兼数职地做事情，虽然压力很大，但他依然可以保持每天早上起来进行晨跑等体育锻炼和健身活动。之后一段时间妈妈生病入院，他和爸爸照顾妈妈。爸爸身体也不好，无法晚上的时候陪护，妈妈不习惯护工的照顾，所以来访者在晚上的时候去照顾妈妈。住院部的环境较为嘈杂，妈妈的睡眠也不好，常常会早醒，岳先生开始每天早上要陪妈妈聊会儿天、安慰妈妈等，导致凌晨 2 点、3 点不规律地醒过来。

因为准备毕业，申请国外学校等，来访者晚上照顾妈妈，白天还需要回学校，往返于学校和医院之间。妈妈住院一个半月之后需要回家养病，来访者又照顾了两个多月。睡眠和休息的机会持续几个月比较少。

在照顾妈妈期间，来访者一旦醒过来，不能马上入睡就开始思考一些问题，或者背英语单词等，利用一切可以利用的碎片时间，他原本 6～7 小时的睡眠压缩为 4～5 个小时。之后来访者因为没有时间写论文，延期毕业，也导致申请出国的计划要向后推迟。妈妈身体恢复之后，来访者的睡眠生物钟并没有按照他的预期恢复，他开始失眠。

岳先生之前对于失眠并没有太多的担心，觉得慢慢就会好起来的。但是他后续很长时间凌晨 4 点醒来，醒来之后他一直会思考之前妈妈生病的事情，不能及时毕业，出国读硕士也要推迟入学，推迟毕业，已经计划好的事情突然"失控了"。这之后他觉得脑子开始高速运转，无法停下来。早上学习或者工作都觉得很疲惫，无法集中注意力，情绪越来越焦虑，遂来咨询。

二、案例分析

失眠的 3P 模型认为，导致人们长期失眠的三个要素：倾向性特征（predisposing characteristics）、促成性事件（precipitating events）和持久性因素（perpetuating factors），三个要素之间是相互影响、相互作用的关系，在这样的互动下，人们才会处于长时间失眠的状态。具体内容如图所示。

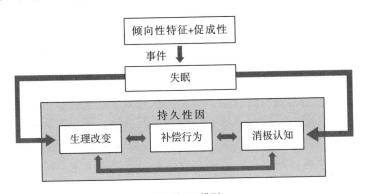

失眠的 3P 模型

出现睡眠问题的人存在着一定的倾向性特征，也就是说，一个人在失眠困扰出现之前，就存在着潜在的失眠风险了，比如，一些人天生"夜猫子"（晚睡晚起型）、平时好动、思维活跃、思虑过度，或者后天原因导致的焦虑、抑郁、伴有慢性疼痛、激素波动等。岳先生的倾向性特征：有能力，有创造力，头脑灵活，精力充沛，生理上过度觉醒，思维活跃，而且是一个夜猫子，可以短时间休息之后重新投入工作中。他之前偶尔有失眠，但由于精力充沛，并没有诱发他的担心，也可以在后续的时间里快速地补充自己的精力和体力。

促成性事件是引发失眠的事件，包括生活事件和生理事件，比如搬家、失业、分手、日常生活压力大、升职加薪、身体健康问题等。岳先生妈妈生病，准备毕业、申请入学等都是促成性事件，除此之外，因为照顾妈妈而导致的睡眠剥夺，让他的睡眠和休息的时间变少。由于毕业等事情，他一直处于思想比较活跃的状态，所以睡眠剥夺和思维活跃等导致了他早醒，睡眠时间减少。

倾向性特征和促成性事件本身不会引发失眠，但是在它们相互作用、相互影响的情况下，就容易导致这个人出现失眠的情况。但是这样的失眠不会持续很久，因为人的身体是具有自我修复、自我纠正的能力的。失眠几天就会自行缓解，适应现有的事件，或者一旦促成性事件改变了，我们就会恢复过来。所以只有这两个因素导致的失眠，是短暂的失眠，不是长期的失眠。

而造成长期失眠的原因是，在两个因素基础上，失眠者又为"失眠"做了一些事情，让失眠保持下来了，这个因素叫"持久性因素"。持久性因素，包括补偿行为、消极的认知和生理性的改变。补偿行为是指人们失眠之后为了补偿失眠损失而采取的行动，这些行动看起来既自然又合理，但是结果往往是无效或者起到反效果的，比如失眠之后睡回笼觉，虽然暂时缓解了睡眠带来的疲惫感，但是却影响了我们回归自然的睡眠模式，从而形成一个"晚上睡不着—白天补觉—晚上没睡意"的恶性循环。失眠者一直在尝试着改善睡眠，但是睡眠一直未有改善的情况，人们会对睡眠有消极的情绪，焦虑、愤怒、害怕、恐惧等。这样的想法给人们产生了更大的睡眠压力，甚至形成一个"我肯定睡不着"的错误认知。容易进入一个更加令人担心的恶性循环中，睡眠的欲望减少，生物钟混乱，失眠持续。

岳先生在照顾妈妈的时候，因为不能睡觉就选择让自己背背英语、做做别的事情。当人很疲惫的时候，大脑还在思考其他的事情，甚至无法集中注意力，也无法让自己休息。等照顾妈妈的事情结束了，他感觉自己依然早醒，思考很多事情，大脑继续高速运转的状态。他担心自己的失眠持续下去，所以想尽一切办法让自己补觉。早上停止运动，找时间在床上躺着，寻找"多睡一会儿"的机会。上学没有精力的时候，喝茶、功能性饮料以及咖啡提神。当他发现睡眠没有改变时，又非常担心自己无法恢复到之前精力充分的状态。

岳先生的生物钟发生了改变，他早上4点开始背单词等行为被生物钟定义为"上班时间已经开始了"，他有随时希望自己补觉的习惯，喝咖啡、减少锻炼都导致了生物钟的变化。他怀念之前睡眠状态好的日子，会增加自己对现在的不满和担心，导致沮丧、懊恼等情绪，也增加了心理负担，影响进一步的睡眠。平时有时间就想要补觉导致睡眠的欲望降低，晚上入睡不难，但是"随时都在睡觉"的状态导致他一到早上睡眠欲望就被耗费光了，出现了早醒。第二天因为精力不足，有需要喝茶、喝咖啡"续命"，睡眠的恶性循环就被强化了。

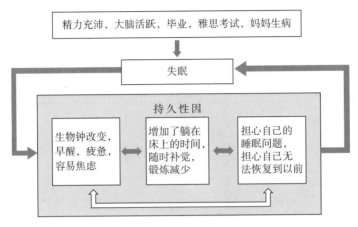

失眠的 3P 模型对应案例具体情况

第三节　干预方案与结果

一、常用干预方法包括哪些

1. 失眠的刺激控制法

失眠刺激控制法认为正常人的睡眠中，床就意味着睡眠，大脑把床和睡眠紧密地联系起来。在床上 90% 的时间都是在睡觉的，潜意识知道床就是睡觉，晚上上床就开始有强烈的睡觉欲望。但是在生活变故之后，躺下来开始胡思乱想，或者做一些与睡眠无关的事情，甚至提到床的第一反应是无法入睡，床和失眠形成了一个条件反射，这就是失眠的原因。

该干预方法的目的是让人们重新训练大脑，把床和睡觉重新连接起来，让床再次成为睡眠的刺激信号，把床＝睡觉再次恢复到稳固连接的层面。他们形成一套完整的指令，让人们尽量地减少在床上看书、看电视等清醒的活动，让床的功能仅限于睡眠，每天同一时间起床，不论睡眠质量如何，到了时间就需要起床。随着时间的推移，床的睡觉刺激的作用得以加强，改善了失眠的问题。

失眠刺激控制法适用于难以入睡、中间醒的时间较长、醒得太早的失眠者，或者上床了没有睡意、在其他地方睡得更香的人。

2. 失眠的睡眠限制法

睡眠限制法认为很多人睡眠较浅，容易觉醒，断断续续地睡觉，一晚上醒很多次，不论睡多久起来都疲惫的人来说，他们缺少的是体内的睡眠驱动力，睡眠的效率不高。人们通过限制睡眠的时间，增加体内平衡的睡眠驱动力，提高睡眠效率来减少失眠带来的影响。

睡眠限制法适用于睡觉断断续续，不踏实，睡醒了依然感觉疲惫，好像没有睡觉的人。

3. 认知重构法

认知重构法是以认知为基础的心理咨询理论中的一个方法。认知心理学家认为人的认知会影响我们对于某些事物的态度，而这些固有的态度会影响我们处理的某些问题的结果。失眠的人存在一些对于失眠的扭曲的信念，因此导致了对睡眠的担忧。当我们疲惫的时候，脑子中却闪现出来"我肯定睡不着"，这样会增加睡眠负担的念头，对睡眠产生更大的恐惧感，加重睡眠的恶性循环。认知重构法协助失眠者重新去建构自己对于睡眠的看法，减少人们对睡眠的担忧，促进人们更加平和地接受失眠，减少恶性循环。

4. 正念冥想

正念冥想提倡非评判的、接纳自己的行为和想法。为来访者提供一套正念训练的方法，帮助来访者关注自身的状态，以减少自我评判等。正念冥想可以降低人们因为睡眠不好或者失眠而出现的恐惧、紧张感。缓解压力、抑郁、焦虑、疼痛以及失眠的问题。

5. 以认知行为理论为基础的咨询方法（CBT-I）

这个干预方法是结合了单一的刺激控制法、失眠限制法和认知重构法的整合式的干预方法。研究者发现很多失眠的人对睡眠持有着不合理的信念和不切实际的预期，所以根据认知行为的方法，对失眠的扭曲的信念进行认知重构，并增加刺激控制、睡眠限制、放松训练以及正念冥想的练习，帮助人们从认知，行为等多层面改变。

二、实操指导

本次咨询使用的是认知行为理论为基础的整合干预，整合了刺激控制法、睡眠限制法、认知重构和正念冥想四种不同的干预技术。

睡眠咨询一共设计了 12 次每周一次固定频率的咨询，后续评估之后，根据情况计划实施每两周、三周不等的不定期咨询。

基于岳先生的情况，咨询师发现他对于失眠有不合理信念（扭曲认知），这样的预期挫败了岳先生的积极性和勇气，严重地影响着他睡眠的恢复。这样的情况适合使用认知重建的方式，帮助他和自己的不合理信念进行辩驳，纠正这些不合理信念。

他的失眠状态表现为：难以入睡，容易醒，睡眠质量较差，起床之后依然感到疲劳。这样的睡眠状态适合使用刺激控制和睡眠限制法的结合方案进行干预。

考虑他最近在准备雅思考试，原本就带着现实层面的刺激，有潜在的焦虑风险，所以咨询师建议使用正念冥想训练，其中选择了MBTI的睡眠干预方式，以家庭作业的方式布置给他。

三、干预过程中的改变与家庭作业

第1次咨询以收集来访者失眠的相关资料为主，建立咨询关系，向来访者说明失眠咨询的干预方法以及相应的练习。

咨询师了解到岳先生对失眠的不合理信念，并为他制定了一个"认知重构"的家庭作业。认知建构分成三部分，依次是识别想法、质疑想法，运用替代想法，产生替代行为。其中识别想法时配合使用思想记录表，对自己的想法和情绪进行记录（见表），便于后面两步骤的运用。

思维记录

日期_____

第一步：识别			第二步：质疑		第三部分：接下来做什么
什么场景	你的想法是什么，要具体，要分别识别出你的每一个想法	你的感受如何	能发现不合理信念吗？如果是能，是怎么扭曲的？准确的想法是什么	这个想法是无益的想法吗？如果是，有益的想法是什么	你现在的感受如何？质疑你的想法如何影响了你的选择

第2次咨询讨论认知建构的作业（见上表），并对理解错误或者填写错误的部分进行讨论。更正来访者的错误理解或者错误操作，之后制定了刺激控制法和睡眠限制法相结合的睡眠计划（见下表）。

思维记录表内容示例

日期＿＿＿＿＿＿＿＿

	第一步：识别		第二步：质疑		第三部分：接下来做什么
什么场景	你的想法是什么，要具体，要分别识别出你的每一个想法	你的感受如何	能发现不合理信念吗？如果是能，是怎么扭曲的？准确的想法是什么	这个想法是无益的想法吗？如果是，有益的想法是什么	你现在的感受如何？质疑你的想法如何影响了你的选择
睡不着觉，又不敢起来走动，怕更加清醒	哎呀，要不然就不活了吧，简直要命啊	难受，沮丧，绝望	扭曲：不想活了 准备的想法是：失眠太痛苦了，感觉要被失眠打败了	没有益处，有益处的想法：失眠很困难	给自己一些信心，一定能解决这个问题难题
晚上醒过来好多次	怎么还睡不着啊，明天又要出状况了	恐惧，生气	扭曲：睡不着会出错 准确地说，不睡觉精力不足，明天效率比较低，会好辛苦	认为自己错了没有益处，承认自己太艰难了，工作很难做	沮丧和接纳，学习现在就是这样的，尽可能的努力实现学习目标

　　了解到岳先生上星期所觉察到的事情，给予支持和鼓励。根据整合训练法，和岳先生讨论家庭作业，和岳先生确定之后的具体的训练步骤（见下表）。

睡眠整合训练说明

序号	流程说明
1	记录并统计 10～14 天的睡眠数据，计算出你的每天的平均总睡眠时间，平均躺在床上的时间和睡眠效率。（睡眠效率＝每天睡眠的时间 ÷ 躺在床上的时间）
2	睡眠知识：床和卧室就是用来睡觉的，不可以在床上玩手机、通电话等
3	根据之前统计的平均睡眠的时间，设定固定的上床睡觉和起床的时间，限制躺在床上的时间，让它和平均睡眠时间一致，但不要少于 5 小时。
4	如果半夜醒来，不要玩手机，如果超过 20 分钟，就要离开卧室，做一些枯燥的或者让人放松的事情（不可以做玩手机、看电视等刺激性、娱乐性的事情）
5	当你再次困倦的时候返回床上，不可以去别的房间睡觉，只能在卧室睡觉。
6	需要时，重复第 4 项和第 5 项
7	保证自己在设定的时间内起床，无论你睡了几个小时或者在床上躺了多久，都要在计划的时间起床
8	保证自己白天不可以小睡，也不可以在晚上 5 点之后睡着
9	保证自己继续记录每天的睡眠数据
10	在数据达到一下标准时，调整你躺在床上的时间·如果一周的睡眠效率高于 90%，即平均睡眠时间占设定的睡眠时长的 90% 以上，躺在床上的时间可以增加 15 分钟·如果一周的睡眠效率低于 85%，把躺在创伤的时间减少为目前平均的总睡眠时间，但是最少不少于 5 小时·如果你的睡眠效率为 85%～89%，不用做改变
11	重复本方案的第 10 项，直到你达到了目标的睡眠时间

第 3 次咨询和来访者讨论思维记录表的内容，了解睡眠整合计划的实施情况，了解来访者的情绪状态和睡眠水平等。来访者反应并没有更多的困难。但由于学业压力的问题，他现在继续一些方式让自己减少焦虑，精力能相对充沛一点。咨询师和来访者商量引入以 MBTI 训练为基础的正念训练内容，训练计划如下（见下表）。

正念训练（MBTI）的训练主题

周	主题	训练内容
1	对 MBTI 计划的介绍	为来访者讲解正念的具体概念和睡眠模式，咨询师带领来访者第一次正式的正念训练。并布置家庭作业，本周完成这个主题的正念训练任务 练习内容：葡萄干冥想，正念进食
2	正念的基本原理及概念的介绍： 自动驾驶模式	讨论冥想与睡眠的关系，讨论睡眠卫生的指导 练习内容：静坐冥想，身体扫描
3	把注意力放在睡意和清醒状态上	讨论睡眠、疲惫和清醒的概念 练习内容：行走冥想，身体扫描
4	讨论夜间失眠问题	讨论睡眠限制问题，做出睡眠调节指导 练习内容：正念运动和正念伸展，静坐冥想
5	解释失眠的范围	讨论失眠的范围、白天和晚上的状态 练习内容：运动冥想和身体扫描交替练习
6	接纳和放下	解释接纳和放下与失眠的想法、感受的关系 练习内容：静坐冥想和伸拉运动
7	重新评估与失眠的关系	介绍自我同情、自我照顾、消耗活动的概念 练习内容：运动冥想和伸拉运动冥想
8	评估和总结	和来访者回顾之前的内容，自己的情绪状态和睡眠干预 练习内容：自我慈悲练习，静坐冥想

以上内容对应了第 4 次咨询到第 12 次咨询的八次内容。在这八次的计划中，刺激控制法和睡眠限制法，情绪日记的认知重建也并行进行。

四、干预结果

第 12 次咨询结束之后，岳先生的睡眠状态基本恢复到正常水平，上床时间为晚 11:25 分，入睡时间为 10 分钟，夜里醒来 1～2 次不等，早行 7:00 准时起床；偶尔做梦；早上不赖床，不补觉，中午小憩 20 分钟（最多不超过 25 分钟）；恢复了跑步运动和健身。

来访者的情绪状态较稳定，他也觉察到了自己潜在的不安全感，"家里是没有人可以帮助我的，我需要自己努力拼搏"的信念一直都在。妈妈生病让来访者感受到了失控的感觉，此外，也非常地恐慌和害怕，怕妈妈去世，怕自己无法申请出国等。这些想法都被主观营造的积极感压抑住了，在 12 次的练习和咨询中得以觉察和释放。

五、预后

来访者在 12 次咨询结束之后，有一个结束前的缓冲，隔周一次，共两次，一个月一次，共两次，咨询持续了三个月。在这三个月里，来访者的情绪状态稳定，睡眠较为稳定，偶尔有两天睡晚了半小时，但是可以在第二天准时起床。由于来访者的自律性非常强，一直坚持正念冥想的训练，每天不少于 30 分钟。

来访者睡眠状态一直很稳定，失眠问题基本上解除。对睡眠的担心基本消除，睡眠效率较高，入睡容易，睡眠质量高，第二天可以感受到精力充沛。

本章回顾

正常人对睡眠的要求是因人而异的，不同年龄、不同人群的个体差异较为明显。新生儿睡眠需求更长，老年人睡眠需求更短。睡眠问题也有不同的表现，包括失眠、嗜睡、"白天瞌睡—夜晚清醒"的睡眠周期紊乱、睡眠中异常活动和行为（如俗称的"梦游"）。

失眠是最常见的睡眠问题，是以睡眠启动和睡眠维持困难为主的心理问题，也因此导致了睡眠质量不能满足个体的需求，为个体带来程度不同的痛苦。有关研究指出，有 10%～20% 的人遭遇着失眠的困扰。

失眠主要表现为个体在夜间入睡困难、睡眠不深、半夜易醒并难以再次入睡，醒得太早，以上症状会导致个体睡眠不足，白天活动受到困意影响。这些症状可能和个人特质、生活事件、焦虑抑郁等情绪问题息息相关。

很多人对失眠的重视不足，在日常生活受到影响之前并不会想要寻求帮助，往往是已经被睡眠困扰一段时间之后才会寻求帮助。很多人缺少健康的睡眠卫生习惯，导致失眠问题得不到很好的改善。有一部分人为缓解睡眠问题，长期睡前饮酒或者服用助眠药品，可能引发酒精或者药物依赖等问题。

睡眠问题与情绪状态以及个人特质息息相关，很大一部分的失眠者否认自己存在着心理、情绪问题以及潜在的心理问题。他们常常忽视或否认情绪和睡眠之间存在的关联。

心理状况评估主要包括易感性以及情绪状态的评估，生活事件以及生活事件的解决方式的评估和个性特点的评估。评估包括了焦虑、抑郁等情绪状态的评估。

失眠刺激控制的目的是让人们重新训练大脑，把床和睡觉重新连接起来，让床再一次成为睡眠的刺激信号，把床＝睡觉再次恢复到稳固连接的层面。他们形成一套完整的指令，让人们尽量地减少在床上看书、看电视等清醒的活动，让床的功能仅限于睡眠，每天同一时间起床，不论睡眠质量如何，到了时间就需要起床。随着时间的推移，床的睡觉刺激的作用得以加强，改善了失眠的问题。适用于难以入睡、中间醒的时间较长、醒得太早的失眠者，或者上床了没有睡意、在其他地方睡得更香的人。

睡眠限制法认为很多人睡眠较浅，容易觉醒，断断续续地睡觉，一晚上醒很多次，不论睡多久起来都疲惫的人来说，他们缺少的是体内的睡眠驱动力，睡眠的效率不高。人们通过限制睡眠的时间，增加体内平衡的睡眠驱动力，提高睡眠效率来减少失眠带来的影响。此法适用于睡觉断断续续，不踏实，睡醒了依然感觉疲惫，好像没有睡觉的人。

认知重构法是以认知为基础的心理咨询理论中的一个方法。认知心理学家认为人的认知会影响我们对于某些事物的态度，而这些固有的态度会影响我们处理的某些问题的结果。失眠的人存在一些对于失眠的扭曲的信念，因此导致了对睡眠的担忧。当我们疲惫的时候，脑子中却闪现出来"我肯定睡不着"，这样会增加睡眠负担的念头，对睡眠产生更大的恐惧感，加重睡眠的恶性循环。认知重构法协助失眠者重新去建构自己对于睡眠的看法，减少人们对睡眠的担忧，促进人们更加平和地接受失眠，减少恶性循环。

正念冥想提倡非评判的、接纳的面对自己的行为和想法。为来访者提供一套正念训练的方法，帮助来访者关注自身的状态，以减少自我评判等。正念冥想可以降低人们因为睡眠不好或者失眠而出现的恐惧、紧张感，缓解压力、抑郁、焦虑、疼痛以及失眠的问题。

第十五章 家庭相关心理问题案例

第一节 家庭相关理论

一、家庭的功能

家庭是每个人成长的港湾。当一个新生命呱呱坠地，他就进入自己的家庭系统，并在这个系统之中逐步认识自我、认识他人、认识世界。心理学家普遍认同家庭环境对于一个人的心智和性格形成具有无可比拟的重要作用。

从发展心理学的角度来说，家庭首先能够满足个体最基本的生理需求及安全需要。根据著名心理学家马斯洛提出的需求层次理论，人类具有五个级别的需求，从层级结构的底层向上，以此分别为生理、安全、社交、尊重和自我实现（Maslow，1943）。生理、安全这些低级需求与个体的生存息息相关，也被称为缺失需要，如果无法得到充分的满足，个体的生存会遭受威胁。每个人能够成长起来，就表明他的家庭系统起码提供了最基本的生理和安全需求满足，让他在脆弱的婴幼儿时期能免于饥饿、疾病、暴力等危险因素的侵害。

除此之外，家庭的另一个重要功能是促进个体的社会化。当人们还是一个儿童的时候，我们的一言一行、一举一动大部分由心里的本能冲动所驱动，因此在感觉不舒服的时候会难过大哭，在感觉气愤时会激动得嗷嗷大叫……在这些阶段，人们并不了解人际相处应该遵守的社交礼仪，对于纷繁复杂的社会规则也毫无概念。通常来说，是家庭中的养育者告诉孩子什么应该做、什么不应该做、可以用什么样的方式应对事情、应该以何种态度面对生活。换句话说，个体之所以能学会人际交往、社会规范，乃至最后能够在社会中作为独立个体生存生活，都与家庭的社会化功能密不可分。常言道：父母是孩子最好的老师。家庭成员每一天在家庭内外的言行举止、处事方式，都为孩子提供了最早的社会化模板，在潜移默化的影响之下，这些行为模式和处事态度会内化到孩子的心里，对个体的后续发展产生深远的影响。

孩子需要管教是大多数养育者的共识，然而不同的养育者所采取的教养方式却各不相同。养育者的教养方式会对个体的行为和性格塑造起到重要的作用。有心理学家将养育者的教养方式氛围两个维度：接纳或回应维度，以及要求或控制维度（Holmbeck，2002）。首先，高接纳、高回应的养育者能够敏锐地捕捉到孩子的需要，并以微笑、表扬、鼓励的态度回应孩子的行为，即使孩子的行为有时候不符合期待，但养育者仍然能够以正面、积极的态度去看待并尝试理解孩子的行为，他们也会对孩子进行批评教育，但在过程中仍然保持着关爱的态度，让孩子能够明白某些行为或态度不被允许是出于对自己的重视和关怀，而不是对针对他自身的否定和责难；相对地，低接纳、低回应的养育者可能会因为太过专注于自己的事情而无暇将焦点放到孩子身上，当孩子表现出不符合期待的行为或态度时，养育者会通过各种方式加以打压和否定，并且可能让孩子感觉冷漠、强硬、无法交流。其次，从要求或控制的维度看，高要求、高控制的家长倾向于对孩子制定很多必须达到的准则，并且通过严格监控、施加限制、撤回奖励、惩罚等方式施加控制，使得孩子能满足自己所制定的行为标准；相反，低要求、低控制的养育者对于孩子的管教显得松散而自由，家庭当中没有什么明显的规矩，有时候这类家庭的孩子甚至可能感到困惑，因为感觉父母似乎对于自己没有要求，与别的家庭大相径庭，或者要求和准则显得随意而多变，让孩子感觉困惑。

值得注意的是，心理学家发现好的教养方式并不意味着在某个教养维度上走极端。高度限制且缺乏足够关怀和回应的专制型父母期待孩子能严格遵守自己制定的规则，却很少解释这些规则的必要性，而是简单地依靠惩罚和强制性策略来迫使孩子顺从。这样的教养方式容易致使孩子难以和养育者建立情感上的联结，孩子在表面上也许顺从，也许违抗，但他们心里与父母的情感距离通常是更加遥远且微弱的，比如当这些孩子遭遇困难苦恼时，他们也许会更不愿意让父母知道真实情况，因此这一类型的家长也经常置身于某种讽刺的困局之中：他们通过各种严格的手段费尽心思地管教孩子，但孩子难以理解他们的苦心，反而随着年龄渐长而与他们越走越远。此外，专制型养育方式下成长起来的孩子通常容易表现出自主性发展受阻的困境，等成长到一定岁数（通常在进入大学之后），当身边缺乏严苛的父母管教或高压的学习环境时，他们容易表现得迷茫失落、缺乏目标、对周围的事物缺乏兴趣。另外，极端高接纳、低要求的养育方式也不意味着万事大吉，几乎不向孩子提出任何要求、不对孩子施加严厉控制的放任型养育者会使得孩子难以养成习得在社会中生存发展所应该具备的技能，让孩子的社会化进程受阻。有纵向研究结果显示，放任型养育方式下成长起来的孩子成长到青春期后，在自我控制能力、学业成就等方面普遍比专制型养育方式下成长起来的孩子表现更糟。

在不同的教养方式之中，被称为"权威型"的教养方式是最为理想的一种。权威型的养育者会向孩子施加要求，目的是为了为孩子提供指导、进行必要的控制，在提出要求的同时，他们会向孩子解释清楚提出要求的原因，并且在具体的实施当中也会给予孩子发言权，和孩子一起以比较灵活的方式制定具体的计划，向孩子展示足够的尊重。在权威型教养方式下成长起来的孩子在社会交往中更具备合作性，其自身的情绪体验和成就定向相较于其他教养方式下成长起来的孩子也显得更为出色。

无论在理论研究或临床实践中，科学家都发现了大量的证据表明养育者的教养方式会对个体的心理健康及未来发展产生举足轻重的作用。实际上，家庭中任意两人的互动模式都可能对家庭中的其他成员造成影响，比如有研究发现，婚姻不幸福的夫妻更可能在育儿的时候与孩子产生消极的互动，这可能让孩子在儿童及青少年时期遭遇适应困难。此外，家庭中父母离异对于家庭中的每一个成员都可能造成巨大的心理影响。

正因为家庭对人的影响显得如此之大，社会上似乎也掀起了将自己的发展情况不如意归罪于原生家庭的潮流。这也许是一种颇具吸引力的归因方式，因为每个人都可以从自己的养育者身上找到不足并且横加指责。然而，这可能不是真正客观公正的解释。实际上，比起父母单向对孩子施加影响的"父母主效应模型"，如今发展心理学家更倾向于用"父母孩子双相影响"的相互作用模型。这一模型认为孩子在接受父母影响的同时，也在对父母施加影响，双方之间持续存在交互作用，相互塑造。例如，脾气比较火爆的孩子更可能促使其父母采取更加专制型的教养方式，而专制型的父母所呈现出的高要求高控制，又可能引发孩子更加激烈的抵抗，这种对抗性的亲子关系在这一过程中被不断加强，让亲子关系越来越差。人们之所以更习惯将矛头指向养育者一方，也许是因为相较于儿童、青少年而言，成年人通常具有更强的情绪管理能力和心智化水平，更可能觉察亲子互动模式中的困局，并有能力率先调整自己的反应模式，打破僵局。然而事实上，家庭可以被视作一个社会系统，系统内任何一个成员的转变，都有可能对整个家庭的关系模式带来影响。因此，子女同样有机会成为家庭结构良性转变的推动者。

二、依恋理论

人们常常说家人之间的感情血浓于水，这确实是家庭关系区别于其他人际关系的重要区别，我们自出生之日起，就天然地与父母结成了世界上最为深厚的一种关系，父母自然而然地成为我们生命中最先出现的重要人物。观察任意一个婴儿与父母的相处，我们都能轻易发现他们对父母存在着很深的依恋，当父母离开视线、不在身边的时候，婴儿们大多会显得非常不安，他们会焦虑地四处张望找寻父母的身影，若是未能及时找到，定会不知所措地放声大哭。我们也许可以从生物进化的角度来解释这一现象，因为婴儿缺乏独自生存的能力，因此会自然地希望依附在某一个客体身上，借此来确保自己能够得到食物和照顾。然而心理学家们发现，这种对客体的需要，并非仅仅为了满足最基本的生理需求，更重要的是，婴儿会借这一过程来满足他们的社会和情感需求。精神病学家、精神分析学家 John Bowlby 最先提出了依恋理论，他认为幼童需要至少与一名主要照顾者发展出亲近关系，否则他将难以发展出健全的心理和交际功能，这种影响将持续到个体成年，甚至影响一生（Reebye，2010）。

人们对依恋现象的觉察最早来源于著名心理学家 Harry F. Harlow 所做的恒河猴实验。实验人员将刚出生不久的恒河猴带离母亲身边，放到了一个完全陌生的环境中。在这个场景中，有两个由实验人员精心设计的"妈妈"，一个由刚硬的铁丝制成，另一个则是由木头套上相对柔软的泡沫橡皮和绒布做成。在"铁丝妈妈"胸前，有提供食物的奶瓶。研究人员希望探讨刚出生的恒河猴会更倾向于能够提供食物但触感僵硬的铁丝妈妈，还是依靠起来温暖舒适的"绒布妈妈"。结果发现，尽管"铁丝妈妈"能够提供食物，但并未足以让恒河猴宝宝们对其产生稳定的依恋。相反，在满足饱腹之欲后，恒河猴们刚喜欢趴附在"绒布妈妈"身上，并将它作为原点来探索周围的空间。这个实验有力地表明，对于幼童来说，得到食物并不是其与客体建立稳定依恋关系的首要因素，能够从客体身上得到舒服、稳定、安全的感觉似乎更为重要（Schechter，2009）。

对于绝大多数人来说，他们第一个产生依恋的对象都是家庭中的主要照顾者，通常为父母亲。在婴儿的眼中，这个重要的依恋客体往往就意味着全世界，对方的存在能让自己感觉到安全与自在。在一些压力场景之下，依恋客体是否在场更是尤为重要。心理学家 Ainsworth 的陌生情境实验很好地向世人展现了这一事实。在实验中，参与的母亲被要求将孩子带到一个陌生的房间，并让孩子们自由行动。观察发现，当母亲在场时，大多数孩子们都能够自由快乐地在房间中探索和玩耍。随后，实验人员让母亲离开房间，并观察母亲离场后孩子的反应，结果发现大部分孩子很快就变得紧张不安起来，甚至放声大哭。

有趣的是，实验者发现当母亲再次回到房间之后，不同的孩子会出现不一样的反应。大多数孩子在找到母亲后，会去拥抱母亲一阵子，然后重新回到自在轻松的玩耍状态。这样的反应是符合我们的预期的，因为孩子此前的不安是由于母亲的离开所导致的，那么当母亲回归，孩子们的不安应该能从而被消除。然而有一些孩子的反应并非如此。在实验中，有近两成的孩子在和母亲分离和重逢时，并没有表现出很明显的情绪反应。还有一成孩子在这个场景下会表现出焦虑和矛盾的行为。在被带到陌生环境中时，他们更倾向于不安地待在母亲身边，当母亲离开，他们也会难过地哭泣，但当母亲再次出现时，他们会对母亲展现出冷漠的态度，甚至带有敌意，激动地拍打母亲，难以被安抚。

由此，学者们总结出了以下结论：不同个体可能表现出不同的依恋类型，依恋类型在个体很小的时候就已经能观察到，而且在成年之后的关系模式中也会得到展现。接近七成的人属于安全型依恋类型。在实验中，安全型依恋的孩子在依恋客体在场时能自在地玩耍和探索，在母亲离开时会感觉不安，但这种焦虑感在母亲回来后就能得到缓解。在成年之后，安全型依恋类型的人更容易与人建立关系，对他人具备足够的信任感，能够在亲密关系中以享受的态度与他人亲近，也更可能得到长久且稳定的关系。接近两成的人展现出回避型依恋的特征，当他们还是孩子的时候，对于依恋客体已经开始展现出回避的特质，因此不管是母亲在场或离开，他们都不会表现出特别明显的情绪变化。在成年以后，回避型依恋的人对于人际关系的态度也趋于回避，建立亲密关系对于他们来说是更大的挑战，他们表面上似乎对建立关系不感兴趣，心中可能充斥着对于他人的害怕和排斥，他人尝试着接近自己的时候往往让他们害怕不安，会担心自我受到威胁。最后，上述实验中提到的最后一种类型被称为不安全型依恋（或反抗型依恋、焦虑—矛盾型依恋）。这类个体对人缺乏信任感，因为更容易对对方的行为作偏差的解读，他们在关系中会感受到很大的情绪波动，也更难与人建立长久、稳定的关系。

个体的依恋类型就像其心智中的某种核心程式，它影响着个体如何看待自己和周围的人，以及如何感受对于关系的需求。心理学家 Bowlby 将这称为内部工作模式，认为它是一种有效控制情绪与认知的动态结构。依恋类型的形成可能与多方面的因素有关，生物遗传学也许能提供部分的解释，因为每个人生来就可能存在气质、性格等方面的差异。另外，孩子与父母的互动模式也是很重要的影响因素。比如，当父母更具有敏感性和回应性，能及时觉察孩子的需求并做出恰当的回应，孩子就更可能对自己和他人产生积极、稳定的看法，发展出安全型依恋的关系。反之，如果孩子在成长的过程中总是遭到父母的忽视、责备，甚至欺诈、暴力对待，那么他将更难对他人形成基本的信任感，容易不由自主地对他人带有防备与戒心，倾向于回避，或是在人际交往中难以控制情绪，表露出攻击性，让他人感觉难以相处。换句话说，个体和早期养育者的互动模式会在其心中建立一个人际关系的"原型"，这种模式会泛化至之后日常生活的各个方面，对其人际关系状况造成深远的影响。因此，家庭关系尤其是亲子关系的质量，对于一个人的发展具有难以替代的重要作用。

对于未能建立安全型依恋的人来说，家庭关系及社会中的人际关系非但难以起到支持、促进作用，反而可能成为个体一再感觉痛苦、消极的情绪来源。对于青年来说，这种痛苦的感受可能会更为明显，因为他们一方面已经成长到青少年期和青年早期，自然而然存在独立、自主的需求，需要完成建构自我、与家庭逐步分离的心理发展任务，但又无法立刻与家庭分离，在这个过程中，如果原本的家庭关系不够健康，则很容易演变为父母与孩子之间对家庭权力的争夺，让亲子双方都遍体鳞伤。若是个体在别的地方也难以建立可靠的关系来获取社会支持，就只能落得孤军奋战的处境，消极情绪难以宣泄排解，非理性的观念在脑中一再发酵，形成心理问题，对日常的生活和学习能力造成损害。

三、系统家庭理论

系统家庭理论（或称家庭系统理论）最早由心理学家 Murray Bowen 提出。Bowen 在长期的精神科临床工作中逐步发现家庭关系对于个体存在非常重要的影响，并基于此展开了仔细的研究。在理解家庭关系方面，系统家庭理论是一个相当实用且广受认可的理论视角，甚至衍生了以系统家庭理论概念为基础的系统家庭干预方法。要了解这套理论，首先需要理解其中的一些概念。

（一）自我分化

自我分化的概念是系统家庭理论的核心概念，它描述的是个体在人际关系中情绪控制及运转功能的高低状态，这与个体内在分化的程度有关，这里的分化可以理解为将情感和理智做出区分的能力。自我分化程度较高的个体能在理智和情感之间做出分辨和选择，能够较好地平衡理智与情感的关系，因此他们在面对压力时，能够保持比较清晰的思考，做到客观看待事物，有能力抵御冲动情感的侵扰，并且其内在信念坚实稳定，能提供内在导向的功能。相反，自我分化程度较低的个体容易被汹涌的情感影响理性的判断，容易因为受到内在焦虑感的驱使而意气用事，难以客观地进行思考。

系统家庭理论认为，个体的自我分化程度深受原生家庭本身分化水平的影响。在分化水平比较高的家庭中，家庭内部的情感紧密性相对较低，个体感受到的压力也相对较少，不需要疲于应对其他家庭成员对他的评价和情感需要，能够在相对自在宽松的环境下形成自我，进行理性思考，而不是为了满足家人、父母的期待来行事。另外，如果个体成长在一个分化水平比较低的家庭，在情感紧密性较高导致的焦虑感驱使之下，他们的所思所想所为更多是为了回应家里人的期待，而不是出于自身的需求，他们常常会因为被感性所裹挟而难以进行理性思考，还可能在多个重要客体不同的意见中摇摆不定，导致自身的信念和价值观总是发生变化，出现不一致。

总的来说，如果个体在青春期之后，能够在情感上与家庭逐步分离，其自身的分化程度会相对较高。相反，许多分化水平较低的人即使到了较大的年纪，仍然可能在生活中的各个方面与家人过分紧密地纠缠在一起。

（二）三角关系

在人际关系中，两人的关系是不稳定的，容易出现焦虑与不确定，但在第三者的加入后，原本的两人关系组成三角关系，并将因此达成相对稳定的状态。比如，原本存在矛盾冲突的一对夫妻，在子女出生后，可能会通过过分关注子女身上的问题，从而在一定程度上回避掉夫妻之间难以解决的困难，在这种情况下，一个不平衡的两人关系因为第三个人的加入而获得了平衡。有的时候，一个不平衡的两人关系也可能因为第三者的离开而达到平衡，例如在一个家庭中，妻子在和丈夫争吵时总是能得到孩子的支持，但在孩子离开家后，这个妻子就可能因为失去孩子的支持力量而减少与丈夫的冲突，两人重新回到相对平衡的状态。

另外，一个原本平衡的两人关系也可能因为第三者的加入而变得不平衡，比如原本恩爱的夫妻在生下孩子后反而矛盾不断。或者，一个原本平衡的两人关系可能因为第三者的离开而导致不平衡，比如在孩子离家以后，夫妻的争吵变多。

在分化程度较高的家庭中，家庭成员能保持相对独立的认知和情感，不需要依靠三角关系来维持家庭成员间情感的平衡，这对于健康的家庭关系尤为重要，可以让家庭在面对压力较大的突发事件时仍然保持成员间关系的稳定，并做出适当的决策。然而，对于那些分化程度相对较低的家庭来说，三角关系就是他们维持稳定关系的重要模式，家庭成员往往会纠缠在极具张力的、混乱的家庭关系中，感觉痛苦而消耗。

（三）多代传承的过程

系统家庭理论认为，家庭中的焦虑等情感过程不仅在单个核心家庭中传递，也在整个家族的每一代人之间传递着。换句话说，如果考究一个家族的历史，可能会发现家族中每一代人的家庭里面都会出现类似的关系、体验和处境。比如说，一个对于使用专制型风格管教孩子的父亲，并不一定会对自己的教育方式中可能存在的问题拥有很多觉察，这可能是因为在他自己成长的过程中，同样遭受过来自父母的控制、约束和惩罚，因此在其观念当中，这是子女教育的正常方式，甚至可能是他认为唯一正确的方式。系统家庭理论甚至认为，家庭当中的关系类型甚至可以追溯到四五百年前的祖先，家庭中的一些价值观、信念等在每一代人的生命中得到体现和传递。正因为家庭中多代传承现象的存在，个体在家庭中曾经遭遇的问题可能也会在下一代身上出现，在一些案例中我们会发现，那些曾经对父母的教育方式深感不满的人，却会在自己成为父母以后不自觉地对孩子施加类似的影响，激发出似曾相识的亲子问题。

（四）手足排行位置

系统家庭理论吸收了心理学家 Toman（1970）的一些研究成果，认为个体在兄弟姐妹中的排行关系对其性格发展会产生重要影响。研究发现在家庭中处于同一个排行位置的个体在性格上存在普遍相同之处。比如，家庭中的老大通常更具有领导能力，而最小的孩子更乐于在群体中充当一个跟随者，而排行的中间的孩子最容易被忽视。即使有的人身为家庭中最小的孩子也很喜欢掌握主导权，仍然可以发现他们的领导风格和那些家庭中最大的孩子的领导风格有着明显的区别。当然，个体的性格形成还可能受到一系列其他因素的影响，比如我们之前已经提到的自我分化程度。有的小孩虽然排行老大，但因为他对自身所承载的责任感和期待感到过分焦虑，因此非但未能成为一个很有决断力和领导力的人，反而会下意识地回避他人的期待，在人群中显得比较退缩。此时，处于中间位置的孩子有可能在实际上充当了兄弟姐妹当中老大的角色，成长为一个具有决断力的人。另外，独生子女可能会成为上述所说的任何一种角色。

该理论认为，出生次序和手足性别的组合可能会对个体之后的关系状况造成影响。例如，如果一对夫妻当中，丈夫有妹妹而妻子有哥哥，他们的夫妻关系相对更可能融洽稳定；而如果丈夫有弟弟且妻子有妹妹，其关系相较前一种情况来说更可能会出现问题，因为他们更可能在亲密关系中互相争夺话语权。又如，如果夫妻二人都是原本家庭中的"老幺"，那么两人可能就会因为都期待着依赖对方而导致关系出现问题。

此外，该理论还认为父母自身的手足位置和孩子的手足位置也可能因为不匹配而导致家庭关系出现困难。假如父母本身都是典型的"家中老幺"的性格特质，欠缺决策力并且习惯于跟随和依赖，那么当他们与家中最大的孩子交流的时候，则可能会出现难以相互理解的情况。

（五）情感断绝

当家庭成员间的分化程度太低，其中的情绪张力可能会强烈到让人感觉难以承受，为了降低来自和对方的关系的焦虑感，个体可能会采取情感隔绝这种极端的方式来为自己找到空间。因此我们有时候会看到一些个体用很决绝的态度与家人彻底拉开距离。然而，系统家庭理论认为这并不意味着父母和子女之间完成了有效的分化，因为这种分离并不能真的达成情感上的独立，和家庭断绝关系后的个体反而可能在情感上更加脆弱，并且更可能在其他人际关系中也复制这种断绝情感的反应模式，在自己与他人相处时也遭受困难。

第二节　案例背景

一、案例介绍

世洋的学习成绩处于中上水平，但在班级中并不是很活跃，辅导员偶尔几次在路上碰到他，都发现他一个人边看手机边走。班上没有跟他关系特别好的同学，就算是同寝室的室友，平常几个人也是各做各的，彼此之间交流得并不多。对于班上同学组织的聚会，世洋有时候会参加，有时则以自己有事为理由缺席。

临近放假的一天，辅导员突然接到来自世洋家长的电话，家长表示已经将近一个学期没有联系上世洋，直到最近仍然如此。接到电话后，辅导员感觉相对惊讶。一方面是因为他此前从来没有接到来自家长的询问，完全不知道世洋已经和家人失联那么久；另一方面，他在一些班级活动中也能见到世洋的身影，并没有觉察到世洋的状态有什么异常。因此，他邀请世洋到办公室来，找他谈谈这个情况。

在基本的问候过后，辅导员向世洋讲述了家长打到学校来询问下落的事情。原本世洋还处在一个相对放松自在的状态，但当辅导员讲到这个事情后，他明显变得沉默和低落，点头承认自己已经一个学期没有回父母的消息，接父母的电话了，并且在暑假也打算留校不回家。当辅导员尝试以父母会担心为由劝说他时，他突然提高了音量："他们担心就由得他们好了，他们也从来没有在乎过我高不高兴，我还需要为他们的情绪负责任吗？"

二、案例分析

家庭关系问题是如今青年人面临的主要心理困扰之一。一项调查覆盖全国40多所高校、超过12000名在校青年的调查报告指出，12%～13%的青年因为家庭关系问题而遭受心理困扰。而且，由于亲子关系问题对个体的性格形成、社交关系状态、亲密关系等各个方面都有着相对深远的影响作用，在实际工作的过程中，我们往往发现大部分出现心理困扰的人，其背后都有着一个功能发挥不良的家庭。很多时候，由于个体难以从家庭中得到足够的养分和支持，当他们遭遇问题或处于应激状态的时候，原本应该发挥积极作用的家庭反而"帮倒忙"，成为阻碍个体有效克服困难的消极因素之一。

青年人处于青少年向成年阶段的过渡时期，在这个阶段，形成自我认同、培养发展亲密关系的能力是重要的心理成长任务。对于很多青年来说，大学阶段也是他们第一次比较彻底地离开家庭、进入社会集体环境、尝试独立生活的时候。在这个过程中，家庭的功能也需要相应地发生变化，不再是简单地为孩子提供保护和照顾，更需要创造空间和机会让孩子学会独立自主地生活。这也意味着需要主动地对亲子互动的联结程度做出调整，学会适时地"放手"。若家长仍然按照过往可能存在的高度控制态度及方式来对待家中的青年，则可能使其追寻独立自主的进程受阻，不仅对个体的心理发展造成消极影响，还可能引发严重的亲子冲突。

案例中，世洋显然对家庭有着较强的抵触情绪，他单方面地切断了和父母的联系，并且拒绝恢复交流。在这个情况下，干预者容易掉入两种陷阱之中。一是以传统的长辈、师长视角进行说教，以孝顺等角度劝说当事人放下对于家庭的抵触，这样做可能会让当事人也迅速地对干预者产生情感断绝的反应，切断了进一步进行沟通工作的可能性。二是完全站在学生一边，和学生一起用愤怒的态度攻击父母，这样做实际上也在加剧亲子间的矛盾冲突，会让父母和孩子对彼此的态度更趋向于极端偏激，对于重建相互信任理解的亲子关系也没有帮助。

我国传统的亲子关系受到集体文化氛围的影响，对于很多家长来说，要理解子女独立自主发展的需求并非易事。他们很难容许子女在心理上有与家庭分离的意识，反而会很自然地在亲子关系中希望和子女进行融合。这样的养育方式会对子女的心理产生多种可能的影响。有的子女完全认同了父母的这种价值观，因此即使在成年甚至自己成家之后，仍然会和自己的原生家庭紧密地联结在一起；有的部分能认同父母希望跟孩子紧密联结的愿望，但又能真切地体会到自己希望脱离家庭控制、争取独立自主的心理需求，两种态度在内心形成冲突，可能会让他们即不愿意完全受控于父母、但又会不自觉地对自己的反抗行为产生内疚、亏欠的感觉，心态在愤怒和内疚中来回切换、疲惫不堪；还有的个体因为难以承受和父母联结过于紧密而产生的焦虑，以及感觉被父母强势控制的所产生的愤怒感，可能会采取极端的情感断绝方式来与家人进行分割。本案例中，世洋呈现出最后一种类型的特点。

在这种情况下，许多父母实际上也缺乏行之有效的应对方式，他们容易出现以下两种情况：一是对于子女与家庭进行切割的行为完全无法接受，已经采取强势的、侵入式的方式对孩子进行管教，使矛盾更加激发；二是从父母的一方也与孩子切断联系，借此来表达对孩子的愤怒和失望，意图让孩子自己意识到"错误"，但这可能会进一步强化孩子认为父母完全不在意自己想法的感觉，使亲子关系陷入僵局。

因此，作为干预者，当发现当事人和家庭成员出现极致对立，情感断绝的情况时，尽可能地保持中立的态度是很重要的。对于大多数个体来说，家庭是贯穿其一生的一个重要的支持系统，若破裂的家庭关系能够得到有效的修补，家庭中的每个人能借着这次机会认真地反思过往亲子相处中存在的问题并加以修正，重新建立健康和谐、分化良好的家庭关系，对于家庭中的每一个人来说都将是一生的财富。

值得注意的是，保持"中立"的态度并不意味着情感上的隔离和漠视，干预者必须在情绪上和当事人同频，以共情的方式与当事人交流，切身处地理解当事人为何不得不采取与家庭切割的方式来处理自己的问题。实际上，对于任何一类心理问题的干预，干预者都需要通过共情来和当事人建立紧密的合作关系，只有这样，当事人此前难以宣泄和表达的消极情感才有可能找到出口，并且有空间去

思考以更具建设性的替代方式来处理自身的问题。

对于主要工作对象为青年人的学校工作者来说，建立良好的家校合作关系也是顺利进行干预工作的重要一步。辅导员、学校心理咨询师和其他一线育人主体自身必须具备良好的心理健康知识和沟通素养，能准确地向家长传递学生当下的情况，并且在需要的时候向家长进行必要的心理教育工作。

第三节　干预方案与结果

一、干预策略

（一）和当事人建立信任关系，了解冲突来源

和因家庭关系出现心理困扰的当事人工作时，干预者首先要耐心倾听，了解促使当事人出现强烈情绪的导火索事件是什么，同时还可以适时地提问，尝试评估当事人和主要家庭成员之间的相处模式及关系亲疏程度，了解家庭中哪些成员具有支持性，哪些成员容易引起浓重的焦虑。除了当事人与主要家庭成员的关系之外，干预者还可以适时了解家庭中其他成员相互之间的关系，因为家庭是一个小型的社会系统，家庭间任意成员之间的关系变化都可能对其他成员的关系造成影响，家庭中的关系模式也可能出现代际传承。

值得注意的是，在搜集信息的过程中，干预者在保持共情态度的同时，还要有对所得信息进行客观理性判断的意识。比如，学校工作者在和家长交流的时候，不时会遇到学生和家长对于事实各执一词的局面。有时候，当事人并不是出于故意的欺瞒而谎报信息。当一个人处于强烈的情绪当中时，他的记忆和注意力焦点都可能受到当前情绪的影响。比如，当人们处于很愤怒的情绪中时，心中充斥的是对对方的敌意和攻击，此时他所能想到的，只有那些对方让自己极端愤怒的片段；又如，当一个人处于抑郁状态当中时，他自然会更多地回忆起那些让他感觉悲伤、绝望的事件，并且可能在认知上对于事情的评价出现偏差，有将事情令人沮丧的程度加剧的倾向。在这些过程中，家长对孩子可能有过的建设性教养和投入可能会在孩子的叙述中消失。因此，干预者也可以试着问一些"例外情况"，邀请当事人回忆与家长发生过的正向事件，以此来对当事人的家庭关系进行更全面的评估。

（二）带领当事人觉察和探索家庭模式

系统家庭理论让人们明白，许多家庭中出现的问题并非由其中一两个成员导致的，而是一个系统性的问题，每一个家庭成员的表现以及他们相互之间的沟通

方式都可能对家庭整体的关系模式造成影响。然而，当人们处于极端愤怒、不满、委屈等消极情绪当中时，很容易将最显而易见的目标当作"替罪羊"，将自己身上的所有不满都归到对方身上。在和由于家庭问题出现心理困扰的当事人工作时，其中一项重要的任务，就是让他们理解到以下几个可能的事实：（1）家庭成员应对事情的方式受到其自身成长及被抚养经历的影响，这些具有局限性的经验和模式导致他们在处理某些事情时无法想到更有效的应对方式，从而对家庭中的其他成员造成伤害，而这并不带有主观的恶意，也并不意味着对于被伤害一方的否定和抛弃；（2）作为家庭成员中的一分子，当事人在面对家庭关系问题时的应对方式，有可能对其他家庭成员甚至整个家庭的沟通模式带来影响；（3）自我分化是心理发展的重要任务，个体可以积极主动地促进家庭的分化进程，让家庭成员脱离被相互之间倾注的浓重焦虑压垮的困境。

当然，在专业的心理干预过程中，干预者不能简单地将上述观点直接灌输给当事人，否则就很容易掉入被当事人认为是和自己一边的"同盟者"，或是和家长站在一边的"对立方"的困境。倾听、共情等基本技术仍然是最为重要的。在建立起足够的信任关系后，干预者需要陪着当事人一起对家庭关系进行细致的回忆和重述，并帮助对方保持相对客观理性的视角，让当事人这一过程中自己得到上述关于家庭的结论，从而能够发自内心地自发调整对于家庭的想法和期待。

（三）帮助当事人找到有效的支持系统

对于出现家庭问题的当事人来说，其中一个让他们备受打击的状况是他们难以从家庭中得到有效的社会支持。比如，对于青年来说，虽然他们在年龄上已经可以算作成人，但绝大多数同学仍然需要来自家庭的经济、技能、情感等多方面的支持。实际上，由于在大学中个体需要面对和处理的问题比小学和中学阶段更多，青年们更容易受挫，也相对更需要来自父母的社会经验和情感支持。当一个人失去的来自家庭的有效支持，就意味着他需要独自应对来自多方面的压力和风险，出现其他心理问题的概率也会随之上升。

这时，干预者也许需要更积极主动地帮助当事人找到有效的支持系统。在实际工作中，我们发现学生家长的情况也可以分为不同的类型。有一类父母在沟通的过程中可以明显感受到他们对于孩子的关心和在意，对于孩子也有充足的管教，但因为受限于自己的经历和知识，在和孩子进行沟通时往往不得其法，不自觉地采用控制、惩罚、责备、贬低等方式，导致亲子关系越来越差。对于这种情况，干预者可以尝试对家长进行必要的心理教育，让他们意识到自己沟通模式的问题所在并尽力尝试调整，在家长和当事人之间重建沟通的桥梁。

还有另一些家长在沟通的过程中会显得相对比较困难，他们对于孩子出现的问题大多采取否认和回避的态度，对于干预者的建议也缺乏合作性。即使相对能接受孩子的心理状况出现问题的事实，也难以提供有效的支持，反而将主要责任推到学校等第三方身上。一般来说，这类家长和当事人的关系也会更加紧张和僵硬，当事人可能会强烈地表达不愿意和家长沟通、不想见到家长等想法，在见到家长后可能出现强烈的抵触违抗情绪。这类家长自身可能有着许多自身还未能完全处理好的困扰，由此而产生的焦虑、不安、愤怒等消极情绪致使他们缺乏足够的心理资源去当一个能够提供有效支持的父母，其家庭和亲子关系自然也容易陷入混乱之中。

面对后一种类型的家长，干预者需要更积极、主动、耐心地与家长进行沟通工作，包括清晰地告知家长目前所了解的情况，对学生当下心理状况的判断及风险评估结果，建议家长采取的措施，以及家长作为法定监护人应当承担的义务。如果需要的话，也可以从学生和家长处了解家族中是否有和当事人关系较好的亲属，并尝试将他们共同纳入干预的支持体系当中。

（四）帮助当事人更好地应对生活中的困难

帮助当事人厘清家庭关系中可能存在的问题，是为了给家庭关系的重建提供契机。但如果在这个过程中，干预者未能保持客观中立的立场，则容易让当事人将父母臻于完美的教养方式当作解释生活中所有不如意的原因，从而丧失对自我进行觉察反思的能力，以及激励自我不断进步的动力，陷入绝望感和无力感之中。长期受家庭关系困扰的当事人在人际关系、自我认同、成就动机等诸多方面都可能存在困难，由于在成长过程中相对缺乏积极的经验，他们应对问题的方式可能显得比较原始和刻板，在与人相处的过程中饱受焦虑感的折磨，或是容易在心烦意乱之时做出不理智的决定。

如果干预者能够和当事人建立稳定、持续的长时间干预关系，那么除了对其家庭问题进行探索外，还可以关注当事人在日常生活中所遭遇的困难及挫折，带领他们觉察自己在处理困难时可能存在的问题模式，并帮助他们找到应对问题的适应性方法。个体的心理状态和心智化水平会影响他们在各个方面的表现，如果当事人在生活中是一个善于觉察、具备面对和解决问题的人，那么自然可以期待他也能够以更成熟的方式来应对其家庭方面的困扰。

二、实操指导

在发现世洋对于家庭的抵触情绪比较明显后，辅导员并没有急于对世洋进行说教。他很好奇世洋为什么会对家庭有这么强烈的情绪，因此他决定先了解清楚事情的来龙去脉，同时通过共情式的回应来拉近和世洋的距离。

辅导员：似乎你对父母有挺多情绪的，可以跟我说说你跟他们的关系吗？

世洋：没什么好说的吧。我就是不喜欢待在家里。本来放假就是可以选择留校的吧？这还需要父母同意才可以吗？是不是我爸妈跟您说什么了？

辅导员：你的父母确实向我问了你的情况，他们说这个学期都没有联系上你，觉得挺担心的。留校当然是可以的，只不过我感受到你对父母的抵触和愤怒了，我在想这些部分也许会让你感觉挺难受的，因此想要和你一起看看是怎么回事。

世洋：（沉默一小会儿）他们才不是真的担心，他们只是觉得其他人放假都回家了，我也应该回家。但是我回去干什么呢，他们只会一天到晚地干扰我，让我完全没办法做自己的事情。

辅导员：好像在家里的时候，你会感受到来自父母的干扰？

世洋：是啊，从小到大他们都这样，只要感觉我不在学习，稍微看一下手机电脑什么的，他们就完全受不了，两个人连番轰炸我，说我没一点自觉性，上了大学还是不知道发奋，要不是他们盯着，我早就废了。之前有一次，我在家看手机，我爸说了几句之后好像突然发狂了一样，直接把我手机抢过来摔坏了。我当时就决定以后的假期我都不回家了，等到我大学毕业工作了，我第一时间自己搬出去住。

辅导员：听起来在家里会处处受到约束，这确实会让人感觉很不舒服。父母在其他方面也会对你管得那么严格吗？

世洋：没有，在其他方面他们几乎不怎么管我，像我喜欢吃什么，要买个什么东西，他们还会尽可能满足。当然我对这些方面也没什么追求。他们只在乎我学习好不好，所以所有他们任务会干扰学习的事情，都会让他们特别抓狂，像玩手机、玩电脑这种。我高中开始喜欢看动漫，我还记得他们第一次发现我在看动漫的时候那个疯狂骂我的样子，好像世界末日了一样。我作业也做了，课也听了，其他时间消遣一下有错吗？有人真的会无时无刻都在学习的吗？

辅导员：确实，每个人都需要休息和放松的，但是对于你父母来说，看到你在消遣似乎会让他们感觉异常地焦虑，所以必须第一时间制止你。

世洋：对，他们就是这样。

辅导员：你父母平常是什么样的呢？

世洋：我觉得他们都是特别严肃、特别认真的那种人，我印象中他们总是加班到很晚才回家，但是回家之后还是会翻我的作业本来检查。我记得有一次我都已经睡着了，忽然被他们很凶地叫起来，说我有一个听写没有完成好。我当时感觉特别生气，明明我已经都做得挺好的了，从小到大成绩也不错，他们还是要因为这么一点小事把我叫起来骂一顿。

辅导员：嗯，听起来他们确实很在意你的学习，而你自己也很自觉地将学业完成得很好，但是父母似乎总是觉得你做得还不够，这让你觉得愤怒、委屈。

世洋：对，好像不管我怎么做，他们总是还能挑出毛病来。他们总爱跟我说自己在工作上面有多投入，所以现在才比较成功，可那是他们的事情啊，难道我就非得全盘接受他们那一套，跟他们过一样的生活吗？

通过与世洋的交流，辅导员能大概了解其父母的教养方式。根据世洋的描述，他的父母比较习惯采用专制型的教养方式，他们对于世洋的学业有很高的期待，因此也容易在这方面产生过度焦虑的情绪，于是只能通过控制的、强势的手段来让世洋保持在他们所期待的状态当中，却没能意识到这种浓重的焦虑一直以来让他们的孩子感觉痛苦不已，甚至开始尝试采取情感断绝的方式来为自己找到喘息的空间。

通过这段对话，辅导员也能够获取一些信息来评估世洋和父母整体的亲子关系状况。世洋的抱怨主要集中在父母过分在意其学习成绩，以至采取强势和控制的态度，让他感到生气和厌恶。从另一个角度看，这也提示其父母在其他方面没有非常"失职"的状况，对于孩子在其他方面的一些诉求和需要，他们能够觉察并且给予回应。虽然世洋此刻对于父母感觉非常愤怒，但他的讲述反映出他对于父母的行为还是有着符合现实情况的基本理解，他知道父母本身是对自我要求很高的人，全身心地投入在工作之中是他们的"生存之道"，是他们认定能帮助他们获取成就的方式。这些都是符合现实情况的归因方式，提示世洋和父母在一定程度上还是建立了基本的亲子依恋关系。在别的一些案例中，干预者和发现当事人对于父母的评价和行为的解释会显得更加简单粗暴且充满恶意，比如觉得父母就是不喜欢自己，父母通过让自己痛苦来获得快感等，这类亲子关系更可能缺乏基本的信任和安全感，干预起来也更显困难。

总的来说，世洋的父母对孩子有着基本的爱和关怀，但与之相伴的是让世洋感觉难以喘息的浓重焦虑感，这是因为其父母受限于自己的生活经验，难以采用更有限的方式来进行教养。世洋的心中充满了愤怒和委屈的情绪，这让他也会产生一些极端的想法，比如父母似乎想要通过这样的方式来控制自己的人生，因此他试图通过情感断绝的方式来切断和父母的联系。但干预者可以尝试让他意识到，"控制他的人生"也许并非他父母的终极意图，他们对他抱有期待，并且担心他的"懒散""不够勤奋"会致使他没法取得更好的成就，他的父母一直以来怀揣着这个坚实的信念，因为他们自己就是通过这样的方式取得成就的。

辅导员：听起来，父母这种控制的方式确实让你感到很厌烦，你甚至感觉他们想让你复制他们的生活。

世洋：他们没有这样说过，但是他们就给我这种感觉，好像他们说的永远是对的，只能按照他们说的方法来。我承认他们这种控制确实让我从小养成了比较好的学习习惯，但我也不觉得一定要每时每刻都那样，人生才会成功啊。

辅导员：听到你说，好像你的父母自己很恪守这一套准则，并且在事业上取得了不错的成就，似乎在他们的心目中，这是最稳妥的方法。偏离了这个轨道，在他们眼中就可能是冒险的，会让他很焦虑、很不安，因此必须立刻用强制的手段把你拉回轨道上。

世洋：我想他们就是这样的。我爸跟我讲大道理的时候，最喜欢说的就是他小时候怎么样努力，从农村里考出来，是他们村里第一个青年。包括现在在家族里面，他仿佛成为家族里的大家长，只要家里面需要做决策的时候，大家都很重视他的意见，通常都是由他来做最后的决定。

辅导员：嗯，听起来爸爸确实通过自己的努力取得了大家都很认可的成就，也许这些正面的反馈都在不断给他强化，让他更加相信自己的想法和决策是正确的。

世洋：我不否认他很了不起，其实很多时候，当看到家人们都手足无措，我爸做最关键的决定，就像定海神针一样，我也会觉得挺骄傲的。但当他像个控制狂一样去干涉我的学习时，我就会非常烦躁、非常气愤，不想再听他多说一个字。说起来还是挺矛盾的。

辅导员：我想这两种都是你真实的感受。当看到至亲的人取得成就时，我们会由衷地感到敬佩和骄傲。但当别人以我们难以承受的方式过度地控制我们，我们也自然会感到愤怒。这两种感觉并不一定相互冲突，它们是可以发生在对同一个人的感受上的，也许这才是你的父母更完整的模样：他们靠自身努力取得了成就，成为家庭的支柱，但在面对自己孩子的事情时，他们也会感觉焦虑和慌张，他们也缺乏更好的方法来处理这个情况。

世洋：（沉默一小会儿）也许是吧，但我还是不知道该怎么面对他们。

在这段对话中，干预者探测到当事人心中对父母有认同的部分，当情绪得到承认和共情后，这些理智的部分会自然而然地逐步浮出水面。干预者采取中立的立场，并没有可以在当事人面前强调父母的"好"，而是帮助当事人梳理心中对父母的复杂感受，让当事人意识到父母并非那个只是想要掌控他的人生的"控制狂"，也不是遇到所有事情都知道如何妥善应对的"万能侠"。即使是再强大的人，也会无可避免地有着焦虑和不安，也会有焦头烂额、手足无措的时候。让当事人逐渐建立更加"真实"的父母形象，对于后续家庭关系的改善非常重要，这能让当事人客观地意识到父母的优势和不足，并逐步地尝试承担起自己的家庭当中的功能，促成家庭关系模式的真正转变，而不只是一个想要从家庭中逃离的"受害者"。

然而，即使当事人对家庭有了更加深入的觉察之后，他们仍可能难以应对家庭中依旧存在的问题模式，就算他愿意尝试重新和家庭建立联结，过去旧有的问题模式会迅速地卷土重来，将他重新带回难以承受的痛苦状态当中。因此，干预者还需要尝试和来访者共同寻找新的应对策略，逐步构建新的家庭关系模式。

辅导员：想到和父母重新联系，会让你有很多担忧。

世洋：嗯，他们肯定还是老样子的，加上我这么久没回他们的消息，我都不敢想象我父母会以什么样的态度来对待我。

辅导员：你不回他们消息这段时间里，他们的态度是怎么样的？

世洋：刚开始的时候，我父母会轮流用电话和信息轰炸我，内容也是逐步升级，刚开始是让我立刻回复，后来都是一些骂我的话，说我"不知所谓""有本事不要再回家"之类的。

辅导员：他们没有担心你的安危吗？

世洋：我有个发小也在咱们学校，我父母也认识，他们向他打听过我的状况。我跟我发小说了，他们问起来就说我不想和他们联系。我觉得到这个地步，我也没办法给他们再说什么了。

辅导员：听起来刚开始不与父母联系，是出于对他们的愤怒，后来你感觉到和父母的关系已经彻底破裂了，担心没有办法再和他们重新联系了。

世洋：是啊。

辅导员：你父母在跟我联系的时候，我感觉他们的语气给我的感觉主要的并不是愤怒，而是担忧。他们已经好几个月没有收到你的消息，而且似乎并不清楚你对于他们的感觉是怎么样的，既担心又困惑，甚至有一些自责。

世洋：我有时候也会想到，就算我不理他们这么久，他们可能还是不知道原因，不知道我为什么要这样做，就算我回去了，他们还是会用以前的态度对待我，一切都跟以前一模一样。一想到这些，我就感觉挺绝望的，又觉得自己有点可笑。

辅导员：你以前有明确地向他们表达过自己的想法和感受吗？

世洋：我不太记得了，也许有过吧，但结果通常就是我还没说几个字，他们已经联手起来把我盖过了。久而久之我也懒得跟他们说了。

辅导员：嗯，因为过去进行沟通的尝试并没有给到你正向的体验，父母似乎不能真的理解你的感受，因此渐渐地你不再尝试和他们沟通，但是内心的消极感受还在不断地累积。最终，你选择直接用行动来表达你的愤怒和不满。

世洋：确实是这样的。

辅导员：我有一个想法。我会把你的父母邀请到学校来，到时你、父母和我一起进行一个谈话，我会引导并帮助你们双方有机会表达对彼此的想法和感受。我想，借着这个机会，你可以跟父母说出你的心底话，让他们意识到过往的沟通方式存在的问题，这样你们之后才更有可能以彼此都舒服的方式来相处，你觉得怎么样呢?

世洋:我不知道,我还是不太确定他们会怎么样,如果您觉得可以的话,我也没意见。

在这里,干预者进一步探索到当事人心中的另一些隐藏的情感,除了对于父母的愤怒之外,他心中实际上也因为自己的断绝行动而感觉担忧,缺乏足够的勇气和策略去重新与父母建立联系。他能够觉察到自己的需求和对亲子关系的期待,但是其父母强势的教养风格致使他们之间一直无法达成有质量的交流。在处理亲子相关心理问题时,干预者在进行较深入的了解后,时常会发现其中所蕴含的问题并不能归罪于其中任何一个家庭成员,往往是家庭内部整体的关系模式存在不足。

在当事人出现心理问题时,干预者积极与家长进行沟通可以发挥以下的功能:

(1)如当事人存在严重心理问题、带有医院精神科诊断,甚至存在自伤、自杀及伤人风险时,干预者务必让家长明确地知悉其当下的情况及可能存在的风险,请家长履行协助、监护学生安全的职责;

(2)对家长进行必要的心理教育,即让家长明白当事人出现心理问题的可能原因,以及其作为监护人应当如何更好地提供心理上的支持,帮助家长意识并纠正不合理的教养方式,与当事人建立更和谐的亲子关系;

(3)作为干预者,带领当事人和家长更好地相互理解与沟通,为亲子关系模式的调整提供契机。

在与世洋进行讨论过后,辅导员将他的家长邀请到了学校,让家长和世洋进行面对面的直接交流。在进行讨论之前,辅导员提醒家长尽量耐心地给世洋表达的空间。

辅导员:辛苦您从家那边赶到学校来,我们今天在这里主要是为了和世洋一起讨论对于家庭关系的一些想法。在此之前,世洋也跟我进行过一些交流,我听到他其实有很多话想对您说,我相信您这边肯定也有很多想对他说的话,我想我们可以借助今天这个机会,进行一次真诚的交流。

世洋父亲:谢谢老师费心。(转向世洋)你有啥想对我说的,为什么之前找你都不回消息,我也跟你说过有啥不满你可以说出来啊。

世洋:我不是没跟你说过,你有认真听吗?

世洋父亲:那可能是我们之前忽略了,你现在好好再说一下,为什么不回消息不回家?

世洋:回家不就是一天到晚被你们盯着,说我不学习、不努力,要不就是被你们带出去跟别人家的小孩比来比去的,我受够了。

世洋父亲:我们也就是怕你上大学之后不够自律,在学校里没人提醒,养成

不好的习惯。那毕竟学习还是很重要的，咱也不是说上了大学就可以没日没夜地玩了，老师您说是吧？

世洋：谁没日没夜地玩了？你看我作业有落下过吗？我挂科了吗？你们就觉得我留在学校不回家就是为了玩是吗？

世洋父亲：那不让你说说你为啥非得留在学校？

世洋：我刚不是跟你说了，算了，说了也没用。

辅导员：听起来世洋想要表达的是，他在家里面总是会被批评学习还不够认真，但实际上他自己对于学习也并没有不上心，在各方面表现还挺好的，这跟您所担心的那种"没日没夜地玩"的情况，其实还是相差挺远的。

世洋父亲：确实。儿子，你一直以来都做得挺好的，我们也就是希望你能继续保持下去，但可能有时候确实要求太多了，这个是我们当父母的做错了，跟你道歉。

世洋：我也上大学了，我自己当然也会想自己以后要做什么，知道为自己负责任，但是你们给我的感觉就好像，只要不盯着我，我就会坏了，就什么都做不成了，我感觉你们不信任我，总是把我当小学生，这让我觉得很生气。

世洋父亲：原来你在因为这个生父母的气，我这下明白了。知道吗，其实听到刚刚你自己说你会为未来打算，我心里面一下就感觉很欣慰。过去确实是我们管你管太多了，是我们的问题。以后你有什么事情，像今天这样直接跟我们说，不要再搞人间蒸发了。找不到你的时候，我和你妈确实特别着急，从同学那知道你没事之后，我们心里面又特别自责，一直在想我们当父母做错了什么，才会让自己的儿子不愿意搭理自己。今天算是搞明白了。

世洋：因为以前跟您说话，总是说不到两句就被您很大声盖过去，所以我就觉得再说什么都没有用，就不想说了。我也知道自己实际上是在逃避，对不起，以后我不会这样了。

在交流的过程中，干预者不必在内容上进行过多的导向，只需要注意提供和维持一个双方能平等交流的氛围和空间，在实际过程中，由于旧有沟通模式的影响，父母可能仍然会显得过于强势，或学生本人呈现拒绝交流的状态。在这些情况下，干预者就需要及时地帮助去解读和传递当事人希望表达的真正含义，避免对话滑向无意义的对抗和争吵。只要能成功地维持平等真诚的交流环境，双方自然会对对方产生更有深度的理解，并自觉地反思自己的行为，逐步构建出更具适应性的沟通模式。经过这次交流过后，世洋和家长都更直接地明白了在本次事件中对方的真正想法，以及自己行为上的不当之处，亲子关系得到了基本的修复。

本章回顾

家庭能够满足个体最基本的生理需求及安全需要，还能促进个体的社会化。养育者的教养方式会对个体的心理健康及未来发展产生举足轻重的作用。

幼童需要至少与一名主要照顾者发展出亲近关系，否则他将难以发展出健全的心理和交际功能，这种影响将持续到个体成年，甚至影响一生。不同个体可能表现出不同的依恋类型，依恋类型在个体很小的时候就已经能观察到，而且在成年之后的关系模式中也会得到展现。个体的依恋类型就像其心智中的某种核心程式，它影响着个体如何看待自己和周围的人，以及如何感受对于关系的需求。

系统家庭理论认为，个体的自我分化程度深受原生家庭本身分化水平的影响。在分化水平比较高的家庭中，家庭内部的情感紧密性相对较低，个体感受到的压力也相对较少，能够在相对自在宽松的环境下形成自我，进行理性思考。

第十六章 学业相关心理问题案例

第一节 学业问题相关理论

进入大学，面对着全新的环境和议题，个体会遭遇许多新的挑战。不少学生在奋战高考时可能都听过这种类似的话：现在努力学习，等上了大学就轻松了。然而许多学生在上了大学之后才发现，他们在学业上所面临的挑战非但没有减轻，反而比在高中的时候更为困难。调查也表明，学业问题仍然是在青年群体中所占比例最高的心理问题，"大学之后就轻松"并非金科玉律，有相当部分的青年在大学阶段仍然身处严峻的学业压力之中，他们有的因绩点和排名的变化而患得患失，有的因担心挂科和降级而惴惴不安，有的甚至因无法完成学分要求而处于退学的边缘。

一、学业不良与学业困难

综观全世界，不同国家地区对于学习困难的判断有不同的定义和标准。比如在北美地区，判断一个人是否存在学习障碍需要先考虑其智力水平，如果个体的学习能力没有达到其智力程度应该有的水平，则可能被判断为存在学习障碍。由此可见，其核心的概念是个体在学业表现和智力水平之间的差距。在国内，目前学界对"学习困难"暂时还没有统一的说法和定义。有的学者用"学业不良"来描述学生在学业方面出现困难的状况。在大家熟悉的考试体制中，每一门科目都会设定相应的及格线，一般来说，如果某个学生的考试成绩没有通过及格线，则可能被判定为其知识掌握和运用程度未达标。在及格线以上，还会根据分数划分不同的等级标准。在大学里面，如果学生考试没能及格，他就无法取得该学期该门课程的学分，而在及格线之上达到不同的分数，则可以相对应地取得不同的绩点。过往对学习不良的判断习惯采取这种绝对性标准的概念，因为它能够比较直观地从分数中得到体现，符合人们普遍的认知习惯。然而这种标准也存在着严重的不足之处，因为不同地区甚至不同学校的标准差距较大，在现实中也经常可以发现有的学生在原本的学校成绩良好，但因为转学、升学等到了新的学校后，出现学业成绩不达标的情况，尤其当新的学校整体的办学水准相对较高的情况下。随着对相关问题的研究加深，相对性标准概念逐渐变得更加流行，相对性概念同样考虑到个体的智力水平，其判断标准的核心是个体的学业成就与其智力提供的潜力的差距。在这个定义下，学业不良不仅可能出现在客观标准来说成绩较差的学生身上，也可能出现在成绩较好、但仍未能达到其智力水平应该达到的水平的学生身上。另外，有的学生还可能因为各种各样的身心健康状况、生活事件和环境影响，在学习方面完全未能发挥出应有的水平，这与他本身的学习程度和智力水平都无关。有学者在这个视角的基础上，归纳出三种学业不良的类型：

（1）未能达到各年级、各门学科或领域所期待的学生能够达到的水平，即绝对性学业不良；

（2）学生实际的学业成绩低于根据其智力测试水平结果所推断的学力得分；

（3）未能充分发挥自身潜能，因身心障碍迟滞而导致学业不良者。

理解学业不良的定义有助于帮助学校工作者更好地觉察和分析学生情况。在实际工作中，与学业相关的心理问题的情况并不仅仅出现在成绩相对靠后的同学身上，而可能出现在任何成绩水平的学生身上，甚至一些成绩非常拔尖的学生，也会因为觉得成绩还未能满足自己的期待、担心排名被反超、无法保研升学或找到好工作等诸多担忧而出现心理上的困扰。在相对性的学业不良中，需要考虑个体学业成绩和其潜力之间是否存在差距。对于潜力的看法存在客观和主观的区别。如果一个接受过科学的智力测试的青年在学业上的表现明显低于其智力水平应当达到的学业水平，可以认为其潜力未能在学业上得到充足的发挥。另外，一些学生也可能因为对自己的学业成就有过高的期待，因而对自身的学习成绩出现过度的焦虑，这种情况下形成的心理困扰更多来源于其自身的自我认知偏差，而其焦虑的状态更可能进一步地影响他在考试中的发挥，形成恶性循环。很多时候，来源于外界的高期待和个体身处环境中普遍弥漫的焦虑氛围也可能导致个体的自我认知偏差。

你能够客观地评价自己吗？相信有不少人会认为自己有能力用一个客观的视角来看待自己，然而心理学研究表明，人们大多会出于认知偏差而错误地进行自我评价，这样的情况被称为优越感偏差。举例来说，人们普遍存在认为自己的能力高于平均水平的错觉。一项2014年进行的研究认为，2014年的一项研究发现，85%的人都会觉得自己的友善度高于平均水准。而事实上，总有一半的人的友好度是低于平均水平的。显然，有很多人高估了自己的这个特质。

在实际工作中，干预者还可能经常发现学生存在着这样的信念：我现在成绩不好是因为我没有花足够的时间和精力在学习上，只要我愿意开始好好学，成绩肯定能一下子提上来。这样的想法仿佛一个保护罩，让个体能够保有自尊而免受打击，然而他们到最后常常会悲哀地发现，自己预想中"开始好好学习"的时刻迟迟没有到来，而当他因为期末考等考验尝试进行复习的时候，却发现自己与其他同学的进度已经相距甚远。这种信念与个体的归因方式有关，归因方式指的是人们对一个事情或状况的解释，将焦点放在自身的能力、素质、天赋等内在因素上的归因方式被称为内部归因，而将焦点放在环境、他人、政策制度等外部因素上的归因方式被称为外部归因。很多时候，人们会不自觉地使用防御性的归因方式以期更好地保护自尊，例如上述所说，高估自身的学习能力，将自身学习成绩不达标的原因简单地归结为不够努力，对于自己的学习能力、学习策略以及对当下的学习环境、教学方式的适应程度等方面都缺乏客观的认识（Kruger，1999）。同样地，也有一些学生习惯将自身学习状态不佳全部归结于外部环境的影响，比如糟糕的老师、吵闹的室友、不够支持的父母甚至过于"内卷"的社会环境等。

思考并了解自身可能存在的认知偏差并非为了无视所有可能造成影响的因素而更加严苛地对待自我，而是帮助自身找到更加客观理性的视角来评判分析自己可能存在的问题以及所面对的困境。克服认知偏差有许多方法，了解社会心理学领域中更多关于认知偏差的相关知识可以帮助个体提高对这些不合理想法的敏感性，保持别人进行讨论、对他人给予自身的评价保持开放的心态，这些行为都有助于帮助个体以更加客观的视角对自身和环境进行评价。

顺利考入大学的青年们，是如何一步一步地走到学业困难的状况的呢？学业困难情况的出现是否有"预警指标"？为了探明这些问题，国内有学者针对青年的学业倦怠进行研究，发现在其中的多个相关因素（周玥，2021）。有一些特质被称为"始基因素"，这些特质状况往往是个体出现学业倦怠情况的预警信号，其中包括相对较弱的学习基础，入学后学业状态松懈，以及对大学环境适应不良。在现实中，虽然被录取到同一个大学，但是学生之间的实际学习水平可能存在差异，这一方面由于各地区的教学内容、形式及考察标准有所不同，另外也可能存在学生在高考时的表现与其真实能力并不匹配的情况。总的来说，一个学业基础较弱的学生进入大学之后，很容易会在学习上感受到挫折、自卑等情绪，这非但让他难以跟上授课老师的步伐，还可能使他更难以和其他同学进行合作性学习，使得其学习状况进一步受到限制。另一方面，在进入大学之后，由于获得了对于时间和个人生活安排较高的自主权，并且大学环境里对于学习的要求和限制变少，加之与父母的距离变远，以及看见周围同学除学习之外还存在的生活安排等因素的影响，学生分给学习的时间与过往相比明显减少。此外，每个大学新生都需要面临对于大学这个新环境的适应挑战，大学的课程安排、考试设置、学分制度等与大多数高中都有着明显的区别，加之与同学、老师、父母的关系及生活的环境都与以往大相径庭，多种因素的重叠也会让学习任务的应对显得更为挑战。

如果个体未能以合适的方式来面对和应付上述的挑战，就可能更进一步地步入学业困难的泥沼。不少个案在开始感受到学业压力的时候，缺乏适应性的应对策略及有效的支持系统，更倾向于采取逃避的方式来进行应对，学业倦怠的情况在学生群体中开始广泛地出现。学业倦怠是指由于长期的学业压力或对学习失去兴趣，而造成的一种情感耗竭、人格解体及个人成就感降低的情况。出现学业倦怠表现的学生对学习任务失去兴趣，开始采用不同的手段来回避学业任务，感觉难以专注在学习上，并可能对学习出现质疑、反感和违抗的情绪。但在很多时候，回避学习任务也并不能让他们真的感受到快乐，他们花费大量的时间在刷手机、玩游戏、看小说等消遣事宜上，却并非真的觉得这些活动对他们存在吸引力，也并不能从中收获快感，反而更挣扎于内心的空虚，甚至会对自我产生谴责。虽然这些方式能让个体短暂地从直接的学习压力中"解脱"出来，但由于造成困扰的应激源始终无法得到解决，对于个体长久的发展会造成明显的不利。不仅可能让个体在学业上更加积重难返，也会让负面情绪以及对于自身的消极评价不断加剧。一些个案在经历挂科、降级等事件之后，可能被浓重的自卑感和负罪感所萦绕，对学业产生挫败感，不相信自己有学好的能力，也羞愧于向身边的资源寻求有效的帮助，使学业问题一再加剧。

而在这个过程中，诸如亲子关系、人际问题、负性生活事件等应激源也可能出现，加重个体的心理困扰。这些应激源本身就可能与学业困难存在相关性。比如，学生可能因为学业成绩不理想、挂科、降级等情况招致家长猛烈的责备，然而大多数家长并不了解孩子在学校学习的全面状况，像学业的难度、学习的氛围、成绩判定的设置等，这种不了解原因、难以提供支持，而仅仅出于成绩不好的结果所形成的责备，会让学生感觉自己处于极度不被理解的状态，让亲子间的问题更加严峻。另外，学业成绩也可能对人际关系等方面造成影响。虽然在大学里，由于学生生活视野的拓宽，成绩不再像中小学时一样，成为影响老师和同学的压倒性因素，但无可否认，个体的成绩仍然是一个学生身上非常重要的社会属性，这也是为何"学霸"之类的标签在学校里乃至社会上能广泛流行的原因。遭遇学业困难的学生不仅在同伴群体中可能容易感受到自卑，而且有可能在大学中流行的分组任务、合作式学习等环节中处于相对不受欢迎的位置，如果个体难以在别的领域展示中人际魅力，则更可能随着时间的推移而在学校集体中渐渐处于较为孤立和边缘的位置，缺乏社交支持会削弱一个人应对处理问题的能力，也容易导致情绪上的受损并且加剧个体对于自身的负面评价。

人们的行动倾向于与他的想法和情感相协调。当学业困难学生对于自己的评价开始走低，由于自我效能感的缺失，他们在学习中的实际表现也更可能随之相应变差。自我效能感指的是个体在多大程度上相信自己有能力把事情做好。在学业上有足够坚实效能感的学生，即使在一些考试中受挫，也仍然确信自己有下一次做好的能力，这支持他们能够以建设性的方式分析考试失利的原因，并且有足够的意志力和专注力弥补在学业上的不足。相反，那些在心底里将自己定位为"学渣""咸鱼"的学生会逐步接纳得过且过的状态，不信任自己有可能扭转残局。在一些学业困难的个案身上，干预者甚至可能觉察到当事人存在着以下这类想法：我之前已经荒废了许多时间，即使再怎么努力也无济于事，我已经注定比身边的人落后，并且再也不可能赶上。这种绝望和无力感使得他们完全缺失了迎头赶上的动机。另外，在一些当事人身上，干预者还可能探测到其为了保护自尊而产生的想法，有的人可能会用潇洒的标签来定义自己，比如觉得自己信奉"今朝有酒今朝醉"，认为应该珍惜青春的大好时光，而不是将时间花在无尽的学习当中。这种想法不尽合理之处在于它简单地将"努力学习取得理想成绩"与"享受轻松自由的生活状态"二元对立，借此来为自己身处闲暇懒散的状态找到依据。然而事实上，我们也可以观察到许多适应良好、功能完备的学生在取得相当的学业成就之余，仍然能够保持轻松充实的生活状态。还有一些个案可能倾向于引用更加宏观和外部的环境因素来解释自己目前的处境，其中明显的特质是他们想法中蕴含的虚无主义，认为即使努力学习，之后也只不过是社会机器中的一颗螺丝钉，或觉得社会正在变得糟糕，在这个大背景下学习显得无济于事。在讨论这些宏大议题的背后，可能隐藏着其对于自身状况深深的无力感，如果干预者能够有效地帮助当事人意识到其内心当中的这些冲突情感，则可能帮助他真实地意识到自己的处境，尝试寻求更加充实的生活状态。

二、学业情绪

在学习的过程中，人们会产生各种各样的情绪，他们可能因为自己取得好成绩而感到高兴骄傲，可能因为没能跟上老师讲授的内容而觉得低落自责，也可能因为没能解出题目而垂头丧气。研究发现，这些在与学业相关的情绪与个体的学业学习、表现和成就有直接相关的关系。有学者将学业情绪分为两个维度，分别是愉悦维度和唤醒维度。由此又可以分为积极高唤醒度的情绪、积极低唤醒度的情绪、消极高唤醒度的情绪和消极低唤醒度的情绪四种。其中，积极高唤醒度的学业情绪主要有高兴、骄傲、希望等情绪；积极低唤醒度的学业情绪包括平静、放松、满足等情绪；而消极高唤醒度的学业情绪包括羞愧、焦虑、愤怒等；消极低唤醒度学业情绪则包含无助、沮丧、厌倦等情绪（董妍，2007）。

学业情绪可能受到个体成就目标设定和达成状况的影响。未能如愿达成所设定成就的目标倾向于感受到消极情绪，而就算是达到较好成绩的学生，也不一定个个都会欢欣雀跃。研究表明，当个体的成绩与其希望掌握知识的目标不相匹配时，其积极的体验会被削弱（Pintrich PR，2000）。这也是为什么有的学生即使取得了不错的成绩，却未能真正因此而感觉到鼓舞。此外，研究者还发现学业情绪会影响个体的元认知经验。元认知指的是"对认知的认知"，具体来说，是一个人对于什么因素在影响着自己的认知活动，以及对于自己的认知活动进行有意识管理和控制的能力。毫无疑问，元认知能力能够帮助人们更好地进行学习，并在经受考验时呈现出更好的发挥。研究表明，积极愉快的学业情绪于元认知策略有关，而悲伤类、紧张类、厌恶类、焦急类学业情绪与元认知策略成负相关。换句话说，当个体的学业情绪比较积极的时候，他不仅能简单地"记住""学会"知识内容，还可能对自己是如何学习和理解这些知识的，之后可以如何运用这些知识等有更深入的理解。类似地，研究发现愉快的情绪对高抽象推理能力有促进作用，而气愤、焦虑等负性情绪则会损害个体的抽象推理能力。研究人员进一步发现这两者之间可能存在相互影响的关系，抽象推理能力较好的学生更容易在学习的过程中体验到高兴的情绪，中等能力的学生容易体验到厌烦，而能力较低的学生则更多体验到焦虑和气愤（Pekrun，2007）。

学业情绪与个体认知能力的发挥有重要的相关关系，而对于学业困难的个案来说，其学业情绪大多已经低至谷底，这种消沉的状态也会损害他们在学习时的专注力和意志力。一些躯体化表现比较严重的个案甚至会在每次尝试学习的时候就感觉头晕眼花，心跳加速，坐立难安。对于干预者来说，一个重要的手段是将学习和积极的情绪体验重新联系在一起，让积极的情绪成为当事人自发坚持学习，克服挫败的原动力。而要做到这一点，需要多方面积极因素的配合才可能成功。

三、应对学业困难的积极因素及干预策略

对于青年来说，虽然学业成绩只是其身上的其中一个特质，却可能对其他议题、甚至其自身整体的身心健康状态及长远发展造成深远的影响。而如果个体在遭遇学业困境的时候，能够通过自我调节、有力的社会支持及适应性的应对方式等进行回应，则有望突破学业中面临的困境，并且对整体的身心健康和个人发展带来转机。国外研究（Goldberg，2003）发现了一系列有助于应对学业困难的积极因素，包括良好的自我意识、积极主动性、韧性、合理的目标设定、有效的社会支持系统、良好的情绪应对能力。这些因素彼此之间也存在相关关系，比如良好的自我意识对于积极主动性及韧性的发挥有促进作用，有效的社会支持系统有助于情绪应对等。国内研究（周玥，2021）发现意识的觉醒（包括直面问题后的警醒、良知责任感的唤起）、正常化和希望感、良好的同伴支持及心理支持是学业困难的抑制因素。

学业困难个案大多会使用不适应的回避方式来应对自己的困境，虽然在进行消遣活动时也许能短暂地将自己的担忧抛诸脑后，但内心持续存在的焦虑不安始终难以消除。他们一方面在潜意识里渴望自己能做得更好，希望自己能获得成功

和认可，过上充实的生活，另一方面却深陷于无力、自卑、挫败、愧疚等情绪当中。帮助当事人诚实、直接地面对自己所遭遇的困境，觉察内心存在的冲突，是陪同当事人走出学业困难的重要一步，这有助于帮助当事人意识到自己采取各种消遣活动却仍然难以感觉满足的原因，觉察自己在运用非适应性的应对方式，并且相信自己可以用不一样的建设性办法来重建自己的生活，愿意鼓起勇气来为自己的生活负责。

深埋在学业困难个案内心深处的，是对于学业乃至未来的绝望感受，挂科、降级等事件对于许多个案来说像一个又一个的消极信号，在加固其心中对于自我的消极评价和对未来的悲观预期，而从客观上来说，这些事件确实也会带来相当的社会压力。因此，希望感的修复对于此类个案来说也是相当重要的干预目标。在日常生活中，也许很多人都不吝于向他人提供认可和鼓励，但从心理支持的角度来说，日常常见的鼓励方式可能显得支持力度不足，甚至会给当事人造成更大的心理压力。比如家长对学业困难的孩子讲："我相信你一定不会让我们失望的。""我相信你是最棒的。"此类的话语不仅缺乏实际的支持作用，反而可能加剧当事人心中的愧疚感。因为纵然他们很希望满足家长的期待，也不知应该从何做起，反倒可能因为觉得自己能力不足而深感内疚。

对于当事人而言，陪同他们确实地见证自己取得的进步和成功，能够更加坚实地提高其自我效能感。比如陪伴他们一起设立需要毅力但确实有可能达到的小目标，并且在他们达成目标之时适时地提供正向的反馈和鼓励。很多青年曾经也在学业上取得过不错的成就，因此自然而然地会对自己有较高的理想化期待，企图能很快地重新取得不错的学业成就，并下意识地认为只有做到这样，才能够证明自己的成功。这种饱含焦虑的期待很容易落空，使得他们迅速地再次失去改变的动力。因此，帮助他们制定合适的计划和目标显得尤为重要。比如，对于一个已经在数门课程里挂科，并且觉得自己难以专注在学习中的学生而言，更为实际的目标是具体化他在每天需要学习的知识章节，使得他足以能够在补考中顺利通过课程。在这个过程中，只要当事人能够达成每天的目标，预者就应当给予充分的鼓励和认可。这样做能避免当事人因为幻想中的宏伟蓝图无法如期实现而被摧毁信心，并且重建"自己确实有能力完成事情"的自我认知。

当然，尝试重新振作的旅途并不总是一帆风顺，实际上，由于学业困难个案之前大多在学习进度上处于落后位置，当他们开始尝试认真学习，也极有可能会面临许多挑战。比如说，我们很难期待一个在线性代数（上）课程挂科的同学，能一下子充分掌握线性代数（下）的内容。很多学科的知识体系结构环环相扣，学好本学期某门课可能意味着你需要充分掌握上学期某门前置课程的知识，而这对于学业困难的个案来说并不容易。因此，挫败感和自卑感等消极感受随时卷土重来。在这些时候，干预者的支持以及必要的心理教育尤为重要。干预者需要帮助当事人意识到，这并不是仅仅发生在他身上的个别事件，对于大多数学业困难的同学来说，都可能会有遭遇类似的困难而只要坚持不懈地笃行计划，并且在遇到困难的时候找到合适的资源求助，这种困难的感觉在持续一段时间之后即可消退。这种干预策略称为正常化，它旨在消除当事人心中不合理的消极信念，比如"只有在我身上才会出现这种情况""因为我是一个不够好的人，所以才会受到这种惩罚"等。许多时候，当一个人明白自己身上遭遇的事情在其他人身上也同样会发生，他内心的不安和焦虑会自然而然地减轻，并且能够开始尝试以更现实客观的角度来看待自己的问题。正常化的干预还有助于纠正当事人心中那些不合实际的期待。比如有的个案为了尽快得到改变，会自顾自地设定"每天学习15个小时"之类的疯狂计划，并且期待自己每一分钟都能做到全神贯注、高度集中。不必多说，他们很快就会因为自己没能真的如想象一般拥有超人一般的体力、意志力和专注力而感到挫败自责。这种时候，干预者有必要让他们明白，大多数人能够保持最高专注度的单次时长实际上只有20分钟左右，没有人能够做到持续每一分钟都高度专注，而有计划的休息和娱乐非但不会干扰他的学习进度，反而能够让大脑在得到充分休息好更快地回复到最佳状态。这些正常化的干预能够帮助他们现实地调整自己的期待，并且以更加合理正确的态度来面对自己有时候可能出现的"心不在焉"。须知道，学习之所以不如电脑游戏等消遣娱乐活动来得吸引，除了因为其本身的难度可能较高之外，还有一个很重要的原因是它是一项比较难获得即时积极反馈的活动。对于学业困难者来说，在学业上复原甚至取得成就是一场马拉松，相较于在一两天内"冲得更快"，我们更应该关注如何真正让当事人养成好的自我意念、身心状态和学习习惯，让他在这场马拉松中可以"走得更远"。

此外，良好的同伴支持是帮助学业困难个案走出困境的有力促进因素。很多学生之所以在进入大学学习之后"掉队"，甚至逐步变成学业困难个案，其中一个重要的原因是没能真正适应大学的学习状态。普遍来说，大学的教学体系和内容和中小学相距甚远，不仅知识的难度和深度急剧提升，学生需要掌握的内容量大了许多，并且老师不会像从前一般设置多次的复习和练习来确保学生的知识已经足够牢固。另一方面，自主学习、合作学习的方式在大学里非常流行，有许多知识是需要学生在课后自己了解，或者与同学一起进行探索的。以上种种都对学生对于学习方面的自主性、自律程度等方面提出了更高的要求。而那些像从前一般期待着由老师牵引着进行学习，并且不擅长于和同学进行合作交流的学生，则更有可能在大学学习中遭遇困境。

对于很多学业困难个案来说，和其他同学进行讨论或向他们寻求帮助并不是一件容易的事情。他们有的会被内心的自卑感所干扰，觉得向同学请教是一件难为情的事情，或担心同学可能会因为自己提出"过于简单的问题"而对自己有消极的评价。有的在鼓起勇气请教同学之后，却更加悲哀地发现自己甚至难以听懂同学的讲解，对待学习的态度变得消极，更没有勇气再次进行请教。诚然，向他人求助虽然是有用的，但并不意味着这是一个万事大吉的方法。社会资源能否真的为当事人提供有效支持还取决于很多要素，比如帮助的方式、资源和当事人是否匹配，支持者与当事人的关系状况，支持者本身的性格特质等。作为大学辅导员这种心理工作干预者，需要尝试将优质的资源和当事人真正地匹配起来，并且在当事人感觉受挫后，适时地鼓励他再次尝试，直到找到真正合适自己的帮助资源为止。

资源的调动在不同的层面上可以有不同的设置和做法。例如，许多大学在学校和学院层面设立了"学业互助中心"之类的组织机构，通过招募成绩较好的同学成为朋辈讲师，共享经过整理的学习资料等方式，让学生们相互之间能够实现学业上的互帮互助。而在一个班级里，也可以通过设立"主题学习讨论小组""自习打卡小组"等不同形式的小团体，让同学们有机会聚在一起进行学习。这种互助式学习的策略被证实卓有成效。首先，它可以让需要获得学业帮助的学生得到有效的学习资源和支持，而对于那些提供帮助的学生来说，帮助别人也能够让他对于知识的内容有更加深刻的理解，并且收获成就感和满足感。其次，良好的人际关系和支持体系也可能从这类组织中生根发芽，对每一个参与其中的成员带来积极影响。最后，这种自发维系的组织形式也可以帮助参与者养成良好的学习与生活习惯，成员之间彼此相互监督的氛围会让好习惯的形成变得更加容易，而作为整体的组织人，干预者本身也不需要耗费太多的时间和精力进行管理。然而干预者还是需要定期监测组织和团体的发展情况，及时发现团体中可能出现的问题并加以纠正，帮助个别个案调整更加匹配的资源，确保参与者都能够从这些团体当中获益。

最后，对于学业困难个案来说，寻求专业的心理支持和援助也会对其状态的改善提供帮助。正如我们已经知道的，隐藏在学业困难这个表征的背后，个体可能经受着各类消极情绪的困扰，脑海中充斥着不合理的信念以及对于自己的消极评价。而且，学业困难的困扰可能会影响到个体生活的其他方面，对其整体的身心健康状态及生活学习功能造成负面影响。因此，适时地寻求专业的心理服务会对个案情况的改善有所帮助。尤其需要注意的是，有的个案的困扰程度较高，甚至已经出现比较严重的抑郁、焦虑等情况，在这种状态之下，希望个体单纯通过自我心理调节来重新振作可能不太现实，他们可能需要精神科医生的帮助，通过药物使用等专业手段将情绪及整体状态回复合理的水平范围内，才可能有能力渡过学业困境。

四、其他可能对学习造成影响的心理障碍

上述关于学习困难的情况可能普遍出现在学生群体当中。然而有的个案本身实际上带有一些会对学业成就造成明显影响的心理障碍。干预者需要对这些心理障碍有所了解并及时识别，才能够对当事人提供更为有效的干预。注意：为了帮助了解，下文列出了相应障碍的主要表现或诊断标准，但如同其他所有的心理障碍一样，只有专业的精神科医生才有进行医学诊断的资格。因此，如果你感觉某些情况与自己比较类似，建议你到就近的精神专科医院寻求专业医师的帮助。

（一）学习障碍

包含个体在专心或注意力、语言发育、视觉和听觉信息处理方面的障碍和不足。学习意味着个体具备一系列复杂的能力，比如了解和使用口语及书面语的能力、做数学计算的能力、协调运动的能力等，如果这些能力受损，个体就可能出现在阅读、数学、拼写、书面表达、书写、理解、语言或非语言表达等一个或多个方面存在困难的情况。常见的特定学习障碍包括阅读障碍、发声阅读障碍、识别阅读障碍、书写困难、命名性失语症（难以记忆起需要的文字和信息）等。学习障碍的来源可能先天性或获得性的，没有单一的原因和定义，通常在学龄期儿童身上被发现。美国《精神障碍诊断与统计手册》（第五版）（DSM-5）规定了学习障碍的诊断标准。

（二）注意力缺陷／多动障碍

常被简称为 ADHD，可以分为三种亚型：注意力不集中型、多动／冲动型、混合型。注意力不集中及多动的情况会妨碍个人思考、学习、推理、表达等行为的功能，使得个体缺乏足够的学习动机以及完成学业任务的能力。据研究，有20%～60% 的 ADHD 患者同时存在学习障碍，并在学校生活中表现较不适应，且容易出现敌对、暴怒、攻击性、抗挫折能力差、社交关系差、睡眠障碍、烦躁不安、情绪沮丧易波动等状态。

通常，ADHD 被认为是儿童的疾病，但有一半病例的症状会持续到成年。成人 ADHD 的主要表现包括注意力难以集中、完成任务困难、执行力较低、情绪波动、不耐烦、难以维持关系等。研究表明成人 ADHD 患者通常教育成就较低，且有更高的失业风险甚至犯罪率，出现汽车碰撞、交通违规等事件等频率也更高。

（三）自闭症谱系障碍

又称孤独症。包含两个主要的特点：（1）个体在社会交往和互动中存在明

显缺陷；（2）有限的、重复的行为、兴趣或活动模式。上述表现在个体很小的时候就开始出现，并且严重到足以损害儿童在家或在学校等环境下的能力。一方面，他们难以发起或回应和他人的互动与对话，对他人和游戏等缺乏兴趣，难以表达分享情感，难以理解他人的语言或动作，面部表情较少，眼神相对回避，较难结交朋友，以及因应不同的情况来调整行为。另一方面，他们可能出现刻板或重复的运动或言语，需要遵守惯例和仪式，需要固执地坚守那些高度限制、异常强烈的固定兴趣，以及对感觉输入异常过度或不足的反应等。所有的自闭症谱系障碍个体都会在交互、行为和交流等方面至少存在一些困难，然而，不同个案之间的严重程度差异性很大。有的个案基本完全失去生活自理的能力，需要在家庭的照顾和支持下生活，也有的个案各方面功能水平较高，能过着与非本病患者类似的生活。自闭症谱系障碍被普遍认为与遗传有关，脑结构和功能的差异也可能是其许多问题表现的基础，但目前大多数案例尚未能找到特定病因。其相关状态表现可能在个体生命的第一年就开始显现，且被认为可能伴随终身。

（四）其他精神疾病及心理问题

除了上述这些与认知学习功能关系比较紧密的神经发育障碍之外，任何一种精神疾病或心理问题无疑都可能对个体的学业表现造成影响。事实上，在大学里，学生的学业成绩可能是其身心健康状况最重要的指标之一。不善于社交的学生可以隐身于人群之中，可以回避任何集体活动，可以从来不在老师面前出现，唯有学习和考试，是每个在校学生都躲不过的。因此，如果一个学生的成绩长期处于较不理想的水平，或者出现了很大的波动，就提示辅导员等一线育人主体应当对其给予更多的关注，尝试探明其背后的原因，搞清楚其是否受到诸如抑郁症、焦虑症、双相情感障碍、进食障碍等精神心理疾病的影响，提供即时的心理援助。当然，正如我们已经提到过的，成绩好的学生同样可能因为觉得自己没能满足心目中的期待，受困于过度的学业压力等出现学业相关的心理问题，因此教育工作者也不能因为学生成绩好而忽略对其的关心关怀。

（五）其他可能的影响因素

高度竞争和充满敌意的环境：如果环境中的大多数人都缺乏对于彼此之间的信任，有着浓重的竞争和比较意识，都不能以合作的方式去彼此促进学习，其中所蕴含的攻击性足以让身处其中的个体将学习视为噩梦；无论在年级、班级还是宿舍中，管理者都应当注意引导营造互帮互助、合作友善的氛围，不宜像一些中学一样，为了激励学生成绩而过度鼓吹"唯分数论"，造成学生之间的恶性竞争。

不当的教养方式：许多家长因为"望子成龙、望女成凤"，从孩子小时候开始，就开始让其承受过量的学业压力。他们可能用专制的方式保证孩子处于努力学习的状态，从不顾及孩子内心真正的感受和喜恶，在孩子取得好成绩时多加表扬和认可，而在孩子未能取得好成绩时以严厉的方式进行教训。这种方式会极大地影响个体心中对于学习的想法：与其说是一个能让自己变得更好的事情，不如说是为了讨父母欢心，甚至只是让自己免于责备而不得不做的事情。期待对学习怀揣这种信念的学生自发地爱上学习，无异于天方夜谭。而当个体进入大学，在空间距离和情感距离上都与父母相距较远时，自然容易将极具厌恶性的学习抛诸脑后。

　　环境的急剧变化：学习环境的变化意味着个体需要重新适应一套可能截然不同的人际网络、制度规则、学习形式和学习内容，适应的过程往往伴随着困难和挑战。举例而言，在新冠肺炎感染疫情期间，由于疫情防控政策的影响，许多高校都推迟学生返校而采用线上授课的方式。网课一下子变得流行，其效果如何，也许仍需要进一步的评估和研究。对于有的学生来说，学校给他们的感觉是充满压力和竞争的、压抑而让人不快的，当有机会脱离学校环境，他们会觉得学习的效率更高；但也有一部分同学因为待在家中，缺乏学习氛围，自律程度明显下降，再加上网课里老师更没办法做严格的要求，因此在学习效果上大打折扣。相似地，当干预者对个案进行心理干预时，也需要注意评估当事人身上是否存在不稳定的变化因素，以及这些因素是如何影响当事人的学业表现的。

第二节　案例背景

一、案例介绍

　　辅导员在还没见到小强之前，就已经开始认真地翻阅他的个人资料，希望能对他有更多的理解。他之所以这样格外地紧张上心，是因为小强是个对比其他同学相对有点特别的学生——他已经因学业不达标降级两次了。根据学校最初六年修业年限的要求，如果这个学期小强的应修学分还是没能通过，那他将会面临退学的处境。由于降级到新的班级，现任辅导员此前也没有对小强有面对面见面交流的机会，眼看着临近开学，他开始研究起小强的情况。小强在第一年升大二时降级一次，第二年成功升入大二，接着又在大二升大三时降级，开学后将跟着大二的同学一起学习。成绩单里记录着他过去这几年的成绩，难度较高的理工科专业课自不必说，有很多挂了科，但在大一的时候，甚至连一些比较容易备考的通识课程都没能通过，甚至有几门是直接缺考，这明显是对待学业的情绪和态度出了问题。辅导员看到，小强在第二年大一时勉强修够了升入大二的学分，但在大二升大三时又有多门课程直接缺考。这究竟是怎么回事呢？他决定在开学之际就找小强好好地谈一次。

开学后，辅导员邀请小强来到办公室进行交流。辅导员首先向小强说明了他目前的学业情况，明确只要再降级的话就会因为超过最长修业年限而被退学的事实，并且想尝试向小强了解他是否遇到了什么困难。但很快他发现小强说的话不太多，语气平淡，目光也经常心不在焉地看向远方，似乎不太将辅导员的话放在心上。面对辅导员的提醒和询问，他只是淡淡地说："我知道了。""我会努力学的。"辅导员担心这种交流并不能起到多大的效果，于是他决定更具体地询问小强当下的情况。

辅导员：我感觉你好像不太想回应我的话，是我刚刚说的内容有哪些部分让你感觉不舒服了吗？

小强：（略显错愕后回应）没有，老师，不是您的问题。

辅导员：那是怎么了？愿意跟我说一下吗？

小强：是我自己的问题。您说的情况我都知道，我也觉得自己应该要好好学了，但每次都坚持不了多久。几天之后，只要没人盯着我，我很快就会打回原形，把学习什么的完全抛诸脑后了。就是我自己太懒太不自律了，已经这样5年了，我感觉今年怎么样只能看运气了。

辅导员：嗯，这么说来其实你很希望自己能够跟上的，但是落实到行动上，好像遇到了一些问题。

小强：那肯定啊老师，谁都希望自己成绩好，但就不是每个人都能做到的。

辅导员：也许我们可以更加具体地来看一下，你之所以成绩没有跟上，可能是因为哪些原因。我看到你大一就挂了很多课，甚至连这种通识课都挂了，当时是什么情况啊？

小强：感觉就是一个慢慢堕落的过程。我记得大一上的时候期中考，我还感觉挺紧张，有认真对待。可是那回高数老师一上来就给我们来了个下马威，试题很难，我记得整个专业的平均分都没及格。我也跟大家考得差不多烂，也是没及格。我第一眼看到成绩的时候很慌，可能当时还有高中残留的心态，如果高中的时候我考到这个成绩，父母和老师肯定会把我骂死。但是过了几天之后，我渐渐发现，这个事情好像没那么严重，身边的同学也没有因为期中考考差而开始发奋，老师说了几句就不再提了，父母他们根本就不知道我期中考了。这时我才真正意识到自己处于一个和以往很不一样的环境之中了。然后堕落就开始了。

辅导员：你说的堕落指的是什么？

小强：玩，各种玩。手机游戏啊，小说啊，手机一拿起来就停不下来。以前我们高中是不让带手机的，而且以前确实也没有这个要玩手机的欲望，就算带着我都不想看，脑子里还是学习。但之后不一样了，我感觉自己仿佛要把前面三年时间都玩回来一样。有一段时间，我连宿舍都不怎么要出，天天就窝在床上玩手机，感觉不想做其他任何事情，任何事情都比不上玩手机有意思。

辅导员：所以玩手机好像确实让你感受到了前所未有的快乐。

小强：那是刚开始的时候，后来好像就不是这样了。我印象中自己应该是有过几次可以改变得时候的，可惜都被我自己错过了。第一次是在大一的期末考，我想着：哎呀，要考试了，还是多少得突击一下。但是老师讲得已经像天书一样，作业的题我完全不会，看一下周围的同学做题，我甚至已经看不懂他们在写什么了。我当时就觉得，反正就这样了，是自己活该，不如烂到底，然后又一头栽回到手机里面。考试也懒得去了，反正去了也没意义。

辅导员：听起来那个时候你已经绝望到顶点了，于是对什么都不想再在乎了。第二年的大一你成功升入大二了，当时又是什么情况呢？

小强：当时就是想着，读了两年大一都没过，实在也太丢脸了，所以有大概半个学期的时间，我让两个熟悉一点的同学每天带着我去自习，并且在学习的时候拿走我的手机，那个时候还是有学会一些的。但实话实说，我也不敢说我那半个学期学到了多少东西，现在很多都已经忘了，主要是之前的同学考过试，给了我一下复习资料，到最后好几科都低空飘过，达到了升上大二的学分。

辅导员：听起来如果你希望的话，还是有通过考试的能力的。

小强：我不确定。刚考过那会我自己也是这样想的，但现在看来也并不是。当时估计也靠着高中时学的东西印象比较深，撑了过去，您也看到了，我大二的考试就又不行了。

辅导员：那你现在日常的状态是怎么样的？

小强：就跟我前面跟您说的，扎在手机里，说实话，我现在并不觉得游戏有多好玩、小说有多好看了，但我也悲哀地发现，自己已经不知道还能做什么别的事情了，天天自己一个人待着。最早跟我一起的同学现在都已经大四了，宿舍里其他几个哥们儿都是降级的，平常也就是各玩各的。您找我的时候，我都已经知道您要跟我说什么了，无非是警告我成绩太差，好好学习这些话，但既然已经说到这，我也不瞒您说，我实在也觉得自己已经没什么希望了，现在就处于一个等待的状态吧，过完这大半年，就该退学回家了。

辅导员：你这么说了之后，我更能明白和理解你的感受了。听起来似乎你被之前的挫折经历所影响，已经不对自己抱有什么希望了，而且我听到了很多对于自己的消极评价和消极预期，比如觉得自己很烂、没有希望，等等。

小强：是啊，难道不是这样的吗？

辅导员：你对自己的情况有所认知，也有希望向好的愿望，只是在如何实现目标上存在困难。我认为我们可以试着一起尝试面对，你愿意试试看吗？

小强：好啊，那么我应该怎么做呢？

二、案例分析

小强的情况符合学业困难学生的许多基本的特征：成绩落后较多、有大量挂科和降级的现象，沉迷于非适应性的应对方式（沉迷于手机游戏和小说），人际支持薄弱，社交上处于相对孤立的状态，内心充斥着挫败感、绝望感和无力感，对自己和当下的处境有许多消极的评价和悲观的预期。他的叙述也帮助我们很清楚地看到，上述各个部分之间所存在的相关性，以及他们是如何相互影响的。比如在学业上受挫→感到挫败无力→采用不当的应对方式→学业上更加受挫；又比如因为挂科和降级导致和身边同学的距离越来越远→社交支持越来越薄弱→只能依赖于不合理的应对方式→处理问题的能力越来越差。一个又一个的恶性循环笼罩在这一类个案身上，让他们身处困境中难以自救，且越陷越深。

不过，在这个对话中，干预者也可以听到关于来访者情况的重要信息，对这些信息的了解有助于之后制定合理的干预方案。在上面这段交流中，干预者得到了以下信息：（1）小强在高中阶段学习能力发挥得很好，到大学之后大幅度下降，这意味着他大概率不存在特定类型的学习障碍、ADHD 等情况，但在进入大学后可能存在严重的适应不良；（2）小强确实相对缺乏自律能力，而似乎对于管制式的学习环境反应更好；（3）小强心中对于自己目前情况的描述和判断基本准确且符合现实，这也反映出其心智发展处于正常的水平，并且有为自己的行为承担相应后果的意识，基本具备去应对和处理问题的问题，只是需要一些有效的帮助与支持。（相应地，如果一个学业困难个案对自己目前情况的认识明显脱离实际，比如将责任全部归于老师的教学方式有问题，或是室友不够安静等，则可能需要干预者花更多的时间进行心理辅导，帮助当事人以更客观理性的视角看到自己当下的问题所在。）

第三节　干预方案与结果

下面以小强的具体情况为例，列出可能的具体干预策略。

一、对问题情况进行深刻的讨论，达成深层次的理解，指明改变的方向

尽管在了解大致的情况后，干预者也不必于急着将当事人拉到学习的海洋之中。对于一座高楼而言，地基是否打得足够牢固是尤为重要得，对于学习困难个案来说，这个心理上的"地基"指的是他们需要对自己之所以出现学习困难的情况有足够深刻的理解，对于自己每一天的状态有足够清晰的觉察。这当中包括自己对于学习的真实感受、对于自己未来的期待和目标、学习成绩和自尊价值感之

间的联系、因为学业困难而出现的各类消极情绪及其原因（如对家人的愧疚、对同学的嫉妒、对自我的愤怒和攻击等）、有能力识别自己习惯用来处理问题的非适应性应对方式、对自己的情绪时刻进行觉察并掌握有效的调节方式，等等。

学业困难个案需要攀登的是一座高峰，这注定了他们的征程道阻且长，更不走运的是，他们身上有过无数次从攀登的路途中原路返回，退回山谷的消极经验，这种情况在干预的过程中极有可能再度出现，因此他们心中必须有充足的燃料和养分，并且在自己想要放弃时知道发生了什么，知道自己除了放弃之外还可以怎么做。

很多人的生命经验里都有过"一场鼓舞人心/发人深省的谈话"的经历，这样的交流能给个体带来一些"顿悟"体验，对自己的处境产生更深入的洞察，对未来重新怀有希望，并且其后坐力足以对个体之后的人生产生极大的影响。干预者可以尝试努力为当事人一共一种这样的交流体验。这就邀请干预者必须以耐心、平等、共情的态度与当事人进行交流，真正听到那些"卡住"当事人的个性化问题，并且以真诚的态度和当事人进行交流和分享。

二、制定具体科学的目标

小强需要在有限的时间内完成艰巨的任务（成功修够学分升上大三），这需要时间的投入、高效的专注，以及足够聪明的目标设置。辅导员等教育工作者需要和当事人更加细致地分析和讨论以下问题：目前摆在眼前的科目有哪些，当事人对每一门课的掌握程度如何（可能需要综合当事人的自我报告以及干预者的考察，因为许多学业困难个案倾向于无意识地高估自己的知识掌握程度），距离升上大三还差多少学分，每门课程的考核设置和重点是什么。除了这些之外，还需要对当事人现有的各类资源情况进行分析，比如时间资源（每天除了上课之外的剩余时间分别是多少）、学习支持资源（有哪些匹配的网课、教材等资料，可以求助哪些同学和老师），以及其他有助于促进学习的因素（在哪里自习比较高效、什么时间学习比较高效、学习伙伴的在场是否会有帮助、学习间隙中的什么休闲活动是适宜的、每次学习持续多长时间等）。

可以看到，要希望制订一个合理有效的学习计划，实际上需要考虑到多方面的因素，制订这个计划本身对于学习困难的个案来说就是相当不容易的一件事，因此需要干预者的帮助，在需要时甚至可以引入更多帮助的资源，比如请教教务老师来分析哪些课程是接下来的重点、邀请学校的心理咨询师对个案进行定期的心理疏导和支持、确保他们能保持更好的学习状态，将有相似情况的同学聚集起来组成学习督促小组，或邀请学习较好的同学充当朋辈讲师等。

给予对上述因素的分析，当事人和干预者应该可以编制出一个清晰具体且具备可行性的每日计划表，计划表应尽可能考虑到了每天的实际情况，确保任务量是当事人在足够专注的情况下可以完成的。同时计划也应该具备一定的灵活性，让当事人在遭遇突发情况时不至于手忙脚乱，致使后面的任务也随之被毁掉。

关于提高专注力和执行力等，前人已经归纳过许多不同的方法，比如"番茄钟工作法""四象限时间管理法"等，干预者可以依实际情况，将这些方法融入到和当事人一同制订的计划当中，让计划更具备科学性，且附带掌握新技能、挑战自我的快感和乐趣。

经过和小强的讨论，辅导员和小强共同制定了目标：顺利升入大三。为了实现这个目标，他需要通过本学期在修习的六门课程，并且确保之前挂科的三门科目补考能够通过，任务相当艰巨。（作为取舍，他们选择基本放弃了两门难度较高而学分较少的科目，打算留待升入高年级后再重修。）辅导员和小强花更长的时间对每门课的考核要求和目前的掌握情况进行了分析，相对应地厘清了小强在近期需要学习的内容，并协助在一些重点难点的科目内容上安排了朋辈讲师。另外，辅导员还给了小强一页"打卡进度表"，只要小强完成了当天的任务，就可以在上面盖上图章，并让小强相信：只要能坚持盖满90%个图章，达成目标通过考试将是水到渠成的事情。

三、设立监督机制，及时进行反馈

不管是多么完美的计划，只有真的被执行了，才具有意义。而对于学业困难个案来说，三分钟的热度对他们来说并不罕见，持之以恒的行动才是最大的考验。因此，干预者需要建立长时间追踪和监督的机制，以了解当事人是否真的按照计划进行每天的安排。如果当事人确实做到了，干预者要及时地进行鼓励和认可，并和当事人一起总结成功的经验，以实现对这一行为的强化，帮助当事人重建信心。而如果当事人未能如计划般完成任务，当事人则需要和他一起进行反思和检视，找到导致计划没有被如实执行的可能原因（各个方面都可能存在影响因素，因此需要干预者进行详细的考虑，比如计划本身的可行性不足、难度太高、每日任务量太大、休息时间不足、学习环境中有难以应对的干扰因素、存在严重的干扰物等），和当事人一起及时地进行调整。

有的时候，干预者也可以从当事人的经验中找到线索，由此来找到能对他们带来积极作用的个性化因素。从和小强的交流中，干预者听到小强的主要诱惑物是手机，但他并非脱离了手机就会变得坐立难安、脾气暴躁的严重沉迷者。相反，当他的手机以各种方式被拿走时（学校规定、同行同学代管），他似乎就能够比较专注地投入学习当中。此外，他人在场对于小强来说似乎也是个提升专注力的有效促进因素。因此，辅导员找到另外几个在学业上相对落后的同学，在征得他们同意和认可的情况下，让他们和小强一起组建了一个"督促自习小组"。他在辅导员办公室里安排了几个位置，并在办公室里放好了手机寄存袋，让小组成员在没有课的时候，一起到办公室来上自习，感受彼此之间相互督促的有序感，以及无手机专注学习的快乐。

借助小强每天来学习的时间，辅导员还可以用简短的时间询问前一天的情况，及时地了解小强可能存在的困难，也在合适的时候及时为小强送上认可和鼓励。

（开始学习计划一周后）

辅导员：学习计划开始有一周了吧？我看你每天都出现了，学习的时候也挺专注的，你自己感觉怎么样？

小强：老师，我觉得特别好。每天在上课的时候，可能还是忍不住会有点走神儿，但我根据我们讨论的结果，知道把手机交出去这招对我有用，现在上课我都会把手机给同学代管。虽然有时候听不懂老师上课的内容，我也会按照自己的进度进行复习，不想以前那样一页一页地看小说到下课。发现自己原来可以不那么依赖手机，这个事也让我特别高兴。来这里自习就不用说了，我有种回到了高中时候的感觉，自己是那么用功、那么专注，我觉得自己已经很久没有过这样的体验了，没想到居然还能重新感受到。

辅导员：太好了，听起来你越来越找回那个可以高度专注的自己了，我真为你感到高兴。

小强：是的，我也很高兴。我发现当我对自己的感受好了之后，我每天的心情似乎也变好了。以前我完全没什么和别人交流的欲望，但最近我在路上见到人，都想和他们聊两句。每天早上起来也比以前有干劲多了，甚至有点期待来办公室这自习的时候。

辅导员：看来这个设置对你来说很有作用，之后可以一直坚持下去。在学习的具体过程中，有碰到哪些困难吗？

小强：困难确实还是有一些。我在复习 ×× 课程的时候，发现有一个地方卡住了，我到现在还没有搞明白，习题也不会做。

辅导员：是哪个地方没弄懂？（辅导员听小强向他讲了目前卡住他的难点。）这个地方朋辈讲师有讲过吗？

小强：他上回快结束的时候讲了，但因为时间紧没有讲得很详细，我也不好意思追问来占用他的时间，想着自己回去看一下。自己看的时候确实弄懂了一些，但有的地方确实想不明白。

辅导员：嗯，我想下次做朋辈辅导的时候，也许你可以先将自己的疑问弄清楚，再听新的内容，还可以验证一下你自己学的部分掌握得究竟如何，你觉得呢？

小强：行，我会这样做的。

在后续追踪的过程中，干预者能够了解到当事人执行计划的状况如何，并且在这个过程中有哪些收获和感悟，对于这些想法进行更进一步的讨论，以达到强化的作用。听到小强能够重新地找回学习的状态，辅导员知道目前的干预方法在一定程度上奏效了，心里很为小强感到高兴，并且把这种情感反应向小强做反馈，这些真实的情感交流将有利于小强在之后的日子里做得更好。有人也许会担心这样的做法会损害当事人的自主性，让他们过分依赖严格的环境设置，而没法真正地自立起来。实际上，自主性的发展是一个需要循序渐进的过程，如果干预者能够帮助当事人切实地体验到成功的经验，学会管理自己的生活，逐步建立起好的自我评价，届时当事人自然能通过内在的驱力和过往所累积的成功经验更加自主地支配他们的生活。

辅导员对小强和互助小组其他同学的干预取得了良好的成效，这些学业困难同学在经过干预后成功地通过了需要的考试，完成学业要求。因为之前基础不好的缘故，小强在整个大学阶段的绩点并不高，但在干预后养成良好学习习惯的他在应对困难时明显处理得更好，其毕业设计作品甚至取得了导师小组内的最高分，为自己的大学生活画上了比较圆满的句点。

本章回顾

学业不良的三种类型：（1）未能达到各年级、各门学科或领域所期待的学生能够达到的水平，即绝对性学业不良；（2）学生实际的学业成绩低于根据其智力测试水平结果所推断的学力得分；（3）未能充分发挥自身潜能，因身心障碍迟滞而导致学业不良者。

相对较弱的学习基础，入学后学业状态松懈，以及对大学环境适应不良，是个体出现学业倦怠情况的预警信号。如果个体未能以合适的方式来面对和应付上述的挑战，就可能更进一步地陷入学业困难的泥沼。

学业情绪与个体的学业学习、表现和成就有直接相关的关系。学业情绪可以分为愉悦和唤醒两个维度。有研究表明学业情绪还会影响个体的元认知经验，包括个体对知识的记忆力、抽象推理能力、认知能力等。

良好的自我意识、积极主动性、韧性、合理的目标设定、有效的社会支持系统、良好的情绪应对能力是应对学业困难的积极因素。

第十七章 恋爱相关心理问题案例

爱情是亘古的谜题，它似乎有千般模样，同时人们对它又有着相似的向往，没人能具体描绘出什么是爱情，但似乎又存在大家共同认可的美好的关于爱的特性。

受文艺作品的影响，青年们往往有对爱情有过浪漫的幻想：他们或许会有着自己对另一半的设想，希望恋爱是浪漫、长久的，两个人不用说什么话就可以心心相印；或者认为爱就是为对方付出真心，关怀对方……不论是哪种想象，青年大多对爱情有着美好的向往。

但随着现代社会的快节奏和原子化的生活方式，青年们也逐渐习惯窝在自己的世界里，看似有大把机会认识更多的人，却往往浮于表面，难以拥有甜蜜的爱情。

对于很多人来说，大学之前萌发的恋爱意愿往往会被老师和家长阻碍，因此，许多青年都会选择在大学时期或者以后再开始尝试恋爱。在一开始荷尔蒙的作用和内心对恋爱的美好憧憬中，人们往往会把意中人想象得十分美好。然而在交往过程的推进中难免有诸多磨合，由于缺少交往经验，青年们有的会在发现了对方身上的种种缺陷后无法忍受；或者觉得对方不理解自己而爆发种种冲突。如果缺少相应的情绪管理技巧，不能很好地处理自己和对方的情绪，则很可能会在恋爱过程中受到伤害，甚至在不良的恋爱经历中丧失对爱的信心或者对自己的自信，觉得人生也昏暗了。

这一章，我们将介绍一下与爱情相关的理论和研究，并通过一个案例来思考如何渡过失恋的难关，并从中收获个人成长。

第一节 爱情的发展阶段

首先，对于什么是爱情，一直以来众说纷纭。心理学家斯滕伯格提出爱情的成分说，又称为爱情三元论。该理论认为爱情由三种成分组成：动机，这基本上是指性吸引力；情绪；认知。

按照动机、情绪、认知三种成分的比例不同，爱情关系也分为热情、亲密、承诺三种。不同的爱情关系成分组成了不同类型的爱情，如浪漫之爱、亲密之爱等。兼具热情、亲密、承诺的爱情被斯滕伯格成为"完美之爱"。随着时间的流逝，爱情内的成分也处于动态的变化之中。基本上来看，一段健康的恋爱关系中，在恋爱的初期，热情、亲密、承诺三种成分都在增长，且热情增长地最快。随着

时间的推移，热情逐渐下降到较低水平，亲密和承诺却稳定在较高水平。

国内外在关于恋爱的动态发展较少有系统全面的理论，有人提出了爱情四阶段理论，将恋爱的发展分为共存、反依赖、独立、共生四个阶段。但这四个阶段之间没有明确的界限，而且并不是所有的恋爱关系都有这样的特点，这种划分只是帮助我们更好地描述恋爱发展过程中的一些共性变化特点。

爱情四阶段论内容如下。

第一个阶段：共存。

刚刚进入恋爱阶段，情侣彼此不论何时何地总希望能腻在一起。在准备进入恋爱的阶段，情侣双方通过隐性的择偶策略"选择"并追求自己的心上人，此时机体中释放肾上腺素增加，让人们感到兴奋，即心动的感觉。而热恋时，大脑中腹侧被盖区和尾状核等负责奖赏的脑区十分活跃，释放大量多巴胺、内啡肽等神经递质，会给人强烈的快乐和兴奋，热恋中的人会感到持续的甜蜜的快乐。

很多研究发现，多巴胺会抑制短时记忆的提取，进而影响信息加工。同时大脑的前额叶皮层、杏仁核的活动会受到明显的抑制。前额叶是大脑的决策中枢，让人们能够进行逻辑运算，评估分析所处的环境，进行有意识的理性活动。杏仁核则在处理恐惧、敌意情绪中具有重要作用。这就是为什么热恋中的男女会感到为对方"神魂颠倒"，觉得对方哪哪都好，并且连带着看世界都是明亮可爱的，整个人会很放松，愿意与对方整天腻在一起。爱情本身在脑海里占据了一部分认知资源，导致认知系统没有像恋爱前一样的足够的资源处理日常生活中的其他事情。脑中的神经递质 5- 羟色胺的含量会降低，这种含量类似强迫症患者的 5- 羟色胺水平，让人难以抑制对对方的思念。这种状态就是我们日常生活中会说的"恋爱脑"。

一方面，这种状态有利于人们享受恋爱，进而尽快与意中人确定关系；另一方面，这种状态也有可能导致人们对爱情的盲目乐观，对对方的缺点视作不存在，处理生活中的重要事件也会分心。这样一来，双方潜在的矛盾就不会被发现，而生活中因为暂时为恋爱让步而放下的事情也有可能在后来对双方产生影响。

这种让人拥有强烈幸福感的时期往往只会持续几个月到一年甚至更短的时间。

第二个阶段：反依赖。

在激情褪去后，光晕效应减弱。从神经生理层面来看，当热恋阶段过去，双方体内的短期而强烈的奖赏激素水平会回归正常。大脑前额叶的功能也不会受到抑制，人们会走出那种令人晕眩的甜蜜感觉，回归平时的情绪体验。

此时，情侣双方不再向热恋期那样希望时刻黏在一起，而是希望有独处的空间。如果一方过度干涉对方的领域，会引起对方的反感。

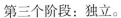

第三个阶段：独立。

这是第二个阶段的延续，对于一段健康的恋爱关系，双方需要保持彼此的独立性，而非一味迁就对方或者任性地让对方为自己让步，保证自己不会完全陷入为对方痴迷的状态。若一方被对方的占有欲和控制欲侵占，则恋爱关系会陷入失衡的状态，双方之间必定存在压抑的冲突。

在反依赖阶段和独立阶段，恋爱关系的质量开始受到"真实"的考验。所谓"相爱容易相处难"。相处的时候，由于情侣之间的交往距离是十分近的，彼此性格中的种种特点会逐渐清楚地展现在对方眼前，如果此阶段不能够很好地展现真实的自我，那么双方将会失去探索彼此是否适合的机会，矛盾将会继续积累。

但是，只要情侣双方相处愉快，彼此之间的亲密关系在逐渐加深巩固，满意双方的情感关系，双方渐渐会形成一种相比于热恋阶段更为柔和与持久的亲密感。这种亲密感仍然会带给情侣愉快的体验，当情侣满意彼此的关系，感到对方的存在会让他们感到安全，帮助他们减轻疼痛、压力等负面情绪的体验。

第四个阶段：共生。

这时新的相处之道已经成形，情侣之间达成完满的亲密关系，承诺和亲密都到达很高的水平，你中有我，我中有你，同时能够在关系中独立地做自己，能够稳定且幸福地继续相处下去。

第二节　影响恋爱质量的因素

一、恋爱动机

爱情本是美好的，建立在双方共同的理想信念之上。然而现在青年们对恋爱的动机却日趋复杂、多样。过多的思虑不利于情侣双方认真珍惜恋爱，不利于他们建立深厚密切的亲密关系。青年的恋爱动机主要体现在以下方面。

1. 从众

不少青年对于爱情并没有自己的理解。他们受家庭、社会的声音的影响，认为进入大学就一定要谈恋爱。当看到别的校园情侣甜蜜地成双入对时，他们会感到紧迫感，认为自己不恋爱就会在这项大部分人都推荐的人生经历上缺席，落后于别人了。因此，尽管他们还没有完全准备好进入恋爱关系，也不知道自己喜欢谁，该怎么和恋人相处，等等，就匆忙地开展追求或答应别人的追求了。

2. 功利心态

很多青年在寻找恋爱对象之前预设自己的一套标准，一些青年会注重外貌、家境、能力、进取心等为标准来寻找"优秀"的恋爱对象，却在初期往往会忽略

双方的性格契合度、相处时感到亲密感和爱的激情等情感因素。如果过于注重外在条件而忽略爱本身，恋爱更像一种利益交换，或完成一项形式化的社会任务。另外，如果过于在意双方的付出与收获，则难以达到共存的关系，在面对矛盾和冲突时，这段感情就会显得很脆弱，容易走向失败。

3. 游戏心态

一些青年会觉得恋爱是件新鲜有趣的事情。他们从小接触到各种描写、阐释爱情的文艺作品，或者道听途说到新闻、故事，以及目睹身边人的爱情故事，受到多重爱情观的影响。而这些对待爱情的观念是那么不同，其中不乏认为恋爱是一种游戏的观念，认为要趁着青春年少多谈几次恋爱，感受恋爱带给人的快乐，同时"见识一下不同的人"。怀着游戏心态面对恋爱的人不会认真对待感情，甚至会玩弄别人的感情。在这种情况下，他们结束一段恋爱关系的概率更高，也更可能造成对方或者双方的感情伤害。

二、个人特质

情绪不稳定、容易焦虑的人由于对负面情绪、压力源、矛盾非常敏感，在感情中更可能受到负性情绪的困扰，面对冲突和矛盾也很难进行妥当有效的处理。个性容易焦虑、情绪较为不稳定的人往往对于对方的负面情绪更为敏感，在感情中也更加关注压力源和矛盾，并且更难处理关系中的矛盾。久而久之，不妥当的处理方式和敏感的性格形成恶性循环，渐渐成了恋爱力低的表现。

低自尊者往往对自己的品质和价值有负面的信念，常常认为自己不够好、没有能力、配不上自己身边的人等（Fennell，1999）。为了保持认知图式的稳定，人们倾向于搜集符合自己预设观念的信息来验证自己的观念。在亲密关系中，低自尊者往往是认为自己不值得被爱、配不上伴侣、注定得不到幸福。他们会在与伴侣相处的过程中过于小心翼翼，质疑伴侣对自己的爱，担心伴侣爱上他人。这种悲观，可能会带来消极的行为——不断试探伴侣的心意、不允许伴侣社交；甚至试图把伴侣赶走，以解决"他／她有一天会离开我"的担忧。这些行为很容易让伴侣感到压力、窒息，甚至真的感到厌烦。发现伴侣厌烦自己之后，低自尊者"我很糟糕"的想法，在他们的脑海中便再一次得到印证——恶性循环至此完成。

三、依恋风格和恋爱

依恋最初是指婴幼儿与其主要照顾者的密切身体和情感联系，依恋广泛地存在于人和其他动物中。在成年期也有依恋行为，恋爱关系就是典型的成年依恋。

从心理学的角度来看，依恋的功能是减少恐惧、焦虑和相关形式的痛苦，从而使个人能够追求其他重要的生活任务和目标。当一个人在童年和成年期感到痛苦时，会寻求与依恋对象的亲近和得到安慰。

依恋理论早期的心理学家鲍尔比认为依恋的形成是因为幼小的婴儿为了拥有足够的保护，进而选择依恋系统来激励弱势个体寻求与更强大、明智的保护人物的身体或情感上的亲密接触，特别是当他们感到痛苦时。

鲍尔比认为，个人在整个生命周期中受到重要他人（如父母、亲密朋友、情侣）的对待方式塑造了他们对未来的合作伙伴和关系所持有的期望、态度和信念。这些人际交往的期望、态度和信念是以"如果／那么"的模式运作，指导人们在依恋关系中如何思考、感受或行为，尤其是当他们感到痛苦时。比如："如果我不高兴，然后我可以依靠我的伴侣来安慰和支持我"或"如果我感到不知所措，那么我不能依赖我的伴侣来帮助我"。

这些潜在的思维模式之中包含情节、语义和情感信息，其中包括：（1）控制人们在不同情况下与关系伙伴应该如何思考、感受和行为的规则；（2）如何解释和调节与伴侣的情感体验的指南；（3）关于合作伙伴、关系和关系经历的信念、态度和价值观；（4）对未来伴侣、关系和关系体验的期望；（5）与先前关系经历相关的情景记忆和情绪。

因此，一个人与人交往的模式受到他／她从小到大所有重要关系中他／她和重要他人的互动经历的影响。

安斯沃斯等人在1978年进行了一系列针对儿童的分离情景实验，根据儿童在与照顾者分离的情景下的表现，将儿童的依恋风格分为安全型、焦虑型、回避型和紊乱型。

这些依恋风格或者说交往模式在早期又与儿童自身的气质和养育者的反应是否及时到位有关：心理学家托马斯发现，婴儿自身有对外界刺激做出不同模式的反应的倾向，即婴儿有不同的"气质"。近一半的婴儿属于"容易型"婴儿，他们很容易适应新环境，接受新事物和未知的人。他们通常是积极的、快乐的和好玩的，并且对成年人的交流行为做出积极的反应。他们有规律的生活和愉快的心情，对成人的养育活动提供许多积极的反馈，因而容易受到成人最大的关怀和喜爱。少部分婴儿属于"困难型"，他们通常表现得易怒或脾气差，经常大哭，不易平静。他们饮食和睡眠缺乏规律，对新食物、新事物和新环境接受缓慢。他们在游戏中总是心情不好，不开心。成年人需要付出很多努力来照顾这类婴儿，在养育过程中容易形成疏远的亲子关系。部分婴儿属于"迟缓型"，他们动作迟缓，反应微弱，情绪总是不是很愉快。经常保持沉默，回避新事物的刺激和创新，对外部环境和生活的变化的反应较慢。在没有压力的情况下，也会对新刺激感兴趣，并变得越来越热情。还有的儿童兼具以上类型的特点。

基本上，如果照顾者和婴儿之间能形成稳定、良好的互动，婴儿会形成安全型的依恋风格；反之，若照顾者未能及时、正确地满足婴儿的需求，或者照顾者在理解婴儿需求信号上经常出错，婴儿将逐渐建立起对照顾者的不信任或者矛盾感，因而形成回避或者矛盾的依恋风格。

在儿童依恋风格研究的基础上，哈赞和沙弗开发了关于成人浪漫关系的依恋风格个体差异的自我报告测量，并发现成人依恋的风格的个体差异可以通过两个维度来描述：回避和焦虑。

回避反映了个人对亲密关系和情感亲密关系感到舒服的程度。在回避方面得分较高的人声称对他们的关系投入较少，他们努力在心理和情感上保持独立于伴侣。回避型个体会报告"我不太习惯依赖他人""我不喜欢人们与我太亲近"和"我发现很难完全相信别人。"

焦虑反映了个人担心被低估和可能被浪漫伴侣抛弃的程度。焦虑得分较高的人声称对他们的人际关系投入过多（有时甚至会陷入纠缠不清），他们渴望与伴侣更亲近。他们更可能会说"其他人往往不愿意像我想的那样亲近""我经常担心我的伴侣不是真的爱我"，"我经常想与对方完全地成为一体，但这种表达有时会吓跑他们"。

低焦虑和低回避的人有着安全型依恋。他们很舒服地依赖于他们的伴侣，他们的伴侣也会感觉和他们相处起来很舒服，并且依赖于他们。他们享受亲密关系和情感亲密关系，不担心他们的伴侣退出或离开他们。有安全感型依恋的人会这样表达自己："我发现与他人亲近相对容易"，"我很乐意让别人依赖我"，"我相信别人永远不会因为突然结束我们的关系而伤害我"。

安全依恋的成年人往往对自己和亲近的人有更积极的看法，这有助于他们发展和保持对伴侣和关系更积极、乐观和宽容的看法。因为安全型人相信他们的依恋对象是（或将会）可用的、专心的并且对他们的支持请求做出回应，所以他们在遇到困难时会直接向他们的伴侣寻求帮助。他们常采用这种"以问题为中心"的策略来应对生活中的压力事件，他们能更好地解决问题，应对压力。从而能够更快从对伴侣的依恋需求中恢复过来。因此，安全依恋的人在处理依恋相关问题上花费的时间、精力和精力相对较少。所有这些特征都使安全的人拥有相对更快乐、功能更好和更稳定的恋爱关系。

高焦虑低回避的依恋风格为焦虑型。焦虑型依恋者对自己抱有消极的看法，对伴侣抱有谨慎但有些希望的看法。这些矛盾的看法导致焦虑的人质疑他们作为伴侣的价值，憎恨他们在过去的关系中受到的对待，担心失去现在的伴侣，并对他们的伴侣可能会离开的迹象保持警惕。由于缺乏安全感，他们的行为方式有时会是他们的伴侣感到窒息甚至被吓跑。因为焦虑的人不确定他们是否可以真正指望他们的伴侣在需要时可用并提供支持，他们的依恋工作模式会放大痛苦，这往往使他们在人际关系中感到更不安全。焦虑的人依赖于"以情绪为中心"或"过度激活"，这会加剧他们的担忧、担忧和认知沉思，从而使他们的依恋系统保持更长时间的激活。这些特征中的每一个都解释了为什么焦虑的人倾向于参与不太令人满意、调整不良和更动荡的浪漫关系。

研究证实，依恋焦虑与使用更消极的情绪、认知和行为调节策略有关。例如，焦虑的个体经常以高度的情绪困扰来应对压力事件，并且在实际威胁减弱后他们仍然很苦恼。他们通常会对伴侣的模棱两可的行为产生负面解释，经常认为他们的关系处于危险之中，并且他们的伴侣反应迟钝、不值得信赖或故意拒绝他们。当他们的浪漫伴侣表现出潜在的破坏关系的行为时，焦虑的人通常会做出防御性和破坏性的回应，经常表现出更高水平的愤怒、敌意，或强制尝试从他们的合作伙伴那里寻求保证。

高回避低焦虑的依恋风格为回避型。回避型人的主要目标是在他们的人际关系中创造和保持独立、控制和自主。他们认为寻求与他们的依恋对象在心理或情感上的接近既不可能也不可取。这些信念促使回避型的人使用"疏远"的应对策略，防御性地抑制消极思想和情绪并增加独立性和自主性。虽然他们的依恋系统似乎是静止的，他们的内心深处却有与对方发展亲密关系的愿望，在压力情况下经常会在生理上被唤醒。所有这些特征都解释了为什么回避型的人往往拥有不那么亲密和不那么令人满意的关系，这些关系往往过早结束。

回避型个体确实使用防御性去激活策略来限制亲密关系，否认或抑制他们对亲密的潜在需求，并且积极努力保持自主、控制，以及他们关系中的情感距离。当他们的伴侣不可用或不支持时，他们会感到痛苦。回避型个体在伴侣分离期间也会经历升高的负面情绪，对伴侣模棱两可（有时甚至是积极的）行为做出更多的负面归因，参与更多的防御行为，并且不太使用建设性的冲突解决策略。

矛盾型依恋的个体在回避和焦虑的维度上得分都高。他们对自己的伴侣有着迷恋和激情，强烈的身体吸引，有与对方结为一体的强烈的冲动与愿望。但认为他们的伴侣不能信任，感受不到支持，一旦被拒绝和抛弃，往往有强烈的嫉妒和焦虑。他们在伴侣那里寻找亲密和亲近，却往往只专注于自己的需要。对于他人的不幸不是给予同情和帮助，而是个人的沮丧和消极的情绪。矛盾型依恋的个体对伴侣的问题给予公开的，强制性的关心，而不考虑伴侣的需要与感受。相对于安全型依恋的个体，他们在关系中的冲突更强烈，双方的矛盾更容易被激化。矛盾型依恋的成人在亲密关系中对伴侣的行为表现更多的嫉妒和监督。

具有矛盾依恋的个体有较高的回避和焦虑得分。他们对伴侣有着迷恋和激情，有着强烈的冲动和渴望与对方融为一体。但他们感到不能信任伴侣，从伴侣身上感受不到支持。他们渴望对方的亲近和关爱，但往往只关注自己的需要。一旦被拒绝和抛弃，他们往往有强烈的嫉妒和焦虑。具有矛盾依恋的个体对伴侣的问题给予公开和强制性的关注，而不管伴侣的需求和感受。与安全依恋个体相比，他们在关系中的冲突更强，双方之间的矛盾更容易激化。具有矛盾依恋的成年人在亲密关系中对伴侣的行为表现出更多的嫉妒和监督。可能是焦虑依恋者认为他们的关系不平衡，因为对方的投资总是少于他们的投资。

依恋风格影响着恋爱中的关系质量，以及人们对恋爱关系的满意度。安全依恋往往与积极的关系特征相关；回避型依恋与不太令人满意的亲密关系相关；除激情外，焦虑、矛盾依恋与积极关系特征呈负相关。

第三节　恋爱挫折与失恋

恋爱对于大部分青年人来说都是第一次，第一次尝试与另一个个体发展亲密关系，这是一件很具挑战性的事情。这意味着要将自己完全地展露在一个我们还不太熟悉的人面前，在两人的相处过程之中，尝试包容、接纳对方和自己，并且尝试将两个人协调到同频的状态，建立深刻的情感联结。相爱是神奇的，也是困难的。因此，青年常常在恋爱时会遇到不顺利的情况。

恋爱挫折是指恋爱过程中，由于内在或外在因素造成的使恋爱无法展开、继续、不得不终止或者痛苦维持的种种因素（檀芬、张福珍，2016）。失恋是最为常见的恋爱挫折。

国内学者韩涛（2013）根据大学生群体的研究结果，将面对恋爱挫折的不良心理反应类型分为自卑心理、焦虑心理、回避心理和报复心理。尹秋云（2010）认为恋爱挫折心理反应类型可以分为焦虑反应、抑郁反应、自卑反应、敌对反应和回避反应。

失恋及其对身心造成的影响：失恋一般指以分手为标志的一段恋爱关系的结束，心理学上，有学者称之为关系解体（relationship dissolution）。

一、疼痛体验

恋爱中的情侣，尤其是热恋中的情侣，会感到甜蜜幸福，自己和对方是密不可分的一体。但失恋，尤其是被失恋，会给人的内心造成巨大的打击和创伤。我们常常用"心痛"来表达失恋后的痛苦感受，其实，失恋真的会带来疼痛感。分手是一种典型的社会拒绝（social rejection），即一个个体被有意地排斥在某种社会关系或互动之外。脑科学的研究发现，人们在人际交往中遭受抛弃、拒绝时，大脑中与躯体疼痛感觉相关的区域也变得十分活跃。失恋所代表的社会拒绝程度比一般社会交往中的拒绝带给人们的伤害更大，带给人们都疼痛感也更强烈，更持久。

二、创伤后应激表现

1. 丧失感和创伤后应激

多项研究发现，与处于稳定关系中的年轻人相比，最近经历过失恋年轻人会报告悲伤、怒和羞耻等负面情绪，甚至可能会产生严重的后果，包括失眠、免疫功能下降、心碎综合征、抑郁和自杀。

如前所述，当情侣之间恋爱关系经营的很好时，大脑的奖赏系统是十分活跃的，有研究发现这时大脑的神经活动模式和药物成瘾的状态类似。那么在失恋后，维持奖赏系统的因素撤销了，人们的状态也与戒毒的反应类似，大脑中被激活的区域与戒毒时被激活的区域相似（Winch，2018）。

另外，这时，大脑为了不让这种巨大的落差造成很大的痛苦，会经常回忆过去恋爱中的甜蜜片段。失恋者会试图联系前任，试图挽回这段关系。另外，当真的重新置入从前和伴侣一起经历的场景中，回忆扑面袭来，却更加徒增伤感。

事实上，失恋和失去至亲一样，会给人带来巨大的丧失感（loss）和悲恸（grief），同时会导致失恋者出现创伤后应激（Post Traumatic Stress Symptoms，PTSS）。其特征是重新体验（例如对关系解体的强烈感觉和做梦梦到分手），回避（例如避免谈论过去关系的解体和触发因素）以及一系列的身心应激表现：悲伤、愤怒、对他人和外部的兴趣降低、注意力下降、反胃、胸痛、失眠、食欲不振、其他身体疾病等。有些人还会进行酗酒、暴食或厌食等活动。其他心理反应可能包括内疚感、不安全感、恐惧、仇恨、拒绝、自怜、空虚、自信心下降和失落感。

随着时间的推移，失恋造成的哀痛会慢慢减轻，但对很多人来说，在大约一两年的时间后，人们才会能接受丧失，最终完成真正的告别。

在发生令人痛苦的事件（在这种情况下关系解散）之后，人们可以发展出对事件的强烈想法和感受的适应不良模式，从而应用回避防御负面情绪的策略。不良图式的三个核心特征：对自我的负面认知（例如"我完全无能"）、世界（例如"世界是完全危险的"）和自责（例如"分手是我的行为方式造成的"）。

2. 信任感和安全感受到威胁

很多时候，失恋会在短时间内造成巨大的情感冲击和心理压力，短期内几乎带走一个人所有的希望感，并威胁到这个人对这个世界的信任和安全感（Segal et al.，2017）。

同时，失恋者的自我认同感、对爱情的信念也可能受到威胁。不过这种对自己、对他人、对世界的信任感的坍塌程度，会因恋爱关系时双方的亲密程度不同而不同。在一段好的亲密关系里，人们会很认同自己的爱情信念。相信爱情，相信自己心中的爱,相信伴侣对自己的爱,相信爱情在人生中占据的位置……但是,当这样一段亲密关系慢慢解体、消亡时,人们对爱情的信念也会因此动摇、坍塌(Dunlop, et al., 2021)。

3. 失恋后的心理反应变化

国内一些对大学生失恋过程的定性研究(颜笑、贾晓明,2018; 张本钰、林丽华,2012)发现青年被动失恋后会经历以下一些心理反应的变化:刚分手时情绪、行为反应强烈,会由于关系突然断裂而适应不良,产生强烈的愤怒感或者悲伤,甚至产生急性应激反应。在分手后2周到1个月左右,失恋者会表现为情绪低落、烦躁、沮丧、自责等情绪反应,他们积极行为减少或通过痴迷于其他事情来转移注意。在此之后,很多失恋者会重新联系前任,确认其是否真的想要分手,他们会屡次表达自己对前任的爱意和挽留,或者与前任"讨价还价",希望改善自己从前做得不好的地方,只要能与对方重新回复关系。如果试图复合未果,他们仍会不断回忆从前与前任一起的甜蜜回忆,通过社交媒体或其他人的转述来关注前任的生活,不愿意走出与前任的联结。随着时间的流逝,失恋者逐渐不再期待挽回感情的可能性,逐渐放下了失去的感情,准备开始新的生活。一般需要几个月到两年的时间,失恋者才能完全走出上一段失恋带给自己的负性影响。

第四节 影响失恋后心理困扰的因素

大部分人都会经历失恋,都会感到痛苦和经历较为漫长的恢复过程。但同样是失恋,不同的人对失恋的反应有很大差异,有的人似乎需要很长的复原周期,而有的人则很快就满血复活。不同的人从失恋中体验到的意义也不一样。

研究者发现,影响失恋后心理困扰程度的因素包括关系的亲密程度、关系的持续时间、对关系的满意度、在开始关系时的更大努力、寻找替代伴侣的难易程度以及维持关系的投入程度(包括经济、情感上的)以及关系中的恐惧依恋风格等。

受失恋困扰严重者可能发生心理危机,如出现重度情感障碍和严重攻击性,甚至产生自杀、报复行为等。

学者张本钰和林丽华(2012)根据他们干预的大学生失恋心理危机的个案,发现了以下会使个体在失恋后容易产生心理危机的因素。

一、认知因素

(1)功能失调性态度。埃利斯的"ABC理论"认为,人的情绪和行为障碍是经受这一事件的个体对它的认知偏差所引起,最后导致不良的情绪和行为后果。

失恋大学生容易把失恋事件进行消极、歪曲的认知。他们将注意力过于集中在失败的恋爱结果上，并由此感到十分颓丧，甚至产生"失去了这份感情我就失去了一切"等以偏概全的观念。他们还对恋爱有着绝对化和不合理的信念，如"一生只能爱一个人，离开他（她）我就不能活了"等灾难化思维等。这些消极的认知图式导致了他们的抑郁状态。

（2）负性认知推理。主要指对失恋的消极的解释和归因。即把失败的恋爱结果归因为内部因素："他/她离开我都是因为我不够好"；并对由结果进行消极和稳定的解释和推理："我果然不会谈恋爱，我恋爱就会失败"；对结果的灾难性扩大化："都失恋了，活着还有什么意思"。这种消极的归因，常常会导致无望。

（3）反刍。也就是说，个人对失恋的结果太过在意，因此一次次反复思索，想要弄清楚到底是什么导致了分手，为什么自己会这么痛苦，或者通过不断回顾、表达、展现自己的痛苦感情，以达到某个目标（比如让对方知道他们很痛苦，无法证明他们喜欢这种感觉，试图获得对方的同情，试图恢复这份感情等）。他们把注意力集中在自己的情绪状态上，反复思考，而不是想出积极的办法处理自己的情绪。这种反复的对痛苦的反刍，会阻碍失恋者走出失恋的情绪，反而会加重他们对自己的怀疑。

二、人格因素

研究表明，在神经质方面得分更高的人更容易出现抑郁、焦虑、愤怒等负面情绪，神经质的人的情感适应能力和克服障碍的能力相对较弱，失恋时更容易产生心理危机。敏感、多疑、易于激动、焦虑、胆怯等都是容易导致自杀倾向的危险因素。

三、应对方式

应对是个体为缓解内外部压力而做出的认知和行为努力的过程，是个体对内外部环境压力做出有意识的认知和行为反应的过程。适应性应对方式能够帮助人们很好地应对压力，而非适应性对应对方式将会无济于事甚至适得其反，加重压力对个体的影响。一些人在失恋后能够采取积极的应对方式，面对、接受现实，通过认知重建、合理的情感表达、分心、寻求社会支持、旅游、体育锻炼等方式来让自己尽快从失恋的状态中恢复过来。而有些人则采用了消极的应对措施，如攻击（自我攻击、攻击分手一方、攻击他人等）、沉溺（失恋感）、逃避（逃避现实）。消极的应对方式和个性、认知方式、情绪会交互作用，形成恶性循环，容易产生心理危机。

四、社会支持系统

社会支持系统是个人所拥有的社会联系，是一种可以利用的应对资源。常见的社会支持系统包括家人、师友、同学、同事、邻居等。失恋的人如果没有一个好的社会支持系统，或者拒绝寻求和接受社会支持系统的帮助，就容易陷入危机。缺乏社会支持系统的人会有爱、安全感、归属感的缺失，在经历了失恋这一巨大的丧失体验后，他们会更加感到内心的空洞、孤独和无助，导致心理危机的爆发。

第五节　失恋的积极应对措施

一、自我同情

失恋带给人的影响是实实在在的，我们不应该对抗它，而是应该平静地接纳它。研究发现，采取自我同情的方式（Sbarra、Mehl，2012）能够缓解遭遇创伤的痛苦。

自我同情包括以下三个方面。

（1）自我友善：对自己宽容相待，当不好的结果发生时，不过分责罚自己。

（2）人类的普遍经历：意识到失败是每个人都会经历的，遭遇失败之后的挫败感、失去爱人后的丧失感、被拒绝的痛苦，都是人类正常的情感反应。得失与否，成败与否，不是完全由我决定的，没有人是完美的，没人能把每件事都做好。

（3）正念：正念即将注意力集中在当下，感受情绪的来去，但不去注意它，不去评判它，让情绪自然而然地出现和消失。集中注意力在自己的呼吸上，让心情平静下来，然后自然而然地处理生活中的事情，避免长时间陷入痛苦情感中无法自拔。

对于失恋，如果不采用自我同情的策略，失恋者很容易陷入对负性情绪的反刍，并对失恋的原因刨根问底，并将失败归结于自己："一切都是我的错，是我把他推开的……我曾经那么需要他，现在仍然是……我都做了什么？我知道，一切都是我的错。"

而自我同情水平较高的人可能会这么描述自己正在经历的情感："这就是最近发生在我身上的事情，我觉得应该是这段时间发生得更频繁一些……我会告诉自己：我并不是唯一一个正在经历它的人。"

通过自我同情，失恋者可以停下对自己的审视和怪罪，从对痛苦的沉溺解脱出来，进而可以平静地审视恋爱过程本身，从而找出更为客观的因素，给自己一个合理的放下这段失败恋情的理由，进而可以顺利地走出失恋的阴影。

二、社会支持系统的支撑

研究发现，好的社会支持系统是预测失恋心理危机的负性因素，即拥有好的社会支持系统的失恋者更不容易被失恋压垮。女性对于失恋的痛苦感觉往往强于男性，但她们会更快地恢复过来，这被证明与她们比男性更经常寻求亲友的帮助有关，并且女性之间也乐于对同伴的感情创伤表示同情和理解，帮助失恋者更好地走出创伤。

三、培养更多的正性情绪

在失恋后将注意力转移，集中在能给自己带来正面情绪的活动，经历更多的正性情绪有助于失恋者更快地回到健康状态，并且能从中收获更多的个人成长。

可以培养正性情绪的方法包括积极性写作，即写作的过程中回顾对分手的正面想法；转移注意力，做一些让自己放松并且能够感知到内心成长的活动，如健身，运动，做自己感兴趣、热爱的事情；消除不合理信念，减弱负性归因。

四、重新评估失恋和恋爱过程

分手后人们对前任仍然有爱的感觉并不少见，但这会加重悲伤程度，并会减慢失恋者自我概念的恢复速度。研究发现，通过回忆并记叙恋爱经历，重新审视恋爱过程，尽量寻找前任的缺点，可以降低对前任的迷恋，从而更快地走出这段感情。对前任的负面评价降低了爱的感觉，虽然短期带来了不愉快的感觉，但可以帮助失恋者尽快走出对前任的迷恋，将注意力转移到其他事情或事物，可以让失恋者感觉更愉快。对爱情的重新评估虽然不能降低对爱的感觉，也不能带来愉悦感，但所有这三种策略都减少了对前伴侣的积极关注，这可能使人们更容易处理前伴侣的遭遇，较为客观地审视过去的爱情经历和前伴侣。

第六节　失恋案例

小新是一名大二的女生，这天，她的室友找到辅导员，称小新自两周前与男友分手后一直情绪低落，经常痛哭自责，上课精神恍惚，每天经常待在宿舍，哪里也不想去。作为室友，她们试图宽慰小新，想约她出去玩，让她放松心情，走出失恋的悲伤。然而她们的宽慰似乎并不能起到什么作用，相反，小新还表现出了对室友的愧疚和躲避，不希望自己的事情影响室友。于是室友希望辅导员老师能够帮助她。

在对小新的室友和同学进行了初步交流，了解了以下关于小新的基本情况。

辅导员在一次班级活动结束后将小新叫到了办公室，向她表明此次谈话的目的，表示自己希望了解她失恋后的状态和希望帮助她更好地渡过失恋后的艰难阶段，并询问她是否愿意谈论自己关于失恋的感受和回顾失恋的经历，以便一起找到问题的症结。小新答应了，并表示感谢。

第一次谈话：

事实上，当小新听说辅导员是想要帮助她一起谈论失恋的问题时，她一下就表现出了情绪的上涌。

小新：老师，我感觉自己非常难过，我每天一想到以前我们在一起的时候那么开心幸福，现在他却不要我了，我心里就好痛苦啊。我也不知道自己怎么了。我和他原本那么好，可后来，我明显感到他对我有很多不满，现在终于爆发出来，跟我分手了……（开始哭泣）我连一段感情都不能经营好，我觉得自己好没用啊。

辅导员：（耐心地等小新哭完）老师能感到你很难过，我非常能理解，分手对我们每个人来说都是很大的打击。你愿意具体讲一讲失恋后的感受吗？"

小新：（平息自己的情绪）我觉得分手的事给我的影响挺大的，我记得当时他跟我说分手之后，我非常震惊，他居然真的要跟我分手！我想向他确认他是不是真的要分手，但他明确告诉我这是他思考后确定的决定。从他的眼神中，我知道他不愿再跟我在一起了。（哭）我感到一种强烈的被抛弃的感觉，整个人就像被与世界隔开了一样。还有……似乎是羞耻感。之后，当天我怎么回宿舍的我都记不清了，反正整个人有些恍惚。回去之后我不断想起他说分手时的样子，还有之前我们闹矛盾的场景。我当时深刻地意识到，原来我这么差劲，觉得很自责和后悔，但是我又觉得很委屈，明明之前我们是相互喜欢的，我也很认真地在对他好，为什么他还是拒绝我了。之后每天我都感觉很伤心，我周围的同学想来安慰我，我能感受到她们的好意。但她们不能完全理解我是什么感受，事实上，我也觉得很混乱，她们的安慰让我觉得很烦躁，我只想一个人待着，但是只要一个人待着我就不由自主地感到很昏暗。

辅导员：老师能感受到你的难过，抱歉让你再次回忆起这么伤心的场景，你觉得继续讲下去吗？

小新：没事的，其实当着您的面说出来，就好像这些情绪有了个出口被释放出来了，我现在感觉要好一些了。

辅导员：是吧，和别人说说要好受些对吗？

小新：是这样的。

辅导员：那你可以尝试一下回去和室友聊聊，你不用感到有什么负担，也不用觉得她们一定要理解你，你表达出自己的感受就可以了。

小新：嗯嗯，当时我主要受自己的情绪影响太大了，我怕她们笑话我，我也不知道自己该怎么表达才好，害怕得不到她们的理解。这次我回去试试。

辅导员：非常好，有问题就可以寻求帮助，我们都在你身边，好吗？

小新：嗯嗯，谢谢老师。

辅导员：你这段时间还有没有通过什么办法来缓解自己的痛苦吗？

小新：一开始我特别想联系他，问问他是不是认真的，我到底做得哪里不好让他离开我。但是他已经删除联系方式了，我有过当面去找他问清楚的冲动，但我一想到他分手当时认真的神情，就知道他已经下定决心了，自己再跑过去会很难堪，这种羞耻感又带给我很大的痛苦。我不知道怎么办，情绪上来了就哭，或者吃东西，放松一点之后就睡觉，我觉得这只是暂时地缓解悲伤。我还是觉得心里空空的，经常会看到一些东西就想起恋爱时候的场景，我又会感到很伤心。我觉得这样很不好，不能让失恋毁了我的正常生活，于是在心情平静的时候我尽量让自己专心学习，但很多时候我没办法集中注意力，我这段时间课都没怎么上……抱歉，我又想说我没用了，我感觉我就跟变了一个人一样，什么事情都做不好了，整天都没精打采的，还经常想哭……老师，我想知道为什么我会这么难过，还有，我想弄清楚到底我做得哪里不对让他离开我。

辅导员：嗯嗯，我明白，我能感受到你现在的难过和无助，你不用为此感到自责，这都是正常的。就像感冒了会发烧一样，失恋也会对我们的身体和心理造成伤害，让人很脆弱。那可是你喜欢的人啊，他离开了你当然会感到空落落的，而且这种丧失感不是一时半会儿能够消失的，我们得慢慢来。至于你做好不好，是不是因为你不够好而让他离开你，不要急，你可以想想有什么客观原因造成的分手呢？我们下次再聊聊，一起看看能不能帮你解决这些问题。现在，我的建议是你要先接受自己的情绪，你越觉得它们不好，就越把注意力集中在上面，它反而被强化了，就越消散不掉。我建议你做些其他让你放松的事情，不用强迫自己做自己觉得有挑战的事，你的困惑留在我们下次解决，好不好？

小新：好的，谢谢老师。

第一次谈话后的总结和分析：

经过第一次谈话，辅导员得出了以下信息。

1. 小新表现出典型的失恋后的失去和悲恸，但没有达到心理危机的程度

她有创伤后的应激表现：脑海中再现分手场景，感到"被抛弃感"、巨大的悲伤和空洞，对周围的事情失去兴趣，集中不了注意力。从她的表现来看，她现在情绪较为稳定，没有表现出很强的攻击性和抑郁倾向，而只是感到悲伤、烦躁等负性情绪和对自己的怀疑。

2. 没有采取积极的应对措施

她没有采取其他积极的应对措施，不愿意主动寻求帮助，而是试图通过哭泣、睡眠等非建设性的方法宣泄自己的情绪。小新的感受很混沌，但都能被适当表达出来，说明小新对自己的情绪感受能力是很强的，但她没有采取积极措施让自己摆脱情绪的困扰，而是任由自己沉溺于痛苦之中。

3. 对失恋有负性归因，对自己有负性认知

小新对自己要求过于严格，对失恋有负性的归因，认为失恋是说明她不够好，不配被爱。面对负性情绪造成的注意力无法集中，她不能看到这是一种身心对失恋的反应，反而责怪自己无法掌控和改变这种情况，对其的反应是"自己什么都做不好""很没用"。她也试图通过专心学习来转移注意力，但失恋对大脑造成的类似成瘾阶段的影响导致她无法完全将注意力集中在需要消耗较多认知资源的事情上面，而这种无法专心学习的状态进一步激发她对自我能力的怀疑和焦虑，让她感到更加无力和自责。

此外，小新没有表现出对谈论失恋的反感，而且很希望继续了解自己为什么会在失恋后如此难受。

根据以上信息，辅导员制定了以下干预措施。

（1）让小新尝试接纳室友的关怀，和她们聊一聊自己的困惑，感受一下被人群关怀的温暖感觉，积极利用自己的社会支持系统来获得情感上的支撑。

（2）教小新采用自我同情策略，进行正念训练。并让她在心情平静的时候进行积极性写作，重新评估她和男朋友分手的情况，找出一些客观原因。

（3）通过 ABC 认知模型让小新发现自己的不合理信念，并领导起建立合理认知，帮助其走出对失恋的负性认知模式。

（4）进一步谈论小新对失恋的感受和反思，寻找小新在亲密关系中表现出的其他特点和问题，帮助小新找到亲密关系中相处的更好方式，并且更好地认识自己，重建对自己的正性认知。

辅导员将第一个和第二个干预作为家庭作业布置给小新。一周过后，当辅导员再次见到小新时，她发现小新的神情不那么沮丧了，装束打扮也显得更有精神一些。然而脸上仍然有些不解和紧张。

第二次谈话：

辅导员：很高兴见到你，小新，你看上去很不错！上次给你布置的"家庭作业"你完成得怎么样？这段时间有没有好一点？

小新：还不错，总体上我感觉好些了，虽然还是经常会时不时想起曾经的事情，然后心就突然开始痛起来。但是我尝试进行正念练习，可以让自己平静下来。我发现我室友们好好呀，她们会安慰我，跟我分享她们朋友的失恋故事，我发现原来我不是唯一一个对失恋感到很痛苦的人，感到好受多了。（笑）关于你说的重新评估我们分手的过程，我发现通过写作的方式的确能让我冷静下来，也让我

对这件事有了一些新的看法。

辅导员：是吗？那太好了。今天我们来做个练习吧，来看看你对分手这件事的看法是不是更有利于你对自己感到不那么难受。我想告诉你，我们对事物的反应是很主观的，我们的感受并不代表事物本身。因为我们的感受其实是由我们对事物的看法决定的。对于同一件事情，如果看法不同，情绪反应就会很不同。我们来看看你对于失恋这件事情的评价和反应吧。你觉得对于失恋这件事，你之前有哪些反应，又是哪些想法影响着你的反应呢？

辅导员给了小新一张表，小新填出了以下内容。

理性情绪疗法内容实践 -1

A（事件）	B（想法）	C（情绪反应）
男朋友和我分手	他不能抛下我	我感到悲伤
	他拒绝我了，说明我不值得爱	我感到羞耻，自责
	都是因为我不够好，他才和我分手的	自责，悲伤
	这说明我的恋爱失败了，我怎么能失败呢	受挫，难以接受

辅导员：你总结得很好，你看出之前的想法有什么不对吗？

小新：这么一写下来，我觉得我之前的想法太主观了，而且有些极端，的确不合理。

辅导员：那你现在有没有新的看法呢？

小新：我看看……

她于是又填上了以下内容。

理性情绪疗法内容实践 -2

A	B	C	B'
男朋友和我分手	他不能抛下我	我感到悲伤	我没有理由要求逼迫他不离开我，我只是因为他离开了很伤心
	他拒绝我了，说明我不值得爱	我感到羞耻，自责	他拒绝我可能说明他不爱我了，但这和我值不值得被爱是两码事
	都是因为我不够好，他才和我分手的	自责，悲伤，难以入睡	"不够好"有些模糊，这可能只是我自己对自己的评价而已，他并没有对我说过这样的话。我想我们分手也与后期矛盾太多有关，只是我不愿离开他而已
	这说明我的恋爱失败了，我怎么能失败呢	受挫，难以接受	是的，我的这段恋爱经历失败了，但这并不能说明什么。谁说我不能失恋呢？我应该从中吸取经验，而不是因此一蹶不振

辅导员：写下了新的想法，这让你感觉怎么样？

小新：我感觉更平静更放松了。原来我之前的念头有这么多不合理的地方，现在冷静下来分析，我好像可以接受分手不全是我的原因了，这让我好受多了。

小新：但是我还是觉得有些模糊，我想知道这段恋爱失败的症结在哪里，我想知道我们是不是真的不合适，还是他仅仅不爱我了而已。

辅导员对小新请求从失恋经验中收获成长的想法很是赞同，为了帮助小新进一步认识这段恋爱经历带给了她什么，从而帮助她彻底地走出失恋的创伤，她将话题深入地进行了下去。

辅导员注意到，小新对失恋的感受是"被抛弃"和"羞耻感"。她认为这可能隐含了小新对失恋有这么强烈的反应的原因。进一步询问下，小新告诉她，她在小学四年级以前都与奶奶生活。由于父母均在外地工作且工作繁忙，小新从小很少与父母沟通，甚至每年只见到父母两三次。之后小新与父母同住，但父母仍然很少陪伴小新。小新说她觉得父母与她不够亲近，不够爱她，她隐隐有种被父母抛弃的感觉，这种感觉让她觉得自己很弱小无助，不敢主动去追求爱。

当辅导员问道她对男友的拒绝感到羞耻的原因时，小新提到这让她想起了自己似乎一直觉得自己不够好，配不上美好的东西。小新说，她一直觉得爱情是很美好神圣的，所以在和男友交往的过程中很谨慎，对男朋友关怀备至。分手的结局让她觉得"自己的努力白费了，我果然不配被别人喜欢"。

原来，小新从小十分渴望父母的肯定，尽管她学习成绩很好，经常受到老师、同学的表扬甚至羡慕，但父亲总是很少对她表达赞赏，还会因为一点点没做好的地方而严厉批评小新。于是小新逐渐做事就特别小心谨慎，追求完美，然而尽管很努力，她还是很少得到自己理想的结果。因为一旦知道一件事情很重要，她就会感到很紧张而搞砸一切。此外，她的父母很少满足她的要求，还常常认为她的要求过多而批评她。久而久之，小新感到自己的愿望是不能实现的，自己不配得到美好的东西。

辅导员：那你在和男朋友相处的时候会表达自己的愿望吗？

小新：我好像不太主动提。（突然想起什么似的）我想到他之前跟我提到过，他觉得我爱闹别扭，太敏感了，好多时候他都不知道我为什么会生气。我之前的确比较爱较真，但我就会那么想呀。但为了不让他伤心，后来我就尽量克制自己的感受和愿望，我怕他离开我。但他可能还是觉得我小心翼翼的，不够洒脱吧。

辅导员：你觉得自己为什么不敢解决矛盾呢？是因为得不到支持吗？

小新：可能我还是有些不好意思吧，我觉得在他面前还做不到完全放开自己，我会感觉自己和他太近了，我怕自己会消失……

辅导员：这是你当时的感受还是现在意识到的？

小新：我现在才意识到的。当时我只是有一种很模糊的抗拒感，但又害怕他离开我，所以就很矛盾。

辅导员：很高兴听到你的反思！这么一想，你现在对这段恋情有什么新的感悟吗？

小新：我可以肯定我当时对他是有不满的，这种不满就说明我们的矛盾的确存在，我不能容忍。我当时一心围着他转，以为这样才是爱的表现。现在我明白了，应该要肯定自己的感受，和他好好地交流才能更好地相处。

第二次谈话后的总结与分析：

此次谈话中，辅导员运用了 ABC 认知干预手段帮助小新找出了她对于分手这件事情的不合理看法和相应更客观的解释。小新对自我的敌意和对分手的负性看法明显减弱了。

从第二次谈话的内容中，我们可以得知，小新在恋爱过程中表现得较为拘谨和独立，呈现出低自尊的特点，她认为自己应该迎合对方的感受，认为自己的感受是不重要的，因此小心翼翼，害怕哪里做得不好就让对方离开她。

小新在关系中压抑自己的想法和需求，回避矛盾。从她的叙述中，我们知道这与她从小成长的家庭环境有关。这种回避和独立的态度不利于她和男友建立非常亲密、安全的依恋关系，矛盾的规避和需求的压抑也不利于她和男友的磨合。

不过小新已经开始意识到了自己的感受是值得被肯定的，辅导员继续给小新布置了一项家庭作业，让她回去列一项她和男友的矛盾清单，从中找出自己的真实愿望，并且再次进行积极性写作，重新评估自己对这段恋情的看法。同时，仍然进行正念训练，并尝试恢复正常的学习生活。

反馈：

一个月后，辅导员再次看到小新，她开朗了许多，她告诉辅导员，自己已经接受了与前男友分手的事实，这与自己好不好、值不值得被爱无关。他们的确不合适：双方的性格差异较大，一个大大咧咧，另一个很敏感；同时双方对人生的规划也有很大差别，一个渴望快速进入成家立业的稳定生活，一个渴望探索式的生活方式。虽然很遗憾，但她放下了这段恋情，开始回归正常生活。她对自己的了解也更加深入了，明白了自己在恋爱关系中表现出来的互动关系是有点回避的，她打算以后在与人交往时更加真诚，更加自信，不再在意别人的眼光了。她告诉辅导员，她准备好了走上属于自己的道路，她心情平静，同时也对将来可能的恋情充满期待。

第七节　反　思

一、家庭、学校应该加强"爱的教育"

鲁迅先生曾经说过："中国人缺乏爱和恨的能力"。随着思想文化的解放、经济的繁荣，中国人在个性表达上比以前自如了很多，但大部分人从小仍然生活在不提倡敞开心扉、大胆表露情感的环境下。我们的教育环境从小要求孩子们学会控制自己的情感，家长和老师对上大学之前的学生的"情感问题"尤其重视，视早恋为豺狼虎豹。在春心萌动的美好年华里，青少年们的这种美好的对于爱情的向往和探索不能得到正确的支持和教导，会阻碍他们对于爱的探索和理解。

本案例中的小新成长在一个不太鼓励情绪表达和需求表达的家庭，这会阻碍孩子对于自己情绪和需求的感受。久而久之，在一次次压抑的情况下，他们会回避自己内心真实的想法，甚至感到向别人表达需要、表达被爱的愿望都是不独立的表现。这样会阻碍他们看见自己的真实需求，进而阻碍真实自我的发展，反而在亲密关系中收获不了对方的喜爱和尊重。

爱的教育的另一方面重要内容应该包括帮助青年树立正确的恋爱观。我们应该教导青年，爱不是随意的、容易的，需要双方的努力经营。爱不仅仅意味着被爱，我们不能指望对方来爱自己，解读自己的想法和愿望，而是要在恋爱关系中做真实的自己，需要付出努力去爱对方，让双方互动起来，在互动中解决问题，加深情感，从而都有正向的成长。

二、宣传心理援助资源的可得性和必要性

现在青年的恋爱质量不容乐观，在面对恋爱烦恼时，他们主动寻求帮助的意识较为薄弱。我们应该加强宣传普及心理学知识，提醒他们主动在需要的时候寻求帮助。本案例中小新就是不擅长主动寻求帮助的，这会加重她负性认知的循环，导致对痛苦的沉溺。

本章回顾

本章我们介绍了恋爱的发展阶段、恋爱质量的影响因素，以及以失恋为例介绍了"恋爱挫折"这一现象，并探讨了一个失。

恋爱的过程并非一帆风顺，会经历不同的阶段，从开始的甜蜜共存到反依赖、独立阶段，在经历了一系列挫折与矛盾后，或许进入共生阶段，或许走向分手的结局。

影响恋爱质量的因素是多重的，个人特质、依恋风格和恋爱动机等都会有所影响。恋爱双方个人特质、依恋风格相适应，能够提升恋爱中的幸福感。情绪稳定、在成长中形成了安全型的依恋风格的人更容易收获平稳正性的恋爱。当然，依恋风格并非一成不变，童年有着非安全型依恋风格的人仍然可以通过恋爱与其他人际关系过程逐渐学会爱与被爱，建立起安全的依恋关系。

我们介绍了失恋这一带给人最大丧失感的恋爱挫折。失恋正如很多创伤经历

一样，失恋给人们的心理冲击是很大的，会有疼痛感和创伤后应激反应，沮丧、抑郁、空洞、对自我价值感的怀疑等。人们需要一些时间从失恋的影响中重新恢复以往的状态。对失恋的负性看法，如极端化、错误归因、反刍，以及负性的应对方式，如回避、沉溺、不寻求帮助等，缺乏社会系统的支持等，会延缓状态的恢复，甚至产生极端的结果。人们也可以采取一些措施帮助更好地对抗失恋的挫折：如自我同情、合理宣泄、寻求帮助、培养正性情绪、重新评估等。

从大学生小新失恋后辅导员的疏导案例中，我们可以更加感性地看到一个人在初次失恋后的反应，以及其家庭背景、童年经历、个人性格等对于恋爱的影响，也可以看到通过积极的干预与自我的反思，可以成功地走出失恋的泥淖。

参考文献

[1] 赵莉. 希波克拉底简论. 贵州工业大学学报（社会科学版），2006（05）：109-111.

[2] 黄莎莎. 希波克拉底医学思想探析. 上海：上海师范大学，2021.

[3] 沈夏珠. 柏拉图的灵魂理论及其伦理与哲学意义. 兰州学刊，2016（08）：112-117.

[4] 崔景贵. 还世界一个真实的"心理科学之父". 江苏教育学院学报（社会科学），2013，29（02）：27-31.

[5] 叶浩生. 西方心理学史. 北京：开明出版社，2012.

[6] 叶浩生. 心理学史. 北京：高等教育出版社，2011.

[7] 罗杰·霍克等 美. 改变心理学的40项研究. 北京：人民邮电出版社，2010.

[8] （美）理查德·格里格 Richard J. 心理学与生活. 北京：人民邮电出版社，2003.

[9] 彭聃龄. 普通心理学. 北京：北京师范大学出版社，2001.

[10] 张琦，苏振兴. 盖伦的医学伦理思想及其当代价值. 中国医学伦理学，2021，34（07）：887-892.

[11] 邹文卿，吕禹含. 智能医疗能否取代希波克拉底传统. 医学与哲学，2021，42（18）：25-29.

[12] 刘金平. 一幅描绘20年来西方社会心理学发展的绚丽画卷. 心理学探新，2006（01）：96.

[13] 荆其诚. 现代心理学发展趋势. 北京：人民出版社，1990.

[14] 梁宁建. 心理学导论. 上海：上海教育出版社，2011.

[15] 朱建军. 人工智能心理战及其应对策略——基于中国传统文化资源独特优势的思考. 人民论坛·学术前沿，2020（01）：52-59.

[16] 美 E. 西尔格德 Ernest. 西尔格德心理学导论. 北京：世界图书出版公司北京公司，2013.

[17] 周宗奎等著. 网络心理学. 上海：华东师范大学出版社，2017.

[18] 刘凯，王培. 心理学与人工智能交叉研究：困难与出路. 中国社会科学报，2019-01-14（006）

[19] 罗春秋. 青年心理问题研究. 1版. 长春：吉林人民出版社，2017.

[20] 华东师范大学. 华东师范大学学报（教育科学版）. 2008，4（01）.

[21] 马莹. 发展心理学. 2版. 北京：人民卫生出版社，2013.

[22] 屈艳红，周秀艳. 青年心理健康教育. 1版. 北京：科学出版社，2018.

[23] 中国心理卫生协会. 中国心理卫生杂志. 2011，25（7）-2013，20（9）.

[24] 中国心理学会. 心理科学. 2003，4（05）-2005，4（01）.

[25] 高等教育出版社. 思想理论教育导刊. 2003，4（08）. 北京：高等教育出版社，2003.

[26] 中国心理卫生协会. 中国健康心理学杂志. 2010，18（09）.

[27] 格里格（Richard J. Gerrig），津巴多（Philip G. Zimbardo），王垒. 心理学与生活. 19版. 北京：人民邮电出版社，2014.

[28] 侯玉波. 社会心理学. 4版. 北京：北京大学出版社，2018.

[29] 中国高等教育管理研究会. 高校教育管理. 2007，1（3）. 江苏，镇江：高校教育管理，

2007.

[30] 林崇德.发展心理学.3版.北京：人民教育出版社，2018.

[31] 刘易斯（Lewis，M.），哈维兰-琼斯（Haviland-Jones，J. M.），巴雷特（Barrett，L. F.），南莎.情绪心理学.3版.北京：电子工业出版社，2015.

[32] 沈家宏.原生家庭：影响人一生的心理动力.1版.北京：中国人民大学出版社，2018.

[33] 俞国良.社会心理学.3版.北京：北京师范大学出版社，2015.

[34] 周文华，吴红，阮筠.大学生职业规划与就业指导.1版.合肥：合肥工业大学出版社，2016.

[35] 阿诺德·理查兹，亚瑟·林奇.精神分析.张皓，何巧丽，缪绍疆，译.北京：世界图书出版有限公司北京分公司，2017.

[36] 钱铭怡.心理咨询与心理治疗.北京：北京大学出版社，2016.

[37] 西格蒙德·弗洛伊德.自我与本我.林尘，张唤民，陈伟奇，译.上海：上海译文出版社，1986.

[38] 杨清.现代西方心理学主要派别.辽宁：辽宁人民出版社，1980.

[39] 江光荣.心理咨询的理论与实务.北京：高等教育出版社，2012.

[40] 内蒙古师范大学学术期刊社.1977，1（1）.

[41] 沃尔夫冈·林登.临床心理学.王建平，译.北京：中国人民大学出版社，2013.

[42] 钱铭怡.心理咨询与心理治疗.北京：北京大学出版社，2016

[43] 玛莎·林纳涵.DBT技巧训练手册.江孟蓉，吴茵茵，李佳陵，胡嘉琪，赵恬仪，译.北京：张老师文化出版社，2015.

[44] 戴夫.默恩斯.以人为中心心理咨询实践.重庆：重庆大学出版社，2010：11.

[45] 王燮辞.青少年心理危机干预概论.成都：四川大学出版社，2011：59

[46] 杨韶刚.人性的彰显.济南：山东教育出版社，2009：98

[47] 罗伯特·艾伦.哲学的盛宴.北京：新世界出版社，2013：179

[48] 马斯洛.马斯洛人本哲学.北京：九洲图书出版社，2003：214

[49] 郭永玉，贺金波.人格心理学.北京：高等教育出版社，2011：184

[50] 江光荣.人性的迷失与复归.武汉：湖北教育出版社，2000：93

[51] 江光荣.心理咨询的理论与实务.第2版.北京：高等教育出版社，2012：265

[52] 伍新春，胡佩诚.行为矫正.北京：高等教育出版社，2005.

[53] 张小乔.心理咨询的理论与操作.北京：中国人民大学出版社，1998.

[54] GERALD C.心理咨询与治疗的理论及实践 第8版.谭晨，译.北京：中国轻工业出版社，2010.

[55] 晋竹筠，施莹芳，彭文彬.高校大学生抑郁症的成因及预防探析.西南林业大学学报（社会科学），2021，5（02）：101-106.

[56] 高峰，石瑞宝，李洁，孙清平.大学生心理健康教育.北京：清华大学出版社，2020.

[57] 刘贤臣，刘连启，杨杰，柴福勋，王爱祯，孙良民，赵贵芳，马登岱.青少年生活事件量表的信度效度检验.中国临床心理学杂志，1997（01）：39-41.

[58] Richard K. James，Burl E. Gillilang.危机干预策略.北京：高等教育出版社，2009.

[59] 王燮辞. 青少年心理危机干预概论. 成都：四川大学出版社，2011.

[60] 贾晓波. 心理适应的本质与机制. 天津师范大学学报（社科版），2001，000（001）：19-23.

[61] 胡月琴，甘怡群. 青少年心理韧性量表的编制和效度验证. 心理学报，2008（08）：902-912.

[62] 严玲. 大学生心理健康. 武汉：华中科技大学出版社，2019：171.

[63] 肖水源. 《社会支持评定量表》的理论基础与研究应用. 临床精神医学杂志，1994（02）：98-100.

[64] 郭婷. 浅谈埃里克森的人格发展阶段理论. 理论导报，2010（06）：26-27.

[65] （德）迪尔克·康纳茨，（德）克里斯蒂娜·索尔著；王萍，万迎朗，译. 心理健康会解压学会放松. 成都：四川人民出版社，2017.

[66] 马莹. 心理咨询技术与方法. 北京：人民卫生出版社，2009.

[67] 张晓华. 创作性戏剧教学原理与实作. 上海：上海书店出版社，2011.

[68] 莱恩·斯佩里. 心理咨询的伦理与实践. 侯志瑾，译. 北京：中国人民大学出版社，2012：10

[69] 中国心理学会临床与咨询心理学工作伦理守则（第一版）. 心理学报，2007（05）：947-950.

[70] 中国心理学会临床与咨询心理学工作伦理守则（第二版）. 心理学报，2018，50（11）：1314-1322.

[71] 江光荣. 心理咨询的理论与实务. 第2版. 北京：高等教育出版社，2012：207-208

[72] 汤芳，赵静波. 心理咨询与治疗中双重关系的实然现状与应然追求（综述）. 中国心理卫生杂志，2013，27（07）：523-528.

[73] 中国心理学会. 中国心理学会临床与咨询心理学专业机构和专业人员注册标准. 心理学报，2018（11）.

[74] 莱斯利·S. 格林伯格（Leslie S. Greenberg）. 情绪聚焦疗法. 重庆：重庆大学出版社，2015.

[75] 西蒙·克雷格恩（Simon Cregeen），等. 青少年抑郁症治疗手册：短程精神分析心理治疗. 曾林，汪智艳，译. 北京：中国轻工业出版社，2020.

[76] 弗朗西斯·马克·蒙迪莫，帕特里克·凯利. 我的孩子得了抑郁症：青少年抑郁家庭指南. 陈洁宇，译. 第2版. 上海：上海社会科学院出版社，2019.

[77] 李·H. 科尔曼，LeeH. Coleman，科尔曼，等. 抑郁症：写给患者及家人的指导书. 雷田，译. 重庆：重庆大学出版社，2013.

[78] 李·科尔曼. 战胜抑郁症：写给抑郁症患者及其家人的自救指南. 北京：中国人民大学出版社，2019.

[79] Aaron T. Beck，Brad A. Alford. 抑郁症. 第2版. 北京：机械工业出版社，2014.

[80] 瑞瑟. 心境障碍的心理治疗：Bipolar disorder depression suicidal behavior：双相障碍、抑郁症和自杀行为的临床治疗指南. 池培莲，译. 北京：中国轻工业出版社，2012.

[81] 陈玥，祝卓宏. 接纳承诺疗法在抑郁症治疗中的应用（综述）. 中国心理卫生杂志，2019，33（9）：6.

[82] 黄立，任志洪．基于ACT疗法的心理治疗方法，心理治疗终端和存储介质：CN111564203A. 2020.

[83] 美国精神医学学会，张道龙．精神障碍诊断与统计手册．北京：北京大学出版社，2016.

[84] （美）戴维·H. 巴洛著DAVIDH. BARLOW. 焦虑障碍与治疗．第2版．北京：中国人民大学出版社，2012.

[85] （美）林恩·亨德森（Lynne Henderson）．害羞与社交焦虑症：CBT治疗与社交技能训练．姜佟琳，译．北京：人民邮电出版社，2015.

[86] 阿尔伯特·埃利斯．控制焦虑．李卫娟，译．北京：机械工业出版社，2014.

[87] 大卫·伯恩斯医学博士，伯恩斯，李迎潮，等．焦虑情绪调节手册：改变生活的全新心理疗法．上海：学林出版社，2009.

[88] 马丁. M. 安东尼，理查德. P. 斯文森，Martin M. Antony，等．羞涩与社交焦虑．重庆：重庆大学出版社，2010.

[89] 艾伦·T. 贝克，加里·埃默里，鲁斯·L. 格林伯格．焦虑症和恐惧症：一种认知的观点：a cognitive perspective. 重庆：重庆大学出版社，2010.

[90] 林恩·亨德森．害羞与社交焦虑症：CBT治疗与社交技能训练．北京：人民邮电出版社，2015.

[91] 美国精神医学学会，张道龙．精神障碍诊断与统计手册．北京：北京大学出版社，2016.

[92] 查里斯·艾德茨考斯基．7天改善睡眠：深睡眠．李永灿，译．武汉：湖北科学技术出版社，2014.

[93] 卢静芳，苑成梅．失眠症的正念治疗研究进展．精神医学杂志，2019，32（6）：4.

[94] 郝凤仪，蒋晓江，高旭滨．失眠症的临床诊断学特征及其正念疗法的研究进展．中华诊断学电子杂志，2019，7（3）：155-158.

[95] 贾森·C. 翁．失眠的正念治疗手册．张琴，译．北京：中国纺织出版社，2021.

[96] （英）尼克·利特尔黑尔斯．睡眠革命：如何让你的睡眠更高效．王敏，译．新1版．贵阳：贵州科技出版社，2020.

[97] 包祖晓．学习睡觉心理治疗师教你摆脱失眠的折磨．北京：华夏出版社，2019.

[98] （美）科琳·恩斯特朗姆，阿丽莎·布罗斯．干掉失眠：让你睡个好觉的心理疗法．北京：中国人民大学出版社，2019.

[99] （美）彼得·豪利（Peter Hauri），雪莉·林德（Shirley Linde）．和失眠说再见——让你倒头就睡的秘诀．第2版．北京：中国轻工业出版社，2017.

[100] 赵忠新．临床睡眠障碍学．上海：第二军医大学出版社，2003.

[101] 董妍，& 俞国良．青少年学业情绪问卷的编制及应用．心理学报，2007（05）：852-860.

[102] 周玥 & 王小玲．大学生学业困难影响因素及发展过程的质性研究．校园心理，2021（02）：111-114

[103] 福建农林大学．福建农林大学学报（哲学社会科学版）．2012，15（5）.

[104] 中国心理学会．心理科学．2015，38（5）.

[105] 中国心理卫生协会．中国心理卫生杂志．2018，32（3）.

[106] 央广网．「关注精神健康 "治愈" 抑郁症」国家卫健委：发布工作方案 加强推进抑郁症

防治.（2020-09-12）[2021-06-26]. https：//baijiahao. baidu. com/s?id=167759239211876278 5&wfr=spider&for=pc

[107] Rogers C. R. Toward a Modern Approach to Values：The Valuing Process in the Mature Person. The Journal of Abnormal and Social Psychology, 1964, 68（2）：160-167.

[108] Rogers C. R. A theory of therapy, personality, and interpersonal relationships, as developed in the client-centered framework. 1959：38.

[109] Kirschenbaum H., Jourdan A. The Current Status of Carl Rogers and the Person-Centered Approach. Psychotherapy：Theory, Research, Practice, Training, 2005, 42（1）：37-51.

[110] Carkhuff, Robert R. The Development of Human Resources：Education, Psychology, and Social Change. New York：Holt, Rinehart and Winston, 1971.

[111] Springer Nature. 1962, 1（1）. London, UK：Springer Nature, 1962.

[112] The British Psychological Society. British Journal of Social Psychology, 1992, 31（4）. Oxford, UK：Blackwell Publishing Ltd, 1992.

[113] Steel, P., Svartdal, F., Thundiyil, T., Brothen, T. Frontiers in Psychology. 2018, 9. Lausanne：Frontiers Media SA, 2018.

[114] Harré M. S. Information Theory for Agents in Artificial Intelligence, Psychology, and Economics. Entropy, 2021, 23（3）.

[115] American Psychological Association. 1904, 1（1）. Washington, D. C., USA：American Psychological Association, 1904-.

[116] Cambridge Center for Behavioral Studies. 1972, 1（1）-1989, 17（2）. Massachusetts, USA：Cambridge Center for Behavioral Studies, 1972-1989.

[117] Harvard Education Publishing Group. 1937, 1（1）. Massachusetts, USA：Harvard Education Publishing Group, 1937.

[118] HAYES SC, STROSAHL KD, WILSON KG（2009）. Acceptance and commitment therapy. Washington, DC：American Psychological Association.

[119] Kluwer Academic/Plenum Publishers. 1988, 1（1）. New York, USA：Kluwer Academic/ Plenum Publishers, 1988.

[120] LUTHANS F, KREITNER R. Organizational Behavior Modification and Beyond：An Operant and Social Learning Approach（Management Applications Series）. Illinois, USA：Scott Foresman & Co, 1984.

[121] Oxford University Press. 1886, 1（1）. Oxford, UK：Oxford University Press, 1886-.

[122] Cook J. M., Biyanova T., Coyne J. C. Influential Psychotherapy Figures, Authors, and Books：An Internet Survey of over 2,000 Psychotherapist. Psychotherapy：Theory, Research, Practice, Training, 2009, 46（1）：42-51. Í.

[123] Cooper, M., O'Hara, M., Schmid, P. F., & Bohart, A. Eds. The handbook of person-centered psychotherapy and counselling. Macmillan International Higher Education, 2013.

[124] Rogers, C. R. On becoming a person：A therapist's view of psychotherapy. Houghton Mifflin Harcourt, 1961.

[125] Rogers, C. R. Client-centered therapy: Its current practice, implications, and theory, with chapters. Oxford, United Kingdom: Houghton Mifflin, 1951.

[126] Jones A, Crandall R. Validation of a Short Index of Self-Actualization. Personality and Social Psychology Bulletin, 1986, 12（1）: 63-73.

[127] Bozarth, J. Person-centered therapy: A revolutionary paradigm. PCCS books, 1998.

[128] Miller W. R., Moyers T. B. Motivational Interviewing and the Clinical Science of Carl Rogers. Journal of Consulting and Clinical Psychology, 2017, 85（8）: 757-766. DOI: 10. 1037/ ccp0000179.

[129] Wachtel P. L. Carl Rogers and the Larger Context of Therapeutic Thought. Psychotherapy: Theory, Research, Practice, Training, 2007, 44（3）: 279-284.

[130] Carl Rogers. On Personal Power: Inner Strength and Its Revolutionary Impact. New York: Delacorte Press, 1977.

[131] Rogers, C. R. Growing old—or older and growing. Journal of humanistic psychology, 1980, 20（4）, 5-16.

[132] Capuzzi, D., & Stauffer, M. D. Counseling and psychotherapy: Theories and interventions. John Wiley & Sons, 2016

[133] Kluwer Academic/Plenum Publishers. 1988, 1（1）. New York, USA: Kluwer Academic/ Plenum Publishers, 1988-.

[134] EPSTON D. Down under and up over: Travels with narrative therapy. London, UK: Karnac Books, 2008.

[135] Arnold K. Behind the Mirror: Reflective Listening and Its Tain in the Work of Carl Rogers. The Humanistic Psychologist, 2014, 42（4）: 354-369.

[136] ERIC Clearinghouse on Counseling and Student Services. 1970, 1（1）-. North Carolina, USA: ERIC Clearinghouse on Counseling and Student Services, 1970-.

[137] NARDONE G., WATZLAWICK P.. Brief strategic therapy: Philosophy, techniques, and research. Maryland, USA: Jason Aronson, 2005

[138] American Psychological Association. 1946, 1（1）. Washington, D. C., USA: American Psychological Association, 1946.

[139] SELIGMAN ME. Authentic happiness: Using the new positive psychology to realize your potential for lasting fulfillment. New York: USA: Simon and Schuster, 2004.

[140] James R. K., Gilliland B E. Crisis intervention strategies. Cengage Learning, 2016.

[141] Janosik E. H. Crisis counseling: a contemporary approach. Monterey CA: Wadsworth. Health-Science Division, 1984.

[142] Cormier L. S., Hackney H. The professional counselor: A process guide to helping. Prentice Hall, 1987.

[143] Brammer L. M. The helping relationship: Process and skills. Prentice-Hall, 1973.

[144] Ungar M., Ghazinour M., Richter J. Annual research review: What is resilience within the social ecology of human development? Journal of child psychology and psychiatry, 2013, 54

（4）：348-366.

[145] Black K., Lobo M. A conceptual review of family resilience factors. Journal of family nursing, 2008, 14（1）：33-55.

[146] McCubbin H. I., Thompson E. A., Thompson A. I., et al. The dynamics of resilient families. Sage Publications, Inc, 1999.

[147] McCubbin H. I., McCubbin M. A. Typologies of resilient families: Emerging roles of social class and ethnicity. Family relations, 1988: 247-254.

[148] Magis K. Community resilience: An indicator of social sustainability. Society and Natural Resources, 2010, 23（5）：401-416.

[149] Chandra A., Acosta J., Howard S., et al. Building community resilience to disasters: A way forward to enhance national health security. Rand health quarterly, 2011, 1（1）.

[150] The social ecology of resilience: A handbook of theory and practice. Springer Science & Business Media, 2011.

[151] Ungar M. Resilience across cultures. The British Journal of Social Work, 2008, 38（2）：218-235.

[152] American Psychology Association Help Center. The road to resilience: What is resilience? （2004-12-30）[2021-0616]. http：//www. apahelpcenter. org/featuredtopics/feature. php? id=6＆ch=2

[153] Brincat C. A., Wike V. S. Morality and the professional life: Values at work. Upper Saddle River, NJ: Prentice Hall, 2000.

[154] George James E. Informed Consent: A Guide for Health Care Providers, Arnold J. Rosoff, Aspen Systems Corporation, Germantown, Maryland（1981）. Mosby, 1981, 10（8）.

[155] Corey G., Corey M. S., Callanan P. Issues and ethics in the helping professions. Pacific Grove, CA: Brooks. Cole Publishing Company. Costa, PT, Terracciano, A. & McCrae, RR（2001）. Gender differences in personality traits across cultures: Robust and surprising findings, Journal of Personality and Social Psychology, 1998, 81（2）：322-331.

[156] American Counseling Association. American Counseling Association code of ethics and standards of practice. Counseling Today, 1995, 37（12）：33-40.

[157] Mastroianni A. C., Kahn J, Kass N. The Oxford Handbook of Public Health Ethics. Social ence Electronic Publishing, 2020.

[158] Silva D. S., Gibson J L, Robertson A, et al. Priority setting of ICU resources in an influenza pandemic: a qualitative study of the Canadian public's perspectives. BMC Public Health, 2012, 12（1）：1-11.

[159] World Health Organization. Psychological first aid during Ebola virus disease outbreaks （provisional version）. Geneva: WHO, 2014.

[160] Maslow A. H. A theory of human motivation. Psychological review, 1943, 50（4）：370.

[161] SHAH S. A. Ethical Standards for Transnational Mental Health and Psychosocial Support （MHPSS）: Do No Harm, Preventing Cross-Cultural Errors and Inviting Pushback. Clinical

Social Work Journal, 2012, 40（4）: 438-449.

[162] Marsella A. J., Johnson J. L., Watson P., et al. Essential concepts and foundations// Ethnocultural perspectives on disaster and trauma. Springer, New York, NY, 2008: 3-13.

[163] Norris F. H., Alegría M. Promoting disaster recovery in ethnic-minority individuals and communities//Ethnocultural perspectives on disaster and trauma. Springer, New York, NY, 2008: 15-35.

[164] SHAH S. A. Ethical Standards for Transnational Mental Health and Psychosocial Support （MHPSS）: Do No Harm, Preventing Cross-Cultural Errors and Inviting Pushback[J]. Clinical Social Work Journal, 2012, 40（4）: 438-449.

[165] Goldman R. N., Watson J. C., Greenberg LS. Contrasting Two Clients in Emotion-Focused Therapy for Depression 2: The Case of "Eloise, " "It's Like Opening the Windows and Letting the Fresh Air Come In". China Medical Abstracts, 2011, 7（2）: 811-4.

[166] Cunha C., Gon?Alves M. M., Hill C. E., et al. Therapist interventions and client innovative moments in emotion-focused therapy for depression. Psychotherapy: Theory, Research, Practice, Training, 2012, 49（4）: 536-548.

[167] Timulak L. Transforming Generalized Anxiety: An Emotion-Focused Approach. 2017.

[168] Santor, Darcy A. Emotion-Focused Therapy: Coaching Clients to Work Through Their Feelings. Canadian Psychology/psychologie Canadienne, 2003, 44（1）: 76-77.

[169] Elliott R., Watson J. C., Goldman R. N., et al. Learning Emotion-Focused Therapy: The Process-Experiential Approach to Change. American Psychological Association, 2004.

[170] Timulak L . Transforming Emotional Pain in Psychotherapy: An Emotion-Focused Approach. 2015.

[171] Brewin, C. R., Andrews, B. & Valentine, J. D. Meta-analysis of risk factors for posttraumatic stress disorder in trauma-exposed adults. Journal of consulting and clinical psychology, 2000, 68（5）: 748.

[172] Bryant, R. A. Acute stress disorder as a predictor of posttraumatic stress disorder: a systematic review. The Journal of clinical psychiatry, 2010, 72（2）: 233-239.

[173] Harvey, A. G., & Bryant, R. A. Acute stress disorder after mild traumatic brain injury. The Journal of nervous and mental disease, 1998, 186（6）: 333-337.

[174] Harvey, A. G., & Bryant, R. A. The relationship between acute stress disorder and posttraumatic stress disorder: a prospective evaluation of motor vehicle accident survivors. Journal of consulting and clinical psychology, 1998, 66（3）: 507.

[175] Kangas, M., Henry, J. L., & Bryant, R. A. The relationship between acute stress disorder and posttraumatic stress disorder following cancer. Journal of consulting and clinical psychology, 2005, 73（2）: 360.

[176] McNally, R. J. Progress and controversy in the study of posttraumatic stress disorder. Annual review of psychology, 2003, 54（1）: 229-252.

[177] Meiser-Stedman, R., Dalgleish, T., Yule, P. S. A. W., Bryant, B. , Ehlers, A.,

Mayou, R. A., & Winston, N. K. A. A. F. Dissociative symptoms and the acute stress disorder diagnosis in children and adolescents: A replication of the Harvey and Bryant (1999) study. Journal of Traumatic Stress: Official Publication of The International Society for Traumatic Stress Studies, 2007, 20 (3): 359-364.

[178] Shobe, K. K., & Kihlstorm, J. F. Is traumatic memory special?. Current directions in psychological science, 1997, 6 (3): 70-74.

[179] Holmbeck, G. N., Shapera, W. E., & Hommeyer, J. S. Observed and perceived parenting behaviors and psychosocial adjustment in preadolescents with spina bifida. American Psychological Association, 2002.

[180] Maslow, A. H. A theory of human motivation. Psychological review, 1943, 50 (4): 370.

[181] Reebye, P. Handbook of attachment: Theory, research, and clinical applications. Journal of the Canadian Academy of Child and Adolescent Psychiatry, 2010, 19 (1): 57.

[182] Schechter, D. S., & Willheim, E. Disturbances of attachment and parental psychopathology in early childhood. Child and Adolescent Psychiatric Clinics, 2009, 18 (3): 665-686.

[183] Toman, W. & Toman, E. Sibling positions of a sample of distinguished persons. Perceptual & Motor Skills, 1970, 31 (3): 825-826.

[184] Froehlich, T. E., Lanphear, B. P., Epstein, J. N., Barbaresi, W. J., Katusic, S. K., & Kahn, R. S. Prevalence, recognition, and treatment of attention-deficit/hyperactivity disorder in a national sample of US children. Archives of pediatrics & adolescent medicine, 2007, 161 (9): 857-864.

[185] Goldberg, R. J., Higgins, E. L., Raskind, M. H. & Herman, K. L. Predictors of success in individuals with learning disabilities: A qualitative analysis of a 20-year longitudinal study. Learning Disabilities Research & Practice, 2003, 18 (4): 222-236.

[186] Kruger, Justin. "Lake Wobegon Be Gone! The 'Below-Average Effect' and the Egocentric Nature of Comparative Ability Judgments". Journal of Personality and Social Psychology. 1999, 77 (2): 221-232.

[187] Bartels A., Zeki S. Neuroreport, 2000, 11 (17). Philadelphia: Lippincott Williams & Wilkins, Inc, 2000.

[188] Dunlop, W. L., Harake, N. & Wilkinson, D. 2021, 28 (1). Hoboken, USA: Wiley Subscription Services, Inc, 2021.

[189] Fang, S., Chung, M. C. & Watson, C. Journal of Mental Health (Abingdon, England). 2018, 27 (5). Philadelphia: Routledge, 2018.

[190] J. V. Fennell, M. Overcoming low self-esteem. 1st ed. London: Robinson Publishing Ltd, 1999.

[191] Simpson, J. A., Rholes, W. S. Adult attachment orientations, stress, and romantic relationships. 1st ed. Amsterdam: Elsevier Science & Technology, 2012.